제2판

쉽게 배우는 기상학

채동현 · 김성천 · 한제준 · 상정 · 하정훈

교육과학사

야외 현장학습을 준비하는 학생들부터 오랜만에 떠나는 여행을 기대하고 있는 가족, 튼튼한 건물을 지어야 하는 건설업자에게 다음 날의 일기예보는 필수 정보이다. 이러한 날씨정보는 어떤 이의 기분을 좋게도 만들 수 있고, 누구에게 재산과 생명을 지켜주는 소중한 정보가 될 수 있다.

이처럼 우리의 삶과 밀접한 관련이 있는 날씨는 무엇이고, 어떻게 알 수 있는 것일까?

요즈음 우리들은 일기예보를 통해 날씨를 예측하지만, 우리 조상들은 농사와 관련하여 날씨를 생활 속에서 경험으로 터득한 것들이 많다. 예를 들어 '거미가 집을 지으면 날씨가 좋다', '겨울에 눈이 많이 오면 보리 풍년이 든다', '장마 끝물의 참외는 거저 줘도 안 먹는다' 등 다양하다. 이러한 것들은 다른 동물들의 움직임이나 주변에서 일어나는 여러 가지 현상들을 보고 날씨를 미리 짐작하여 농사를 짓는 데 활용한 우리 조상들의 뛰어난 관찰 · 예지 능력을 알 수 있게 해주는 것이다. 날씨를 이처럼 실생활에 이용하는 것은 비단 과거의 이야기만은 아니다. 요즘에도 선박이나 항공기 운항은 물론, 호우나 태풍, 폭설 등 자연재해의 피해를 줄이기 위해 노력하는가 하면, 기상 컨설턴트 등의 도움을 받아 언제 어떤 제품들이 잘 팔리는지 또는 오늘 야외 콘서트 등을 할 수 있는지 등과 같이 기업 경영과 기상이 한 데 어우러지기도 하였다. 이렇듯이 날이 갈수록 기상정보의 활용은 더욱 중요해지고 있는 것이다.

그러나 이렇게 우리생활의 주요한 부분을 차지하고 있는 기상학을 설명하고자 할 때, 쉽게 배우고 가르칠 수 있는 책을 찾아보기가 어려운 실정이다. 기상학에 대해 친근감을 느끼면서 그 원리를 쉽게 이해하고, 책을 읽는 사람으로 하여금 스스로 무엇인가 깨우쳤다는 뿌듯함을 느끼기에는 현재 나와 있는 책들이 우리에겐 너무 어려운 원론적인 이야기로 풀어 나가고 있기 때문이다. 때문에 기상학 책 한 권을 정독을 하고 나서도 스스로 기상현상을 이해하고 내일의 날씨를 예측하고자 할 때, 어떻게 해야 하고 무엇을 해야 하는지 몰라 무척 당황해 하는 경우가 많다. 또한, 기존의 기상학 책들 대부분이 이론적인 설명을 주로 하다 보니 기상현상과 관련된 실험이나 탐구활동의 제시가 부족한 경우가 안타까운 실정이다.

저자가 이 책을 쓰게 된 이유는 이러한 문제점 등을 조금이나마 해결해, 자기 자신이 주변에서 일어나는 기상현상을 이해해 가는 과정에서 기상학에 보다 흥미를 가질 수 있도록 돕고자 하는 데 있다.

이 책에서는 1장~6장은 여러 가지 간단한 기상 개념을 정리하였고, 각 장 끝부분에 쉽게 할 수 있는 탐구활동을 수록하여 일선 교육현장에서 또는 이 책을 보는 학생들이 직접 해 볼 수 있도록 하였다. 7~8장은 우리의 삶과 관련된 기상 현상을 정리하였다. 9장은 기상 현상을 설명하는 데 필요한 기본적인 공식들을 정리하여 놓았고, 10장에서는 기상과 관련된 학생들의 대표적인 오개념 사례들을 정리하여 놓았다. 11장은 각 기상 관련 정보들을 Web상에서 확인해 볼 수 있도록 하였고, 마지막 단원에서는 각종 기상 관측 장비들을 정리해 놓았다.

이번 개정판은 기상현상 및 원리에 대한 이해를 돕고자 기존의 내용을 다듬고 재편성하였으며, 상황에 따라 자세한 설명을 추가하여 쉽게 구성하도록 노력하였다. 또한, 탐구활동 영역에 대한 개선과 보충을 통해 기상원리를 이해할 때 다양한 접근 방법이 가능하도록 하였다. 4장에서는 바람의 종류와 그 원인 힘에 대한 내용을 확장하여 공기의 움직임과 그 원리에 대한 이해를 돕고자 하였고, 6장에서는 일기예보에 중요한 자료로 사용되고 있는 보조일기도에 대한 종류와 용도를 보충하였다. 또한, 7장에서는 실생활에 큰 도움을 주는 생활기상지수와 보건기상지수에 대한 내용이 체계적으로 개선되었으며, 8장 특이한 기상현상에 대해서는 다양한 사례를 추가하여 재구성하였다. 12장에는 우리나라의 천리안 1호 위성에 대해 추가하는 등 위성 관측에 대한 내용을 개선하였다.

아무쪼록 이 책을 읽는 모든 이가 스스로 다양한 기상현상의 원리를 쉽게 이해하고, 우리 생활에 적용되고 있는 기상학을 바로 알아 여전히 미개척지로 남아 있는 '기상학'의 분야를 마음껏 즐겁게 탐험하는 새로운 기상학 전문가로 거듭나길 바란다. 마지막으로 이 책이 완성되기까지 편집과 교정에 많은 도움을 주신 이정호 실장님과 김재호 부장님, 전주교육대학교 고민진 학생에게 깊은 감사의 말을 전합니다.

2017년 1월

대표 저자

제 1 장 공기와 우리 생활

우리의 일상생활에서 없어서는 안 될 공기. 그러나 우리는 평소 공기에 대해서 큰 관심을 가지지 않고 있다. 손에 잡히지도 않고 보이지도 않지만 공기는 많은 과학적 연구의 대상이 되고 있으며 생활과도 밀접한 관계를 맺는다. 이는 우리가 매일 타고 다니는 자동차를 보아도 알 수 있다. 타이어에 공기가 들어있다는 것은 누구나 알고 있는 사실이지만, 무거운 차체를 들어 올리는 타이어의 공기가 가진 힘에 대해 생각해 본 사람은 그리 많지 않다. 이 장에서는 이렇게 우리 생활의 중요한 일부분을 차지하고 있는 공기에 대해 알아보고자 한다. 또한, 이 외에도 우리 생활 속에서 공기가 어떻게 사용되고 있는지, 나아가 공기가 모여 있는 대기는 어떠한 성질과 특성을 가지고 있는지에 대해서도 알아보도록 하자.

▣ 공기란 무엇인가?

공기는 우리 지구를 둘러싸고 있는 색깔과 냄새가 없는 투명한 기체이다. 이것은 동식물의 호흡, 소리의 전파에 필수적이다. 공기는 항상 우리를 둘러싸고 있기 때문에 우리들은 생활하면서 공기의 존재와 중요성을 잊고 있는 것이 사실이다. 하지만, 공기가 없다면 사람을 포함한 모든 생명체는 살 수 없다. 그리고 대류현상이 일어나지 않아 비, 구름, 눈, 바람 등의 기상현상은 일어나지 않는다. 또한, 밤과 낮의 기온차가 수백도 정도로 차이가 날 것이고, 우주로부터 날아 온 수많은 운석에 지구는 무방비로 맞게 되어 달처럼 운석구덩이가 많이 생길 것이다.

이처럼 중요한 공기는 얼마 전까지만 해도 무한의 자원이라고 생각하고 함부로 다루어졌다. 그러나, 산소를 통에 담아 판매하는 사업이 생겨날 정도로 대기 오염이 심각해지면서 공기에 대한 인식이 달라지고 있다.

▣ 원시대기는 어떻게 만들어졌을까?

태초에 지구(원시지구: 약 46억 년 전)는 우주에서 떨어지는 수많은 물질과 가스로 인해 엄청난 불덩어리였을 것으로 생각하고 있다. 이후 서서히 원시지구의 지표는 식어 가고, 지구 주위에 엄청난 물질과 가스는 태양풍에 의해 서서히 사라지게 되었다. 그러나, 원시 지구 내부는 여전히 불덩어리 상태이므로 화산활동은 매우 심했다. 이러한 초기의 화산활동은 지구 내부에 있는 암석이나 먼지 속에 포함되어 있던 소량의 수증기와 기체를 원시 지구 대기로 분출하기 시작하였고, 이들은 시간이 지남에 따라 점점 많아져서 원시 대기를 형성하기 시작하였다. 이러한 원시대기에는 암모니아(NH_3), 메탄(CH_4), 수증기(H_2O), 수소(H_2) 및 이산화탄소(CO_2)가 주성분이었다.

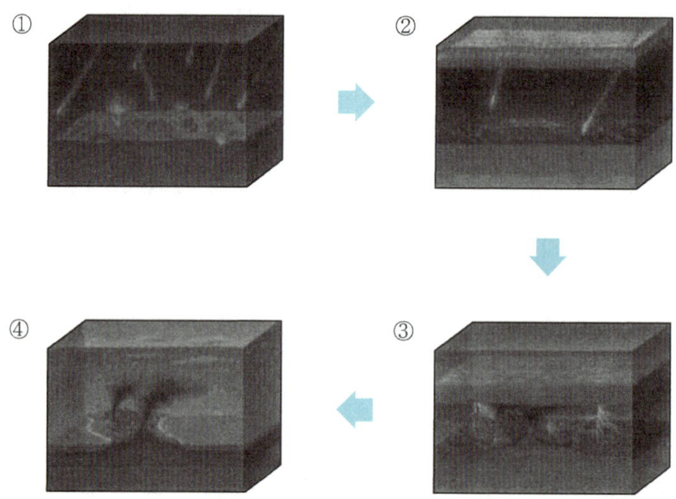

[그림 1-1] 원시지구의 형성

그러면 산소는 어디서 어떻게 생겨났을까?

처음 대기 중의 산소는 수증기가 응결하여 만들어진 큰 구름 속에서 번개 등으로 인해 물이 분해되어 생겼거나 또는 햇빛에 의한 분해로 수증기가 해리되어 형성된 것으로 보고 있다. 그러나, 그 양은 그렇게 많지 않았을 것이다. 또한 원시대기 중의 이산화탄소 역시 대기 중에 산소를 공급하는 데 중요한 역할을 했을 것으로 보고 있다. 원시 대기의 온도가 낮아지면서 이산화탄소와 산소는 암석과 물속으로 서서히 용해되어 들어갔다. 그러면서 바다에 산소가 점차 많아지게 되었고, 이것이 지구상에 최초의 생명체 출현을

도왔을 것이다. 생명체는 서서히 진화하여 바다에 조류식물이 출현하게 되었고, 이들의 광합성으로 인해 산소는 해수와 대기 중에 급격히 많아지게 되었다. 대기 중에 오존층까지 형성되어 현재와 같은 대기조성이 형성된 것은 지금으로부터 약 5억 년 전, 즉 지구 탄생 후 약 40억 년이 지난 다음으로 보고 있다.

▣ 원시대기의 주성분인 이산화탄소가 현재 대기에 차지하는 비중이 작은 이유는?

앞에서 언급했듯이 원시대기의 주성분은 암모니아, 메탄, 수증기, 수소, 이산화탄소였다. 이 중 가장 양이 많았던 수증기는 다른 물질을 녹이며 바닷물을 이루거나 햇빛을 받아 수소와 산소로 분해되었고, 질량이 가장 가벼운 수소는 상당 부분이 지구 밖으로 달아났으며, 메탄과 암모니아는 산소와 반응하여 다시 이산화탄소와 수증기, 질소를 만들었다. 그리하여 원시대기에는 [그림 1-2]에서 보는 바와 같이 이산화탄소가 주성분일 수밖에 없다. 그렇다면 원시대기의 주성분이었던 이산화탄소가 현재의 대기에서 차지하는 비중이 그토록 작아지게 된 이유는 무엇일까?

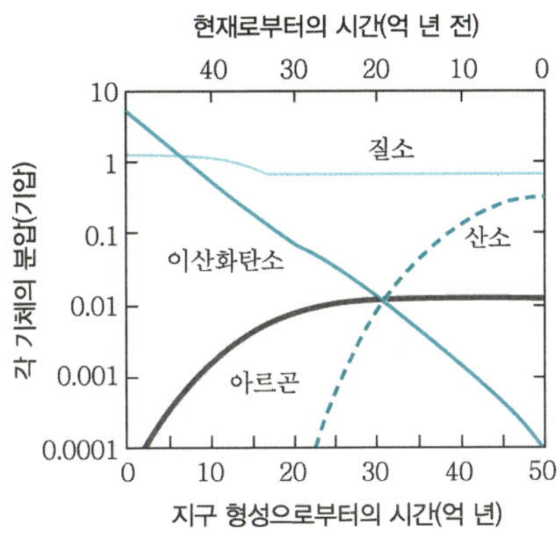

[그림 1-2] 시간에 따른 각 기체의 양 변화

그 이유는 간단하다. 지구가 식으면서 대기 중에 존재하던 수증기가 물로 바뀌어 빗방울로 내려 형성한 원시바다 때문이다. 이산화탄소는 이렇게 형성된 바다의 많은 양의 물과 접촉하여 녹아들어가게 된다. 그렇다면 초기의 고온 고압 상태에서 물에 용해된 이산화탄소가 현재 1기압 288K로 되었는데도 다시 대기로 방출되지 않는 이유는 무엇 때문일까? 바로 이산화탄소가 물과 만나 다른 물질로 침전되거나 식물체내에서 광합성 작용에 의해 다른 물질로 전환되었기 때문이다. 예를 들어 석회암이나 생물의 껍질 등으로 전환되면 기체의 형태로 빠져나가기 힘들어지게 된다. 또한, 원생대의 생물(남조류 등)이 광합성 작용을 통해 이산화탄소는 소모시키고 엄청난 양의 산소를 대기 중에 공급하면서 현재와 비슷한 대기를 형성하게 되었다.

▣ 현재의 질소와 산소의 조성비는 어떻게 이루어지게 되었는가?

앞서 살펴본 원시대기의 형성과정에서 우리는 한 가지 궁금증에 휩싸이게 된다. 이산화탄소와 수증기는 제쳐 두고라도 질소와 산소에 대해서는 뚜렷한 언급이 없다는 점이다. 질소와 산소는 현재 대기의 99% 이상을 차지하고 있는 중요한 기체이다. 그렇다면 현재의 이러한 대기조성이 형성된 이유에 대해 살펴보기로 하자.

이미 앞에서 원시대기의 성분 중 가장 많았던 것은 수증기와 이산화탄소라고 언급한 바 있다. 하지만 수증기와 이산화탄소만 존재했던 것은 아니었다. 사실 질소나 그 외 다른 기체도 존재하였다고 판단된다. 그러나 그 양이 수증기와 이산화탄소보다 적어 주목을 받지 못할 뿐이다. 미행성의 충돌에너지를 받을 때 수증기와 이산화탄소처럼 질소도 가스화 되었다. 그리고 화산활동이 활발할 때 질소의 배출 역시 상당히 많았다. 질소는 지각을 구성하는 규소(Si)나 알루미늄(Al), 칼륨(K) 등에 비해 기화가 잘 되어 다른 원소에 비해 많은 양이 대기 중에 존재할 수 있었다.

원시대기의 거의 대부분을 차지하던 수증기와 이산화탄소가 대기 중에서 사라지고, 그 다음으로 많이 존재하던 질소가 자연히 가장 많이 남게 되어 현재와 비슷한 대기 상태가 된다.

산소는 어떻게 형성되었을까? 이는 두 가지 측면으로 생각해 볼 수 있다. 먼저 생물의 광합성에 의한 산소의 형성이다. 원시 바닷물에 녹은 이산화탄소가 원시생물(남조류 등)에 의해 광합성 작용을 거쳐 산소로 배출된다. 산소의 양이 조금씩 증가하다가 조류 등이 식물로 진화하면 광합성이 더욱 활발해져 산소의 양은 더욱 많아지고 이는 대기에 축적된다. 두 번째는 태양광으로 인한 물의 광분해 요인이다. 대기 중에 있던 수증기가 태양에 의해 광분해 되어 수소와 산소로 나뉘게 된다. 가벼운 수소는 지구 밖으로 날아가고 무거운 산소만 대기에 남아 대기 성분을 이루게 된다는 것이다. 하지만 이러한 산소의 생성은 전체 산소량을 보았을 때 매우 적었을 것으로 생각된다. 그 후, 식물의 개체수가 증가하는 만큼 동물의 개체수도 증가하여 산소의 양은 적절히 조절되어 현재의 대기상태와 비슷한 약 20%를 차지하게 된다.

참고로 이러한 과정으로 생긴 산소에 의해 오존이 형성되었다. 산소가 일정량 이상으로 늘어나게 되면, 태양복사에너지 중 자외선을 흡수하여 산소 원자로 해리되고, 이 산소 원자가 다른 산소 분자와 결합하여 오존을 형성하였다.

▣ 대기는 어떤 성분으로 이루어져 있나?

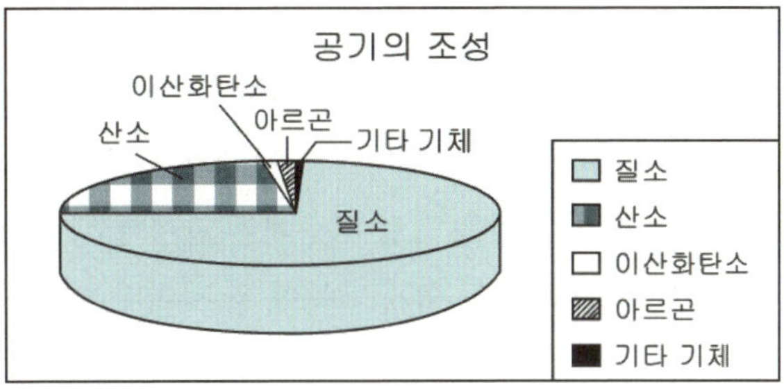

[그림 1-3] 공기의 조성

눈에 보이지 않고 간단한 구성으로 이루어졌으리라 생각되는 공기. 하지만 이런 공기 중에는 많은 성분이 포함되어 있다. 공기 중에는 순수한 건조공기, 수증기 이외에도 액체, 고체의 불순물이 섞여 있다. 순수한 건조공기는 우리가 한번쯤 이름을 들어본 질소, 산소, 아르곤, 탄산가스 등의 기체가 일정한 비율로 혼합되어 있다.

다음 표를 보면서 일정한 비율로 혼합된 공기의 조성에 대해 살펴보도록 하자. 〈표 1-1〉을 참고하면, 건조한 공기 중에는 부피비로 질소(78.09%), 산소(20.95%), 아르곤(0.93%)이 주성분을 이루고 그 외에 탄산가스, 네온, 헬륨, 일산화질소, 수소, 오존 등이 일정한 비율로 포함되어 있다.

〈표 1-1〉 공기이 조성비

성 분	분 자 식	분 자 량	존 재 비 율(%)	
			부 피 비	중 량 비
질소분자	N_2	28.01	78.088	75.527
산소분자	O_2	32.00	20.949	23.143
아르곤	Ar	39.94	0.93	1.282
탄산가스	CO_2	44.01	0.03	0.0456
일산화탄소	CO	28.01	1×10^{-9}	1×10^{-3}
네 온	Ne	20.18	1.8×10^{-3}	1.25×10^{-3}
헬 륨	He	4.00	5.24×10^{-3}	7.24×10^{-3}
메 탄	CH_4	16.05	1.4×10^{-4}	7.25×10^{-3}
크립톤	Kr	83.7	1.14×10^{-4}	3.30×10^{-3}
일산화질소	NO	44.02	5×10^{-3}	7.6×10^{-3}
수소분자	H_2	2.02	5×10^{-3}	3.48×10^{-3}
오 존	O_3	48.0	2×10^{-3}	3×10^{-3}
수증기	H_2O	18.02	부 정	부 정

그런데 신기하게도 우리에게 많은 영향을 미치는 것은 주성분보다는 수증기, 이산화탄소, 탄산가스, 오존, 프레온가스 등의 미량 성분들이다. 많은 양을 차지하고 있는 주성분들의 변화가 영향을 줄 것 같은데, 대기의 0.1%에 불과한 미량성분이 오히려 큰 영향을 준다는 사실이 놀랍지 않은가? 그러나, 수증기는 여러 가지 기상현상을 일어나게 하고, 이산화탄소 및 탄산가스는 지구의 온난화에 영향을 주며, 프레온가스 등이 오존층을 파괴하여 자외선을 직접 지구에 투과시켜 생명체에 많은 피해를 준다는 것 등을 생각한다면 이러한 사실이 쉽게 납득이 될 것이다.

▣ 하늘 높이 올라가도 공기성분의 부피비는 일정할까?

[그림 1-3]과 〈표 1-1〉에서는 성분에 대한 비율만 나왔을 뿐, 고도가 변함에 따라 성분비가 어떻게 변하는가에 대해선 언급하지 않았다. 만약 하늘 높이 올라간다고 가정했을 때 그곳의 공기조성은 지표 부근과 어떻게 다를까? 신기하게도 일정한 범위 안에서 각 공기의 부피비는 거의 같다. 즉, 공기의 조성은 지표 부근으로부터 지상 약 80km 부근의 고도까지 특별한 성분을 제외하면 거의 변하지 않는다. 그래서 지상 80km까지를 공기 성분의 부피비가 균일하게 분포하기 때문에 '균질권(homogeneous atmosphere)"이라하며 이곳은 대류가 활발해 공기의 혼합이 잘 이루어지는 구간이다. 고도가 높아질수록 중력이 작아지기 때문에 공기 성분의 밀도는 고도에 따라 작아지지만, 그 성분비(조성)는 일정하다니 신기하지 않은가. 그렇다면 고도에 따라 공기 조성이 변하지 않는 이유는 무엇일까?

그 이유는 다음과 같다. 약 80km의 고도까지 대기의 연직 성분비는 대체로 일정한데 이것은 공기의 혼합작용 때문이다. 즉 대류, 난류, 순환 등 공기의 수직혼합으로 각 성분의 비율은 높이와 관계없이 일정하게 유지하고자 하는데, 이 작용은 고도가 높아짐에 따라 기온이 하강하는 대류권내에서 현저하다.

이미 말한 바와 같이 고도 약 80km까지는 건조공기의 화학 성분비가 고도에 따라 변화하지 않지만, 만약 그 고도(80km)보다 더 높은 고도에서는 어떻게 될까? 그 답은 '건조공기의 화학 성분비는 중력의 영향이 적어져 달라진다.'이다. 대체로 고도 100km정도까지는 질소가 주성분이지만 170km정도부터는 산소 원자가 공기의 주된 성분이 되며, 1,000km정도에서는 헬륨이 많아지고 다시 그 위에는 가벼운 수소가 대부분을 차지한다. 이렇게 고도 80km부터 1,000km정도까지는 특정한 기체가 각기 다르게 분포하기 때문에 '비균질권'이라 부른다. 이 영역에서는 확산분리과정에 의해 성분분포가 결정된다. 기체는 처음에 분리시켜 놓더라도 시간이 경과함에 따라 사방으로 퍼져 균일한 분포를 보이게 되는데, 이와 같이 밀도가 높은 곳에서 낮은 곳으로 이동하여 전체의 밀도가 균일하게 되는 현상을 확산이라 한다.

한편 대기 중에는 오존, 아황산가스, 이산화질소 등과 같이 높이에 따라 성분비가 변하는 기체도 있다. 이는 이들 기체들이 태양복사에 의한 광화학적 반응 또는 산업화에 따른 인위적 요인 등에 의해 생성되기도 하기 때문이다.

▣ 대기의 성분들은 실생활에 어떻게 쓰이는 것일까?

위에서 언급한대로 대기에는 많은 성분들이 포함되어 있다. 그렇다면 대기에 포함된 이러한 성분들은 실생활에서 어떻게 쓰이는 것일까? 먼저 대기 중에 가장 많이 포함된 성분인 질소(78.09%)부터 알아보자. 질소는 우리가 흔히 먹는 과자봉지 안에 들어 있다. 다른 물질(예를 들어 산소)과는 다르게 질소는 다른 물질과의 반응성이 낮다. 그래서 과자나 식품에 질소를 충전하여 내용물의 파손 보호 및 충전재 역할을 하고 있다. 또한, 반응성이 낮은 점을 이용하여 필라멘트(금속)와 반응하지 않도록 백열전구 안에 넣어주고 있다.

그리고 질소는 어떠한 물질을 급속하게 냉각시킬 때 쓰이기도 한다. 이때는 질소를 액화시켜 사용한다. 또한, 질소는 식물의 생장에 없어서는 안 될 성분으로, 질소비료 형태로 작물 재배 시 공급되기도 한다.

그렇다면 공기 중에 두 번째로 많이 함유된 산소(20.95%)는 어떨까? 산소의 큰 역할은 생물체가 살 수 있도록 호흡작용에 사용된다. 산소 없이 생물은 살기 어렵다. 또한, 산소는 물체의 연소 및 제철, 제강에도 사용하고, 사람을 살리는 의료용 호흡기에도 쓰인다.

다음으로는 대기에 소량으로 있지만 생활에 큰 영향을 끼치는 이산화탄소(CO_2)에 대해 알아보자. 이산화탄소는 식물의 광합성 작용에 꼭 필요한 성분이며, 실생활에서는 화재 진압할 때 사용하는 소화기의 주원료이기도하다. 특히, 대기 중의 이산화탄소는 온실효과를 일으키기 때문에 지구 온난화라는 큰 문제로 인해 전 세계에서 주목하고 있는 성분이다.

마지막으로 산소와 질소 외에 공기를 이루고 있는 기체에 대해 알아보자. 성층권에 존재하는 오존은 살균작용이 있기 때문에 식품의 세척이나 살균제 등 실생활에서도 쓰인다. 하지만 인체에 직접 노출되면 해롭기 때문에 각별한 주의가 요구된다. 아르곤은 대기 성분 중 3번째로 많은 기체로 형광등의 충전재나 네온 싸인, 금속의 제련 등에 사용된다. 헬륨은 주로 전등을 만들 때 사용되고, 네온은 네온사인에 사용되며, 수소는 폭발력이 강해 폭탄이나 로켓, 비행선의 연료 및 수소 자동차 제작 시에 사용된다.

▣ 공기도 무게와 부피가 있을까?

놀이공원에서 한번쯤 예쁜 풍선을 사본 기억이 있을 것이다. 그리고 신나는 마음으로 들고 다니던 중에 실수로 풍선의 실을 놓쳐 저 멀리 하늘로 날아가 버린 기억도 있을 것이다. 한번쯤 경험한 이 광경에 바로 공기에도 무게가 있다는 사실을 알 수 있는 원리가 숨어 있다.

풍선이 하늘로 떠오른 것은 풍선 속에 든 기체가 공기보다 가볍기 때문이다. 풍선에 넣는 기체는 수소 다음으로 가벼운 헬륨이다. 헬륨은 분자량이 4인 데 비해 공기의 분자량은 29이다. 따라서 공기보다 가벼운 헬륨 풍선이 떠오르는 것이다.

공기가 무게를 가지고 있다는 것을 알 수 있는 간단한 실험이 있다. 양팔저울의 양끝에 공기를 불어넣은 풍선 A, B를 매달고 B풍선에만 구멍을 냈을 때, 양팔저울은 A쪽으로 기울어지게 된다. 만약 공기에 무게가 없다고 가정한다면, 양팔저울은 기울어지지 않고 그대로 있어야 할 것이다 [그림 1-4].

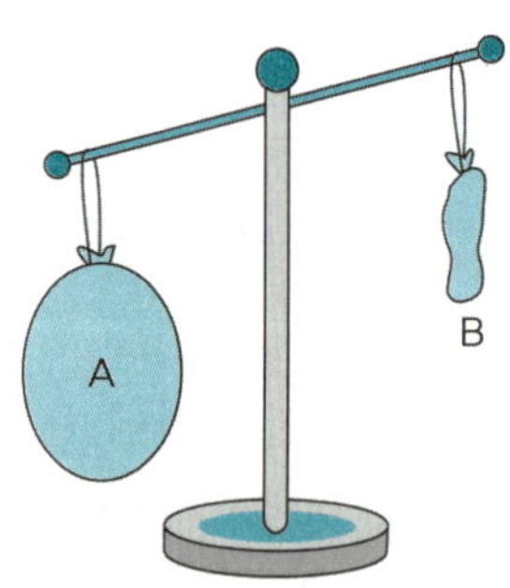

[그림1-4] 공기의 무게

또한, 비닐봉지의 입구를 잡고 공기 중으로 훑고 난 후 입구를 막으면 비닐봉지가 부풀어지는 것을 볼 수 있는데, 이는 공기가 부피를 가지고 있다는 사실을 보여주는 것이다 [그림 1-5].

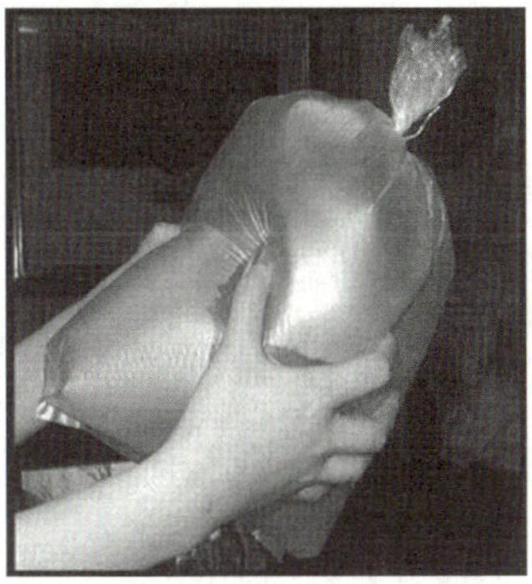

[그림 1-5] 공기의 부피 - 비닐봉지

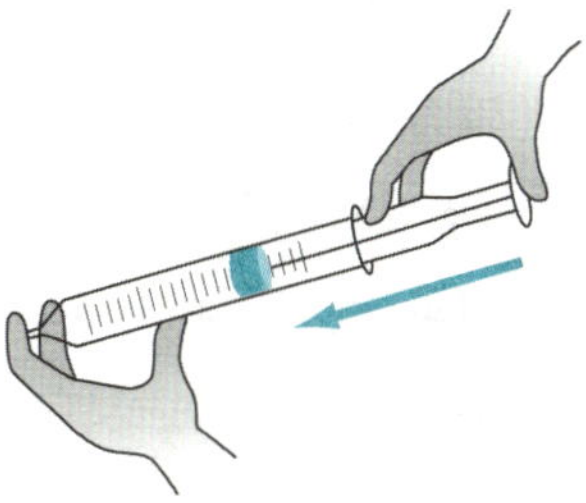

[그림 1-6] 공기의 부피 - 주사기

공기가 부피를 가지고 있다는 사실은 주사기를 통해서도 확인할 수 있다[그림 1-6]. 주사기의 피스톤을 뺀 다음 주사기의 바늘 부분(주사기 입구)을 막고, 다시 피스톤을 넣어 밀어본다. 그러면 피스톤이 잘 안 들어가는 것을 느낄 수 있는데, 그것은 공기가 부피를 가지고 있기 때문이라는 것을 알 수 있다. 공기가 부피가 존재한다는 사실을 확인할 수 있는 또 다른 방법에는 어떤 것이 있을까? 우리가 수영장이나 개천에서 수영을 할 때 잠수를 해본 경험이 있을 것이다. 처음엔 잘 참는 듯 하지만, 언제부턴가 입으로 공기방울을 만들기 시작한다. 그때 공기방울은 찌그러진 구의 형태로 물 표면으로 떠오르게 된다. 우리는 물속에서 보는 공기방울을 통하여 공기의 존재를 육안으로 확인할 수 있을 뿐만 아니라 공기가 부피를 가지고 있다는 사실도 알게 된다.

공기의 무게는 온도와 기압에 따라 다르지만 우리가 사는 1기압에서는 $1m^3$당 1.2kg이다. $1m^3$는 가로×세로×높이가 각각 1m인 공간으로 보통 학생들이 공부하는 책상만한 부피로 보면 된다. 책상 하나가 1.2kg이면 가볍다고 생각할지 모르지만, 하늘 높이 펼쳐진 공간을 생각하면 만만치 않다. 보통 한 사람이 차지하는 면적을 $1m^2$로 볼 때 거기를 짓누르는 대기권의 공기는 모두 10t 가량 된다.

그런데 현대의 첨단 과학으로도 공기의 무게를 직접 재서 그 정확한 양을 측정해낸다는 것은 불가능하다. 때문에 공기를 조성하는 물질의 비율과 밀도 등을 계산하여 무게를 산정해낸다. 2004년에 우리나라의 한 연구팀에 의해 공기 중에 있는 아르곤 농도가 기존의 0.917%보다 많은 0.9332%로 밝혀졌는데 이는 공기의 무게를 새롭게 바꾼 셈이다.

▣ 대기권은 어떻게 나누는가?

공기층은 지구의 가장 바깥 부분을 이루고 있으며, 이를 대기권이라고 한다. 우리는 이 공기층을 기온의 차이로, 층을 구성하는 가스에 따라, 또는 전기의 특성에 따라 나눌 수 있다. 지구를 둘러싸고 있는 대기전체의 질량은 5×10^{21}g으로 지구질량의 10^{-6}이고, 그 중 95%는 지표에서의 높이 20km 이하에 있다. 그리고 지표에서 250km 이상의 대기는 대단히 밀도가 낮아서 기압도 매우 낮다.

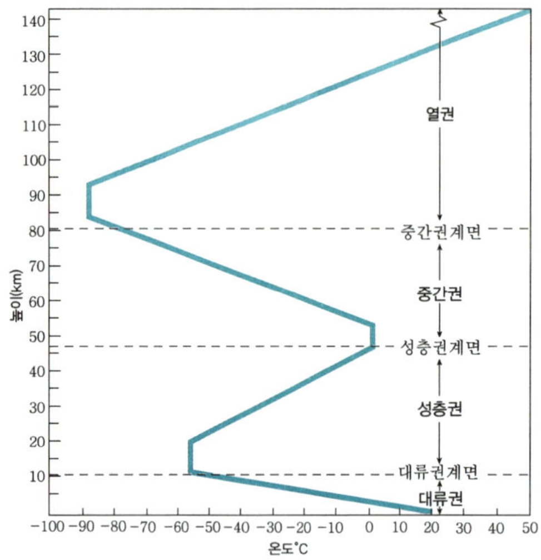

[그림 1-7] 대기권의 구조

대기권은 높이에 따른 기온의 변화에 따라 나누면 [그림 1-7]과 같이 네 개의 층으로 구분된다.

지표면에서 높이 올라가면 태양에 가까워지므로 기온이 점점 상승할 것 같지만, 실제로 측정해 보면 그렇지 않다는 것을 알 수 있다. 지표면에서 고도가 높아짐에 따라 대기에서 흡수되지 않는 태양복사에너지 중 가시광선에 의한 지표면의 가열과, 적지만 지구내부에서 방사선 동위원소의 붕괴 등으로 생성된 지구복사에너지는 지표면에서 멀어질수록 그 양이 감소하여 기온이 점점 낮아지게 된다. 이렇게 고도가 높아질수록 기온이 계속 낮아지는 약 10km 상공까지를 대류권이라고 한다. 대류권에는 많은 양의 수증기가 포함되어 있으므로 대・중・소규모의 순환작용이나 각종 기상현상이 일어나고 있다. 우리들은 주로 대류권에서 생활하고 있다.

대류권 위로 약 50km 높이까지를 성층권이라고 한다. 성층권 하부는 기온이 일정하고 날씨 변화가 없으므로 비행기의 항로로 매우 좋다. 또한, 성층권은 오존층을 포함하고 있다. 이 오존층은 대류권의 산소분자와 그 이상의 고도에 많은 산소 원자가 결합하여 만들어진 오존으로 이루어져 있으며, 태양으로부터 오는 위험한 자외선으로부터 지구상의 생물을 보호해 주는 역할을 하고 있다.

성층권 위로 높이 약 80km까지를 중간권이라고 한다. 중간권 상부는 약 -90℃로 대기권에서 가장 기온이 낮다. 중간권이라는 용어는 지구복사에너지와 태양복사에너지의 영향이 가장 적은 중간지역이라는 뜻이 포함된다.

중간권 위의 층을 열권이라고 한다. 열권에서는 높이 올라갈수록 공기가 매우 희박해진다. 열권에서는 태양복사에너지의 매우 짧은 파를 열권의 공기분자가 흡수하기 때문에 고도에 따라 기온이 상승하게 된다.

각 층의 주요 에너지원을 정리해 보면, 대류권은 지구복사에너지, 성층권과 열권은 태양복사에너지이며, 중간권은 지구복사에너지와 태양복사에너지의 영향이 가장 적은 구역이다.

▣ 하늘 높이 올라갈수록 공기의 압력(기압)은 어떻게 변하는가?

하늘 높이 올라갈수록 공기의 양은 어떻게 변할까? 약간의 지식이 있는 사람이라면 이 질문은 쉽게 "적어진다"라고 대답할 수 있을 것이다. 고도가 높아질수록 중력이 작아지기 때문에 공기 분자를 붙들고 있을 힘이 줄어들어 공기의 양은 줄어들게 된다. 지표면으로부터 약 5.6km까지는 전체 대기권이 가지고 있는 공기의 절반에 가까운 양이 존재하고 있다. 전체 대기권이 가지고 있는 공기량의 약 90%가 지표면으로부터 약 16km까지 분포하고 있으며, 지표면으로부터 약 100km까지는 전체 대기권이 가지고 있는 공기량의 약 100%가 속해 있다. 고도 100km 이상에는 전체 공기의 0.000003% 공기량만 존재하게 되어 거의 비어 있는 공간이 된다.

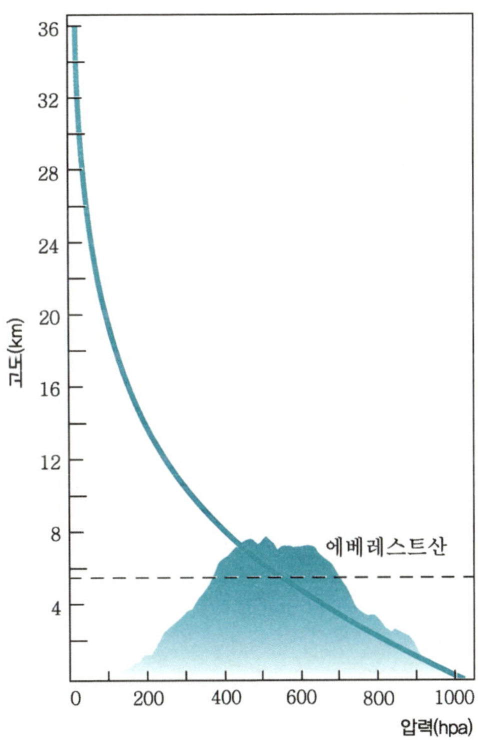

[그림 1-8] 고도에 따른 기압 변화

그럼 공기의 압력은 어떻게 되는가? 이것은 방금 언급한 부분을 살펴보면 답이 쉽게 나온다. 압력이 일정한 체적 안에 들어있는 분자들이 밀어내려고 하는 성질이라고 보면, 공기 분자가 많을수록 압력이 증가하게 된다는 것을 알 수 있다. 따라서 지표면에서는 공기량이 많기 때문에 공기의 압력이 크고, 고도가 높아질수록 공기량이 줄어들어 압력은 낮아지게 된다.

▣ 이온권(전리권)은 무엇인가?

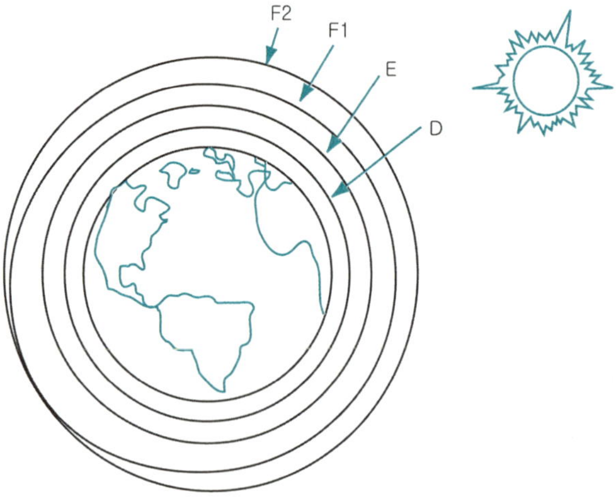

[그림 1-9] 이온층의 구조

이온권(ionosphere)은 하나의 층이라 보기는 어렵고 이온과 자유전자가 매우 밀집되어 있는 초고층 대기 내의 전리화 영역을 말한다. 이온권은 앞에서 언급한 지구의 대기권에서 보았을 때, 중간권과 열권에 존재하게 된다. 이온은 중성인 원자나 분자가 전자를 한두 개 잃었거나 얻은 상태의 원자와 분자를 가리킨다. 원자는 주위의 입자와 충돌하거나 태양복사에너지를 흡수할 때 전자를 상실하고 양전기를 띠게 된다.

이온권은 무선 통신에서 중요한 역할을 한다. 이온권에서 D층으로 불리는 하층에서는 표준 AM 라디오파를 지구로 반사시키며 그와 동시에 흡수도 일어나 라디오파를 크게 약화시킨다. 그러나 밤에는 태양복사에너지의 세기가 약해지기 때문에 낮 동안 이온화 과정에서 탈출되어 분리되었던 전자가 다시 결합되어 D층이 점차 사라지면서 AM라디오파가 D층 위의 이온권 높이(E층과 F층으로)까지 파고들 수 있게 된다. 그리고 여기서 이들 라디오파는 다시 지구로 반사되는 것이다. 이렇게 밤에는 이온권 상부에서 라디오파가 적게 흡수되기 때문에 이온권에서 지구로, 지구에서 다시 이온권으로 반복 이동하게 되며 표준 AM 라디오파는 원거리에 도달하게 된다.

▣ 오로라는 왜 나타나는가?

극지방의 상층 대기에서는 태양 표면에서 날아온 전기를 띤 입자와 지구자기장의 상호작용에 의해 대규모 방전현상이 나타나는데 이를 오로라(극광)라고 한다. 지구는 거대한 자석과 같아서 남북으로 길게 이어진 자기장을 형성한다. 태양은 항상 양성자와 전자로 이루어진 대전 입자(이온화가스, 플라즈마)를 방출하는데, 바로 태양으로부터 공급되는 이러한 대전입자가 오로라를 일으키는 재료라고 할 수 있다. 태양에서는 빛 외에도 전기를 띤 많은 입자를 쏟아내는데, 이 입자들의 흐름을 바람에 비유하여 '태양풍'이라고 한다. 태양풍은 $1cm^3$당 1~10개의 입자를 가지고 있으며, 평균 속도는 500km/s에 달한다. 그러나 지구는 지구주위의 혜성과 같은 모습의 형태를 띤 지자기권의 보호를 받아 태양풍의 직접적인 영향을 피할 수 있다.

지구의 자기장이 혜성의 모습처럼 생긴 것은 지구의 자기장이 태양풍에 의해 뒤틀렸기 때문이다. 지구에 도달하는 대부분의 태양풍은 지구의 자기장 밖으로 흩어지고, 일부는 지구의 자기권에 끌려 붙잡히기도 하는데, 이렇게 붙잡힌 대전 입자들은 자기장을 따라 자기의 북극과 남극으로 이동하여 지구 대기로 하강한다. 하강한 대전입자는 고도 100~500km 상공에서 대기와 충돌하여 이온화하는 과정에서 다양한 파장 영역에서 빛을 내게 되는데, 이 중 우리는 가시광선 영역의 오로라를 보는 것이다. 오로라의 색깔은 대전입자와 충돌하는 원자의 성질에 달려 있다. 즉, 원자나 분자에 따라서 자신에 맞는 에너지를 내는 각각 다른 파장의 전자파를 방출하는데, 오로라를 스펙트럼으로 분석해 보면 대기 중의 질소분자 N_2, 질소분자이온 N_2^+, 그리고 산소원자 O의 방출에 기인함을 알 수 있으며, 이온화된 기체는 각기 다른 파장의 빛으로 빛나게 된다. 빛깔은 산소원자가 방출하는 녹색(5,577Å)이 가장 흔하고, 역시 산소원자가 방출하는 적색(6,300 및 6,353Å) 및 이온화된 질소분자가 내는 보라색 등이 있다. 태양 흑점 극대기에 오로라에서 수소 원자 스펙트럼이 검출되는 경우가 있는데, 이것은 태양에서 날아오는 수소 원자 때문이다. 밤하늘의 수채화처럼 빛나는 오로라는 바로 태양이 보낸 그림엽서인 셈이다.

오로라는 TV 화면을 생각하면 이해하기 쉽다. TV 브라운관에서 전기와 자기장에 의해 제어된 전자의 흐름이 스크린에 닿으면, 스크린에 코팅된 화학물질에 따라서 각각 다른 색깔로 빛나게 된다. 오로라의 발광도 대전입자, 특히 전자가 자기권계면을 따라 내려오며 발생한다.

[그림 1-10] 높이에 따른 기상학적 현상

▣ 표준대기란 무엇인가?

표준대기란 기온이나 기압 등의 고도 분포를 실제 대기의 평균 상태와 비슷하도록 단순하게 나타낸 협정상의 기준대기를 말한다. 표준이 되는 기온분포를 정해 놓으면 표준기압이나 밀도의 수직분포도 구해지므로 편리하다. 현재 널리 사용되고 있는 표준대기는 ICAO(국제민간항공기구, International Civil Aviation Organization)가 채택하고 있는 국제표준대기이다.

표준온도는 온대지방의 해면상의 온도 15℃, 1표준기압은 해면상의 공기압력 1013.25hPa, 기온체감률은 고도 11km까지 6.5℃/km, 11～20km는 0.0℃/km(등온층), 20 ～ 32km는 −1.0℃/km, 권계면(圈界面)의 고도는 11km, 권계면 기온은 −56.5℃, 해면상의 공기밀도 1.225kg/m³, 중력가속도 980.665cm/s²이며, 그밖에 대기의 조성은 고도 80km까지 일정하고, 수증기를 포함하지 않는 건조공기라는 조건으로 되어 있다. 이렇게 규정한 대기 중에는 기온 · 기압 · 공기밀도가 각각의 고도와 관계식으로 표시되어 있고, 항공기의 성능비교 및 기압고도계의 수정 등의 기준이 된다.

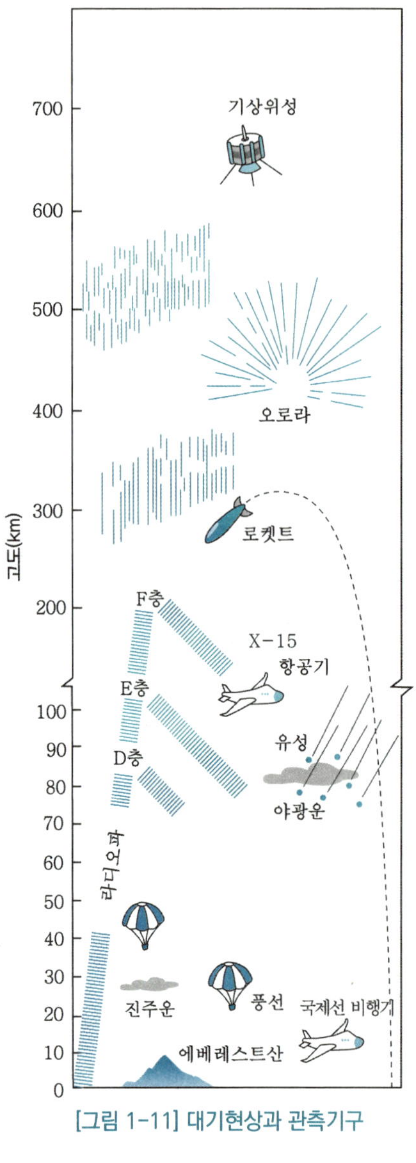

[그림 1-11] 대기현상과 관측기구

▣ 고도에 따라 나타나는 여러 가지 기상 현상과 관측 장비 및 실생활에서 이용되는 예를 알아보자

우리는 이 장에서 대기의 구조와 상태에 대해 알아보았다. 그런데 이렇게 대기권을 나누고 분석하는 까닭은 무엇일까? 그 이유는 대기권의 연구를 토대로 여러 가지 기상학적인 현상을 관찰하고, 이를 우리 실생활에서 활용하기 위함이다. 그렇다면 대기권의 높이에 따라서 어떠한 현상이 나타나는지 그림을 통해 알아보자.

[그림 1-11]을 보면 오로라는 약 200～600km에서 발생한다. 유성은 별똥별이라고도 하며 지구 밖의 우주 티끌이 지구의 중력으로 끌려 들어와 대기와의 마찰에 의해 대기권에서 타면서 발생하는 흔적으로서, 70～110km에서 눈에 보이기 시작한다. 야광운은 밤에 빛을 발하는 구름으로 지상 80km 부근에서 나타난다. 진주운은 새벽이나 일몰 때 진주 빛을 발하는 고위도

의 특이한 구름으로 지상 20～30km 부근에서 발생한다.

라디오파는 약 70～250km에서 반사 및 흡수(전리층)된다. 풍선을 띄워서 보내는 관측기구는 약 20～50km에서 떠다니며 관측하며, 국내선 비행기는 지상에서 약 8km에서, 국제선 비행기는 지상에서 약 11km에서 떠다닌다. X-15 항공기는 약 110km에서 날아다니고, 로켓 미사일은 약 300km까지 올라간다. 그리고 극궤도 위성과 정지궤도 위성은 지상으로부터 약 850km, 35,800km에서 각각 관측한다.

▣ 공기가 우리생활에 어떻게 이용되는지 알아보자

누구나 어렸을 적에 한번쯤은 해 보았을 비눗방울 놀이 외에도 공기는 우리 생활에서 다양하게 사용되고 있다. 과자봉지에 공기를 충전하여 충격에도 내용물이 부서지지 않도록 하고, 선물 포장 시에는 운반 도중 내용물의 파손되는 것을 방지하기 위해 에어캡을 넣는다.

여름철 해수욕에 사용하는 물놀이 튜브와 구명조끼, 그리고 체육활동에 사용하는 배구공, 축구공, 농구공 등은 모두 공기를 주입하여 활용하고 있는 것들이다. 바다 위에 떠있는 양식장이나 그물이 쳐 있는 위치를 알려주는 부표, 제주도 해녀들의 통 모두가 공기를 이용하여 물 위에 띠 있도록 한 것이다. 그 외에도 운동화 밑창에 뛰거나 달릴 때 충격을 흡수할 수 있도록 에어층을 넣어 제작하고 있다.

또한, 열기구가 하늘에 뜰 수 있는 이유도 가열로 따뜻해진 공기가 상승하기 때문에 가능한 일이며, 물속에서도 숨을 쉴 수 있도록 산소통을 메고 물속을 여행하는 스킨스쿠버 다이빙 역시 공기가 활용되는 예이다. 요즘에는 산소통 대신 공기 호스를 활용해 씨워커 등의 레저 활동도 즐기고 있다.

자동차에도 역시 공기를 활용한다. 바퀴에 공기를 충전함으로써 충격을 흡수하고 오랜 시간 동안 편안하게 이동할 수 있게 해줄 뿐만 아니라, 에어백의 활용으로 충돌 사고시 운전자와 탑승자의 안전을 보장한다.

오징어나 낙지의 빨판과 같이 공기압의 원리를 이용하여 만든 유리창에 인형을 붙일 때 쓰는 빨판도 있으며, 미용실에 있는 높낮이를 조절하는 의자 역시 공기압의 원리를 이용한 것이다. 자전거의 경음기는 공기가 들고 나갈 때의 소리를 이용한 것이며, 우리가 겨울철에 오리털 파카를 입는 것도 오리털 사이사이에 많은 공기덩어리가 존재해서 보온효과를 주기 때문이다.

이 밖에도 공기저항을 이용한 낙하산과 패러글라이딩 등이 있다.

재미있는 탐구활동(과자봉지 속의 공기)

실험 목적

• 공기가 부피를 가지고 있음을 이해한다.

실험 준비물

• 공기가 주입된 과자봉지, 공기가 주입되지 않은 과자봉지

실험 과정

① 공기가 주입된 과자봉지와 그렇지 않은 과자봉지에 충격을 가한다.

② 각 봉지의 내용물이 어느 정도의 충격에서 파손되는지 관찰한다.

실험 결과

① 어느 봉지가 같은 충격에서 덜 파손되는가?

② 왜 이러한 실험결과가 나타나는가?

재미있는 탐구활동(공기의 존재)

실험 목적

- 공기는 공간을 차지하고 있음을 이해한다.

실험 준비물

- 비닐봉지, 고무밴드, 송곳, 나무망치

실험 과정

① 비닐 주머니의 주둥이를 양손으로 잡고 크게 훑어본다.

② 부푼 비닐 봉지의 주둥이를 묶고 눌러본다.

③ 부푼 비닐 봉지의 한쪽을 송곳으로 뚫어본다.

④ 부푼 비닐 봉지를 나무 망치로 쳐본다.

실험 결과

① 비닐 봉지를 눌러보았을 때 어떤 느낌이 드는가?

② 비닐 봉지를 송곳으로 찌르면 부피가 어떻게 되는가?

③ 비닐 봉지를 나무망치로 때리면 어떻게 되는가?

④ 왜 이러한 현상이 나타나게 되었는가?

재미있는 탐구활동(떨어지지 않는 판자)

실험 목적

• 공기는 무게가 있음을 이해한다.

실험 준비물

• 신문지, 긴 판자(10×40cm)

실험 과정

① 책상 모서리 밖에 1/3 가량이 놓이도록 책상 위에 긴 판자를 놓는다.

② 책상 밖으로 나온 판자를 손으로 살짝 쳐 본다.

③ 판자 위에 신문지를 얹어 놓는다.

④ 판자를 손으로 살짝 쳐 본다.

⑤ 신문지를 접어 판자 위에 얹어 놓는다.

⑥ 판자를 손으로 살짝 쳐 본다.

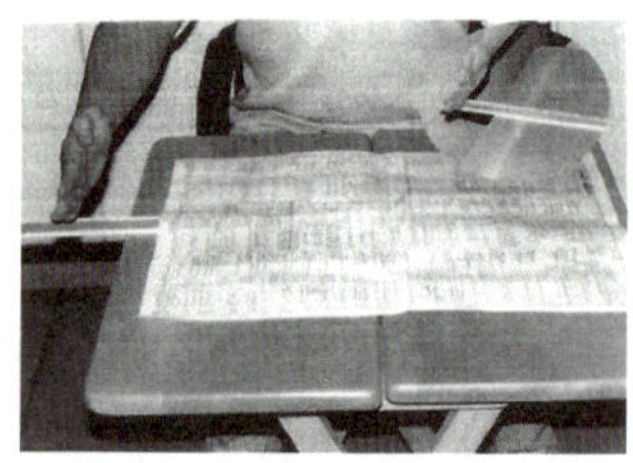

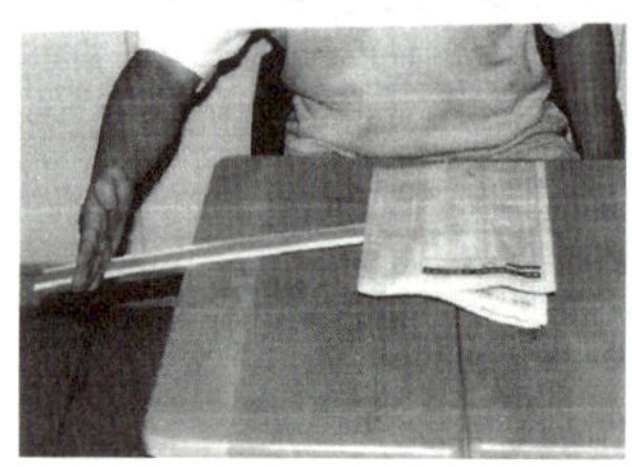

실험 결과

① 판자 위에 신문지를 얹지 않고 쳤을 때, 판자는 어떻게 되는가?

② 판자 위에 신문지를 얹고 쳤을 때, 판자는 어떻게 되는가?

③ 접은 신문지를 얹고 쳤을 때, 판자는 어떻게 되는가?

④ 신문지의 무게 때문에 판자가 떨어지지 않는 것인가?

⑤ 왜 이러한 현상이 나타나게 되었는가?

재미있는 탐구활동(나무토막 부러뜨리기)

실험 목적

- 공기는 무게가 있음을 확인할 수 있다.

실험 준비물

- 얇은 나무 도막(폭2~3cm/길이 70~80cm), 신문지 6매

실험 과정

① 나무 도막을 실험대 위에 놓고 한 쪽 끝이 20cm 정도 실험대 밖으로 빠져나오게 한다.

② 신문지 6매를 자 위에 한 장씩 펼쳐서 불규칙하게 놓는다.

③ 주먹으로 재빠르게 막대의 끝을 내리친다.

실험 결과

① 나무 도막 위에 신문지를 얹고 쳤을 때, 나무 도막은 어떻게 되는가?

② 왜 이러한 현상이 나타나게 되었는가?

재미있는 탐구활동(양팔 저울로 공기의 무게 비교하기)

실험 목적

• 양팔저울로 공기는 무게가 있음을 확인할 수 있다.

실험 준비물

• 동일한 크기의 플라스크, 고무마개, ㄱ자 유리관, 클램프, 고무관(각 2개씩), 양팔저울, 알코올램프, 삼발이, 고무풍선

실험 과정

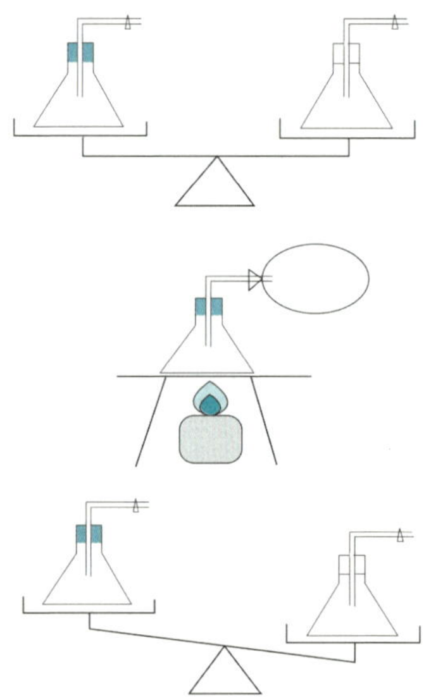

① 고무마개에 ㄱ자 유리관을 꽂고, 반대편 끝에 고무관을 연결하고 클램프를 단다.

② 유리관이 연결된 고무마개를 각각의 플라스크에 끼운다.

③ 두 플라스크를 양팔저울에 올려놓아 완전한 평형이 되도록 조정한다.

④ 한 쪽 플라스크를 삼발이 위에 올려놓고, 고무관 끝에 고무풍선을 단다.

⑤ 고무풍선을 단 플라스크의 클램프를 열고, 알코올 램프로 가열한다.

⑥ 어느 정도 고무풍선이 부풀어 오르면 클램프를 막는다.

⑦ 가열한 플라스크의 고무풍선을 빼고, 양팔저울에 올려놓는다.

실험 결과

① 가열한 후 두 플라스크는 어느 쪽으로 기울어졌는가?

② 부풀은 풍선 속의 공기는 어디서 이동한 것인가?

③ 평행이었던 두 플라스크 속의 공기 중에서 어느 것이 더 무거운가?

재미있는 탐구활동(물속에서도 젖지 않는 종이배)

실험 목적

• 공기도 부피를 가지고 있음을 이해할 수 있다.

실험 준비물

• 수조, 투명한 유리컵, 종이배, 물

실험 과정

① 유리컵 높이보다 수면이 높게 수조에 물을 채운다.

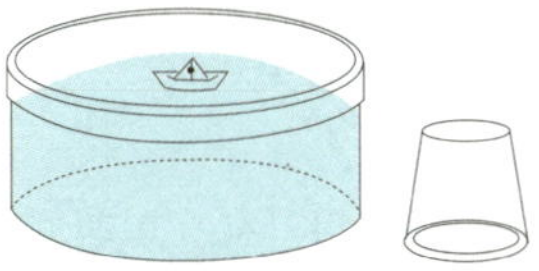

② 종이배의 돛 부분에 수성사인펜으로 점을 찍은 후, 물 위에 띄운다.

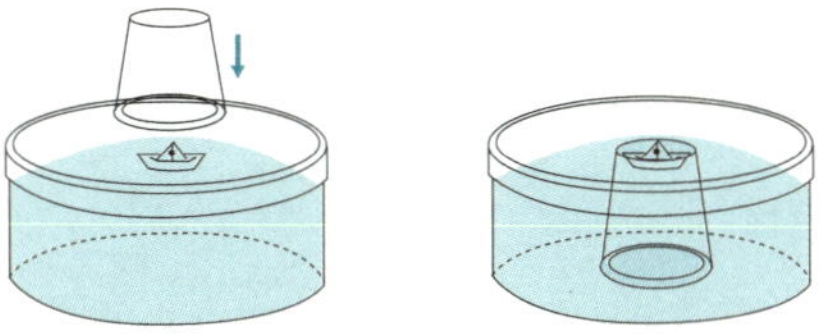

③ 유리컵 입구를 아래로 향한 채, 수면에 수직으로 종이배를 씌워 자연스럽게 물에 잠기도록 한다.

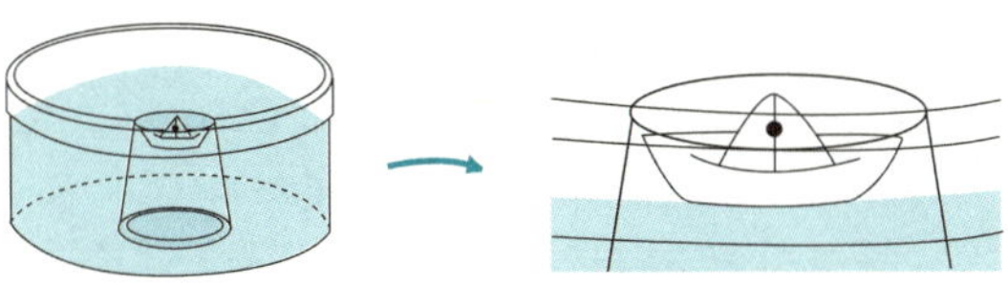

④ 유리컵 안의 종이배의 모습을 관찰한다.

실험 결과

① 종이배의 돛 부분에 어떠한 현상이 일어나는가?

② 왜 이런 현상이 일어나는지 적어보자.

재미있는 탐구활동(불어도 꺼지지 않는 촛불)

실험 목적

- 공기는 물체의 표면을 따라 흐르는 성질이 있음을 이해한다.

실험 준비물

- 깔때기, 양초, 성냥, 풀 또는 스카치테이프, 두꺼운 종이

실험 과정

① 두꺼운 종이를 반지름이 20cm정도이고 내각이 120°정도인 부채꼴의 모양으로 자른 다음 말아서 스카치테이프로 깔때기 모양을 만든다.

② 준비된 양초에 불을 붙인다.

③ 촛불을 제작된 깔때기의 정중앙에 위치시키고 깔때기 반대편에서 입김을 불며 촛불을 관찰한다.

실험 결과

① 촛불은 어떻게 되는가?

② 왜 이런 현상이 나타나는가?

재미있는 탐구활동(지구의 구조)

실험 목적

- 지구 내부를 지각, 맨틀, 외핵, 내핵을 구분해 본다.
- 지구를 둘러싸고 있는 대류권, 성층권, 중간권, 열권을 구분해 본다.

실험 준비물

- 두꺼운 켄트지(전지), 연필, 실, 자, 핀

실험 과정

지구 반지름(6400km)을 일정하게 축척 다음을 그려본다.

① 지구 내부(맨틀 2900km, 외핵 5100km, 내핵 6400km)를 같은 축척으로 그린다.

② 대류권을 지표에서 10km까지 같은 축척으로 그린다.

③ 성층권을 지표에서 50km까지 같은 축척으로 그린다.

④ 중간권을 지표에서 80km까지 같은 축척으로 그린다.

⑤ 열권을 지표에서 480km까지 같은 축척으로 그린다.

실험 결과

① 지구 내부와 외부의 크기를 비교해 보자.

② 대류권에서 일어나는 기상현상을 나열해 보자.

③ 성층권의 특징을 나열해 보자.

④ 오존층이 우리 생활에 미치는 영향을 설명해 보자.

⑤ 중간권의 특징을 나열해 보자.

⑥ 열권의 특징을 나열해 보자.

재미있는 탐구활동(대기권의 구조)

실험 목적

• 준비한 재료를 통해 쉽게 대기권의 상대적 높이를 알 수 있다.

실험 준비물

• 1000mL(1L) 눈금 실린더, 자갈 또는 모래(4가지 색)

실험 과정

※ 이것은 상대적인 비율이며 각 층이 시작되는 정확한 지점이 아니다

1. 실제 높이를 고려하여, 대기권 4개의 층(대류권, 성층권, 중간권, 열권) 의 상대적인 높이를 보여주기 위한 대기층의 구조 모형을 만들어라.
   (옆 그림과 표를 참고로 하여 구조 모형을 만들어 보자.)

〈대기층 구조 모형의 예〉

대기층	색상	두께	층의 꼭대기
대류권	색깔 1	15 mL	15 mL
성층권	색깔 2	45 mL	60 mL
중간권	색깔 3	45 mL	105 mL
열 권	색깔 4	895 mL	1000 mL

실험 결과

① 각기 다른 색깔이 나타내는 층은 무엇을 의미하는가?

② 대류권에 비교하여 성층권은 얼마나 두꺼운가?

③ 열권은 나머지 3개의 층을 합한 것에 비교하여 얼마나 두꺼운가?

④ 이 모형에서 구름, 에베레스트 산, 인공위성, 우주 왕복선은 각각 어디에서 찾을 수 있을 것이라 예상하는가?

⑤ 지구 크기의 반인 행성이 있다. 이 행성의 대기권을 예상해 보아라.

재미있는 탐구활동(공기 중의 산소량 측정)

실험 목적

• 성냥개비 머리의 연소 실험으로 공기 중에 들어 있는 산소의 부피비를 구할 수 있다.

실험 준비물

• 수조, 유리종, 메스실린더, 고무 밴드, 성냥, 양초, 성냥개비 머리, 철사, 널빤지, 고무마개, 점화기, 평평한 타일(5×5) 조각 2개

실험 과정

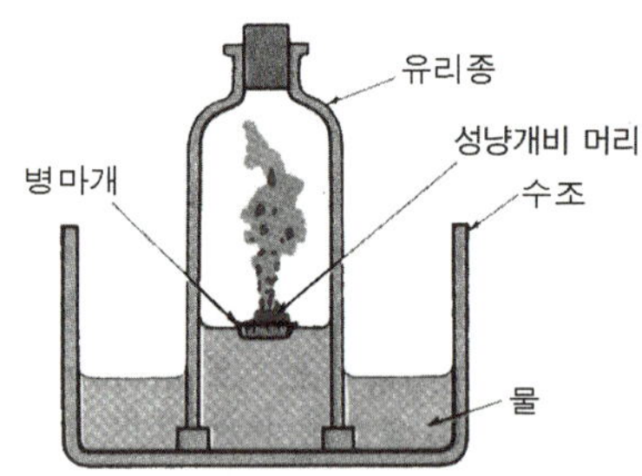

① 수조에 물을 1/3정도 넣고 성냥개비 머리 약 0.2g을 널빤지에 고정 시킨 병마개에 담는다.

② 병마개가 붙어 있는 널빤지 조각을 물 위에 띄운 다음 수조바닥에 평평한 타일을 두 개정도 깐다. 그리고 유리종으로 덮는다.

③ 유리종의 수면의 높이를 고무줄로 표시한 다음 점화기를 이용하여 성냥개비 머리에 불을 붙이고 공기가 들어가지 않도록 재빨리 유리종의 마개를 꽉 막는다. 성냥개비 머리가 어떻게 되는가 관찰하여 보자.

④ 시간이 지남에 따라 유리종 안은 어떤 현상이 나타나는가 관찰해 보자.

⑤ 성냥개비 머리의 연소가 끝나고, 연기가 걷힌 후 유리종 속의 수면의 높이를 고무줄로 표시하고, 유리종 속의 수면의 높이와 수조의 수면의 높이를 같게 한다.

⑥ 유리종의 마개를 열고 촛불을 유리종 속에 넣고 촛불이 어떻게 되는가 관찰하여 보자.

⑦ 수조에서 유리종을 꺼내어 거꾸로 하고 물을 부어 성냥개비 머리가 연소하기 전에 유리종 속에 들어 있던 공기의 부피와 연소 후에 들어 있던 공기의 부피를 측정하고 그 부피의 비를 구하자.

실험 결과

① 성냥개비 머리에 불이 붙으면 유리종 마개를 재빨리 닫는 까닭은 무엇인가?

② 시간이 지남에 따라 유리종 속은 어떤 현상이 나타나고 또 그 까닭은 무엇인가?

③ 성냥개비 머리의 연소 후 수조와 유리종 속의 물의 높이를 같게 하는 이유는?

④ 연소 후 줄어든 기체는 무엇일까?

⑤ 이 공기의 부피와 전체 공기에 대한 부피비를 구해보자.

연소 전 공기의 부피(mL)	연소 후 공기의 부피(mL)	줄어든 공기의 부피(mL)	부피비(%)

⑥ 공기 중의 산소량을 측정하는 다른 방법은?

재미있는 탐구활동(찌그러진 탁구공 펴기)

실험 목적

- 공기는 고온에서 부피가 증가한다는 사실을 현상을 통해 이해할 수 있다.

실험 준비물

- 찌그러진 탁구공, 뜨거운 물, 찬물, 수조

실험 과정

① 찌그러진 탁구공을 찬물에 넣어본다.

② 찌그러진 탁구공을 뜨거운 물에 넣어본다.

③ 어떤 경우에 탁구공이 펴지는지 관찰한다.

실험 결과

① 어떠한 현상이 일어나는가?

② 왜 이런 현상이 일어나는지 적어보자.

재미있는 탐구활동(포개진 유리컵 빼기)

실험 목적

• 온도가 높아지면 공기의 부피가 증가한다는 사실을 이해할 수 있다.

실험 준비물

• 유리컵, 따뜻한 물, 수조

실험 과정

① 따뜻한 물을 준비한다.

② 포개진 유리컵의 밑부분을 따뜻한 물에 담근다.

③ 유리컵을 관찰한다.

실험 결과

① 어떠한 현상이 일어나는가?

② 왜 이런 현상이 일어나는지 적어보자.

재미있는 탐구활동(분수)

실험 목적

• 온도가 올라가면 공기의 부피는 팽창한다는 사실을 이해할 수 있다.

실험 준비물

• 주름빨대(굵은 것), 페트병(뚜껑이 있는 것), 클립 또는 양면 테이프, 바늘, 핸드 드릴과 6mm의 드릴날 또는 송곳

실험 과정

① 페트병 뚜껑을 핸드 드릴이나 송곳을 이용하여 빨대가 꼭 맞게 구멍을 뚫는다.

② 뚫린 구멍에 빈틈없이 빨대를 끼운다. 빈틈이 있으면 빨대와 페트병 사이에 테이프로 단단히 감아준다.

③ 빨대가 바닥에 닿을 정도로 길이를 조절한다.

④ 빨대의 주름부분을 직각으로 꺾어 가운데를 바늘로 구멍을 뚫는다.

⑤ 페트병에 바닥에서 5cm정도만큼 찬물을 넣고 끝을 공기가 통하지 않게 구부려 테이프나 클립으로 고정한다.

⑥ 뜨거운 물에 2/3 정도 담근다.

실험 결과

① 어떠한 현상이 일어나는가?

② 왜 이런 현상이 일어나는지 적어보자.

재미있는 탐구활동(떨어지지 않는 컵)

실험 목적

• 주위로부터 온도의 영향을 받아 공기의 부피가 작아지는 원리를 이해할 수 있다.

실험 준비물

• 같은 크기의 컵 2개(투명한 합성수지 컵이 좋다), 엽서 또는 두꺼운 종이, 뜨거운 물(데지 않을 정도의 온도)

실험 과정

① 엽서 한가운데에 지름 3cm정도의 구멍을 뚫고 물에 적신다.

② 2개의 컵에 뜨거운 물을 담았다가 버린다.

③ 한 쪽 컵 위에 재빨리 엽서를 얹고 그 위에 다른 컵을 엎어놓는다.

④ 15초 정도 지난 뒤에 위에 있는 컵을 잡고서 천천히 들어 올리면 아래의 컵도 함께 따라 올라온다.

실험 결과

① 어떠한 현상이 일어나는가?

② 왜 이런 현상이 일어나는지 적어보자.

재미있는 탐구활동(페트병 찌그리기)

실험 목적

- 공기는 압력이 높은 곳에서 낮은 곳으로 이동한다는 사실을 실험을 통해 이해할 수 있다.

실험 준비물

- 페트병, 뜨거운 물

실험 과정

① 페트병을 준비한다.

② 따뜻한 물을 빈 병에 넣는다.

③ 병이 따뜻해지면 물을 따라 낸 다음 재빨리 뚜껑을 닫는다.

④ 병의 변화를 관찰한다.

실험 결과

① 어떠한 현상이 일어나는가?

② 왜 이런 현상이 일어나는지 적어보자.

재미있는 탐구활동(풍선의 변화)

실험 목적

• 기체는 열을 얻으면 부피가 늘어나고 열을 잃으면 부피가 줄어든다는 사실을 알 수 있다.

실험 준비물

• 풍선, 주전자, 더운물, 찬물, 유리수조

실험 과정

① 풍선을 불어 묶는다.

② 더운물을 풍선에 부어본다.

③ 다시 찬물을 풍선에 부어본다.

④ 각각의 경우에 풍선의 크기가 어떻게 되는지 관찰해 보자.

실험 결과

① 어떠한 현상이 일어나는가?

② 왜 이런 현상이 일어나는지 적어보자.

재미있는 탐구활동(공기가 우리생활에 이용되는 예)

실험 목적

1. 공기가 우리 생활에 어떻게 이용되는지 알 수 있다.
2. 탐구활동을 통해 우리 생활에서 공기의 중요성을 올바로 설명할 수 있다.

실험 준비물

- 펜, 종이, 카메라

실험 과정

① 우리 생활에서 공기가 이용되는 예를 찾아보자.

② 공기의 어떠한 성질이 이용되고 있는지 그림이나 글로 설명해 보자.

③ 이 외에도 공기가 어떻게 활용되는지 주변에서 찾아 사진으로 촬영하여 보자.

실험 결과

① 우리 주변에서 공기가 어떻게 활용되고 있는가? 생각나는 대로 모두 적어보자.

② 공기의 어떠한 성질을 이용하고 있는지 각각의 예를 설명하여 보자.

③ 이 외에도 공기가 어떻게 활용되는지 주변에서 찾아 사진으로 촬영하여 보자.

④ 촬영한 사진들을 정리하여 공기가 이용되는 예를 포트폴리오로 작성해 보자.

⑤ 위의 활동으로 무엇을 알 수 있었는가?

제 2 장 태양 에너지와 기온

날마다 낮에는 보이고 밤에는 보이지 않는 태양. 늘 이루어지는 일이다 보니 단지 따스한 햇볕과 어둠을 밝혀주는 역할만을 할 것이라 여길 뿐 크게 신경 쓰지 않았을 것이다. 하지만 태양은 지구의 기후를 좌지우지 한다고 보아도 무방하다. 태양에 의해 바람이 만들어지고, 기단이 형성되는 등 기상현상에 지대한 영향을 주기 때문이다. 그 뿐만 아니라 위도와 지역에 따라 태양 복사 에너지양이 다르기 때문에 식생과 우리의 생활에도 큰 영향을 끼친다.

그래서 이 장에서는 과연 태양이 어떠한 성질을 가지고 있으며, 어떠한 영향을 끼치는지를 알아보고, 덧붙여 기온에 대해서도 다루고자 한다.

▣ 에너지란 무엇인가?

에너지란 용어는 생활에서 많이 사용되고 있지만 그 추상적인 개념을 파악하는 것은 쉽지 않다. 일반적으로 에너지란 일을 할 수 있는 능력으로서 일과 에너지는 밀접한 관계를 가지게 된다. 어떤 물체에 일을 해주면 그 물체의 에너지가 증가하고 반대로 에너지가 일로 바뀔 수도 있다. 이러한 전환이 일어나기 위해서는 어떤 장치가 필요하며, 에너지의 크기는 실현된 일의 양으로 잴 수 있다.

에너지에 의해 발생하는 일에는 보통 물체를 움직이는 것만 생각하기 쉽다. 하지만 우리가 먹는 음식이나, 높은 곳에 있는 물, 해변의 파도 등 일상 생활에서도 그 예를 찾아볼 수 있다.

에너지의 여러 가지 형태는 대략 다음과 같다. 운동하는 물체가 지니는 운동에너지, 뜨거운 증기나 연소된 석유가 지니는 열에너지, 핵이 가진 핵에너지, 발전기를 가동하여 가정에 공급되는 전기에너지, 태양에서 오는 태양에너지 등이 그것이다.

이러한 여러 가지 에너지를 설명하는 것은 보통 위치에너지와 운동에너지로부터 출발한다.

위치에너지란 물체의 '위치'에 따라 갖게 되는 에너지를 말한다. 어떤 기준면보다 높은 곳에 있는 물체는 그 기준에 대해 상대적인 위치에너지를 갖는다. 따라서 위치에너지는 높이에 비례한다. 운동에너지는 물체의 '움직임'과 관련이 있다. 운동하는 물체는 속력에 대해 에너지를 갖는다. 따라서 질량이 같은 물체라고 하더라도 속력이 빠를수록 더 큰 운동에너지를 갖게 되는 것이다. 운동에너지는 원자 차원에서도 관찰할 수 있다. 모든 물체는 원자와 분자로 이루어져 있으며, 그것들은 항상 운동한다. 이러한 운동 때문에 물체 안의 원자와 분자도 에너지를 갖게 된다. 예를 들어, 그릇에 담긴 물을 불 근처에 두면 그 물이 따뜻해지는 것을 볼 수 있다. 이것은 불에서 비롯된 열이 물분자의 진동을 빠르게 하여 에너지를 갖게 된 것이다.

위치에너지와 운동에너지, 이 두 에너지가 전환하는 모습은 수력 발전소에서 높은 곳에 있는 물을 낙하시켜 발전기를 돌려 전기를 얻는 것에서 찾아볼 수 있다. 높은 곳에 있는 물은 그 높이만큼의 위치에너지를 갖고 있으며, 물이 낙하하면서 줄어드는 위치에너지만큼 발전기를 돌리는 일로 바뀌게 된다. 발전기가 돌아가면서 운동에너지를 갖게 되고, 이를 통해 전기를 얻게 되는 것이다.

▣ 난로를 만지면 왜 뜨거운가?

우리가 뜨겁다, 혹은 차갑다 등으로 느끼는 것은 온도와 열, 그리고 에너지와 관련이 있다. 특히, 이러한 뜨겁고 차가운 정도의 기준을 정해 측정하는 것을 온도라고 하며, 보통 온도를 재는 기구로 온도계를 사용한다. 또한, 온도는 어떤 물질의 원자나 분자의 평균적인 운동에너지를 측정하는 것이 되기도 한다. 물질이 에너지를 가지면 입자가 더 빨리 움직이게 되고, 온도는 올라간다. 반대로 에너지를 잃으면 원자나 분자와 같은 입자들은 천천히 진동하여 물질의 온도가 낮아진다.

난로에 손을 대면 난로의 열이 손으로 전달된다. 이것은 난로가 손보다 따뜻하기 때문이며, 반대로 얼음에 손을 대었을 때 열이 손에서 얼음으로 전달되는 것도 같은 원리이다. 이렇듯 두 물체 간 또는 환경 속에서 온도차에 의해 출입하는(이동하는) 에너지를 열이라고 말할 수 있다. 열은 온도가 높은 곳에서 낮은 곳으로 이동한다. 두 물체 간 온도의 차이가 없으면, 열의 흐름은 중단된다.

물체가 열을 흡수하면 그 물질의 내부 에너지는 증가하고, 분자들의 운동이 활발해진다. 찬물이 담긴 큰 그릇에 따뜻한 물을 담은 병을 넣어두었다고 생각해보자. 따뜻한 물이 가진 운동에너지는 찬물이 가지고 있는 에너지보다 크다. 각각의 분자들이 병을 사이에 두고 충돌하여, 빠른 분자는 느려지려고 하고 느린 분자는 빨라지려고 하는 경향을 가진다. 다른 에너지를 고려하지 않았을 때, 각 액체의 분자들의 평균 속도는 거의 비슷해진다. 이 예를 통해 에너지가 따뜻한 물에서 찬물 쪽으로 흐른다는 것을 알 수 있다. 따라서 열은 어느 한쪽에서 다른 한쪽으로 전달되는 물질 내부의 에너지라고 할 수 있으며, 이러한 흐름은 온도차에 의한 것이다.

▣ 열이 전달되는 방식에는 어떤 것이 있는가?

서로 다른 온도의 물질을 접근시키면 따뜻한 것은 차갑게 될 것이고, 차가운 것은 더 따뜻해질 것이다. 이러한 에너지의 이동, 즉 열의 흐름은 전도, 대류, 복사의 세 가지 방식으로 이루어진다.

전도는 대부분 고체 또는 대류가 일어나지 않는 액체나 점성체가 직접 맞닿아있을 때, 매질을 통해 열을 전달받는 것을 말한다. 간단한 예로 뜨거운 물에 쇠젓가락을 담가두고 시간이 흐른 뒤 쇠젓가락을 만지면 뜨거워지는 것을 볼 수 있다. 지표와 공기의 각 표면간의 직접 접촉에 의한 열의 이동 역시 전도에 의해 이루어지는 것이다.

대류는 흐름이 있을 때, 열이 직접 전달되기보다는 흐름에 의해 전달되는 것을 말한다. 냄비에 물을 넣고 끓이면 냄비 바닥의 물은 가스 불에 의해 먼저 뜨거워진다. 물은 분자간의 수소결합에 의하여 공간이 많기 때문에 전도성이 약하므로, 바닥에서 먼저 뜨거워진 물이 아직 뜨거워지지 않은 윗부분의 물을 전도에 의해 뜨겁게 하는 것이 아니다. 열을 받은 냄비 바닥의 물은 열팽창에 의해 밀도가 상대적으로 작아지므로, 밀도차에 의해 찬물이 아래로 내려오고 뜨거운 물이 위로 올라가는 흐름을 갖게 되어 물이 골고루 따뜻해진다. 라면을 끓일 때, 가스렌지 불꽃 모양을 따라 냄비 가장자리에서는 거품이 올라오고 가운데서는 가라앉는 것을 볼 수 있는 데, 이런 것이 대류의 예이다. 지구상에서는 보통 대기나 해수의 순환에서 볼 수 있다. 대류를 통해 적도지방의 지표면의 심한 가열과 극지방의 지표면의 심한 냉각에 의해 발생한 대기나 해수의 순환으로 저위도의 열이 고위도로 이동하게 된다.

복사는 매개물 없이, 즉 허공중에 열이 전달되는 것이다. 따라서 복사는 전자파의 형태로 진공상태에서 유일하게 열을 전달할 수 있는 방법이다.

▣ 태양에너지는 우리에게 어떤 방식으로 도달될까?

태양에너지는 태양으로부터 지구까지 우주 공간을 통과해 온다. 즉, 태양에서 지구로 오는 태양 에너지는 매질의 도움 없이 복사의 방법으로 전달되는 것이다. 따라서 우리는 이러한 태양에너지를 태양복사에너지라고 한다.

태양복사에너지는 파장이 긴 것부터 장파, 중파, 단파, 극초단파, 적외선, 가시광선, 자외선, X선, 감마선으로 구성되어 있다. 이 모든 것이 합쳐져 흰 빛으로 보이는 것이다.

이 중에서 파장이 짧은 감마선과 X선은 분자 자체의 결합이 강해서 진동수가 큰 N_2, O_2, O_3에 의해 대기 상층부에서 먼저 흡수되고, 자외선은 파장이 짧아 투과력은 우수하지만 주로 O_3에 의해 흡수된다. 마찬가지로 파장이 긴 적외선은 분자자체의 진동수가 적은 CO_2, H_2O에 의해 흡수되고, 진동수가 일치하는 대기 분자가 없는 가시광선만이 대기에 흡수되지 않고 지표까지 도달한다. 그렇기 때문에 가시광선은 외부의 별빛을 바라보는 창의 역할을 담당하며, 모든 생명의 에너지원이 된다.

▣ 태양이 방출하는 복사 에너지량은 얼마나 될까?

태양이 방출하는 복사 에너지의 총량을 구하는 것은 태양과 지구 사이의 거리를 이용한다. 태양과 지구사이에는 태양에너지를 흡수하는 물질이 거의 없다. 태양에서 지구사이의 거리(r)를 반지름으로 하는 커다란 구가 있다고 가정할 때, 이 가상적인 구의 면적($4\pi r^2$)에 태양상수(I, 약 2cal/cm^2 · min)를 곱한 값이 바로 태양이 방출하는 복사 에너지양이 되는 것이다. 그것을 식으로 나타내면

$$L = 4\pi r^2 \cdot I$$

라는 식이 나온다. 태양상수의 정의는 다음 설명에 있다.

▣ 지구가 받는 태양 복사 에너지량은 얼마나 될까?

지구에는 얼마나 많은 양의 태양 복사 에너지가 도달하는 것일까?

지구 대기의 바깥쪽에서 태양광선에 직교하는 단위 면적(1cm^2)이 단위 시간(1분)동안 받는 태양 복사 에너지의 양을 측정해 평균값을 내었을 때, 이 값을 태양상수라고 하며,

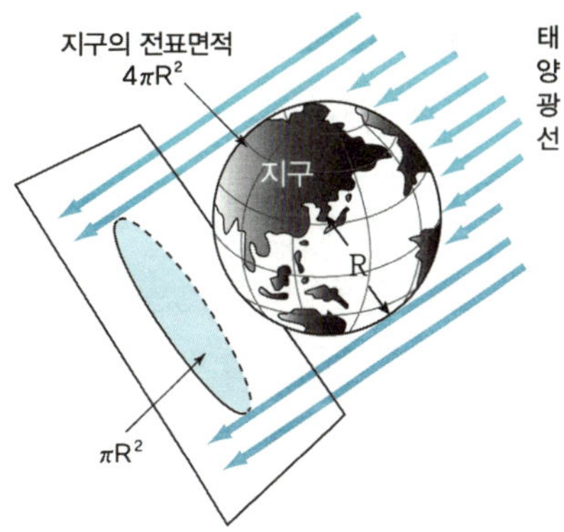

[그림 2-1] 지구가 받는 태양 복사 에너지량

약 2cal/(cm² · min)가 된다. 이 값은 지구가 받는 태양 복사 에너지량을 구하는 데 사용할 수 있다.

지구의 반지름을 R이라고 하였을 때, [그림 2-1]에서 보는 것과 같이 태양 복사 에너지를 수직으로 받는 지구의 면적은 πR^2이 된다. 그러므로 지구 전체가 1분 동안 받는 태양 복사 에너지량은 $\pi R^2 \cdot I$(cal/min)으로, 태양이 매초 방출하는 엄청난 복사 에너지(4×1026J/s) 중 20억 분의 1정도만이 지구에 도달하는 것이다.

이 에너지는 지구 전체에 들어온 양이므로, 이 값을 지구 전체의 표면적인 $4\pi R^2$으로 나누면, 지표면 1cm²당 1분 동안 받는 태양 복사 에너지의 양은 다음과 같다.

$$\frac{2\pi R^2 cal/\mathrm{min}}{4\pi R^2 cm^2} = 0.5cal/(cm^2 \cdot \mathrm{min})$$

▣ 알베도란 무엇인가?

지표면이 태양으로부터 오는 에너지를 모두 흡수하는 것은 아니다. 지구에 입사한 태양빛은 행성의 대기나 지면에서 일부 흡수되지만 나머지는 1회 이상의 산란이나 반사를 거쳐 외계로 되돌아가게 된다. 이때 되돌아가는 빛의 총량을 입사한 빛의 세기로 나눈 수치가 바로 알베도이다. 일반적으로 빛은 지면과 같은 고체에서는 주로 흡수되지만 대기 속에서는 주로 산란되기 때문에 대기를 가지는 행성의 알베도는 대기가 없는 천체보다 훨씬 크다.

따라서 지구의 알베도란 지구가 태양 복사 에너지를 반사시킨 정도를 나타내며, 지구에서는 대기 밖에 도달하는 태양에너지 중 약 30%가 우주 공간으로 반사되어 돌아간다. 또한 이것은 지표의 상태나 계절에 따라 달라지는데, 주로 지표상에 덮여 있는 눈이나 구름의 양에 의해 영향을 받는다.

▣ 왜 여름에는 날씨가 덥고 겨울에는 추워지는가?

우리들은 사계절이 규칙적이고 반복적으로 나타나는 현상임을 알고 있다. 봄이 오면 꽃이 피고, 여름이 되면 지루한 장마와 무더운 날씨가 계속되며, 가을이 되면 풍요로운 들판과 단풍잎으로 물든 산천을 볼 수 있고, 겨울이 되면 하얀 눈이 내린다는 것을 알고 있다. 또 여름은 덥고 겨울은 춥다는 사실도 알고 있다. 그럼 이런 봄, 여름, 가을, 겨울의 계절변화는 왜 생기는 걸까? 왜 여름은 덥고, 겨울은 추운 것일까?

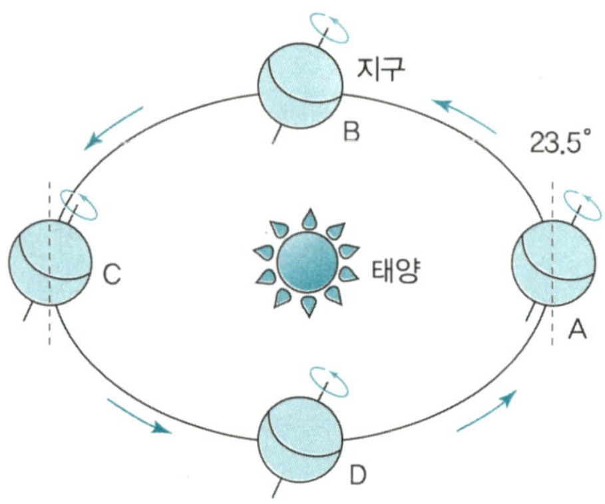

[그림 2-2] 계절의 변화

[그림 2-2]에서 볼 수 있듯이 지구의 위치에 따라 A는 겨울, B는 봄, C는 여름, D는 가을이 된다. 이처럼 계절변화는 지구가 자전축이 기울어져 태양 주위를 공전하는 2가지 요인의 동시작용으로 일어나는 것이다. 이것은 두 가지 요인 중 한 가지 현상만 나타난다면 계절변화는 일어나지 않는다는 것을 의미한다. 위의 2가지 요인에 의해 같은 지역에서 계절에 따라 태양의 고도차가 생기는 것은 물론 연교차 및 밤・낮의 길이가 변화하는 현상이 나타나는 것이다.

▣ 관련된 법칙에는 어떠한 것들이 있는가?

모든 물체는 복사에너지를 방출한다. 특히 입사된 모든 에너지를 모두 흡수하고, 흡수된 모든 에너지를 완전히 방출하는 이상적인 물체를 흑체라고 한다. 완전한 흑체는 실제로 존재하지 않지만, 태양과 같이 흑체에 가까운 물체는 많다.

이러한 흑체가 방출하는 복사를 흑체복사라 하며, 흑체복사의 성질(에너지의 크기, 파장)과 흑체의 온도 사이에는 간단한 관계가 성립된다.

① 플랑크 곡선

흑체가 방출하는 복사에너지의 크기는 온도에 따라 달라진다. 태양 복사 에너지의 분포 곡선이 6,000K의 흑체가 복사하는 곡선과 거의 일치하므로, 태양은 표면 온도가 약 6,000K인 흑체임을 알 수 있다. 이와 같이 플랑크 곡선은 주어진 온도에 대한 파장의 함수로 흑체 복사의 스펙트럼을 나타낸 것으로서, 각 파장에서 흑체가 방출하는 파동의 총 에너지는 온도에 따라 다르다는 것을 보여준다.

고체나 기체 내에서 어떤 분자나 원자들은 스스로 진동하거나 또는 충돌에 의해 공간을 다양한 속도로 운동하며 이동하는데, 고온의 기체에서는 원자들 상호간의 충돌이 많기 때문에 모든 가능한 에너지를 갖는 파동, 즉 모든 파장의 파동을 발생시키게 된다. 그러므로 고온의 흑체가 저온의 흑체보다 모든 파장에서 더 많은 에너지를 방출한다.

또한, 온도가 높을수록 보다 짧은 파장에서(진동수가 클수록 광자당 에너지가 크다) 상대적으로 많은 에너지를 방출한다.

정리해 보면, 플랑크 곡선은 온도가 높을수록 최대에너지를 나타내는 파장이 점점 짧아지는 쪽으로 이동하고, 곡선의 밑면적은 점점 증가한다. 이러한 플랑크 곡선을 이용하여 빈의 변위 법칙이나 슈테판-볼쯔만의 법칙 등을 유도할 수 있다.

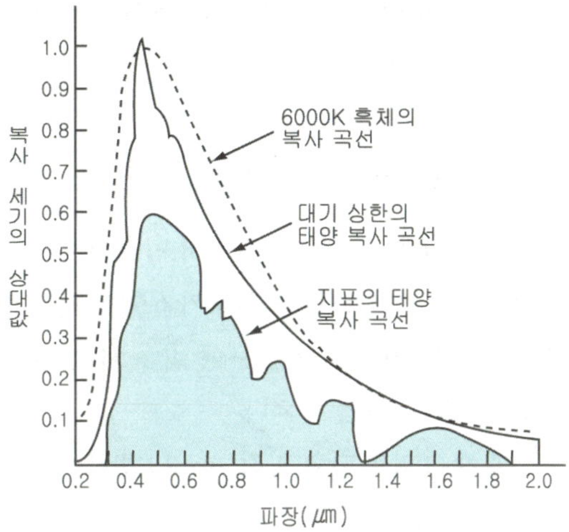

[그림 2-3] 태양 복사 에니지의 피장별 분포

② 빈의 변위 법칙

온도가 높은 흑체일수록 최대 복사 에너지를 방출하는 파장은 짧아진다. 옆의 그림에서 볼 수 있듯이, 태양 복사는 그 파장의 범위가 약 0.2∼4㎛이며, 최대 에너지는 약 0.5㎛ 부근에서 나타난다. 이것은 가시광선 영역으로, 전체의 약 43%를 차지한다. 이보다 파장이 짧은 쪽은 자외선으로 약 7% 가량을 차지하며, 나머지 적외선, 전파 등 파장이 긴 부분이 49%정도를 차지하고 있다.

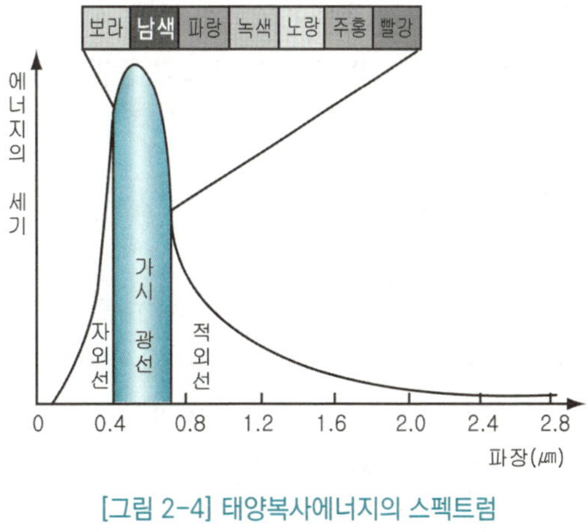

[그림 2-4] 태양복사에너지의 스펙트럼

절대온도가 T인 흑체가 복사에너지를 최대로 방출하는 파장 λ_{max}는 다음과 같다.

$$\lambda_{max} = \frac{a}{T}$$

여기서 비례 상수 a의 값은 2,898㎛K이다.

빈의 변위법칙은 가열하는 물체의 온도가 높아질수록 빨간색에서 파란색으로 변화하는 것으로 확인할 수 있다.

③ 슈테판-볼츠만의 법칙

흑체 표면의 단위 면적에서 방출되는 에너지는 흑체 표면의 절대온도의 4제곱에 비례한다. 예를 들어, 표면 온도가 6,000K인 태양과 표면 온도가 288K인 지구를 비교해보면, 태양의 표면온도가 지구에 비해 약 20배 정도 높기 때문에 태양이 지구의 160,000배 이상의 에너지를 갖게 된다.

흑체 표면의 단위 면적($1m^2$)당 방출하는 에너지를 구하는 공식은 다음과 같다.

$$E = \sigma T^4$$

여기에서 E는 복사 에너지량을 말하며, 비례상수 σ의 값은 $5.67 \times 10^{-8} W/m^2K^4$이다. T는 흑체 표면의 절대온도로서, 이는 별의 수명을 좌우하는 중요한 요인이 된다. 표면온도가 높으면 연료의 소비가 온도의 증가보다 훨씬 높다는 것을 짐작할 수 있다.

▣ 지구복사에너지란 무엇인가?

지구는 태양과 마찬가지로 지구 복사 에너지를 끊임없이 방출하고 있다. 다만, 태양의 경우에는 복사 에너지의 약 절반가량이 가시광선 영역에 있으나, 지구의 경우에는 복사 에너지의 약 95%가 적외선 영역에 속하는 2.5～25㎛ 파장대에 집중되어 있다.

지구가 방출하는 복사 에너지는 10㎛ 부근에서 최고값을 가진다. 따라서 태양은 지구에 비해 주로 단파 복사를 하는 데 반해, 지구는 파장이 긴 영역에서 복사 에너지를 방출하는 장파 복사를 한다.

▣ 대기 중의 기체는 어떤 성질이 있을까?

기체들은 종류에 따라 각기 특정 파장의 복사 에너지만을 흡수하는 성질을 가지며, 이것을 선택 흡수라고 한다. 기체분자들은 자체적으로 진동하기 때문에 각각에 알맞은 파장의 전자파를 흡수한다. 예를 들어, 오존 분자는 파장 0.3㎛ 이하의 자외선은 거의 흡수하지만 파장이 긴 가시광선은 대부분 통과시킨다. 또한 적외선 영역의 지표 복사와 적외선 영역의 태양 복사는 대기 중의 H_2O, CO_2 등의 성분이 흡수하게 된다. 이 중에서 대체로 8㎛ 이하의 파장은 CO_2 등이 흡수하고, 12㎛ 이상의 파장은 CO_2와 H_2O가 흡수하게 된다. 따라서 8～12㎛파장 부분의 복사 에너지는 흡수되지 않고 지표면으로(또는 우주공간으로) 통과하게 되는데, 이를 대기의 창이라 한다.

▣ 온실효과(greenhouse effect)란 무엇일까?

만약 대기가 없었다면 지표의 온도는 매우 낮았을 것이다. 하지만 대기의 영향으로, 지구를 비롯하여 대기를 갖는 행성은 따뜻하게 유지될 수 있으며, 이러한 대기의 역할을 대기의 온실 효과라고 한다.

지구로부터 방출되는 복사 에너지 가운데 일부는 대기의 창을 통해 직접 외계로 빠져나가지만, 대부분은 수증기와 CO_2 및 그 밖의 대기 중의 많은 기체들에 의해 흡수된다. 이 에너지가 대기의 온도를 높인 다음, 일부는 외계로 빠져나가고 나머지는 지표면으로 다시 방출된다. 이렇게 지표로 방출된 에너지는 지구를 높은 온도로 유지하게 한다. 지표면은 대기에서 방출된 복사 에너지를 흡수하여 온도가 상승하게 되고, 다시 이를 대기로 방출한다. 대기 하층의 온도는 지구상에 사는 생물체와 기상 변화에 매우 중요한다. 따라서 이러한 대기가 존재하지 않았다면, 지구에는 인간이나 다른 생명체가 살 수 없었을 것이다.

대기의 온실효과는 유리 온실에서 일어나는 것과 비교해서 생각해볼 수 있다. 태양이 방출하는 단파 복사 에너지(주로 가시광선)는 온실 유리(대기)를 통과하여 온실 내부의 벽이나 지면에 흡수된다. 햇빛을 받아 가열된 온실 내부의 지면과 벽에서 방출되는 에너지는 파장이 긴 적외선 영역이므로 온실의 유리(대기 중의 이산화탄소나 물분자등)를 뚫고 온실 밖으로 나오지 못한다. 따라서 온실 내부의 온도가 상승하게 되어 온실 안은 따뜻해지는 것이다.

다음 그림과 같은 실험을 통해 온실효과를 알아보기로 하자.

그림처럼 두 장의 셀로판 종이를 이중으로 장치하면, ㉠의 윗면(셀로판 X)을 투과한 태양빛(가시 광선)이 ㉡의 윗면(셀로판 Y)도 투과하게 된다.

셀로판 Y에 의한 반사 및 자체 흡수 효과는 상대적으로 매우 작으므로 무시하면, ㉠, ㉡을 통과하는 가시광선의 양은 거의 같게 된다.

상자 속의 기온이 상자 밖보다 높아지는 이유는 상자의 내부 벽면과 상자의 밑바닥 그리고 일부이지만 셀로판지에 의한 열복사 때문인데, 이것이 바로 셀로판지에 의한 온실 효과이다.

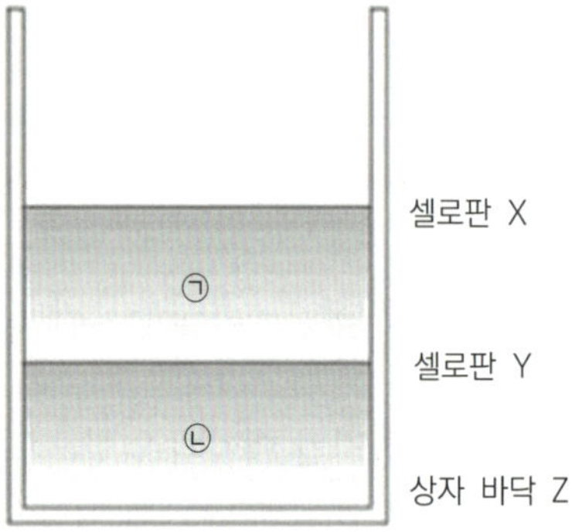

[그림 2-5] 온실효과

㉠, ㉡에서 상자의 내벽에 의한 열복사는 거의 같은 비중을 차지한다. 그런데 ㉠을 채운 공기의 온도와 ㉡을 채운 공기의 온도가 다른 이유는 셀로판지(주로 Y)와 상자 바닥의 성질이 다르기 때문이다. 셀로판지와 상자 바닥 모두 뜨거워지지만 상자 바닥에 의한 2차 열복사(=열선=적외선)의 양이 훨씬 많으므로 ㉡의 온도가 ㉠의 온도보다 높은 것이다.

▣ 지구의 온도가 더 이상 올라가지 않는 이유는?

지구의 평균 온도는 약 15℃로 유지된다. 이는 지구 전체적으로 볼 때, 태양으로부터 받는 에너지량과 같은 양의 지구 복사 에너지를 방출하여 복사 평형을 이루고 있기 때문이다.

[그림 2-6]은 태양에서 들어오는 복사 에너지량을 100%라고 할 때, 에너지의 전달과 복사가 어떻게 일어나고 있는지를 보여준다.

지구에 입사되는 태양 복사 에너지의 30%는 우주 공간으로 반사되며, 이를 지구의 반사율 또는 알베도라고 한다. 이때 지역에 따라 반사되는 양은 차이가 있으나, 평균적으로 구름에 의한 반사가 20%이고, 지표에 의한 반사가 4%, 대기에서의 산란에 의해 6%가 반사 된다. 따라서 실질적으로 지구가 받는 태양 복사 에너지량은 70%이다.

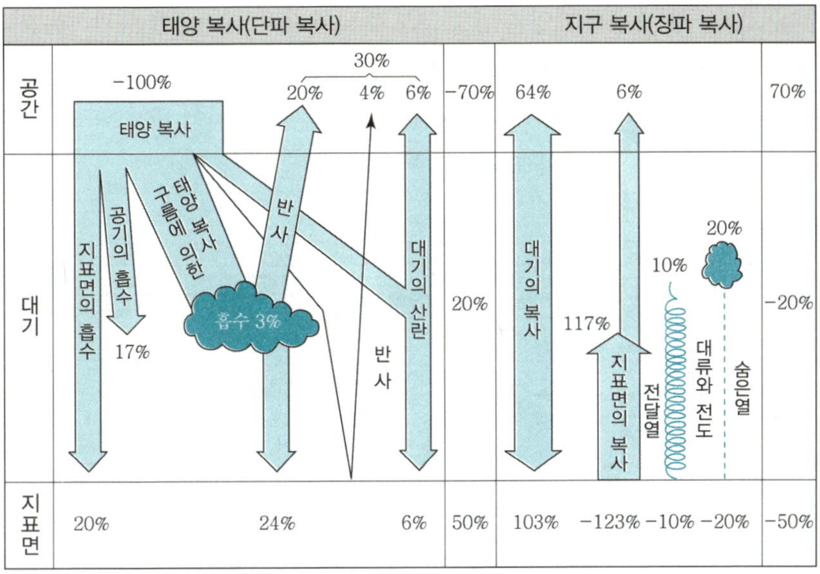

[그림 2-6] 복사 평형

이 중에서 대기에서 흡수하는 것이 20%이며, 나머지 50%만이 지표에 흡수된다.

한편, 지구 복사는 지표면에서 123%의 복사에너지가 방출되는데, 이 중 6%는 직접 외계로 나가고, 117%는 대기 중으로 복사된다. 대기 중으로 복사되는 양 중에서 103%가 대기에서 지표로 재복사 되므로, 결국 14%의 에너지가 지표에서 대기로 들어가는 셈이 된다. 또한 복사의 형태는 아니지만 대류와 전도에 의해 10%, 수증기의 숨은열(잠열)에 의해 20%의 에너지가 지표면에서 대기로 들어간다. 이렇게 해서 지표면으로부터 대기에 흡수된 에너지와 태양으로부터 대기에 흡수된 에너지를 합쳐서 총 64%의 에너지는 지표와 대기의 온도를 상승시킨 후 다시 외계로 방출된다. 결국 지구가 받은 태양 복사 에너지량인 70%만큼 지구에서도 70%의 복사 에너지를 방출하여 지구는 복사 평형을 이루게 되는 것이다.

▣ 위도별 복사 평형이 이루어지지 않는 까닭은?

지구 전체로는 복사 평형이 일어나지만, 위도와 계절에 따라서는 에너지의 불균형 현상이 일어난다. 이것은 태양의 고도가 다르기 때문에 나타나는 현상이다. [그림 2-7]은 위도에 따른 태양 복사 에너지의 입사량을 나타낸 것이다.

태양의 고도와 대기층을 통과하는 거리는 지표가 받는 태양 복사 에너지의 양과 관

편이 깊다. 고위도로 갈수록 태양의 남중 고도가 낮아지며, 대기층을 통과하는 거리는 길어진다. 따라서 고위도로 갈수록 단위 면적당 입사되는 에너지의 양이 줄어드는 것이다. 반면 지구 밖으로 방출되는 지구복사에너지는 태양복사에너지에 비해 위도별 차이가 적기 때문에 고도에 따른 에너지의 불균형이 이루어진다.

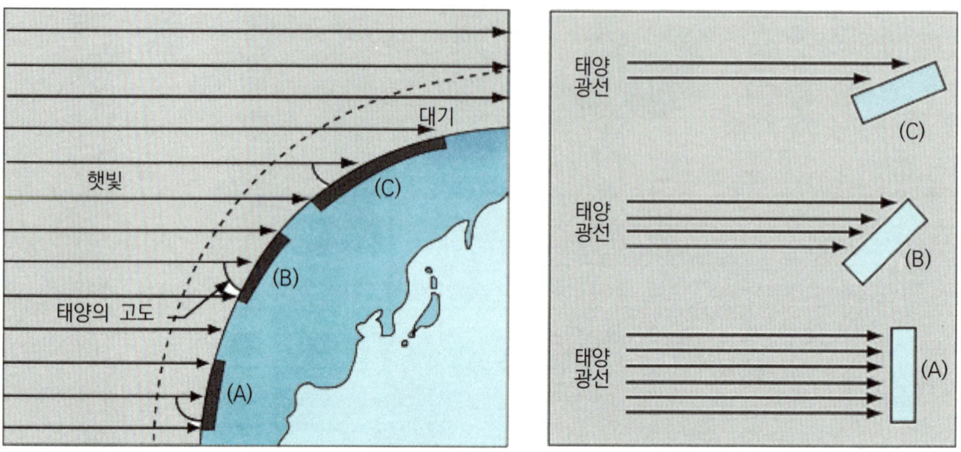

[그림 2-7] 위도에 따른 태양 복사 에너지의 입사량

이러한 위도별 복사 에너지를 나타낸 것이 [그림 2-8]이다.

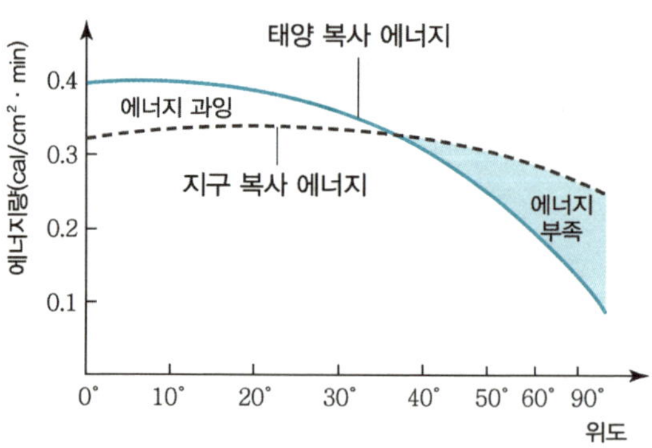

[그림 2-8] 위도별 복사에너지

[그림 2-8]에 따르면 에너지가 남는 곳(저위도)은 기온이 올라가게 되어 점점 더워지고, 에너지가 부족한 곳(고위도)은 온도가 내려가게 되어 점점 추워져야 하는데, 실제로는 위도별 연평균 기온이 일정하게 나타난다. 그 이유가 뭘까? 그것은 대기와 해수의 순환으로 저위도의 남는 에너지가 고위도로 이동하기 때문이다.

▣ 실제로 지구가 점점 더워지고 있다는 것(지구 온난화)은 사실인가?

지구 온난화 현상의 가장 큰 요인을 꼽아보자면 온실 기체의 증가이다. 막강한 온실 기체로는 대개 이산화탄소를 이야기하는데, 사실 온실효과에 영향을 미치는 기체 중, 가장 그 영향력이 큰 것은 수증기다. 수증기는 온실효과에 기여하는 정도가 전체 대기 온실효과의 약 60～70%에 달한다. 그 다음이 이산화탄소와 오존이며, 이산화탄소가 온실효과에 기여하는 정도는 전체 대기의 약 25%에 불과하다. 그럼에도 불구하고 이산화탄소가 수증기보다 중요한 지구 온난화의 요인으로 간주되는 것은, 자연적으로 대기 중에 풍부하게 존재하여 대기 중 함유량이 크게 변하지 않는 수증기에 비해, 이산화탄소는 인위적인 영향으로 인해 대기 중 함유량이 최근 급속하게 증가하고 있기 때문이다. 온실기체 중에는 이산화탄소 이외에도 CH_4, N_2O, HFC_s, PFC_s SF6 등의 대기 미량 기체들이 있다. 각각의 기체들이 온실효과에 기여하는 정도는 지구 장파 복사의 스펙트럼 영역에서 어느 부분을 얼마나 흡수하는지, 그리고 다른 온실기체들의 흡수대와는 얼마나 중복되어 있는지 등에 의해 결정된다. 가령, 수증기와 이산화탄소의 흡수대와 중복되는 흡수대를 가진 온실기체는 대기 중 그 농도가 획기적으로 변하지 않는 한 심각하게 염려할 필요는 없다. 그러나 지표에서 방출되는 장파 복사의 80% 정도가 외계로 방출되는 '대기의 창' 영역에 그 흡수대를 둔 메탄, CFC, N_2O 등이 대기 중에서 일으키는 농도 변화는, 최근 급격히 증가하는 이산화탄소와 더불어 매우 심각하게 지구 대기의 온실효과를 강화할 수 있다. 그리고 지구온난화지수는 온실기체가 온난화에 미치는 영향을 나타낸 것인데, 지구온난화지수가 높을수록 온난화에 미치는 영향이 크다. CO_2에 비해 CH_4는 21배, N_2O는 310배, HFC는 140～11,700배, PFCs는 6,500～9,200배, SF6은 23,900배가 크다.

▣ 온도란?

온도란 물체의 뜨겁고 차가운 정도를 수치로 나타낸 것으로서, 섭씨온도, 화씨온도, 절대온도로 구분하여 사용하고 있다.

화씨 온도는 가장 먼저 사용한 온도로 파렌하이트(Fahrenheit)가 고안한 것이다. 그는 얼음과 물, 소금을 서로 혼합한 물질이 가장 낮은 온도를 가리킬 때를 0°F, 사람의 체온을 96°F로 하여 눈금을 나누었다. 이를 화씨온도(Fahrenheit)라 하였는데, 초창기의 화씨온도의 눈금은 불확실하였으며, 물의 어는점이 32°F라는 것이 알려진 것도 그 후의 일이었다. 이에 셀시우스(Celsius)는 이러한 불확실성을 없애기 위해 새로이 눈금을 고안하였는데 이것이 섭씨온도(Celsius)이다. 섭씨온도는 1기압하에서 물의 어는점을 0℃, 끓는 점을 100℃로 하여 그 사이를 100등분한 것이다. 그 후, 섭씨온도와 화씨온도의 관계를 비교하여 물의 어는점을 32°F, 끓는점을 212°F로 하였다. 화씨온도와 섭씨온도의 관계식은 다음과 같다.

$$°F = (1.8 \times ℃) + 32$$

절대온도(Kelvin 또는 absolute temperature)는 과학적인 목적으로 정한 온도로, 분자 운동이 멈추는 온도를 0K로 하고, 물이 어는점을 273K, 물의 끓는점을 373K로 정한 것이다. 절대 온도와 섭씨온도의 관계식은 다음과 같다.

$$K = ℃ + 273$$

랭킨온도(degre-Rankine)는 화씨 절대온도라고도 하며, 화씨온도-460 °F를 기점으로 측정한 온도이며, 관계식은 다음과 같다.

$$°R = °F + 460$$

▣ 기상관측에 이용되는 온도계에는 어떤 것들이 있을까?

온도계는 만든 재료에 따라 수은 온도계, 알코올 온도계, 디지털 온도계 등으로 나눌 수 있고, 사용 목적에 따라 건습구 온도계, 최고 · 최저 온도계, 자기 온도계, 지중 온도계 등으로 나눌 수 있다.

기온은 지상(또는 설상) 1.2~1.5m 높이에서 측정한다. 기온을 측정하는 건습구 온도계, 최고 · 최저 온도계, 자기 온도계 등은 보통 지상 1m 높이의 백엽상 내에 설치한다. 노장에는 이러한 백엽상 외에 지중 온도계, 적설판, 우량계 등을 설치해야 한다.

① 기온 측정

기온은 건습구 온도계에서 건구의 온도를 읽는다. 측정은 $\frac{1}{10}$ ℃까지 하는 것이 원칙이다. 온도를 잴 때는 온도계의 눈금과 눈의 높이를 일치시켜야 하며, 관측자가 발산하는 열에 의한 영향을 받지 않도록 몸에서 30cm 이상 떨어진 곳에서 재빨리 읽어야 한다.

② 최고 · 최저 기온

최고 · 최저 온도계는 U자형 관으로 되어 있다. U자관의 한쪽은 최고 온도를 읽는 것이고, 다른 부분은 최저 온도를 읽는 것이다. 수은주의 끝 부분에 조그마한 철심이 들어있어 최고 · 최저 온도를 읽은 후 자석을 이용하여 현재 수은주의 끝에 다시 맞추어 놓는다[그림 2-9].

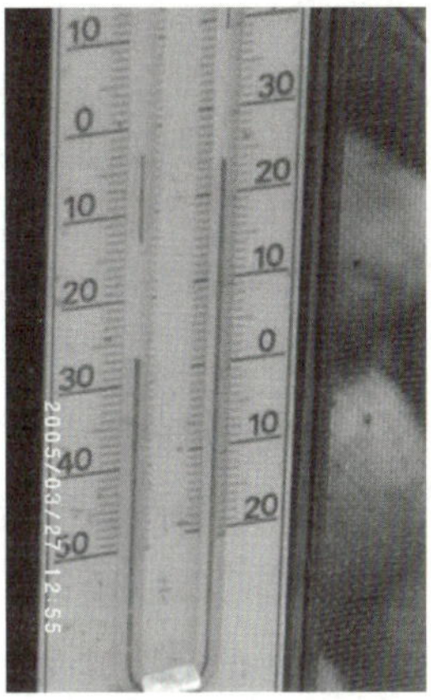
[그림 2-9] 최고 최저 온도계

③ 건습구 온도

건습구 온도계[그림 2-10]를 이용하면 현재의 상대 습도를 알 수 있다. 상대 습도를 측정하고자 할 때는 먼저 건구의 온도를 측정한 후 습구의 온도를 읽고, 건구와 습구의 온도차를 계산한다. 건습구 온도계에 주어진 표에서, 건구온도와 온도차를 이용하여 습도(상대습도)를 계산한다. 습구온도계는 일반 온도계의 구부를 물에 적신 가제로 씌워 만든 온도계로서, 가제의 물이 증발하면서 열을 빼앗아 가기 때문에 습구 온도계는 건구 온도계보다 항상 같거나 작은 값을 갖는다.

상대 습도를 계산하는 위해서는 포화 수증기압을 이용하는 방법도 있다. 즉, 건습구 온도계에서 각각 건구온도와 습구온도를 읽어 각 온도에서의 포화수증기압을 찾아 상대습도를 구하는 방법인데, 습구 온도의 포화수증기압은 현재 대기의 수증기압을 나타내므로 건구에서의 포화 수증기압만 안다면 상대습도를 구할 수 있다.

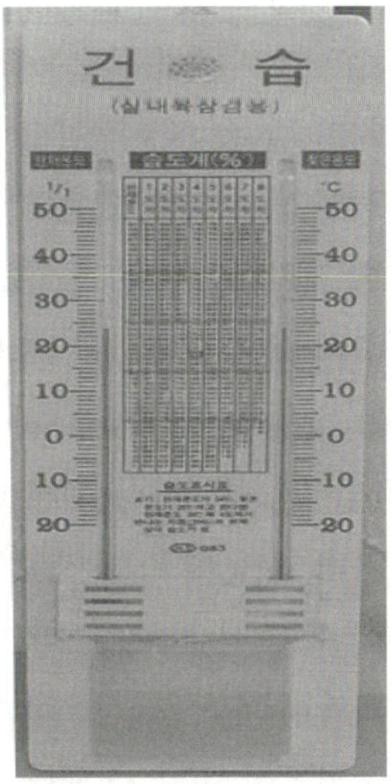

[그림 2-10] 건습구 온도계

④ 자기 온도계

건습구 온도계는 관측하고자 하는 시각에 관측하지 못하면, 그 시간의 온도는 알 수 없다. 이러한 단점을 보완하기 위하여 만든 온도계가 자기 온도계이다. 자기 온도계는 기록지를 끼운 원통이 1주일 단위로 한바퀴씩 돌며 일주일간의 기온을 기록하게 된다. 관측된 기록지는 보관하여 필요할 때 사용할 수 있으며, 관측 후 기록지는 다시 갈아 끼워 사용한다.

▣ 육지와 바다 중 어느 곳이 빨리 뜨거워질까?

여름철에 해수욕장에 가보면, 발을 딛기가 어려울 정도로 뜨거운 모래에 비해 물은 상대적으로 차가운 것을 느낄 수 있을 것이다. 그러면 육지가 바다보다 태양에 의해 더 빨리 가열된다는 것인데, 이러한 차이는 무엇 때문일까?

가장 궁극적인 원인은 육지와 바다 사이의 비열 차 때문이다. 육지의 비열이 바다, 즉 물의 비열보다 작고 육지의 면적이 바다의 면적보다 작기 때문에 육지의 열용량이 바다의 열용량에 비해 작다. 여기서 열용량이란 비열×질량으로 나타내는 값으로서, 질량이 같다면 비열이 클수록 열용량이 커지고, 비열이 같을 때는 질량이 커질수록 열용량이 커지게 된다. 열용량이 크면 같은 온도에 도달하는 데 더 많은 시간이 소요된다. 이는 물을 끓일 때의 예로 쉽게 알 수 있다. 물은 비열이 1cal/g℃이다. 이러한 물의 질량을 달리하여 질량이 100g인 물과 200g인 물을 가열하면, 100g의 물이 더 빨리 끓고 200g인 것은 나중에 끓게 된다. 그러므로, 바다에 비해 열용량이 작은 육지가 바다보다 빨리 뜨거워지고 빨리 식게 되는 것이다.

이러한 현상은 해륙풍과 계절풍 같은 대기 순환의 원인이 된다. 해륙풍은 해안가에서 밤과 낮에 따라 바람의 방향이 바뀌는 것이다. 낮에는 육지가 빨리 가열되므로 저기압이 되고 상대적으로 온도가 낮은 바다는 고기압이 된다. 따라서 낮에는 바다에서 육지로 바람이 불게 되는데 이를 해풍이라 한다. 반대로 밤에는 육지가 바다보다 빨리 냉각되어 고기압이 되고, 육지보다 상대적으로 온도가 높은 바다는 저기압이 되어 바람은 육지에서 바다로 불게 된다. 이를 육풍이라고 하며, 해풍과 육풍을 합하여 해륙풍이라고 부르는 것이다. 계절풍은 계절에 따라 바람의 방향이 바뀌는 것으로 여름에는 바다에서 육지로, 겨울에는 육지에서 바다로 바람이 불어가게 된다.

▣ 일교차는 어떤 날씨일 때 커질까?

일교차는 하루 중의 온도가 가장 높을 때와 가장 낮을 때의 차이로써, 맑은 날 커지고 흐린 날에는 작아진다. [그림 2-11]은 어느 지방에서 여러 날 동안 측정한 기온과 이슬점의 변화를 나타낸 것으로 이를 보면 날씨의 변화를 예측할 수 있다.

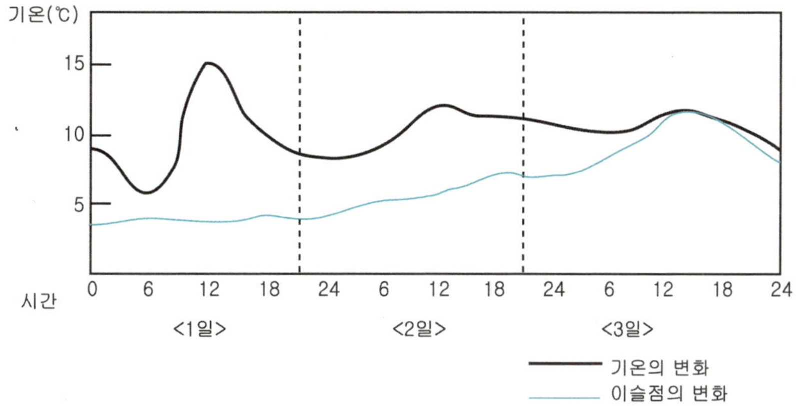

[그림 2-11] 여러 날 동안의 기온과 이슬점의 변화

[그림 2-11]에서 기온의 변화는 〈1일〉에 가장 크게 나타난다. 즉, 이 날은 일교차가 가장 크고 이슬점은 낮게 나타나 맑고 건조한 날이었다는 것을 짐작할 수 있다. 반면 〈2일〉부터 일교차는 감소하고, 이슬점은 상승하여 〈3일〉 한 낮에는 기온과 이슬점이 같아졌다. 기온과 이슬점이 같아지면 수증기의 응결이 일어나게 되므로 〈3일〉은 구름이 많이 끼고, 비가 내렸을 가능성이 가장 크다. 또한, 〈3일〉에는 일교차가 가장 작게 나타나는 것도 알 수 있다. 그러므로 일교차는 맑은 날일수록 커진다는 것을 알 수 있다.

▣ 기온에 영향을 주는 것에는 어떤 것들이 있을까?

기온에 영향을 주는 요인에는 해륙분포, 해류, 해발고도, 지리적 위치 및 구름의 양(알베도의 변화), 위도 등이 있다.

〈표 2-1〉 남반구와 북반구의 평균 연교차

위도(°)	북반구	남반구
0	0	0
15	3	4
30	13	7
45	23	6
60	30	11
75	32	26
90	40	31

〈출처 : The Atmosphere ; An Introduction to Meteorology, F. K. Lutgens & E. J. Tarbuck, 1998〉

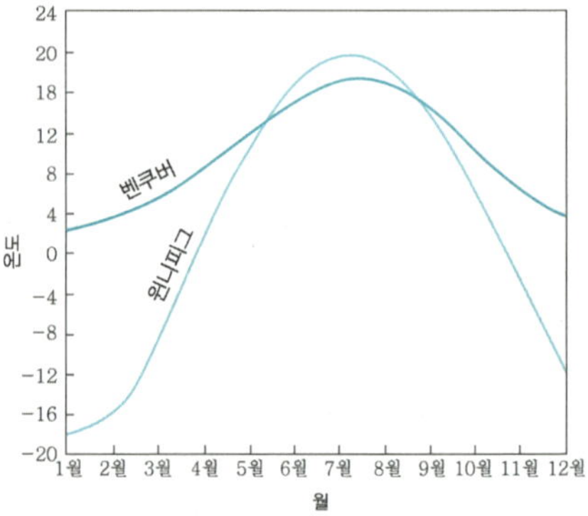

[그림 2-12] 해륙분포에 따른 온도 변화

〈출처: The Atmosphere ; An Introduction to Meteorology, F. K. Lutgens & E. J. Tarbuck, 1998〉

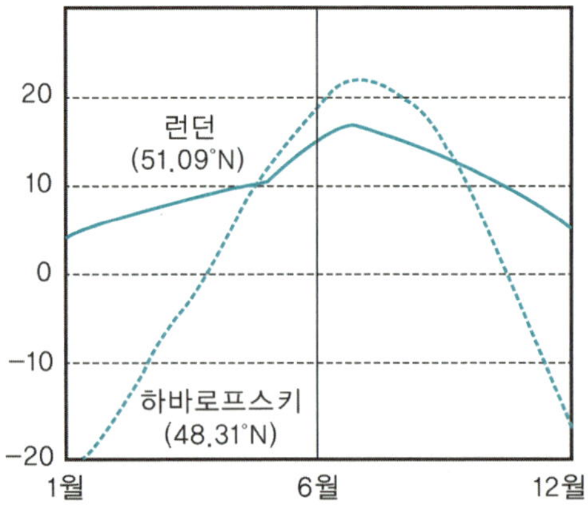

[그림 2-13] 해류의 영향과 온도 변화

〈출처: 지리부도[(주)두산]〉

해륙 분포에 따른 기온의 차이는 바다에서의 온도변화가 육지보다 훨씬 작다. 해륙 분포에 따른 온도 변화의 가장 큰 이유는 첫째, 지표의 경우 태양에너지를 주로 흡수하고 반사하는 양은 극소량에 불과하지만, 해양에서는 태양에너지의 흡수도 일어나지만 그 에너지의 일부가 수심 수 미터까지 통과하여 전달되기 때문이다. 따라서 거의 대부분이 지표에서 흡수되는 육지에 비해 바다의 온도변화가 작게 나타난다. 둘째, 비열의 차이 즉, 열용량의 차이 때문이다. 셋째, 물이 증발되는 과정에서 사용되는 증발열 때문이다. 물이 증발할 때는 주위의 열을 빼앗게 되는데(600cal/g), 이는 육지의 냉각에 필요한 에너지보다 훨씬 크다. [그림 2-12]는 캐나다의 밴쿠버와 윈니피그의 온도를 비교한 것이다. 위의 〈표 2-1〉은 육지가 많은 북반구와 바다가 많은 남반구의 평균 연교차를 비교한 것으로 북반구가 훨씬 크다는 것을 알 수 있다.

해류의 영향으로 인해 난류가 영향을 미치는 곳은 그렇지 않은 곳에 비해 상대적으로 따뜻하게 된다. 북위 50°근처에 위치하는 영국은 위도가 비슷한 다른 지역에 비해 기온이 높다[런던의 위도 51.09°N]. 이는 멕시코 만류가 영국까지 북상하기 때문이다. 우리나라와는 달리 겨울에 비가 많이 오는데, 이는 바닷물과 지상 기온 사이에 차이가 커져 증발이 많이 되는 때가 겨울철이기 때문이다.

[그림 2-14]를 보면 해발고도에 따른 기온의 차이를 알 수 있다. [그림 2-14]에서는 위도가 비슷한 인천(해발 10m)과 대관령(해발 832m)을 비교한 것으로 두 지점의 6월의 기온의 차이를 보면, 해발고도가 높은 지점인 대관령이 해발고도가 낮은 인천보다 기온이 낮음을 알 수 있다.

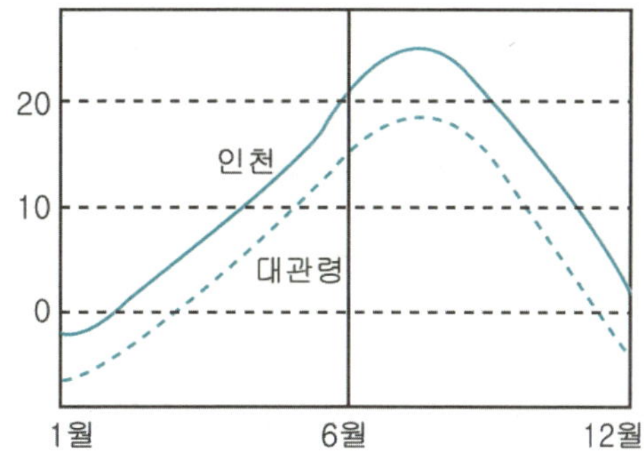

[그림 2-14] 해발고도에 따른 온도 변화

〈출처: 기상청 자료〉

대륙의 동해안과 서해안의 기온 변화를 통해 지리적 위치에 따른 기온 변화를 알 수 있다. 일반적으로 대륙의 동해안에 위치한 지역은 연교차가 크고, 여름에 비가 많이 내리는 반면, 서해안에 위치한 지역은 연교차가 작고, 겨울에 비가 많이 내리게 된다.

구름의 양에 따른 알베도의 변화도 기온의 변화에 영향을 준다. 구름이 거의 없는 맑은 날은 일교차가 큰 데 비해 구름의 양이 많은 흐린 날에는 일교차가 작음을 알 수 있다. 이는 주간에 구름의 양이 많으면 알베도가 커져 지표로 입사되는 태양에너지가 감소하므로 지표면의 온도가 높게 올라가지 못하며, 야간에는 지구복사에너지가 외계로 방출되는 것을 방해하기 때문에 일교차가 줄어들게 된다. 또한, 구름이 많은 지역과 맑은 지역의 일 년 동안의 기온의 변화를 비교해 보아도 비슷한 경향을 나타내므로, 구름이 많은 지역은 연교차가 작고, 맑은 지역은 연교차가 크다는 것을 알 수 있다.

마지막으로 위도에 따른 기온의 변화를 알아보자. 위도가 달라지면, 태양의 남중고도가 달라지고, 그 결과 입사되는 태양에너지가 감소 또는 증가하게 된다. 태양의 남중 고도가 높은 저위도 지방은 남중고도가 낮은 고위도에 비해 입사되는 태양에너지가 많기 때문에 비교적 온난한 기후를 갖게 된다. 반면, 고위도 지방은 한랭한 기후를 나타내게 된다. [그림 2-15]는 우리나라에서 저위도에 위치한 서귀포(33.25°N)와 고위도에 위치한 중강진(41.8°N)의 기온 변화를

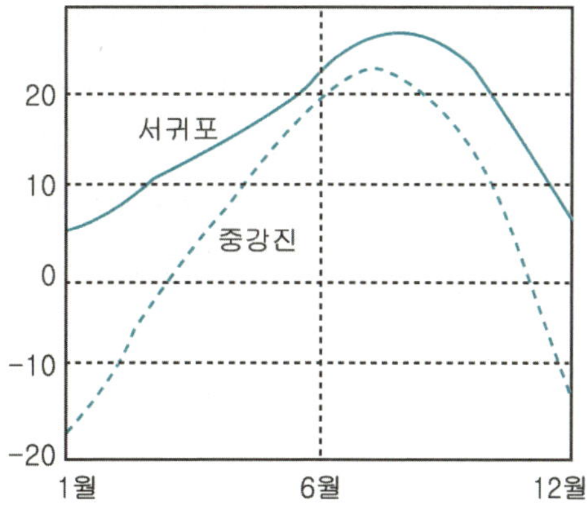

[그림 2-15] 위도에 따른 온도변화

〈출처: 기상청 자료〉

나타낸 것이다. 이 그림에서 서귀포는 중강진에 비해 연평균 기온의 변화가 작음을 알 수 있다.

▣ 동해안 기후가 서해안 기후에 비해 연교차도 크고, 여름에 비가 많다는데, 서울보다 동해안에 위치하는 강릉의 연교차가 서울의 연교차보다 작은 이유는 무엇일까?

먼저 기후와 날씨를 구분해 보자. 기후는 시 · 공간적으로 큰 규모의 대기 상태이고, 날씨는 작은 규모의 대기 상태이다. 즉, 동일한 지역이라 하더라도 날씨는 시시각각 변화가 나타나며, 같은 시간일지라도 서울 동쪽은 비가 내리고, 서쪽은 맑을 수 있다. 이것이 날씨인 것이다. 그러나 기후는 넓은 범위에서 장시간에 걸쳐 나타나는 대기의 상태를 평균적으로 나타낸 것이다.

이러한 측면에서 볼 때 우리나라의 기후는 거의 비슷한 온대 기후의 특징을 갖는다. 이는 서울과 강릉이 거의 같은 기후대에 속한다는 것을 의미한다. 물론 강릉은 동해에 접해 있으므로 서울보다 난류의 영향을 많이 받아 전체적으로 온난한 기후 특성이 나타난다.

그럼 동해안 기후와 서해안 기후의 특징을 이야기 할 때 서울과 강릉을 비교하면 안 되는 것일까? 우리나라처럼 육지 면적의 폭이 적은 지역에서는 동해안 기후와 서해안 기후의 특징을 이야기하기 어렵다. 이는 일본과 같은 나라도 마찬가지이다. 그러나 미국과 같은 넓은 대륙은 동해안 기후와 서해안 기후의 특징을 뚜렷이 볼 수 있다. 즉, 동해안 기후와 서해안 기후는 큰 대륙의 동쪽과 서쪽에서 갖는 기후의 특징이다. 우리나라와 영국의 기후를 비교해 보면, 우리나라는 대륙의 동쪽에 위치하므로 동해안 기후(대륙성 기후)의 특징을 갖고, 영국은 대륙의 서쪽에 위치하므로 서해안 기후(해양성 기후)의 특징을 갖게 되는 것이다. 이러한 기후의 특징은 대기 대순환의 하나인 편서풍의 영향을 받기 때문이다. 우리나라는 대륙에서 불어오는 지속적인 편서풍의 영향을 받고, 영국은 해양에서 불어오는 편서풍의 영향을 받는다.

▣ 하루 중 오후 2시경에 기온이 가장 높아지는 이유는 무엇일까?

우리가 흔히 이야기하는 기온은 지표면에서 방출하는 온도를 의미한다. 즉, 태양에너지를 지표면이 흡수하여 이를 방출할 때, 공기를 가열하게 되는데 이것이 기온을 상승시키기도 하고, 냉각시키기도 한다.

맑은 날 태양복사에너지와 지구복사에너지(지표면 복사)를 비교해 보면 [그림 2-16]처럼 나타난다.

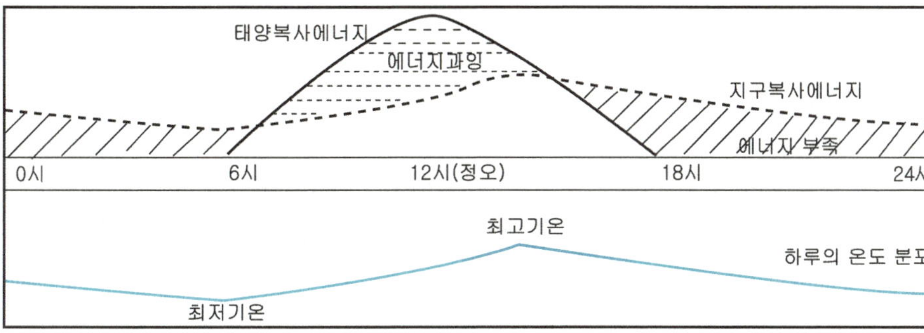

[그림 2-16] (위) 태양복사에너지와 지구복사에너지의 변화, (아래) 기온의 변화

[그림 2-16]에서 보듯이 태양복사에너지가 가장 많은 시간은 태양의 고도가 가장 높은 낮 12시(정오)이다. 그러나 지구 복사에너지가 가장 많은 시간은 오후 2시경이다. 기온의 변화는 지구복사에너지의 분포와 같게 나타난다. 태양에서 오는 에너지의 양이 가장 많은 시간이 아니라 지표면에서 방출하는 에너지의 양이 가장 많은 시간에 기온이 가장 높게 나타나는 것이다.

▣ 태양에너지가 우리 생활에 어떻게 이용되는지 알아보자

태양 에너지는 우리 생활에 어떻게 이용되고 있을까?

우선, 우리 주변에서 태양열 주택이 활용되고 있는 예를 찾아보자.

[그림 2-17] 태양열 주택

〈출처: 2006년 2월 24일 금요일 동아일보 기사 중에서〉

독일에는 환경 수도로 부각 된 도시가 있다. 바로 인구 20만이 거주하고 있는 프라이부르크 시인데, 특히 보방지구는 그 프라이부르크 안에서도 보행자 중심의 거리 환경과 환경친화적 건물들로 새롭게 조명을 받는 곳이다. 보방지구의 가장 큰 특징은 개발의 기본 아이디어가 입주민에게서 나왔다는 것이다. 개발을 시작할 때 구성된 몇몇 자원 봉사자들이 운영하던 "포럼보방"이라는 시민단체가 정부와 함께 도시 건설의 주요 축이 됐다.

주민들의 요구는 한 마디로 일축하여 환경 친화적인 집이었다.

"포럼보방"은 태양열 주택에 관한 자료를 집대성해 입주 예정자들에게 태양열 주택의 필요성과 가능성을 알려주었다. 우리나라 주택들의 벽체에는 5cm정도의 단열재가 사용되는데 보방신도시 주택에 들어간 단열재의 두께는 30cm가 넘는다. 태양열 집열판을 통해 혹한기를 제외하고는 외부에서의 별도 에너지 공급이 필요 없는 주택을 만든 것이다. 즉, 태양열과 단열재의 활용으로 별도의 난방비가 전혀 필요 없게 된 것이다. 태양열 주택 외에도 태양열을 이용한 보일러 [그림 2-18]로 난방비를 절감할 수 있고, 그 외 태양열을 이용한 계산기는 주로 배터리 없이 작동되도록 만들어 반영구적으로 사용할 수 있다. 현재 우리나라에서도 태양열을 이용하여 일부 전기를 자체 수급하는 친환경적인 건물들이 증가하고 있는 추세이며, 또한 에너지 부족을 극복하기 위해 태양열 에너지를 비롯한 풍력발전 등 신재생 에너지에 대한 다양한 시도가 이루어지고 있다.

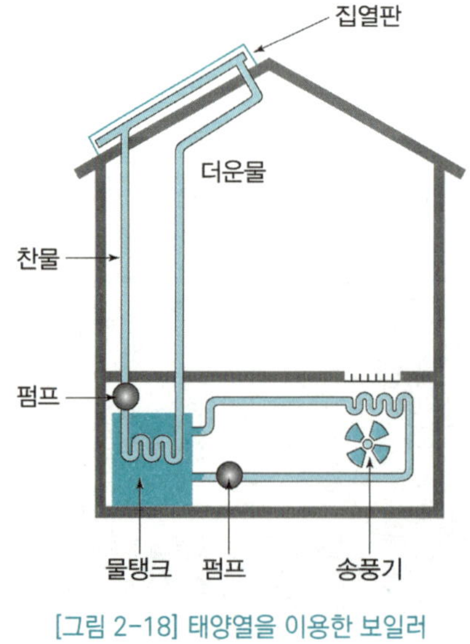

[그림 2-18] 태양열을 이용한 보일러

재미있는 탐구활동(복사)

실험 목적

• 간단한 실험을 통해 에너지의 전달 방법 중의 하나인 '복사'에 대해 알 수 있다.

실험 준비물

• 500mL 비커 3개, 어두운 색의 토양, 밝은 색의 토양, 물, 온도계 3개, 램프, 모눈종이, 시계

실험 과정

① 어두운 색의 토양, 밝은 색의 토양, 물을 같은 높이까지 비커에 채운다.

※ 비커에 다양한 물질을 사용할 수 있다. 예를 들어, 건조하고 축축한 토양, 잔디, 녹색 또는 건조한 나뭇잎, 플라스틱이나 알루미늄 호일 같은 것을 사용할 수 있다.

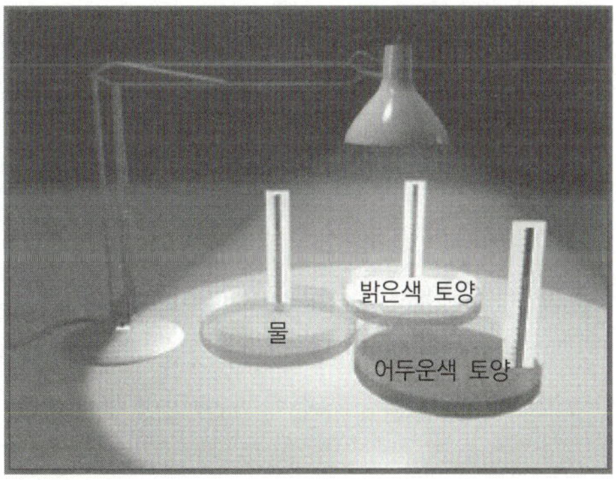

② 비커를 책상위에 놓고 약 30cm 위에 램프를 놓는다.

③ 각 비커의 표면 바로 아래 물질의 온도를 측정하기 위해 온도계를 설치한다.

④ 램프를 켜고 10분 동안 각 물질의 온도 변화를 살펴본다.

⑤ 10분 후에 램프를 끄고 각 물질의 온도 변화를 살펴본다.

실험 결과

① 다음 표를 완성하여라.

가열 주기												
표면 물질	시작 시간	시작 온도	온도(분당)									
			1	2	3	4	5	6	7	8	9	10

냉각 주기												
표면 물질	시작 시간	시작 온도	온도(분당)									
			1	2	3	4	5	6	7	8	9	10

② 위의 표를 사용하여, 각종 물질의 가열/냉각 비율을 비교하기 위하여 그래프로 나타내라.

③ 어떤 물질이 열을 더 흡수했고, 어떤 물질이 최대로 열의 손실이 있었는가?

④ 지금은 여름이고 태양빛이 바다와 육지에 내리쬐고 있다고 상상한다면, 바다와 육지 중 낮 동안 더 뜨거워지는 것은 무엇인가? 그리고 어느 것이 밤에 더 천천히 식겠는가? 위의 실험과 관련하여 설명하라.

⑤ 거의 같은 고도, 위도에 있는 사막의 3개의 도시를 상상한다. 도시 A는 어두운 색의 바위로, 도시 B는 밝은 색의 모래로 둘러싸여 있고, 도시 C는 큰 인공호수 가장자리에 세워져 있다. 어느 도시의 여름 평균 기온이 가장 높겠는가? 그 이유는 무엇인가?

⑥ 지구의 표면은 겨울에 열을 잃는 경향이 있다. 위 도시 중 겨울 평균 기온이 가장 따뜻할 도시는? 그 이유는 무엇인가?

⑦ 지구는 태양과 약 1.5×10^8km 떨어져 있다. 그런데 우리는 어떻게 태양으로부터 열을 얻는가?

⑧ 지구의 표면은 물, 토양, 눈, 나무, 모래 등 고르지 못하다. 이에 따른 에너지 흡수의 차이는 어떻게 대기권에 영향을 미칠 것이라고 예상되는가?

재미있는 탐구활동(태양 복사 스펙트럼)

실험 목적

1. 태양 광선을 구성하고 있는 복사선의 종류와 작용을 말할 수 있다.
2. 적외선과 자외선이 생활에 응용된 예를 들 수 있다.

실험 준비물

• 프리즘, 온도계, 필름, 슬릿, 흰종이

실험 과정

• 그림과 같은 좁은 틈으로 들어오는 태양 광선을 프리즘에 통과시켜 흰 종이에 비추어 보자. 그리고 어떤 현상이 일어나는지 알아보자.

실험 결과

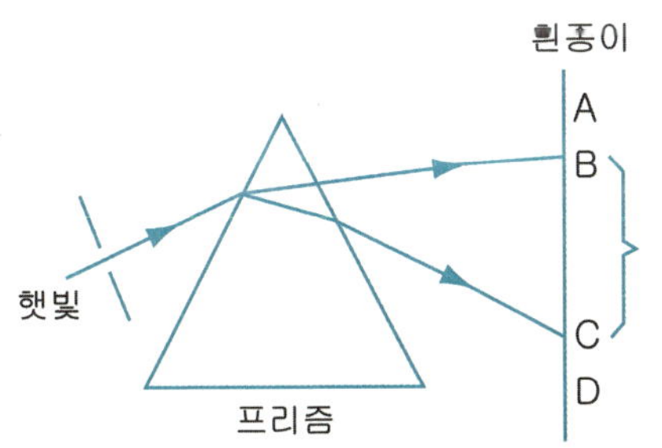

① 색깔의 띠를 볼 수 있는가?
볼 수 있다면, 띠는 위로부터 어떤 색으로 되어 있는가?

② 색깔의 띠에서 붉은색 바로 바깥에 온도계를 놓아 보자. 온도계의 온도는 어떻게 되는가?

③ 태양 복사 에너지는 가시 광선과 적외선만 있을까?

재미있는 탐구활동(태양 상수 구하기)

실험 목적

1. 모든 물체는 여러 가지 형태로 복사 에너지를 방출함을 이해할 수 있다.
2. 태양 상수의 값을 측정하여 이론값과 비교할 수 있다.

실험 준비물

• 온도계, 표면을 검게 칠한 구리통, 시계, 고무마개, 그림자막대, 물

실험 과정

① 그림과 같이 표면을 검게 칠한 구리통에 물을 가득 넣고(125g) 물의 온도를 측정한다.

② 온도계를 꽂은 고무마개로 구리통을 잘 막은 다음 구리통을 스티로폼으로 만든 틀에 넣는다. (틀의 윗면은 열려 있음)

③ 스티로폼에 구멍을 뚫고 그림자 막대를 꽂아 물통의 면이 햇빛에 수직이 되게 하여 1분마다 온도를 측정하자.

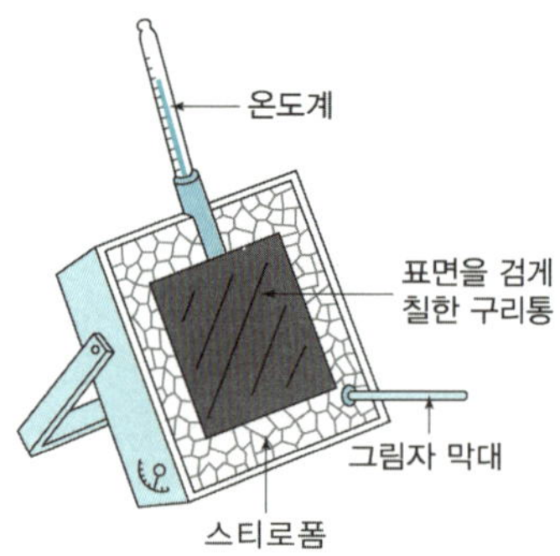

실험 결과

① 시간에 따른 온도 변화를 기록하고, 그 결과를 그래프로 나타내시오.

② 구리통이 1분간 흡수한 에너지의 양을 구해보자.
Q(열량) = m(물의 질량) * c(물의 비열: 여기에서는 1로 간주) * ΔT(온도 변화량)

③ 햇빛에 수직한 구리통 $1cm^2$에 1분 동안에는 흡수한 복사 에너지의 양은?
(구리통의 넓이가 $100cm^2$이므로 ②에서 구한 값을 구리통의 면적으로 나누어 보자)

④ 햇빛에 수직한 $1cm^2$의 면적에 1분 동안 받는 태양에너지의 양을 태양상수라고 한다. 정확한 장비를 활용해 $2cal/cm^2 \cdot min$을 지구의 태양상수값으로 활용하고 있는데, ③에서 여러분이 측정한 값과 비교하여 보자.

⑤ 실제로 구한 값과 태양상수($2cal/cm^2 \cdot min$)값이 다르다면 왜 그러하겠는가?

재미있는 탐구활동(복사 평형)

실험 목적

1. 알루미늄 컵이 전구로부터 흡수하는 열량과 방출하는 열량이 같음을 실험으로 확인하여 그 이유를 말할 수 있다.
2. 지구도 복사 평형이 이루어지고 있음을 설명할 수 있다.

실험 준비물

• 알루미늄컵, 온도계, 스티로폼마개, 백열전구(200W), 자, 시계, O.H.P

실험 과정

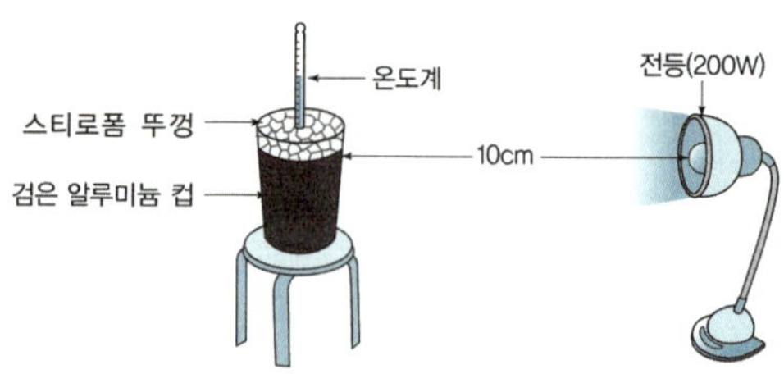

① 그림과 같이 표면을 검게 칠한 알루미늄 컵에 스티로폼 뚜껑을 씌운다.

② 뚜껑에 구멍을 뚫어 온도계를 꽂는다.

③ 컵에서 10cm, 20cm 떨어진 곳에 전구를 장치한다.

④ 전구에 불을 켜기 전에 컵 속의 공기의 온도를 측정한다.

⑤ 불을 켠 후 컵 속의 온도를 2분마다 측정한다.

실험 결과

① 탐구 활동 결과를 표에 기록한다. 이 결과를 그래프로 나타내어라.

경과시간 (분)		최초	2	4	6	8	10	12	14	16	18	20
온도 (℃)	10cm											
	20cm											

실험 결과

② 온도는 시간에 따라서 어떻게 변하는가? 계속 올라가지 않는다면 그 까닭은 무엇인가?

③ 알루미늄컵과 전구의 거리를 달리 했을 때 온도는 어떤 차이가 있는가?

④ 검은 알루미늄 컵 대신 흰색이나 회색 컵으로 실험하면 어떻게 될까? 직접 실험해 보고 결과를 비교해 보자.

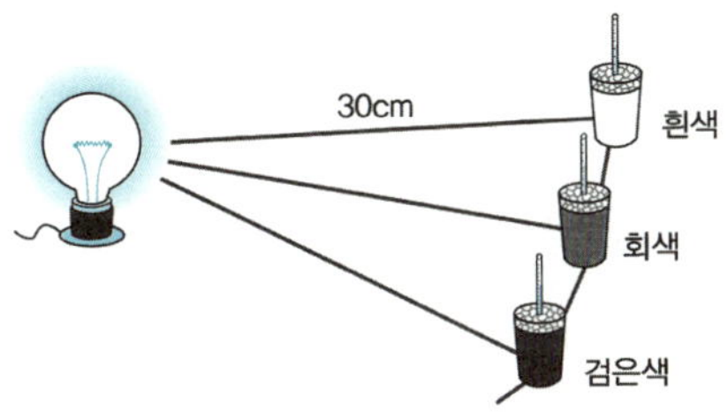

재미있는 탐구활동(위도에 따른 복사 평형)

실험 목적

1. 태양의 고도와 지표면이 받는 복사 에너지 양과의 관계를 말할 수 있다.
2. 위도에 따른 복사 에너지의 출입량을 설명할 수 있다.
3. 지구가 전체적으로 복사 평형을 이루는 원인을 설명할 수 있다.

실험 준비물

• 손전등, 모눈종이, TP자료, 각도기, 철지구본, 높낮이 조절이 가능한 전구, 태양 고도판

실험 과정 및 실험결과

실험 1. 태양 고도와 에너지

· 오른쪽 그림과 같이 손전등에 두꺼운 종이를 둥글게 말아 끼우고, 모눈종이 위에 수직, 45°, 30°로 비추어 본다.

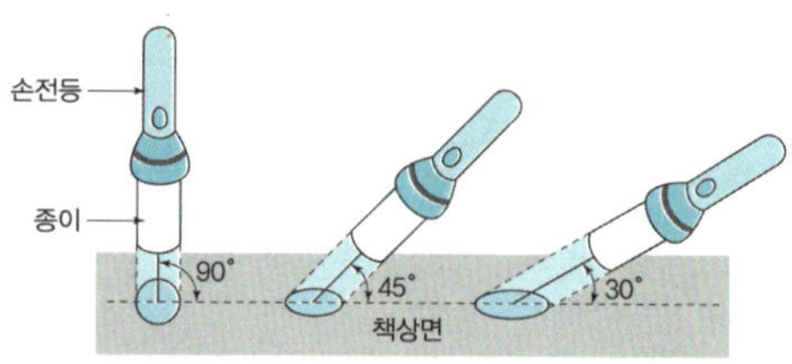

① 손전등에서 빛이 비추는 넓이가 가장 넓은 곳과, 가장 좁은 곳은?
같은 면적이 받는 에너지의 양이 가장 많은 곳과 가장 적은 곳은?

② 같은 면적이 받는 빛의 양과 손전등을 비추는 각도 사이에는 어떤 관계가 있는가?

③ 전등을 태양, 모눈종이를 지표면이라 한다면 태양과 지표면이 이루는 각도(고도)사이의 관계도 위와 같은 결과를 얻을 수 있을까?

실험 2. 위도에 따른 태양의 고도와 그림자의 길이

• 아래 그림은 위도에 따른 태양의 고도를 비교한 것이다.

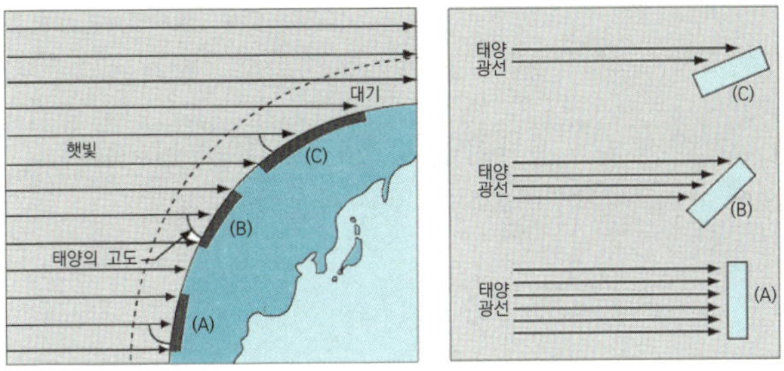

① 태양의 고도는 고위도로 갈수록 어떤가?

② 그림자의 길이는 고위도로 갈수록 어떤가?

③ 위도에 따라 태양의 고도와 그림자의 길이가 달라지는 이유는 무엇인가?

실험 3. 위도에 따른 에너지의 분포

위의 그림은 위도에 따른 에너지의 출입량과 복사 에너지의 분포에 관한 그림이다.

① 에너지의 출입량을 비교해 보고, 남는 곳과 모자라는 곳의 기호를 쓰시오.

② 에너지가 남는 곳은 기온이 올라가고, 에너지가 모자라는 곳은 온도가 내려가야 하는데, 실제로 그럴까? 왜 그럴까?

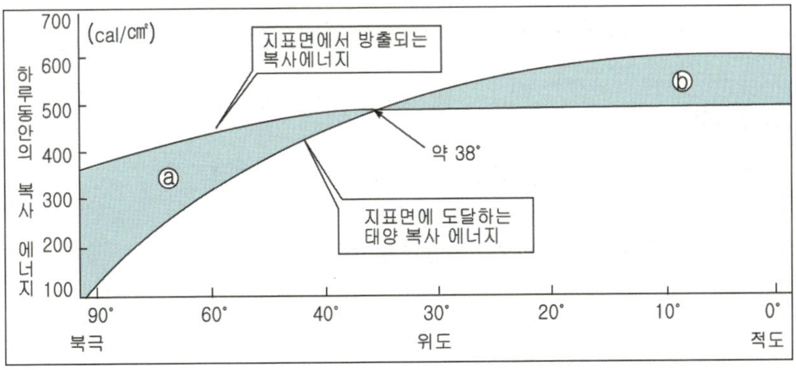

재미있는 탐구활동(간이 온도계 만들기)

실험 목적

- 열에 의하여 물질의 부피가 팽창 또는 수축하는 원리를 이용하여 간이 온도계를 만들어 보고, 온도에 따라 눈금이 변화하는 것을 관찰할 수 있다.

실험 준비물

- 시험관1, 고무마개1, 유리관1, 스탠드1, 클램프1, 비커2, 유성펜1, 고무찰흙 약간, 더운물(200mL), 찬물(200mL), 잉크(적) 약간

실험 과정

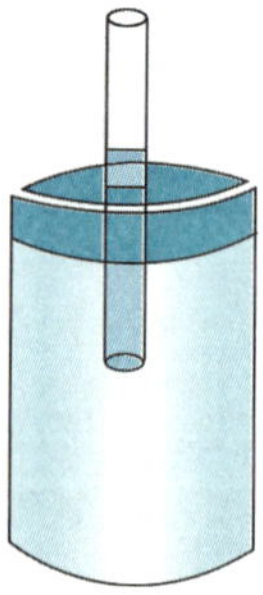

① 시험관에 물감을 탄 물을 가득 채운다.

② 고무마개에 유리관을 끼우고, 틈새를 고무 찰흙으로 메운다.

③ 유리관을 끼운 고무마개를 시험관에 꼭 맞게 고정시킨다.

④ 잉크물이 고무마개 위로 조금 올라오도록 조정한다.

⑤ 유리관에 현재의 물높이를 유성펜으로 표시한다.

⑥ 뜨거운 물이 담긴 비커에 시험관을 넣고 잉크물의 높이 변화를 관찰한다.

⑦ 다음에는 찬물이 있는 비커에 시험관을 넣고 실험한다.

실험 결과

① 간이 온도계와 실제 온도계의 온도를 비교하면 어떠한가?

② 유리관 속에 물 대신에 알코올을 넣으면 어떻게 될까?

③ 찬물과 뜨거운 물이 담긴 비커에 넣었을 때 잉크물 높이는 어떻게 변하였는가? 그리고 변하는 이유는 무엇인가?

재미있는 탐구활동(온실효과)

실험 목적

- 실험을 통해 온실효과 현상을 간접적으로 알 수 있다.

실험 준비물

- 1.5L 플라스틱 병 2개, 라면용기 2개(플라스틱 병을 세울 수 있는 크기), 칼 또는 가위, 테이프, 온도계 2개, 램프, 모눈종이

실험 과정

① 따뜻한 물로 플라스틱 병을 적셔서 상표를 제거하고, 바닥에서 약 5cm 정도 자르고 밑바닥 조각은 버린다.

② 칼이나 가위를 사용하여 병 1개 옆면에 가늘고 긴 구멍(2.5×10cm)을 낸다.

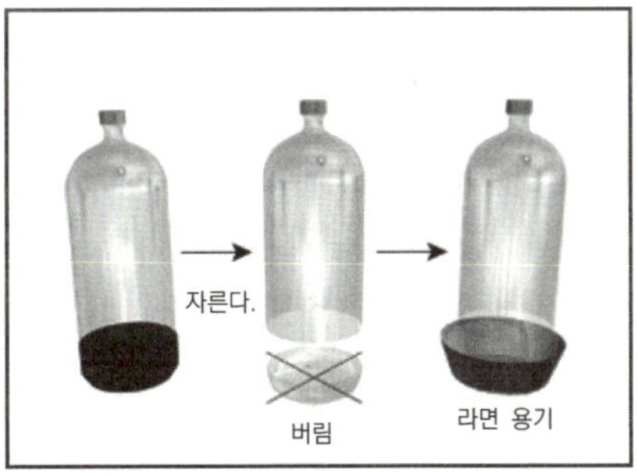

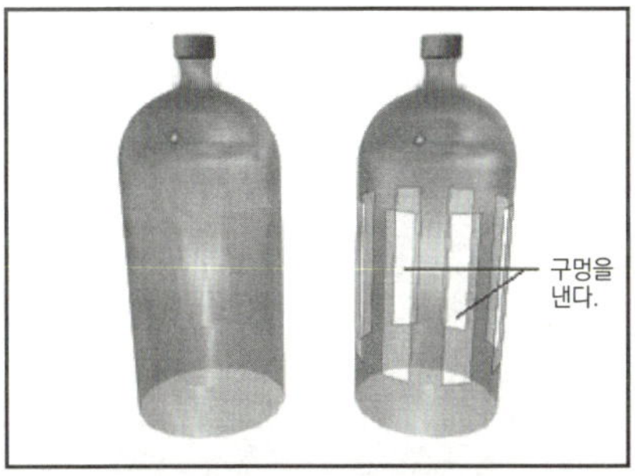

③ 병 안에 테이프를 이용하여 온도계를 고정시키고, 온도계의 15cm 위에 램프를 위치시킨다.

④ 뚜껑을 씌운 병을 라면 용기 위에 올려놓는다.

⑤ 램프를 켜고 20분 동안 매분마다 데이터를 기록한다.

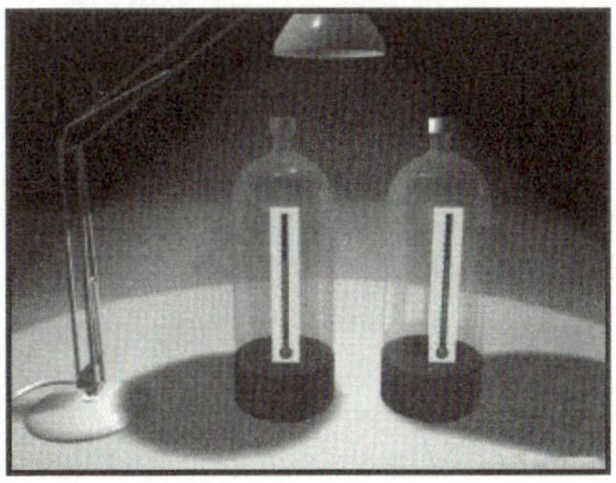

실험 결과

① 실험을 하기 전에 어느 병의 온도가 더 높을 것이라고 예상되는가?

② 20분 동안 기록한 데이터를 이용해서 그래프를 그려보자.

③ 그래프를 보고 두 병을 비교 · 대조해 보고, 이 현상을 설명해 보자.

④ 플라스틱 온실을 지구의 온실효과와 비교 · 대조해 보면 어떠한가?

제 3 장

공기 중의 수증기와 단열변화

한번쯤 아침 출근길이나 등・하교 길에 자욱이 낀 안개 때문에 곤란을 겪은 경험이 있을 것이다. 또한 맑은 하늘에 날벼락이라는 말처럼 화창한 하늘에서 갑자기 소나기가 내려 당황스러웠던 경험도 있을 것이다. 그리고 산 아래에서는 맑은 날씨였는데, 산 위로 올라갈수록 산안개가 끼어 신기하게 생각했던 경험 역시 누구나 가지고 있을 것이다.

그렇다면 이러한 현상이 왜 일어나는 것일까? 어떠한 요인에 의해 일어나는 것일까? 이 장에서는 강수현상의 원인이 되는 수증기와 그 변화에 대해서 알아보고자 한다. 공기 중의 수증기가 어떤 현상을 일으키는지와 그 변화되는 과정에 대해 알아보는 일은 매우 흥미로울 것이라 생각한다. 더불어 수증기의 고도에 따른 변화에 대해서도 함께 알아보고자 한다.

▣ 공기 중의 수증기량(수증기압)에 대해 알아보자

압력은 물체와 물체의 접촉면 또는 물체내의 가상의 면을 두고 서로 수직으로 미는 힘이라고 배웠을 것이다. 여기선 수증기량을 좀 더 쉽게 이해하기 위해 압력을 다른 시각에서 정의하고자 한다. 일정한 공간 안에 어떠한 물질이 존재한다면, 그 물질은 어느 정도의 공간을 차지하게 된다. 만약 부피가 줄어들거나 물질의 양이 많아진다면 서로 차지할 수 있는 공간이 점차 부족하게 되어 서로 밀어내는 힘이 작용하게 되는데 이것을 압력이라고 하자.

이 장에서는 공기 중의 수증기에 대해 다루고자 한다. 여기서 공기는 일정한 공간이라 할 수 있고, 수증기는 그 공간을 차지하는 물질로 볼 수 있다. 그렇다면 공기 중의 수증기량에 따라서 압력이 얼마나 변화하는지, 다른 요인에 의해서 압력은 변화가 없는지 궁금하지 않은가? 또한 어떻게 하면 수증기량이 늘어나고, 그러한 변화가 기상에 어떠한

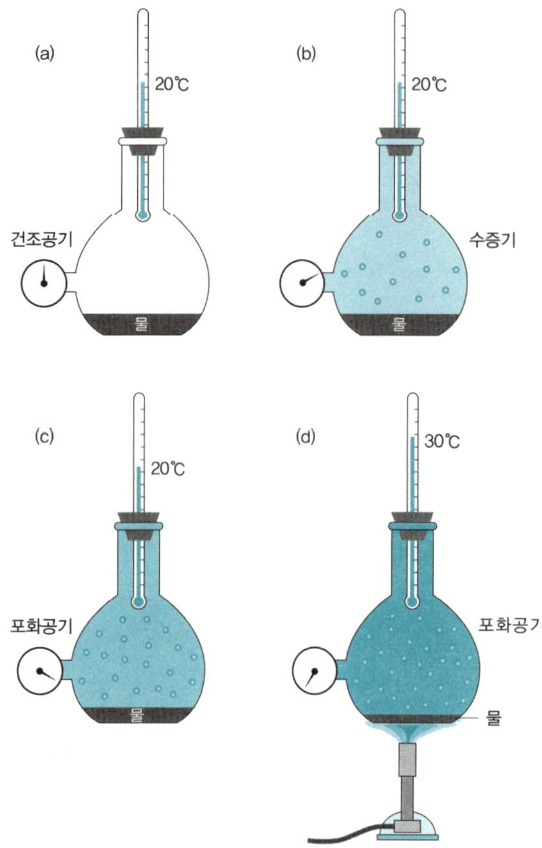

[그림 3-1] 수증기압과 포화와의 관계

영향을 끼치는지 궁금하지 않은가? 이런 궁금증에 대해 친친히 풀어보도록 하자.

다음 [그림 3-1]은 수증기압과 포화상태를 나타내는 그림이다. 여기에서 수증기압이라는 용어는 쉽게 말해 어떤 온도에서 증발과 응결 과정을 통해 공기 중으로 이동한 수증기 때문에 나타나는 압력이라고 정의할 수 있다. 증발이란 물속에서 빠르게 움직이는 물 분자가 물 표면으로부터 탈출하여 공기 중에 유입되는 과정이다. 반면 공기 중의 물 분자들이 모든 방향으로 무작위로 움직이기 때문에 그 일부분이 물로 되돌아가게 되는 과정은 응결이라고 한다. (a) 그림을 살펴보면 처음의 20℃의 건조공기는 어떠한 수증기압도 가지지 않는다. 왜냐하면 앞에서 언급한 것처럼 물질이 있어야 압력을 생기는데 여기서는 수증기, 즉 물질이 없기 때문이다. 하지만, (b)의 그림에서는 물이 증발하여 차츰 수증기압을 형성하는 것을 볼 수 있다. (c)에서는 물의 표면으로부터 물 분자들의 이탈이 심해져 수증기압이 더욱 높아지는 것을 알 수 있다. 하지만 무한정으로 물 분자들이 이탈할 수는 없다. 왜냐하면 공기가 포함할 수 있는 물 분자량이 한정되어 있기 때문이다. 그래서 차츰 물 표면으로부터 이탈하는 물 분자들의 수와 물로 다시 돌아가는 물 분자의 수가 같아져 균형을 이루게 되는데, 이렇게 증발량과 응결량이 같아질 때 공기가 포화되었다고 말한다.

그렇다면 공기가 포함할 수 있는 수증기량은 어떻게 정해지는가? 대기(공기)가 수증기를 가질 수 있는 능력은 기온에 의해 정해지며, 주어진 온도에서 일정한 양의 대기가 포함할 수 있는 최대의 수증기를 가질 때 대기는 포화상태에 있다고 한다. 이때 수증기에 의한 압력을 포화수증기압이라고 한다. 온도와 포화수증기압과의 관계는 (c)와 (d)의 그림을 통해서 알 수 있다. 온도가 20℃에서 30℃로 증가하게 되면 공기가 수증기를 포함할 수 있는 양이 증가하게 되어, 물 표면으로부터의 이탈과 물로 돌아가는 분자 간에 새로운 균형 상태에 이를 때까지 수증기압은 계속 증가하게 된다.

▣ 포화수증기량곡선이란 무엇인가?

기온이 상승하면 수증기의 응결은 일어나기 어렵다. 왜냐하면 수증기가 충돌하여 응결이 일어나기 위해서는 서로 달라붙기 위해 저속으로 운동해야 하는데, 속도가 빠르면 서로 달라 붙기가 힘들므로 응결이 일어나기 어렵다. 따라서 온도가 높을수록 수증기의 운동 속도가 빨라 응결이 일어나기 어려우므로, 공기 중에 포함될 수 있는 수증기의 양은 증가하게 된다.

포화수증기량은 공기 $1m^3$ 속에 최대로 포함할 수 있는 수증기의 양이다. 즉 이때 수증기와 물방울이 충돌에 의해 서로 전환되는 수가 평형을 이루게 된다. [그림 3-2]에서 A, B, D는 포화수증기량 곡선에 도달하지 않았으므로 불포화라고 하고, 포화수증기량 곡선상에 있는 C, E, F는 포화라고 한다. 불포화란 어떤 온도에서 채울 수 있는 최대 수증기를 아직 다 못 채웠다는 것을 의미한다. 이때는 공기 내에서 수증기의 증발이 활발히 일어날 수 있다.

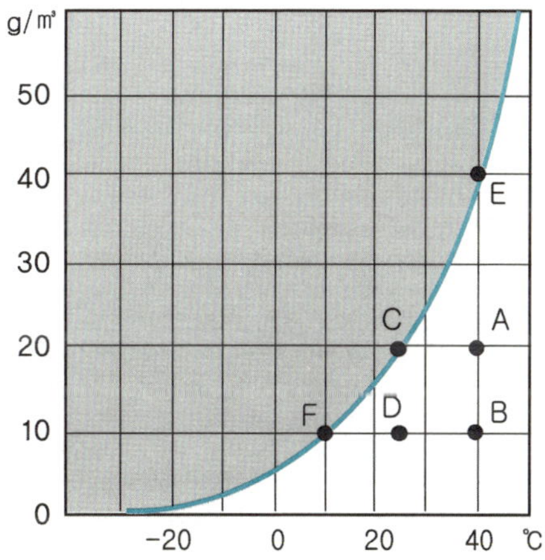

[그림 3-2] 포화수증기량 곡선

그러면 어떤 공기가 포화되었다는 것은 무엇을 뜻하는 것일까? 어떤 공기가 포화되었다면, 그 공기 안에 들어갈 수 있는 수증기의 최대량으로 가득 차 있다는 것이므로, 온도가 낮아져서 수증기의 운동 속도를 낮추거나 외부로부터 수증기가 투입된다면 충돌수가 증가하게 되어 그 공기는 수증기의 응결이 일어나게 된다.

참고로 그림의 흰색부분에 공기가 위치해 있으면 불포화이고, 선상에 위치해 있으면 포화이다. 특수한 상황이지만 만약 선 위쪽 회색부분에 공기가 위치해 있다면 과포화 상태이다.

앞에서 언급한 바와 같이 대기 중에서 공기가 포화상태에 도달하는 방법은 두 가지가 있다. 첫째, 온도를 일정하게 유지하면서 공기 중에 수증기를 공급하는 것이다. 위 그림을 보면서 살펴보자. 예를 들어 B라는 공기가 지금 현재의 대기라고 생각해보자. 온도의 변화 없이 대기에 수증기가 공급되었다면 공기 상태는 B에서 A로 이동하게 되고, 여기서 수증기가 더 공급된다면 E 상태가 된다. 즉 불포화 상태였던 B가 포화 상태인 E가 되는 것이다.

둘째, 수증기량을 일정하게 유지하면서 공기의 온도를 낮추어 포화상태에에 이르게 하는 방법이 있다. 마찬가지로 그림을 보면서 살펴보자. 앞에서 설명한 것처럼 B가 현재의 대기라고 가정한다. 대기의 수증기량은 그대로인 채 공기를 냉각시키면, B의 공기는 왼쪽으로 이동하여 D에 위치하게 되고, 더욱 온도가 낮아지면 F상태가 되어 포화수증기량 곡선과 만나게 된다. 특히, 이렇게 현재 수증기량을 그대로 유지한 채 온도를 낮추어 포화 상태가 되는 온도를 이슬점이라고 한다.

그렇다면 실제의 대기 현상에서는 어떻게 포화 상태에 도달하게 될까? 실제 대기에서는 기온의 변화 없이 수증기량의 공급에 의해 포화되는 것보다, 수증기량의 변화 없이 냉각에 의해 포화되는 것이 더 흔하다. 이는 어느 지점에서의 수증기의 갑작스런 증가보다 하루 중 태양복사 에너지의 변화에 따른 온도 변화가 공기 중의 수증기를 포화시키는데 더 효과적이라는 것이다.

▣ 물이 상태변화 할 때 필요한 에너지는 얼마나 될까?

물은 액체이지만, 1기압 하에서 100℃ 이상에서는 기체인 수증기로, 0℃ 이하에서는 고체인 얼음으로 존재한다. 수증기는 일반적으로 무색무취의 기체로써 공기 중에서 다른 가스들과 쉽게 섞일 수 있다. 우리가 흔히 이야기하는 김은 수증기가 냉각되어 형성된 물로써 액체이며, 서리는 공기 중의 수증기가 급격히 냉각되어 갑작스럽게 얼어버린 것이다. 이렇듯 공기 중에서 물은 다양한 상태를 가질 수 있다.

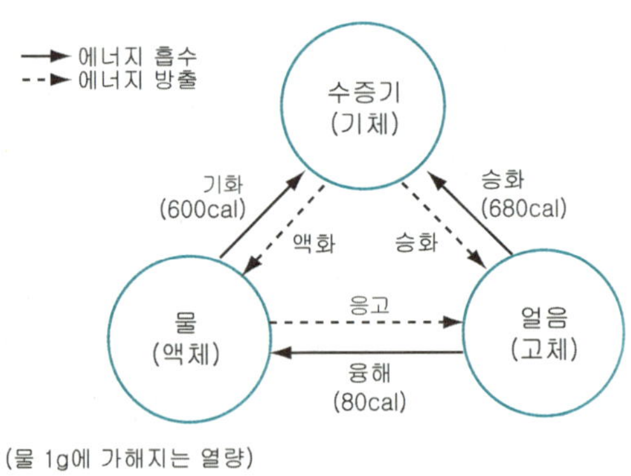

[그림 3-3] 물의 상태변화

그렇다면 이러한 상태변화가 일어날 때 필요한 에너지는 얼마나 될까? 물이 수증기가 되거나 얼음이 물이 될 때, 그리고 얼음이 수증기가 될 때는 에너지가 필요하다. 따라서 이때는 에너지 흡수가 일어나는데, 가장 많은 에너지 흡수는 얼음이 수증기가 될 때로 1g당 680cal의 에너지가 필요하다. 또한 물이 수증기가 되거나 수증기가 물이 될 때는

600cal/g의 에너지가 흡수 또는 방출되어야 한다. 물 분자 사이에는 서로 인력이 작용하기 때문에 그에 따른 위치에너지를 갖고 있다. 공급된 에너지가 분자운동을 활발히 하는데 쓰이지 않고 그러한 인력을 극복하기 위해서 사용될 때 이 에너지를 잠열이라고 한다. 이 에너지는 온도는 상승시키지 않고 상태변화에만 사용된다. 물 분자 사이가 가까워지면 반대의 현상이 나타나, 위치에너지의 감소만큼 에너지의 방출이 일어난다.

▣ 물은 어떻게 순환하는 것일까?

지구의 표면은 약 70%가 물로 되어 있고, 나머지 30%가 육지로 이루어져 있다. 지구에 있는 물의 양은 약 15억km^{3}으로, 이 중 14억km^{3}가 해양에 존재한다. 대기 중에 포함되어 있는 물의 양은 수증기를 모두 액화 시켰을 때 지구 전체를 약 2.6cm 두께로 덮을 수 있다.

물의 순환은 증발이나 강수 및 바람 등에 의한 이동의 형태 등으로 이루어진다. 지구에 있는 대부분의 물이 존재하는 바다의 경우 증발량의 약 91%는 다시 강수현상으로 바다로 되돌아가고 약 9%는 대기 중에 수증기 형태로 바람 등에 의해 육지로 이동하게 된다. 강한 태양에너지가 가해지더라도 물이 별로 없는 육지는 바다에 비해 증발이 매우 적게 일어난다. 하지만 바다로부터 이동해온 여분의 물과 합쳐진 양이 강수현상에 의해 육지로 유입되어 암권의 물이 증가하게 된다. 이는 유출과 지하수의 형태로 호수나 강으로 이동하고 최종적으로는 다시 바다로 되돌아가 균형을 이루게 된다.

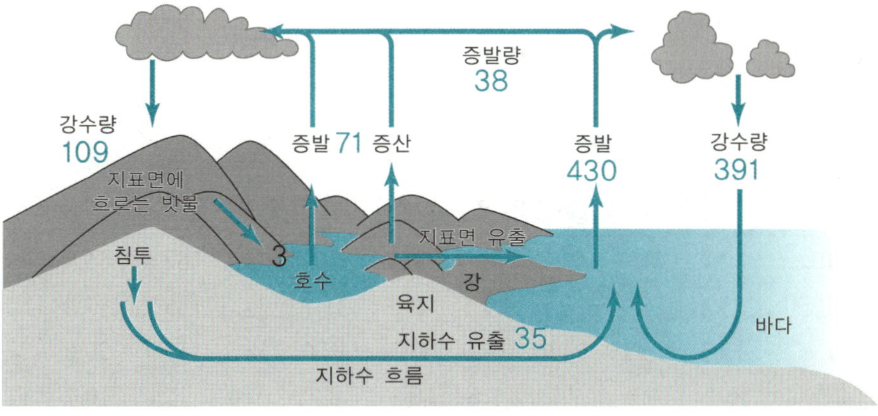

[그림 3-4] 물의 순환

▣ 습도란 무엇일까?

습도란 공기 중의 수증기량을 나타내는 지표이다. 습도에는 상대습도와 절대습도가 있는데, 상대습도란 공기 중의 수증기량을 온도에 따라 상대적으로 나타낸 것이고, 절대습도는 온도와 관계없이 절대량으로 표시한 것이다.

우선, 상대습도(relative humidity, RH)에 대해 자세히 알아보자. 상대습도는 RH라 하고 그 온도에서 가득 채울 수 있는 포화수증기량(e_w)에 대해 그 공기가 현재 포함하고 있는 수증기량(e)의 값을 퍼센트로 나타낸 것으로, 다음의 식과 같이 나타낼 수 있다.

$$상대습도(\%) = \frac{현재\ 수증기량}{포화\ 수증기량} \times 100$$

$$RH(\%) = \frac{e}{e_w} \times 100$$

포화수증기량은 온도에 따라 결정되므로, 현재 수증기량이 같다 하더라도 온도가 달라지면 상대습도는 달라지게 된다. 그래서 상대습도라고 한다.

〈표 3-1〉은 온도에 따른 포화수증기량을 나타낸 것이다. 이 표를 이용하여 상대습도를 구할 수 있는데, 예를 들어 현재 온도가 30℃인 공기가 있다고 하자. 이 공기의 포화수증기압은 42.4hPa이며, 현재 수증기압은 17.0hPa이다.

따라서 상대습도는

$$RH = \frac{17.0}{42.4} \times 100 = 40.1\%가\ 된다.$$

〈표 3-1〉 물에 대한 포화 수증기압(단위: hPa)

일의자리(℃) / 십의자리(℃)	0	1	2	3	4	5	6	7	8	9
30	42.4	44.9	47.6	50.3	53.2	56.2	59.4	62.8	66.3	69.9
20	23.4	24.9	26.4	29.1	29.8	31.7	33.6	35.7	37.8	40.1
10	12.3	13.1	14.0	15.0	16.0	17.0	18.2	19.4	20.6	22.0
0	6.1	6.6	7.1	7.6	8.1	8.7	9.4	10.0	10.7	11.5
영하	6.1	5.7	5.3	4.9	4.6	4.2	3.9	3.6	3.4	3.1
-10	2.9	2.6	2.4	2.3	2.1	1.9	1.8	1.6	1.5	1.4

상대습도는 불쾌지수를 나타내는 지표로도 쓰인다.

불쾌지수(DI)를 유도하는 공식은 "0.72(건구온도+습구온도) + 40.6"이다. 불쾌지수가 72일 때 약 2%, 75～79에서 약 10%, 80～82에서는 약 60%, 그리고, 83이상이면 100%의 사람들이 불쾌감을 느끼게 된다고 한다.

여기서 건구온도와 습구온도란 무엇일까? 우리가 사용하는 온도계 중에는 건습구 온도계가 있는데, 이는 이미 2장에서 언급한 바와 같이 [그림 3-5]에서처럼 하나의 판에 온도계 두 개를 장치한 다음 하나는 그대로 두고, 하나는 가제로 온도계의 구부를 감싼 후 물에 담가 놓은 것이다. 온도계를 그대로 두어 측정한 온도를 건구온도, 물에 적신 가제로 구부를 감싼 온도계로 측정한 온도가 습구온도이다. 습구온도계는 물의 증발이 일어나므로 이슬점과 관계되며, 일반적으로 건구온도에 비해 습구온도가 낮다. 건구온도와 습구온도가 같은 경우는 현재온도(건구온도)와 이슬점이 같다는 의미이므로 공기가 포화되었음을 알 수 있다.

그러면 절대습도란 무엇인가? 절대습도는 부피 $1m^3$의 공기 속에 들어 있는 수증기량(g/m^3)이다. [그림 3-2]에서 B, D, F의 절대습도는 $10g/m^3$으로 같고, A, C의 절대습도 역시 $20g/m^3$으로 같다. E는 $40g/m^3$으로 절대습도가 가장 크다.

습도를 재는 기구로는 모발자기 습도계, 건습구 온도계 등이 있다.

모발 자기 습도계는 우리의 머리카락이 습도에 민감하게 반응하는 것을 응용하여 만든 것이고, 건습구 온도계는 위에서 잠시 언급했고, 이미 2장에서 설명했듯이 건구온도와 습구온도를 측정한 다음 그 차를 이용하여 습도를 구하는 것이다.

▣ 온도와 습도에 따라 우리가 느끼는 온도는 어떻게 다를까?

지상기온이 20℃라고 할 때, 어떤 날은 더운 것처럼 느껴지고, 어떤 날은 같은 20℃의 기온인데도 시원한 느낌이 날 때가 있다. 이렇듯 우리가 느끼는 온도가 달라지는 것은 무엇 때문일까? 우리가 느끼는 온도는 공기 중의 습도의 영향을 받는다. 즉, 습도가 높아질수록 더 더운 것처럼 느끼는 것이다. 아래의 표는 온도와 습도 및 우리가 느끼는 온도와의 관계를 나타낸 것이다.

〈표 3-2〉 온도, 습도 및 우리가 느끼는 온도

온도 (℃)	상대습도									
	10%	20%	30%	40%	50%	60%	70%	80%	90%	100%
26.7	23.9	25.0	25.6	26.1	27.2	27.8	29.4	30.0	31.1	32.8
29.4	26.7	27.8	28.9	30.0	31.1	32.2	33.9	36.1	38.9	42.2
32.2	29.4	30.5	32.2	33.9	35.5	37.8	41.1	45.0	50.0	
35.0	32.2	33.9	35.5	38.3	41.7	45.6	51.1	57.8		
37.8	35.0	37.2	40.0	43.3	48.9	55.6	62.2			
40.6	37.8	40.6	45.0	50.6	57.2	65.0				
43.3	40.6	44.4	50.6	58.3	65.6					
46.1	43.9	48.9	57.2	66.1						

안전 주의 매우 주의 위험 매우 위험 관측 안됨

〈출처: The Atmosphere, Lutgens & Tarbuck〉

위의 표에서 예를 하나 들어 보자. 예를 들어 온도가 35℃이고, 상대 습도가 50%라면, 우리가 느낄 때는 41.7℃정도로 실제 온도보다 높게 느낀다는 것이다. 표에서 보듯 위험 영역으로 가면, 강한 태양에너지에 의해 잠깐의 육체 활동에도 쉽게 피로감을 느낄 수 있으며, 무기력증이 유발되고, 심한 경우 일사병이 나타날 수 있다.

▣ 수증기량을 나타내는 개념에는 어떤 것이 있을까?

수증기량을 나타내는 개념에는 크게 5가지가 있다. 우리는 수증기량을 나타내는 데 자주 '상대습도'를 사용하지만 그밖에 '절대습도', '비습', '이슬점', '혼합비' 등도 모두 대기 중의 수증기량을 표현하는 방법이다.

첫째, 우리가 앞에서 살펴본 상대습도로 실생활에서 가장 많이 사용한다. 상대습도는 건습구 온도계로 측정한 기온을 이용하여 산출하거나 모발습도계 등으로 직접 측정한다[그림 3-5, 3-6]. 상대습도는 기온과는 반대로 새벽에 최대가 되고, 오후에 최소가 된다. 연변화는 일변화만큼 뚜렷하지 않으나 일반적으로 여름철에 높고 겨울철에 낮아진다.

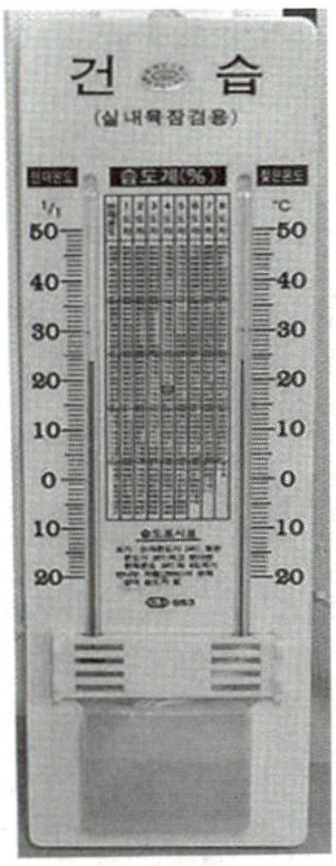

[그림 3-5] 건습구 온도계

[그림 3-6] 모발자기습도계

둘째, 절대습도(absolute humidity)는 대기 중에 포함된 수증기의 양을 표시하는 방법으로써, 부피 1m^{3}의 공기 중에 포함된 수증기의 양을 g으로 나타낸다. 수증기밀도 또는 수증기농도라고도 하는데, 공기 중의 수증기의 포화정도를 나타내는 상대습도와는 의미가 다르다. 일반적으로 절대습도는 기온이 높은 여름철에 높고, 기온이 낮은 겨울철에는 낮다.

셋째, 비습(specific humidity)은 공기 중의 수증기 정도를 나타내는 양, 즉 습윤공기 1kg 속에 포함되는 있는 수증기량을 g으로 나타낸 것이다. 이것을 S라 하고 기압을 P, 수증기압을 e라고 하면,

$$S = 0.622 \cdot e/(P - 0.378e)$$

와 같이 주어지게 된다. 이것은 무차원양이므로 간단히 비습 몇 g이라고 사용할 때도 있

다. 기압과 습기의 온도를 바꾸어도 증발이나 응결이 일어나지 않는 한 공기의 비습은 변하지 않는다. 이 때문에 비습은 기단을 구별하는 데 아주 중요한 양이다. 자연 공기의 비습은 대개 40g/kg 이내의 값을 갖는다.

넷째, 이슬점(dew point)은 물체를 서서히 냉각시킬 때 그 주변 공기의 온도도 내려가 그 공기 중의 수증기가 응결하여 물체의 표면에 이슬을 맺을 때의 온도이다. 또한 이슬점은 수증기를 함유한 대기의 기압과 수증기량은 바꾸지 않고 기온만 하강시켜 포화에 도달하였을 때의 온도라고도 말할 수 있으며, 노점온도라고도 한다. 처음의 기온이 같더라도 상대습도가 다르면 이슬점은 달라진다. 이른 아침에 비가 오지 않았는데도 지면에 있는 돌 따위의 표면이 젖어 있는 것을 보았을 것이다. 이것은 야간복사에 의해 돌의 온도가 이슬점 이하로 떨어지고, 그것에 접한 공기도 이슬점 이하로 내려가, 수증기가 돌의 표면에 응결하기 때문이다. 이슬점은 건습구 온도계를 사용하여 구할 수 있으나, 이슬점습도계로 직접 측정하기도 한다. 이슬점은 공기 속에 함유된 수증기의 양을 나타내는 기준이 된다.

마지막으로 혼합비(mixing ratio)는 건조공기 1kg에 들어 있는 수증기의 질량을 g 단위로 나타낸 것이다. 수증기와 건조공기의 밀도의 비는 약 0.622이므로, 습윤공기의 전체 압력을 P, 수증기의 분압을 e로 하면, 혼합비 χ는

$$\chi = 622e/(P-e)$$

로 주어진다. 또 비습 S와의 사이에는

$$\chi = S/(1-S)$$

의 관계가 있다. 혼합비는 비습과 마찬가지로 수증기량이 일정하면 기압이나 기온의 변화에 관계없이 일정하게 유지되므로 기단분석에 이용된다.

참고 자료

비습은 절대습도의 보완으로 나온 개념입니다. 절대습도는 기온과 상관없이 1m³에 포함되어 있는 수증기의 양을 g(그램)으로 나타낸 것인데, 공기가 상승 또는 하강을 하게 되면 공기의 부피가 변화되기 때문에 보완이 필요하게 되었습니다. 그래서 나온 것이 비습인데 비습은

1kg 속에 포함되어 있는 수증기의 양을 그램으로 나타낸 것입니다.

상대습도는 말 그대로 상대적인 개념인데, 공식은 분모가 현재 공기온도에서 포함할 수 있는 최대 수증기량(포화 수증기량)이고, 분자는 현재의 수증기량이며, 이에 100을 곱하여 %로 나타냅니다. 비습은 기온과 상관없는 지표이고, 상대습도는 현재 공기의 온도에 의해 좌우됩니다. 예를 들어 설명하면, 사하라 사막(아열대 사막)과 북극(한대 사막)이 있습니다. 둘 다 사막인데 비습은 사하라 사막이 높게 나타나는 반면 상대습도는 한대 사막이 높게 나타납니다. 사하라 사막은 매우 고온이며, 아열대 고압대에 위치하여 날씨가 맑습니다. 이곳이 건조한 이유는 강수보다 증발량이 많기 때문입니다. 따라서 대기 중에 수증기의 절대량은 꽤 많습니다. 그러나 포화수증기량 수치가 엄청나서 상대습도는 매우 낮습니다. 반대로 한대 사막의 경우에는 강수가 매우 적어 사막이 나타나기는 합니다만, 대기의 온도가 매우 낮아 포함할 수 있는 수증기량이 매우 적습니다. 이것은 증발량이 적다는 것을 의미하며, 이로 인해 상대습도는 높고 비습은 작습니다.

▣ 단열변화란 무엇인가?

우리나라 주변의 공기덩어리는 지표부근부터 약 11km까지 고도가 높아질수록 온도가 낮아진다. 그러면 인위적으로 공기를 올리거나 내렸을 때는 어떤 일이 벌어질까?

여기서 우리는 공기를 올리거나 내릴 때, 공기 내부에 에너지를 공급한다거나 빼내는 일은 하지 않는다고 가정하자. 이렇게 열의 출입이 차단된 상태에서 공기덩어리가 상승 또는 하강할 때 기체가 팽창 또는 수축하며 일어나는 변화를 단열변화라고 한다.

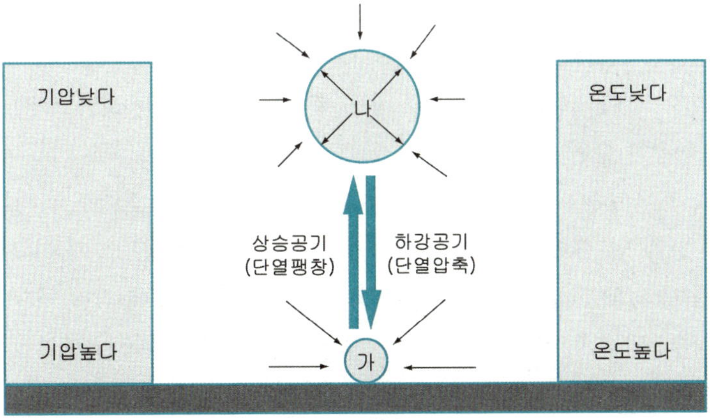

[그림 3-7] 단열변화

▣ 그림 (가)와 (나)를 보고 단열변화에 대해 살펴보자

[그림 3-7]을 보자. 현재 (가)의 공기가 상승하여 (나)의 공기가 될 때, 공기는 주변기압이 낮아서 팽창된다. 반대로 (나)의 공기가 하강하여 (가)의 공기가 될 때는 공기가 압축된다. 공기의 내・외부로 에너지 출입이 없다고 가정하였을 때, 상승하는 공기는 단열팽창 현상이 일어나고, 하강하는 공기는 단열 압축 현상이 일어나게 된다.

그렇다면 단열 팽창과 단열 압축이 일어날 때의 온도변화에 대해 자세히 알아보자. 일과 에너지의 관계로부터 일을 하면 한 일만큼 운동에너지가 감소하고, 일을 받으면 그만큼 운동에너지가 증가한다. 일반적으로 온도는 분자운동이 활발한 정도를 말한다. 즉, 운동에너지의 변화가 내부에너지의 변화를 일으키고, 이것이 온도변화를 일으킨다는 것이다. 먼저 (가)에서 (나)로 상승하는 공기에서 일어난 온도변화를 살펴보자. 앞에서 단열 변화라는 말은 공기 외부와 내부의 에너지 교환이 없다는 것을 의미한다고 정의했다. 이 상태에서 공기의 부피가 커진다는 것은 무엇을 의미하는 걸까? 공기의 부피가 증가하려면 기존에 그 공간을 점유하고 있던 외부의 공기 분자들을 밀어내야 한다. 외부에 있는 공기 분자들을 밀어내려면 공기 내부의 에너지를 사용하여 '외부의 공기 분자들을 밀어내는 일'을 해야 한다. 이 과정을 통해 공기 내부의 에너지가 외부에 있는 분자의 운동에너지로 전환된다. 물론 앞에서 언급한 것처럼 이 과정에서 공기 내부와 외부의 에너지 출입은 없었다.

에너지보존법칙에 의하면 일과 에너지 관계에서 에너지는 새로 생기거나 사라지는 일이 없이 단지 전환되기만 할 뿐이다. 에너지보존법칙에 따라 일과 에너지 관계에서 외부에 있는 공기 분자가 얻은 운동에너지는 새로 생겨난 것이 아니고, 단지 기존의 공기 내부의 에너지가 전환된 것임을 알 수 있다. 따라서 공기 내부는 전환된 에너지만큼의 에너지를 잃어야 한다. 그래서 그만큼의 내부 에너지가 감소하는 것이고, 에너지 감소에 따라 기온은 하강하게 된다.

그림 (나)에서 (가)로 하강하는 공기에서 일어나는 온도 변화도 이해하기 쉬울 것이다. (가)의 공기 덩어리표면에서 외부 공기와 맞닿아 있던 공기분자들이 압축으로 인해 고유의 자리를 잃고 내부로 들어오게 된다. 그러면 원래 내부에 있던 공기 분자의 자리를 밀고 들어가게 되는데, 이때 공기 분자들 간의 충돌이 일어나서 일을 외부에서 받게 되어 내부 에너지는 증가하게 된다. 내부 에너지가 증가한 만큼 온도도 상승하게 된다. 단열팽창과는 반대되는 현상이다. 다시 말해 '공기 덩어리 외부의 공기분자들이 내부 공기를 미는' 만큼의 에너지가 내부에너지로 전환된 것이다.

▣ 단열감률이란 무엇인가?

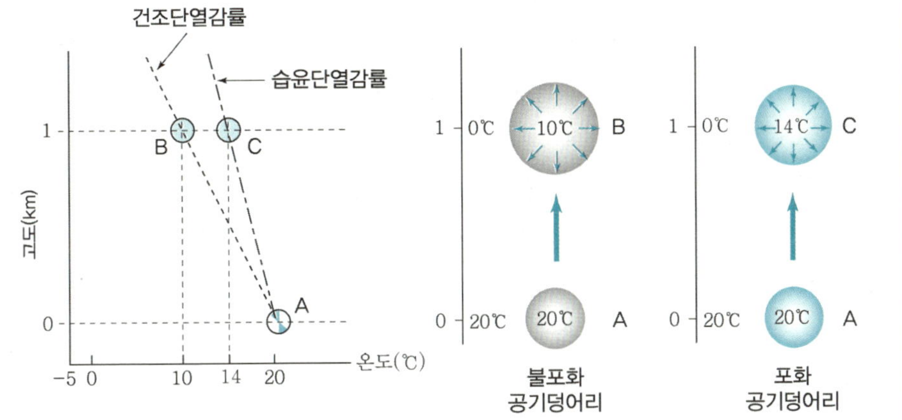

○건조단열감률(상대습도가 100% 미만인 불포화공기): ± 1℃/100m
예) 지면에서 20℃인 불포화 공기는 1,000m (1km)에선 10℃를 나타냄
○습윤단열감률(상대습도가 100%이상인 포화공기):± 0.6℃/100m
예) 지면에서 20℃인 포화 공기는 1,000m (1km)에선 14℃를 나타냄
○이슬점 변화
(불포화공기) :± 0.2℃/100m
(포화공기) : ± 0.6℃/100m

[그림 3-8] 단열감률

그렇다면 단열 상태에서 상승 또는 하강하는 공기가 팽창하거나 수축할 때, 어느 정도의 온도변화가 발생하는 것일까? 이때는 공기내부의 수증기량, 즉 습도에 따라 온도변화가 다르게 나타난다. 먼저 공기에 포함된 수증기량이 그 공기덩어리가 최대로 지닐 수 있는 수증기량보다 적은 불포화 상태일 때, 즉 상대습도가 100% 미만일 때는 1,000m 올라갈 때마다 온도는 10℃씩 내려가게 된다. 이를 건조단열감률이라 한다. 포화되지 않은 공기가 상승할 때는 이 변화율을 따라 온도가 내려가고, 반대로 하강할 때도 마찬가지의 변화율을 따라 온도가 올라가게 된다. 한편, 공기에 포함된 수증기량이 공기가 최대로 지닐 수 있는 수증기량과 같거나 많은 포화 상태일 때, 즉 상대습도가 100% 이상일 때 이 공기는 1,000m 올라갈 때마다 6℃씩 온도가 내려가게 된다. 이를 습윤단열감률이라 하며, 건조단열감률과 마찬가지로 포화된 공기가 상승하거나 하강할 때 온도는 이 변화율을 따르게 된다. 습윤단열감률이 건조단열감률보다 작은 이유는 수증기의 응결열 때문이다. 수

증기가 포화된 상태의 공기가 상승하면 단열팽창에 의한 냉각으로 온도가 내려가게 되는데, 이슬점 이하로 온도가 낮아지면 응결이 일어나게 된다. 이때 수증기가 물로 변하면서 열을 방출하게 되는데, 바로 이 방출되는 응결열이 건조한 공기가 상승할 때보다는 훨씬 낮은 비율로 온도를 감소시키는 원인이 되는 것이다. 이슬점 온도는 1,000m 올라갈 때마다 1.7℃씩 내려가게 되는데, 일반적으로 약 2℃/1,000m로 내려간다고 하며, 이슬점 감률이라고 정의한다.

대류권에서의 높이에 따른 평균적인 온도 변화율을 기온감률이라고 한다. 이는 건조한 공기나 습윤한 공기에 관계없이 변하는 값으로써, 높이가 1,000m 올라갈 때마다 온도는 약 6.5℃씩 하강한다.

▣ 높새바람이란 무엇인가?

그럼 단열감률이 현실에서 어떻게 작용하는지 살펴보자.

한번쯤 늦봄이나 초여름에 뉴스를 통해 가끔씩 방송되는 높새바람이라는 용어를 들어보았을 것이다. 높새바람이란 고온 건조한 바람이 영서지방에 가뭄을 일으키는 현상이다. 그렇다면 높새바람은 왜 고온 건조한 것일까?

[그림 3-9] 높새바람

공기덩어리가 이동하다 산을 만나게 되면 [그림 3-9]와 같이 공기는 산을 넘게 된다. 이때 이 공기덩어리는 온도와 이슬점 또는 습도의 변화가 일어나게 된다.

산을 타고 상승하는 공기덩어리는 단열팽창에 의한 냉각으로 기온이 낮아지게 되는데, 일정 고도에 이르면 기온이 이슬점에 도달하여 응결이 일어나 구름을 형성하게 된다.

이때의 고도를 상승응결고도라고 한다.

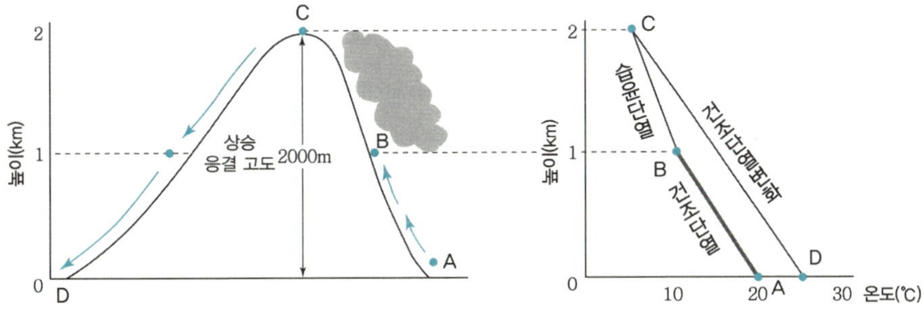

[그림 3-10] 높새바람과 높이에 따른 기온 및 이슬점의 변화

> **참고 자료**
>
> 상승응결고도는 불포화 공기가 상승하여 포화 상태에 도달했을 때의 고도로, 이슬점에 도달하는 높이를 일컫는다.
>
> $$H = 125 \times (t - t_d) \text{ [단위: m]}$$
>
> 여기서 H는 고도, t는 기온, t_d는 이슬점이다.
>
> * 상승응결고도 공식 유도
>
> 높이 H에서 응결이 일어났다면, 이때 공기의 온도(T)와 이슬점(T_D)은 같아야 한다.
>
> 따라서,
>
> $T = t - H \times 1℃/100m$
>
> $T_D = t_d - H \times 0.2℃/100m$, 여기서 높이 H에서는 $T = T_D$이므로
>
> $t - H \times 1℃/100m = t_d - H \times 0.2℃/100m$
>
> 이 식을 정리하면,
>
> $H = 125 \times (t - t_d)$

① 기온 변화

높새바람이 나타날 때, [그림 3-10]에서와 같이 A지점부터 C지점까지는 공기가 상승하므로 기온이 하강하게 된다. B가 상승응결고도일 때, A지점에서 불포화 상태인 공기덩어리는 B지점까지는 건조단열선을 따라 온도가 하강하고, 포화상태에 도달한 B지점에서 C지점까지는 습윤단열선을 따라 온도가 하강한다. 그러나 산을 넘어, C지점에서 D지점으로 이동할 때는 공기의 하강으로 인해 기온이 상승하게 되는데, 이때는 불포화 상태가 되어 건조단열변화를 하게 된다.

② 이슬점 변화

A에서 B지점까지는 이슬점감률에 따라 이슬점이 하강하나, B에서 C지점까지는 수증기의 응결이 일어났으므로 습윤단열감률에 의해 이슬점이 내려가게 된다. 그러나 C에서 D지점까지는 다시 이슬점감률에 따라 증가하게 된다.

③ 습도의 변화

상대습도는 A에서 B까지 점점 증가한다. B지점에 도달하면, 응결이 일어나므로 그때는 상대습도가 100%가 된다. 이러한 상태가 C지점까지 지속되는데, 이는 B에서 C지점까지 계속 수증기의 응결이 일어나기 때문이다. 그러나 C에서 D지점으로 공기가 하강할 때는 기온 상승이 이슬점 상승보다 크기 때문에 상대습도는 감소하게 된다.

그러면, 간단한 예를 통해 위에서 설명한 내용들을 살펴보도록 하자.

만약, 현재 온도가 20℃이고 이슬점이 12℃인 공기가 산을 타고 상승할 경우를 가정해보자. 이때 상승응결고도는

$$H = 125 \times (\text{현재 온도} - \text{이슬점의 온도})$$

로 계산하면 1,000m이다.

〈표 3-3〉 높새바람과 높이에 따른 기온 및 이슬점의 변화

A → B 구간	B → C 구간	C → D 구간
A → B 건조단열변화 : $\frac{-1℃}{100m}$ A → B 이슬점변화 : $\frac{-0.2℃}{100m}$ B에서 온도는? $20 - \frac{1}{100} \times 1000 = 10℃$ B에서 이슬점은? $12 - \frac{0.2}{100} \times 1000 = 10℃$	B → C 습윤단열변화 : $\frac{-0.6℃}{100m}$ B → C 이슬점변화 : $\frac{-0.6℃}{100m}$ C에서 온도는? $10 - \frac{0.6}{100} \times 1000 = 4℃$ C에서 이슬점은? $10 - \frac{0.6}{100} \times 1000 = 4℃$	C → D 건조단열변화 : $\frac{+1℃}{100m}$ C → D 이슬점 변화 : $\frac{+0.2℃}{100m}$ D에서 온도는? $4 + \frac{1}{100} \times 2000 = 24℃$ D에서 이슬점은? $4 + \frac{0.2}{100} \times 2000 = 8℃$

A지점에서 공기는 이슬점이 기온보다 낮기 때문에 불포화 상태이다. 따라서 산을 타고 상승할 때 온도는 건조단열 변화를 따르게 된다. 위 표에서 보면 A→B 구간은 건조단열 변화에 따라 온도가 감소하는 대신 상대습도는 증가한다. 그러다가 상승응결고도 지점인 B에 다다르면 기온이 이슬점과 같아지므로 공기덩어리는 포화상태가 된다. 이 고도부터는 습윤단열변화를 따르면서 수증기가 응결하여 비가 내리기 시작한다. B→C 구간에서 비가 내린 후 산 정상을 넘어서면 공기가 D지점까지 하강하기 때문에 단열압축에 의한 온도 증가로 공기는 다시 불포화 상태가 되어 건조단열변화를 따르게 된다. 또한, 상대습도와 절대습도는 감소한다.

결론적으로 B→C 구간에서 비가 내렸기 때문에 공기는 건조해진다. 또한 공기가 상승할 때는 온도 변화폭이 다소 큰 건조단열변화 이후 온도 변화폭이 적은 습윤단열변화가 이루어지지만, 공기가 하강할 때는 온도 변화폭이 다소 큰 건조단열변화만이 이루어지기 때문에 산을 넘기 전의 공기보다 온도가 높아진다. 그렇기 때문에 산을 넘은 높새바람이 고온 건조한 것이다. 산이 높을수록, 습도가 높은 공기일수록 이러한 높새바람은 더욱 잘 일어난다. 높새가 강할 때는 앞에서 언급한 영서 지역은 물론이고 경기도, 충청, 황해도 지역에서 그 영향이 나타난다고 한다.

우리나라에서 나타나는 높새바람은 푄 현상의 일종이다. 원래 푄 은 지중해의 습윤한 공기가 알프스를 넘어 스위스로 부는 고온 건조한 바람이 부는 현상을 말하지만 현재는 산을 넘으면서 고온 건조한 바람으로 변하는 현상을 통칭한다. 참고로, 북미의 록키 산지에서 나타나는 현상은 치누크라고도 불린다.

▣ 대기의 안정도란 무엇인가?

우리가 살고 있는 지구의 공기층은 시시각각 다양한 형태로 움직이며, 여러 기상변화를 가져온다. 뜨거운 여름날 오후 맑던 하늘에 갑자기 먹구름이 생기고 굵은 소나기가 한바탕 시원히 내린다. 그리고 얼마 지나지 않아 언제 그랬냐는 듯 맑아지는 것을 경험했을 것이다. 왜 이렇게 변덕스런 날씨가 나타나는 걸까? 그 공기가 가진 고유의 성질 때문에 구름이 생기고 비가 오는 것일까?

날씨가 변덕스럽고 소나기구름이 생긴 것은 그 공기가 가진 고유의 성질 때문이 아니라, 현재 자리 잡고 있는 공기덩어리와 그곳에 새로 유입되는 공기덩어리와의 관계로 인한 것이다.

현재 공기덩어리와 새로 유입되는 공기덩어리 사이에 얼마나 평형을 잘 이루는지 알아보는 것을 대기의 안정도라고 한다. 대기의 안정도는 현재 자리 잡고 있는 공기덩어리와 새로 유입된 공기덩어리의 온도 차이로 결정된다.

현재 자리 잡고 있는 공기덩어리는 라디오존데라는 기구를 이용하여 각 고도별로 온도를 측정하는데, 고도에 따른 실제 기온감률을 기온감률이라고 한다. 새로 유입되는 공기덩어리는 상승하거나 하강하기 때문에 단열감률에 의해 지배받으며, 이론적으로 계산할 수 있다.

여기에서 유입되는 공기란 어떤 요인에 의해 상승하여 기존의 공기 속으로 새롭게 들어오는 공기덩어리를 말한다. 공기를 상승시키는 원인에는 산의 경사면을 따라 공기가 올라가는 지형적 상승, 따뜻한 공기가 차가운 공기를 타고 위로 올라가는 전선에 의한 상승, 국지적으로 비균등가열되어 올라가는 대류에 의한 상승 등이 있다.

단열감률에는 두 가지가 있다. 유입되는 공기가 만약 불포화 상태인 건조한 공기라면 건조단열감률을 따르게 되어 100m 올라갈 때마다 1℃씩 하강한다. 또한 만약 유입되는 공기가 포화 상태인 습기가 가득찬 공기라면 습윤단열감률을 따르게 되어 100m 올라갈 때마다 0.6℃씩 하강하게 된다.

대기의 안정도는 구름의 발생과 구름의 형태, 크기를 결정하고, 비가 내리는 양상을 알려준다. 예를 들어 대기가 안정하면 구름이 잘 생기지 않는다. 만약 생긴다고 해도 공기의 상승을 억제하기 때문에 얇고 넓게 퍼지며, 가는 비를 내리는 층운형 구름이 발생한다. 반면에 대기가 불안정할 경우에는 높은 적란운이 발달하며, 굵고 많은 양의 비가 짧은 시간 동안 내리게 될 것이다.

이처럼 대기의 안정도는 날씨에 많은 영향을 주기 때문에 기상청에서는 그 지역 대기의 안정도를 기상예보에서 매우 중요시 여기고 있다.

① 절대안정(기온감률 〈 단열감률)

[그림 3-11]의 (a)를 보면, 각 고도별 현재 자리 잡고 있는 공기 덩어리들의 온도를 측정한 결과 1,000m에 5℃씩 떨어짐을 알 수 있다. 상승하는 공기는 건조단열감률에 의해 1,000m마다 10℃씩 온도가 떨어진다. 20℃의 공기가 1,000m 상승하게 되면 건조단열감률에 의해 10℃의 온도가 된다. 이 경우 상승한 공기덩어리는 주위보다 온도가 낮기 때문에 다시 본래의 위치로 돌아가려는 경향이 있다. 이때의 대기는 안정상태에 있다고 말할 수 있다.

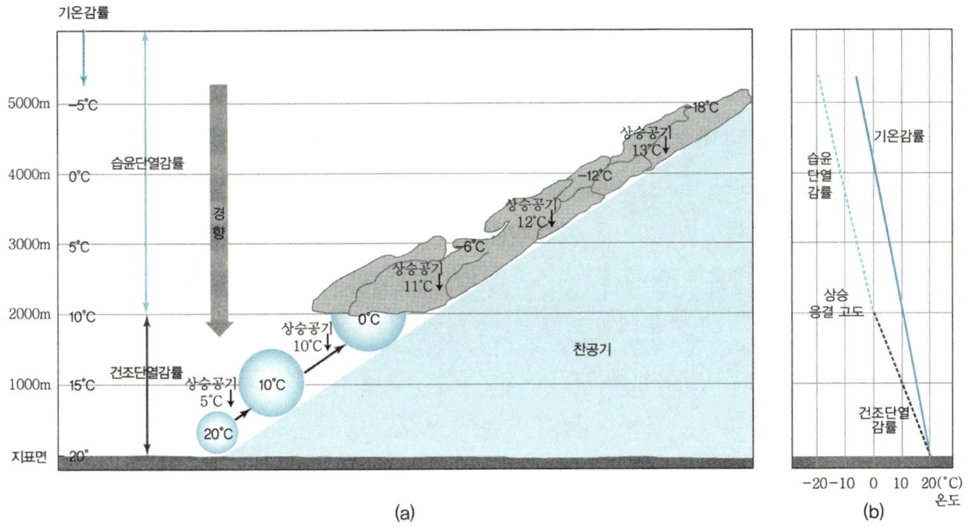

[그림 3-11] 안정한 기층

〈출처: The Atmosphere; An Introduction to Meteorology, Lutgens & Tarbuck, 2004〉

안정된 기층은 공기가 상승하는 것에 강하게 저항하기 때문에, 만약 강제로 상승시키려 들 경우 수평으로 확산하려 할 것이다. 이런 상승공기에서 구름이 형성된다면 그 구름도 역시 수평으로 퍼져 비교적 얇은 층을 이룰 것이다. 만약 [그림 3-11]과 같은 상황에서 높이 1km 지점에 공장의 굴뚝이 있다면, 연기는 위아래로 확산되지 못하기 때문에 얇게 펼쳐지는 형태를 띠게 된다. 이와 같이 안정된 대기에서는 권층운, 고층운, 난층운 또는 층운이 형성될 수 있다. 고도에 따른 현재 기온의 변화정도를 기온감률이라고 하는데, 기온감률이 단열감률보다 적을 때 대기는 안정하다. 즉 지표면의 기온과 상공의 기온 차이가 비교적 적을 때 공기는 안정하다고 할 수 있다.

[그림 3-11]의 (b)그래프를 보면 상승하는 공기의 온도가 현재 자리 잡고 있는 공기의 온도보다 항상 낮음을 알 수 있다. 단열감률이 기온감률보다 더 크기 때문에 기층은 안정 상태가 되는 것이다. 이때 유입되는 공기는 포화 정도에 상관없이 모두 기온 변화선보다 낮으므로 위로 상승하지 못한다. 대기가 안정된 경우 공기는 정체되고 역전층이 발생하게 되며, 오염이 심각한 스모그 현상이 나타날 수도 있다.

하루 중 지표면과 상공의 기온 차이가 비교적 적을 때는 언제일까? 바로 지표면이 가장 낮은 온도를 나타내는 일출 직전의 이른 아침이다.

② 절대불안정(기온감률 〉 단열감률)

다음 그림에서 태양열에 의해 지표면 근처의 공기가 가열되고 있고, 대기는 고도에 따라 큰 온도차를 나타내고 있다. 라디오존데를 이용하여 측정한 결과 각 고도별로 자리 잡고 있는 공기는 1,000m를 올라갈 때마다 12℃ 감소하고 있다. 반면에 상승하는 공기는 건조 단열변화에 의해서 1,000m를 올라갈 때마다 10℃씩 일정하게 감소하고 2,000m 고도에서는 습윤 단열변화에 의해서 1,000m를 올라갈 때마다 6℃씩 감소하게 된다.

2,000m의 공기가 어떻게 변하는지 보면, 현재 2,000m 상공에는 16℃의 공기가 자리 잡고 있는 상태이다. 그런데 새로 유입된 공기(상승한 공기)의 온도는 20℃이다. 상승했던 공기의 온도가 주위의 온도보다 높기 때문에 상승한 공기는 다시 더 높은 곳으로 올라가려는 경향을 띠게 된다.

이렇게 고도에 따라서 현재 자리 잡고 있는 공기의 온도차가 클 경우, 상승하는 공기덩어리는 계속 상승하게 된다. 이 대기는 불안정상태에 있다고 할 수 있다. 이러한 상황은 상공의 공기가 더 차가워지거나 지표의 공기가 더 따뜻해질 때 발생하게 된다.

일반적으로 낮 동안 지표기온이 상승하면 대기는 보다 불안정해진다. 공기덩어리는 계속적으로 상승하면서 구름을 만들기 때문에 구름은 매우 높게 발달하며, 뇌우나 소나기 같은 악천후를 일으킨다. 불안정한 대기층의 두께가 수 킬로미터에 달할 경우 강한 상승기류가 발생하여 적란운이 형성될 수 있다.

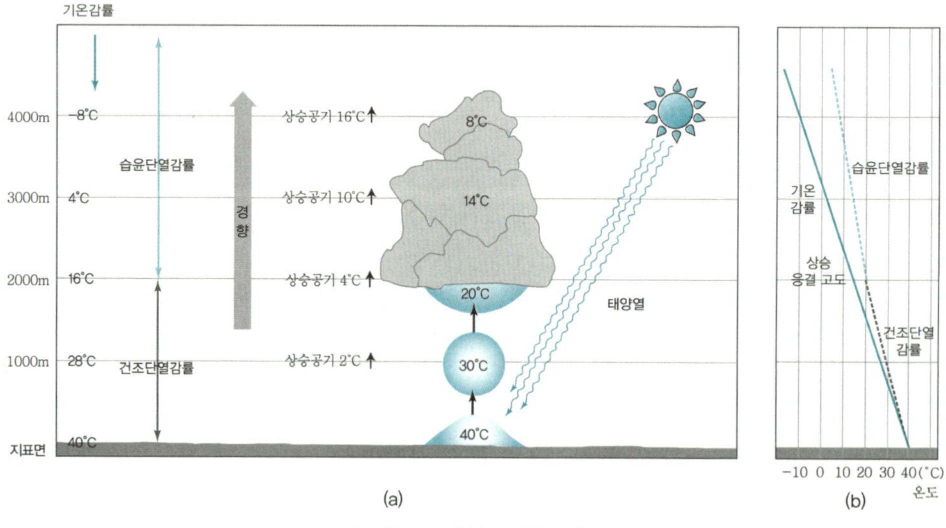

[그림 3-12] 불안정한 기층

〈출처: The Atmosphere; An Introduction to Meteorology, Lutgens & Tarbuck, 2004〉

그래프를 보면 기온감률이 건조단열감률이나 습윤단열감률보다 크다. 공기의 포화·불포화 여부에 상관없이 상승한 공기는 현재 자리 잡고 있는 공기의 온도보다 항상 온도가 높기 때문에 계속 상승하게 된다. 만약 공기가 하강하여 단열 압축에 의해 온도가 올라가더라도 현재 자리 잡고 있는 공기의 온도보다 낮기 때문에 공기는 계속 하강하게 된다. 절대 불안정할 때는 공기의 수직 확산이 잘 일어나기 때문에 오염물질이 잘 퍼지게 된다.

③ 조건부 불안정(습윤단열감률 < 기온감률 < 건조단열감률)

지표면에서 2,000m 상공까지의 현재 자리 잡고 있는 공기덩어리와 유입된 공기덩어리의 기온차를 보면 2,000m까지는 유입된 공기덩어리가 현재 자리 잡고 있는 공기의 온도보다 낮은 것을 알 수 있다. 반면에 2,000m보다 높은 고도인 경우에는 유입된 공기덩어리의 온도가 주위보다 높은 것을 알 수 있다. 지표면에서 2,000m 고도까지의 공기는 유입된 공기덩어리의 온도가 현재 자리 잡고 있는 공기덩어리의 온도보다 낮으므로 안정된 상태를 가지고 있는 반면에, 2,000m 이상의 고도에서는 유입된 공기덩어리의 온도가 현재 자리 잡고 있는 공기덩어리의 온도보다 높게 되어 불안정한 상태를 가지게 된다.

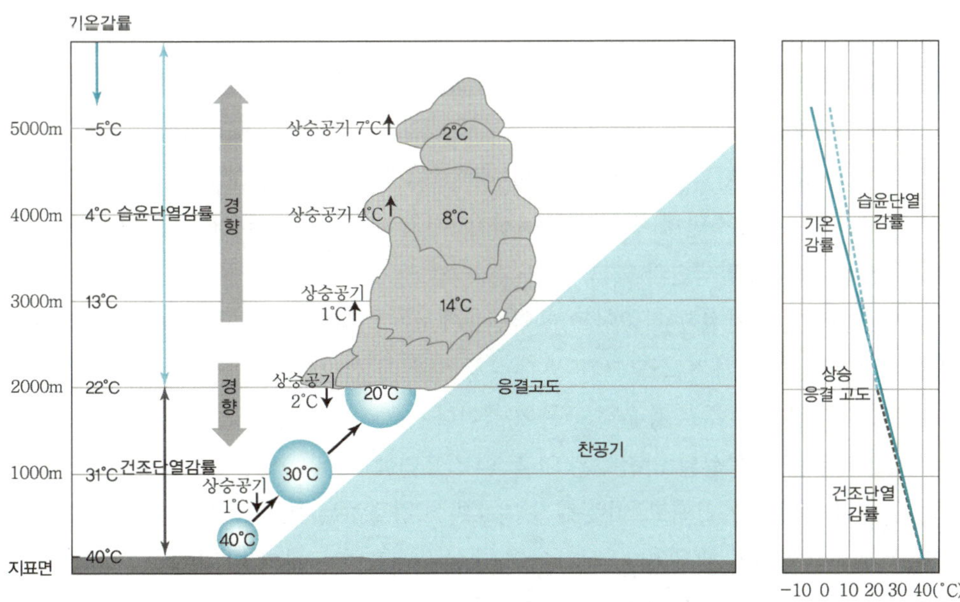

(a) (b)

[그림 3-13] 조건부 불안정

〈출처: The Atmosphere; An Introduction to Meteorology, Lutgens & Tarbuck, 2004〉

[그림 3-13]에서 (b)그래프를 보면 2,000m 근처까지는 유입되어 상승하는 공기덩어리의 온도가 현재 자리 잡고 있는 공기덩어리의 온도보다 낮기 때문에 유입되이 상승하는 공기덩어리는 내려가려는 경향을 띄게 된다. 이 고도까지의 공기는 안정된 상태를 띠게 된다. 반면에 그 이상의 고도에서는 유입되어 상승하는 공기덩어리의 온도가 현재 자리 잡고 있는 공기덩어리의 온도보다 높기 때문에 상승하는 공기는 계속 상승하려는 경향을 띠게 된다. 즉 2,000m 이상에서는 공기가 불안정한 기층을 이루는 것이다.

일반적으로 기온감률이 습윤단열감률과 건조단열감률 사이에 놓이게 된다면(6℃/1,000m~10℃/1,000m) 유입되어 상승하는 공기는 주변에 자리 잡고 있는 공기의 온도보다 어느 한 고도에서 높은 온도를 가져 안정상태에서 불안정상태로 바뀌게 된다. 이런 기층의 상태를 조건부 불안정이라 한다.

▣ 역전층이란 무엇인가?

지표면 부근의 공기는 지표면에 태양에너지가 가해지면, 그 영향으로 뜨거워지고, 태양에너지가 가해지지 않을 때는 차가워지게 된다. 이러한 지표면의 복사 냉각이나 다른 곳으로부터의 찬 공기의 유입에 의한 냉각 등 여러 원인에 의해 고도에 따라 기온이 상승하는 층이 형성되는데, 이러한 기층을 기온의 역전층이라고 한다.

바람이 없는 맑은 날에는 지표면의 복사 냉각이 활발하게 일어나므로 지표면 부근의 공기의 온도는 매우 낮아지게 된다. 하루 중 지표면의 냉각이 최고에 달하는 때가 새벽녘이므로 지표면 부근의 역전층은 주로 새벽녘에 잘 발생한다. 그러나 상공에 형성되는 역전층은 두 기단이 만나 전선면을 형성할 때나, 다른 곳으로부터 찬 공기가 유입할 때 등의 원인에 의해 발생한다.

역전층은 매우 안정한 기층이므로 역전층에서는 바람이 없고, 안개나 이슬이 잘 생기며, 대기 오염이 심해져 스모그가 생기는 등의 일기 현상이 나타난다. 그리고 상공에 역전층이 형성될 때는 주로 층운형 구름이 생긴다.

지표면 부근에 형성된 역전층은 일출 후 지표면에서부터 점차 소멸된다. 햇빛이 비치면 지표면이 먼저 가열되고, 따뜻해진 지표면이 방출하는 복사열에 의해 지표면 바로 위의 공기가 가열되기 때문이다. 시간이 지날수록 지표면 근처의 기온 상승이 지속적으로 이루어져, 지표면부터 위쪽방향으로 역전층은 소멸되어 간다.

그럼 우리나라에서는 기온의 역전층이 어느 계절에 잘 생길까? 또, 새벽에 지표면에 생긴 역전층의 높이는 시간에 따라 어떻게 변하게 될까?

지표면 부근의 역전층은 지표면의 활발한 복사 냉각으로 인해 형성된다. 따라서 역전층은 기온의 일교차가 큰 늦가을부터 이듬해 봄 사이에 주로 맑은 날 잘 형성된다. 공기는 지표면의 복사열을 받아 가열되므로 해가 뜬 뒤에는 지표면 부근부터 기온이 올라간다. 따라서 해뜨기 직전 최대로 발달한 역전층은 지표면 부근에서 위쪽으로 사라지게 되어 마침내 모두 없어지게 된다.

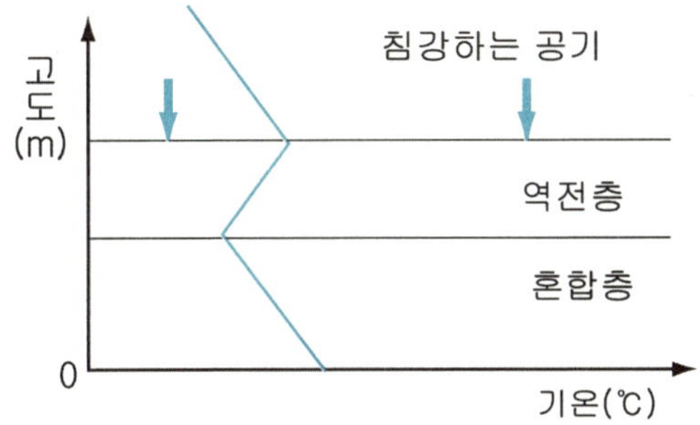

[그림 3-14] 역전층

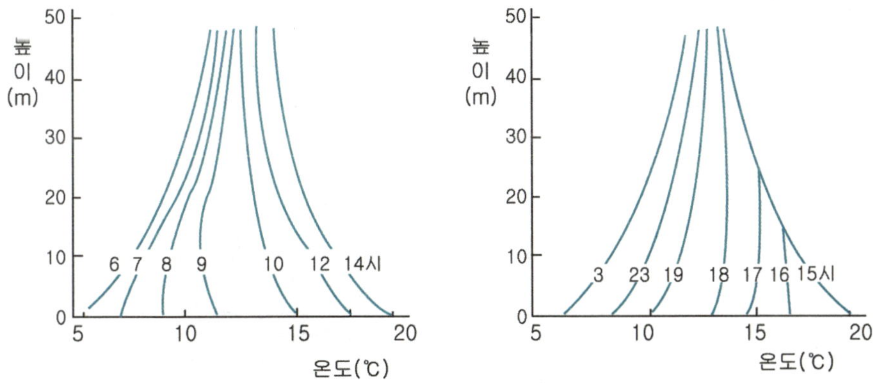

[그림 3-15] 시간에 따른 역전층의 높이 변화

▣ 역전층에는 어떤 종류가 있을까?

역전층은 생성원인에 따라 침강 역전층, 이류 역전층, 복사 역전층, 전선 역전층 등으로 나눌 수 있다.

① 침강 역전층

고기압 중심 부근의 대기 아래에서는 상층의 공기가 서서히 하강하게 된다. 이때 기층은 낮은 고도로 하강함에 따라 단열 압축에 의해 가열되기 때문에 하층의 온도가 낮은 공기와의 경계에 역전층을 형성하게 된다.

이 층은 매우 안정하므로 그 아래의 대기에 대해 큰 뚜껑과 같은 역할을 하게 되어 대기 오염 물질의 연직확산을 억제한다. 이러한 층을 침강 역전층이라고 한다. 침강 역전층이 형성되는 고도는 보통 1,000~2,000m 내외이다. 배출원의 상부에 침강 역전층이 발생하여 장기간 지속될 경우 오염물질의 장기 축적에 기여할 수 있다.

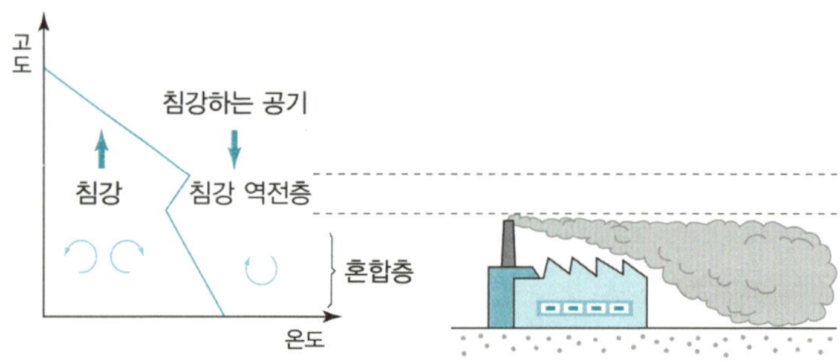

[그림 3-16] 침강 역전층

② 이류 역전층

이류 역전층은 공기의 흐름으로 인해 생기는 역전층이다. [그림 3-17]과 같이 찬공기가 있는 산맥 오른쪽 지역에 왼쪽으로부터 산을 넘은 따뜻하고 건조한 공기가 유입될 경우, 이 두 공기의 경계 부근에 생성되는 역전층을 이류 역전층이라고 한다.

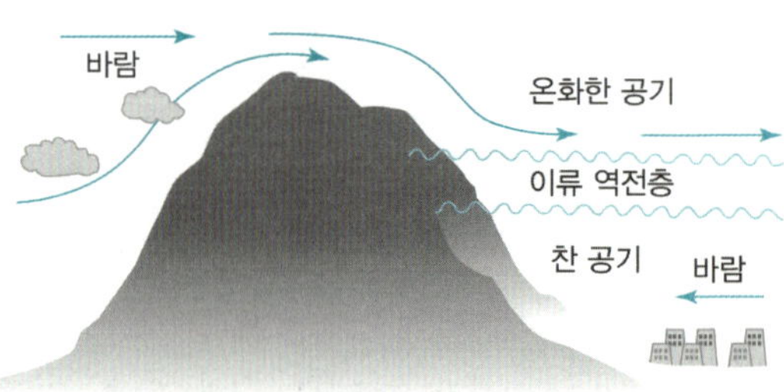

[그림 3-17] 이류 역전층

③ 복사 역전층

바람이 약하고 건조한 맑은 날 밤에는 지표면이 지구 복사를 잘 방출하기 때문에 지표면이 냉각되어 역전층을 형성하게 된다. 이러한 역전층을 복사 역전층이라고 하는데, 복사 역전층은 해뜨기 직전에 최대로 발달하며, 해가 뜨면 지표 부근이 가열되면서 점차 사라지게 된다.

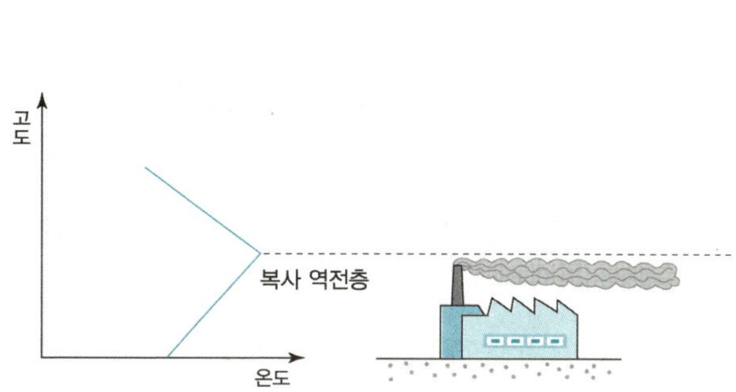

[그림 3-18] 복사 역전층

④ **전선 역전층**

찬 공기와 더운 공기가 만나면 밀도가 큰 찬 공기는 밀도가 작은 더운 공기 밑에 위치하게 되어 두 공기 사이에는 전선면이 형성된다. 이렇게 전선면을 경계로 위쪽에는 따뜻한 공기가, 아래쪽에는 찬 공기가 위치하게 되어 전선면 부근의 전이층에서는 역전층을 형성하게 되는데, 이러한 역전층을 전선 역전층이라 한다.

▣ 역전층으로 인해 생기는 현상에는 어떠한 것들이 있을까?

지표 부근에서 수증기가 응결하여 시정이 1km 이하일 때를 안개라 한다. 그러나 대기 중의 흡습성 오염 물질이 안개에 섞이면 이를 스모그라고 한다. 기층에 역전층이 형성되었을 때 안개나 스모그가 잘 나타나 큰 피해를 준다. 스모그는 석탄 소비의 증가에 의한 런던 스모그와 자동차 배기 가스에 의한 광화학 스모그로 나누기도 한다.

런던 스모그: 1952년 12월 4일 런던은 회색빛 짙은 구름이 하늘을 가리고 거리에는 안개가 자욱했으며 바람은 거의 없었다. 사람들은 이러한 춥고 습한 날씨 때문에 난방용 석탄을 더 많이 땠다. 거리에서 많은 차량이 내뿜은 배출 가스, 공장의 굴뚝에서 쏟아져 나오는 연기와 더불어 화석 연료의 연소 가스들은 안개 속으로 스며들며 심한 스모그를 발생시켰다. 12월 5일에는 안개가 심해 거리에는 자동차가 거의 다니지 못했을 뿐 아니라 걸어 다니기 조차 힘들었다. 눈과 피부, 호흡기 질환으로 많은 사람이 병원을 찾았고 이러한 날씨가 계속되는 1주일간 약 4,000명, 그리고 이듬해 2월까지 약 6,000명이 목숨을 잃었다. 런던에서 발생한 스모그처럼 화석 연료가 연소할 때 발생하는 이산화황, 수증기, 매연 등에 의한 스모그 현상을 황화 스모그 또는 런던 스모그라고 한다.

광화학 스모그: 1943년 여름 한낮에 로스앤젤레스에서는 간간이 황갈색 스모그가 발생하여 사람들은 호흡이 곤란해지고 눈이 따갑거나 눈물이 나는 등의 일을 겪어야 했다. 이 황갈색 스모그는 대기 중의 오염 물질이 태양 광선의 영향을 받아 형성되었으며, 바다에서 불어 온 찬 해풍 때문에 역전층이 발생하여 큰 피해를 가져 왔다. 로스앤젤레스에서 발생한 스모그처럼 자동차의 배기가스가 원인이 되어 햇빛에 의해 산화되는 과정에서 형성되는 스모그를 광화학 스모그라고 한다.

뮤즈 마을의 대기오염: 1930년 12월 1일 벨기에 뮤즈 마을에는 공장에서 배출된 오염된 공기가 역전층 때문에 지면부근에 갇혀 3일간 호흡기 질환으로 60여 명이 사망하였으며 가축들의 피해도 컸다.

▣ 대기의 안정도에 따라 굴뚝의 연기 모양은 어떻게 달라질까?

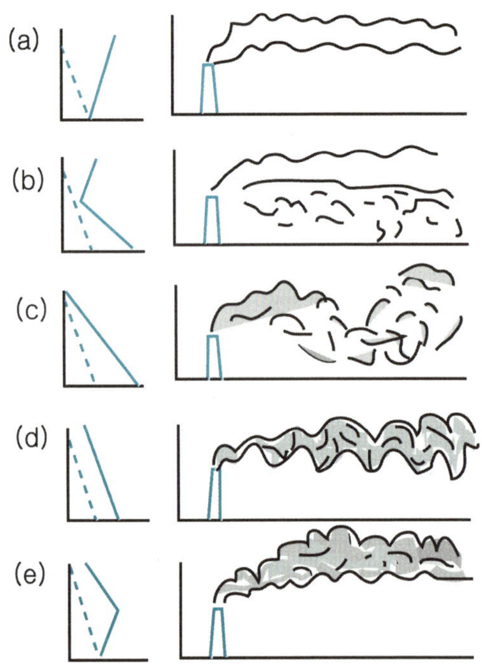

실선 : 기온감률, 점선 : 단열감률

[그림 3-19] 대기의 안정도와 굴뚝의 연기

굴뚝의 연기는 기온의 수직분포(대기의 안정도)와 공기의 움직임에 따라 이동한다. 하층의 온도가 상층보다 높은 공기층에서는 대류가 일어나기 때문에 연기는 퍼지게 되고, 반면에 하층의 온도가 상층보다 낮은 공기층에서는 대류가 일어나지 않기 때문에 연기는 퍼지지 않고 바람이 부는 방향으로 수평이동만 한다. 또한, 일반적으로 바람이 없으면 연기는 위로 곧게 올라가고, 바람이 있을 때는 바람의 영향을 받아 수평으로 이동한다.

[그림 3-19]는 대기의 안정도에 따라 달라지는 굴뚝의 연기모양을 나타낸 것이다. 안정한 기층에서는 (a)처럼 연기는 옆으로 천천히 퍼지고, 하층이 불안정하고 상층이 안정층인 경우에는 (b), 상하층이 불안정한 경우에는 (c), 중립의 경우 (d), 하층에 역전층이 있고 상층이 불안정한 경우에는 (e)와 같은 연기 모양을 볼 수 있다.

▣ 공기 중의 수증기가 우리 생활에 어떤 영향을 주는지 알아보자

식탁에 놓아둔 과자나 김이 공기 중의 수증기 때문에 눅눅해지는 걸 볼 수 있다.

실내나 병실 내의 적정 습도 유지를 위해 가습기를 설치한다.

옷장 내에 옷에 습기가 차는 것을 방지하기 위해 '제습제'를 비치한다.

비온 뒤 오래된 주택의 벽지가 뜨거나 바닥이 눅눅해지기 때문에 보일러를 잠깐씩 가동하기도 한다.

푸른색의 염화코발트는 공기 중의 물과 만나면 붉게 변하는 성질이 있다. 우리가 주로 반찬으로 먹는 김 속에 들어 있는 방습제도 그 일종이라고 할 수 있다. 내부에 투명입자의 방습제와 어느 정도 습기를 흡수했는지 알 수 있도록 푸른색 알갱이가 있는 것을 볼 수 있는데 이것이 바로 염화코발트이다. 이 방습제를 공기 중에 오래동안 놓아두면 푸른 알갱이가 차츰 붉게 변하는 것을 볼 수 있다.

추운 겨울날 탄산음료를 베란다나 밖에 내놓으면 가끔 얼지 않고 과냉각 상태로 되어 있는 경우가 있다. 이때 뚜껑을 열어 음료에 충격을 주면 그때서야 얼기 시작하는 것을 볼 수 있다. 또한, 차가운 컵에 과냉각시킨 물이나 음료수를 따르는 순간 얼기 시작하면서 슬러시와 같은 모습이 되는 것을 관찰할 수 있다.

재미있는 탐구활동(공기 중의 수증기량 비교)

실험 목적

• 염화코발트 종이를 이용하여 공기 중에 물기가 있음을 시각적으로 확인할 수 있다.

실험 준비물

• 투명한 병 2개, 염화코발트 종이 2장, 실 약간, 솜 약간

실험 과정

① 같은 양의 솜을 2개 준비하여 하나는 물을 적시고, 나머지 하나는 그대로 둔다.

② 각각의 솜을 투명한 병에 각각 넣는다.

③ 각각의 병 속에 염화코발트 종이를 실로 매달아 넣는다.

④ 염화코발트 종이의 색깔 변화를 관찰한다.

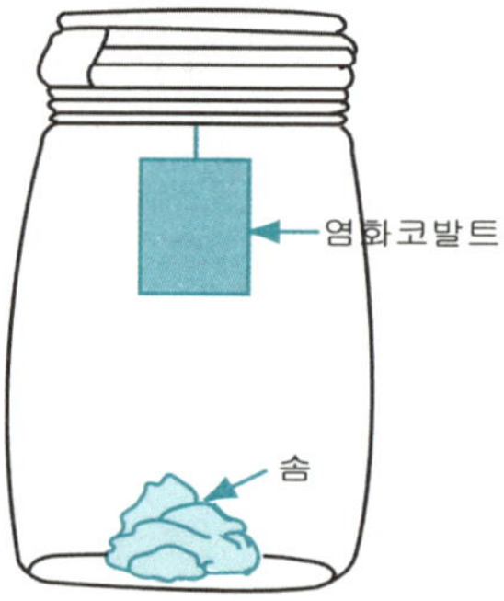

실험 결과

① 어떤 병에 넣은 염화코발트 종이의 색이 더 많이 변하였는가?

② 실험에서 달리 한 것은 무엇인가?

③ 색깔이 변하게 된 원인은 무엇인가?

재미있는 탐구활동(물의 순환)

실험 목적

• 실험을 통해 물이 어떻게 순환하는지 알 수 있다.

실험 준비물

• 점토, 유리 수조, 유리판, 페트리 접시, 램프, 물, 얼음조각, 성냥

실험 과정

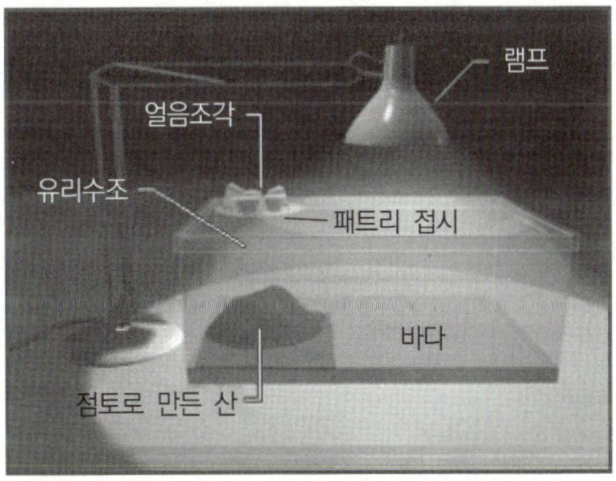

① 점토를 이용하여 산 모형을 만든다.

② 옆 그림과 같이 산의 경사진 면이 바다를 바라보게 하고, 유리 수조의 한 쪽에 놓는다.

③ 산 사면의 1/4 정도가 뒤덮일 때까지 물을 따른다.

④ 유리 수조 위에 유리판을 덮고, 산 바로 위의 유리판에 페트리 접시를 놓는다.

⑤ 페트리 접시에 얼음 조각을 놓는다.

⑥ 바다 위에 램프를 위치시키고 램프를 켠다(램프는 뜨거우니 전구나 불빛에 손을 대지 않는다).

⑦ 성냥에 불을 붙이고 재빨리 바다에 떨어뜨린다.

⑧ 유리수조에서 일어나는 변화를 주의깊게 관찰한다.

실험 결과

① 어느 부분의 활동이 증발과 유사한가?

② 어느 부분의 활동이 응결과 유사한가?

③ 어느 부분이 강수와 유사한가?

④ 에너지원은 무엇이며, 그것이 의미하는 것은?

⑤ 물의 순환 중 나타나지 않은 부분은?

⑥ 이 실험에서 증발작용을 설명하려면 어떻게 해야 하는가?

⑦ 얼음이 없다면 응결이 일어날까, 일어나지 않을까? 설명해 보아라.

⑧ 이 실험을 해 본 결과, 물이 왜 재생 가능한 자원이라고 여겨지는지 설명하여라.

⑨ 왜 과학자들은 물의 순환을 연구함에 있어 이러한 모형을 사용하는 것일까? 모형을 사용하여 발생하게 될 문제점은 무엇인가?

재미있는 탐구활동(습도의 측정)

실험 목적

• 다양한 습도 측정 방법 및 습도 측정의 원리를 안다.

실험 준비물

• 다양한 습도표, 머리카락(모발), 빨대, 두꺼운 종이, 압정

실험 과정

① 다음은 건습구 온도계를 이용한 상대습도를 나타낸 표이다.

건구온도(℃)	건구온도와 습구온도의 차이																			
건구온도(℃)	1	2	3	4	5	6	7	8	9	10	11	12	13	14	15	16	17	18	19	20
−20	28																			
−18	40																			
−16	48	0																		
−14	55	11																		
−12	61	23																		
−10	66	33	0																	
−8	71	41	13																	
−6	73	48	20	0																
−4	77	54	32	11																
−2	79	58	37	20	1															
0	81	63	45	28	11															
2	83	67	51	36	20	6														
4	85	70	56	42	27	14														
6	86	72	59	46	35	22	10	0												
8	87	74	62	51	39	28	17	6												
10	88	76	65	54	43	33	24	13	4											
12	88	78	67	57	48	38	28	19	10	2										
14	89	79	69	60	50	41	33	25	16	8	1									
16	90	80	71	62	54	45	37	29	21	14	7	1								
18	91	81	72	64	56	48	40	33	26	19	12	6	0							
20	91	82	74	66	58	51	44	36	30	23	17	11	5							
22	92	83	75	68	60	53	46	40	33	27	21	15	10	4	0					
24	92	84	76	69	62	55	49	42	36	30	25	20	14	9	4	0				
26	92	85	77	70	64	57	51	45	39	34	28	23	18	13	9	5				
28	93	86	78	71	65	59	53	45	42	36	31	26	21	17	12	8	4			
30	93	86	79	72	66	61	55	49	44	39	34	29	25	20	16	12	8	4		
32	93	86	80	73	68	62	56	51	46	41	36	32	27	22	19	14	11	8	4	
34	93	86	81	74	69	63	58	52	48	43	38	34	30	26	22	18	14	11	8	5
36	94	87	81	75	69	64	59	54	50	44	40	36	32	28	24	21	17	13	10	7
38	94	87	82	76	70	66	60	55	51	46	42	38	34	30	26	23	20	16	13	10
40	94	89	82	76	71	67	61	57	52	48	44	40	36	33	29	25	22	19	16	13

만약 건구온도가 20℃, 습구온도가 15℃라면, 상대습도는 얼마인가? 또한 내가 있는 공간에 건습구 온도계가 있다면, 현재의 상대습도는 얼마인가?

② 모발(머리카락)과 빨대, 압정, 두꺼운 종이를 이용하여 습도를 측정할 수 있는 실험 장치를 고안해 보시오.

재미있는 탐구활동(대기안정도와 연기확산)

실험 목적

- 대기의 안정도와 연기의 이동과의 관계를 알 수 있다.

실험 준비물

- 고도에 따른 온도 변화자료, 그래프 용지

실험 과정

고도에 따른 온도변화(℃)

고도(m)	지표	100	200	300	400	500	600	700	800	900	1000
건조단열변화	15.0	14.0	13.0	12.0	11.0	10.0	9.0	8.0	7.0	6.0	5.0
대기(1)	15.0	16.0	17.0	18.0	16.0	14.0	12.0	10.0	8.0	6.0	4.0
대기(2)	15.0	14.0	13.0	12.0	11.0	10.0	9.0	8.0	7.0	6.0	5.5
대기(3)	15.0	23.0	11.0	9.0	12.0	14.0	16.0	15.0	14.0	13.0	12.0

1. 위의 표는 고도에 따른 건조단열변화와 상태가 다른 대기 (1)~(3)의 온도 변화를 관측한 값이다.
   건조단열변화에 의한 대기의 온도 변화 상태를 그래프로 표시하여라.

2. 고도 300m에서 건조단열변화에 의한 온도를 같은 고도의 대기의 기온과 각각 비교 하여보자.

3. 대기에 의한 대기 안정도의 판별 기준에 따라 대기의 안정도를 각각 평가하여 보자.

4. 대기 상태 중 역전층의 존재를 조사하여 보자.

5. 역전층의 대기 안정도를 설명하여라.

재미있는 탐구활동(대기의 안정도)

실험 목적

- 대기의 안정도 변화에 따른 대기 운동 변화에 대하여 모의실험을 통해 살펴본다.

실험 준비물

- 수조, 비커, 온도계, 스탠드, 스포이트, 잉크, 얼음, 소금, 삼발이, 석면, 알코올램프

실험 과정

1. 기본 실험
   ① 비커에 물을 10cm 깊이로 담고 막대기로 저어 혼합한다. 물이 정지하면 바닥에서 2cm, 4cm, 6cm, 8cm 깊이에 온도계를 설치한다. 온도를 측정하고 기록한다.
   ② 스포이트로 물감을 떨어뜨리고 움직임을 관찰한다.
2. 실험 A: 안정 실험
   ① 수조에 1cm 깊이로 물을 담고 얼음을 넣은 뒤 비커를 수조에 넣는다.
   ② 1분마다 온도를 측정하고 기록한다. 4개의 온도계의 눈금이 더 이상 변화하지 않으면 온도의 측정을 끝내고 스포이트로 염료를 떨어뜨려 움직임을 관찰한다.
3. 실험 B: 불안정 실험
   ① 실험 A에 사용한 비커의 물을 버리고 다시 비커에 10cm 깊이의 물을 담고 잘 저은 뒤 온도계를 설치한다.
   ② 알코올램프 위에 삼발이를 설치하고 그 위에 석면을 댄다. 삼발이 위에 비커를 올려놓고 알코올램프에 불을 붙인다. 이때 알코올램프의 불꽃과 비커 바닥 사이에 충분한 거리를 두어 물이 끓지 않도록 주의하고 천천히 가열한다.
   ③ 1분마다 온도를 측정한다. 온도가 더 이상 변화하지 않으면 수온 측정을 끝내고 스포이트로 잉크를 떨어뜨린 후 관찰한다.
4. 실험 C: 성층 실험
   ① 얼음을 녹인 물에 소금을 녹여 찬 소금 용액을 만든 뒤 비커에 5cm 깊이가 되도록 담는다. 그 위에 따뜻한 물을 5cm 깊이로 비커에 담는다. 이때 두 용액이 섞이지 않도록 깔때기나 유리관으로 주의하여 채운다.
   ② 스포이트로 잉크를 떨어뜨리고 움직임을 관찰한다.

실험 결과

1. 건조한 공기가 상승하면서 온도가 일정한 비율로 감소하는 이유는 무엇일까?

2. 역전층이 안정한 이유는 무엇인지 알아보자.

3. 대기의 안정도가 변화하는 요인에는 어떠한 것들이 있는지 알아보자.

재미있는 탐구활동(포화 수증기량과 온도와의 관계)

실험 목적

- 공기 중의 포화 수증기량과 온도와의 관계를 설명할 수 있다.

실험 준비물

- 둥근 플라스크, 주전자, 전열기(핫 플레이트)

실험 과정

① 둥근 플라스크에 주전자의 물이 끓을 때 나오는 김을 넣는다.
고무 마개로 입구를 막고, 플라스크 속을 살펴보자.

② 이 플라스크 표면에 더운물과 찬물을 부어보자.

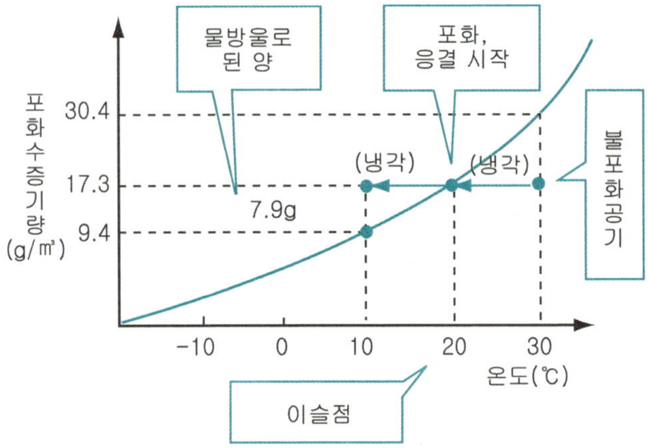

실험 결과

① 플라스크 속은 어떻게 보이는가? 그 이유는?

② 각각 어떤 현상이 일어나는가? 이유는?

재미있는 탐구활동(건습구 습도계 만들기)

실험 목적

• 상대 습도의 뜻을 알고 건습구 습도계를 사용하여 상대 습도를 측정할 수 있다.

실험 준비물

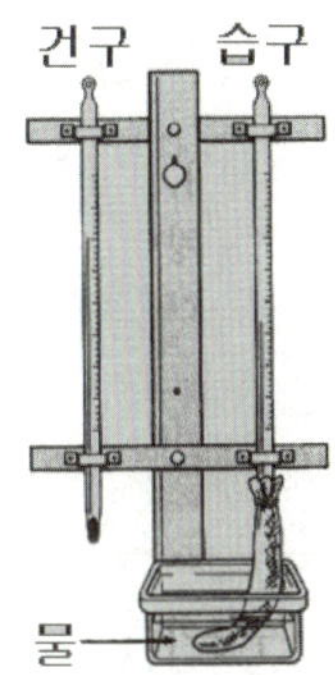

• 온도계 2개 , 수조, 부채, 명주실, 명주 헝겊

실험 과정

① 온도계 1개에 명주실과 명주 헝겊으로 구부를 감싼 다음, 오른쪽 그림과 같이 설치한다.

② 부채로 구부를 약 5분 정도 부친 다음, 건구와 습구 온도계의 온도를 측정한다.

건구온도(℃)	건구온도와 습구온도의 차이																			
건구온도(℃)	1	2	3	4	5	6	7	8	9	10	11	12	13	14	15	16	17	18	19	20
20	20																			
−18	40																			
−16	48	0																		
−14	55	11																		
−12	61	23																		
−10	66	33	0																	
−8	71	41	13																	
−6	73	48	20	0																
−4	77	54	32	11																
−2	79	58	37	20	1															
0	81	63	45	28	11															
2	83	67	51	36	20	6														
4	85	70	56	42	27	14														
6	86	72	59	46	35	22	10	0												
8	87	74	62	51	39	28	17	6												
10	88	76	65	54	43	33	24	13	4											
12	88	78	67	57	48	38	28	19	10	2										
14	89	79	69	60	50	41	33	25	16	8	1									
16	90	80	71	62	54	45	37	29	21	14	7	1								
18	91	81	72	64	56	48	40	33	26	19	12	6	0							
20	91	82	74	66	58	51	44	36	30	23	17	11	5							
22	92	83	75	68	60	53	46	40	33	27	21	15	10	4	0					
24	92	84	76	69	62	55	49	42	36	30	25	20	14	9	4	0				
26	92	85	77	70	64	57	51	45	39	34	28	23	18	13	9	5				
28	93	86	78	71	65	59	53	45	42	36	31	26	21	17	12	8	4			
30	93	86	79	72	66	61	55	49	44	39	34	29	25	20	16	12	8	4		
32	93	86	80	73	68	62	56	51	46	41	36	32	27	22	19	14	11	8	4	
34	93	86	81	74	69	63	58	52	48	43	38	34	30	26	22	18	14	11	8	5
36	94	87	81	75	69	64	59	54	50	44	40	36	32	28	24	21	17	13	10	7
38	94	87	82	76	70	66	60	55	51	46	42	38	34	30	26	23	20	16	13	10
40	94	89	82	76	71	67	61	57	52	48	44	40	36	33	29	25	22	19	16	13

실험 결과

① 건구와 습구 온도는? 그리고 습도는?

② 온도차가 생기는 이유는?

③ 부채로 온도계를 부쳐 주는 이유는?

재미있는 탐구활동(이슬점 측정)

실험 목적

1. 증발의 뜻을 알고 증발이 잘 일어나는 조건을 말할 수 있다.
2. 응결과 온도와의 관계를 설명할 수 있다.

실험 준비물

• 투명한 유리컵, 온도계, 얼음

실험 과정

① 투명한 유리컵에 물을 넣는다.

② 얼음을 넣은 시험관을 컵 속에 넣고 가만히 저으면서 컵의 표면을 살펴본다.

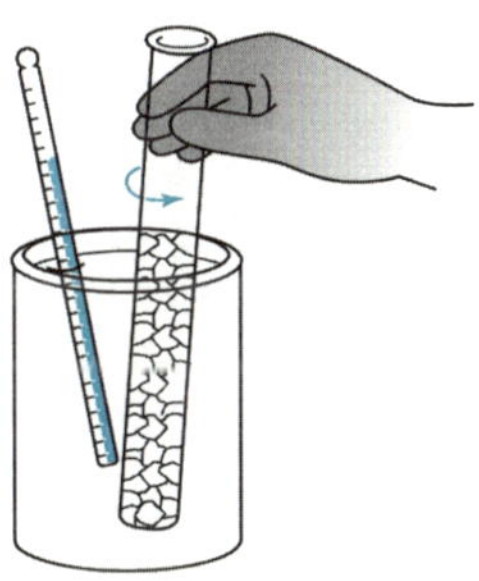

실험 결과

① 컵의 표면이 흐려지는 온도는?

② 컵의 표면이 흐려지는 이유는?

기압과 바람

혹시 미국으로 여행을 다녀온 적이 있는가? 그렇다면 가는 시간과 오는 시간에 차이가 있었는가? 비행기는 일정한 속도로 비행하여 왕복시간이 같을 것처럼 생각되지만 실제로는 차이가 난다. 이는 대류권 상층고도에서 200～300km/h의 속도로 바람이 불기 때문이다. 이러한 바람을 우리는 제트류라고 부른다. 이 외에도 우리는 일상생활 속에서 항상 바람을 느끼며 생활하고 있다. 이러한 바람이 부는 이유는 무엇일까?

바람은 공기의 움직임이라고 할 수 있다. 물이 높은 곳에서 낮은 곳으로 흘러가듯이 바람도 일정한 방향으로 흘러가기 마련이다. 이 장에서는 이러한 바람이 생기는 이유와 바람이 부는 방향에 대해 알아보고자 한다.

▣ 공기압(기압)이란 무엇인가?

1장에서 공기는 질소, 산소, 그 외의 기체로 구성되어 있고, 이들로 인해 공기가 무게를 가진다는 것을 배웠다. 공기 그 무게만큼 지표면에 있는 모든 물체의 표면에 힘을 가하게 되는데, 이렇게 공기가 단위 넓이를 누르는 힘을 공기압이라고 한다. 지표면의 공기는 장소에 따라 그 양이 다르고 항상 움직이기 때문에, 공기압의 값은 측정한 장소에 따라 달라지며, 같은 장소에서 측정하더라도 시간에 따라 달라지게 된다. 또한, 높이에 따라서도 공기압은 달라진다.

▣ 공기압은 어떻게 측정하는가?

이탈리아의 과학자 토리첼리는 한쪽 끝이 막히고, 길이가 1m 되는 유리관에 수은을 가득 채워서 수은이 담긴 그릇에 거꾸로 세웠을 때, [그림 4-1]과 같이 수은주가 높이가

76cm 되는 곳까지 내려와서 멈춘다는 것을 알았다. 그 까닭은 대기의 압력이 수은주를 떠받치고 있어서 수은주의 압력과 대기의 압력이 같아졌기 때문이다.

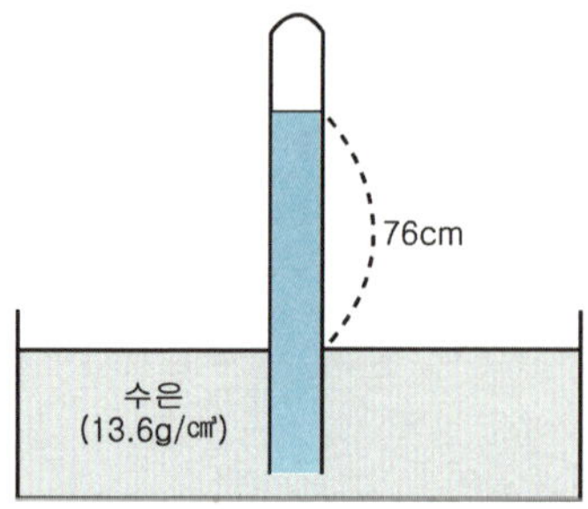

[그림 4-1] 1기압(토리첼리의 실험)

수은주의 높이가 76cm에 해당하는 기압을 1기압이라고 한다. 이는 지상에서 대기의 끝까지 연직 방향으로 밑면의 넓이가 $1cm^2$인 공기 기둥의 무게에 해당하며, 같은 굵기의 물기둥을 생각한다면 높이 약 10m인 물의 무게와 같다.

▣ 공기압을 측정하는 계기로는 어떠한 것들이 있을까?

기압을 측정하는 계기로는 수은 기압계, 아네로이드 기압계, 자기 기압계 등이 있다. 그 중에서 가장 정확한 측정을 할 수 있는 것은 수은 기압계이지만, 사용법이 복잡하므로 간편하게 쓸 수 있는 아네로이드 기압계를 주로 사용한다. 자기 기압계로는 시간에 따른 연속적인 기압의 변화를 잴 수 있으며, 그 값은 자동적으로 용지에 기록된다.

[그림 4-2]는 아네로이드 기압계의 구조를 나타낸 것이고, [그림 4-3]은 자기기압계를 나타낸 것이다. 이 두 기압계는 얇은 금속판으로 만든 공합 속의 공기를 일부 뽑아내어 기압의 변화에 따라 민감하게 작동하도록 되어 있다. 기압이 높아지면 공합이 압축되고, 기압이 낮아지면 공합은 팽창한다. 이에 따라 공합에 연결되어 있는 지침이 움직이므로, 눈금판에서 지침이 가리키고 있는 값을 읽어 기압을 측정할 수 있는 것이다. [그림 4-4]는 수은기압계를 나타낸 그림이다. 수은 기압계는 토리첼리의 실험 원리를 이용하여 만든 것이다. 즉, 기압에 따른 수은주의 높이 변화를 눈금으로 나타내어 측정하는 것이다. [그림 4-4]에서 A부분을 확대한 그림을 보자. 밑의 나사를 돌려 상아침에 수은이 맞닿게 한 후, B부분의 눈금을 읽어 기압을 측정한다. 이때는 소수 첫째자리까지 읽는다. 관측이 끝

난 후 A부분의 나사를 돌려 수은을 상아침으로부터 떨어뜨려 놓아야 한다.

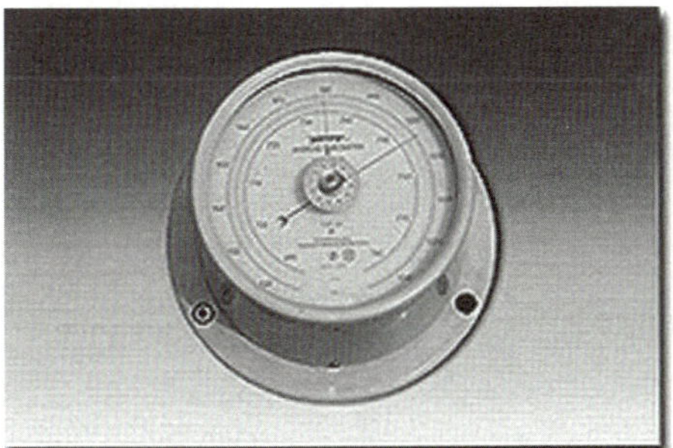

[그림 4-2] 아네로이드 기압계]

[그림 4-3] 자기 기압계]

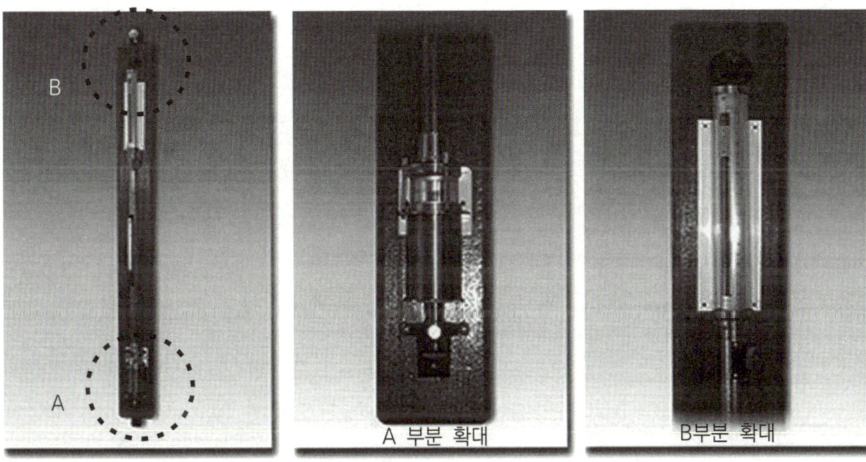

[그림 4-4] 수은기압계

▣ 공기압은 어떻게 구할 수 있을까?

공기압이란 간단히 말해서 공기가 단위 넓이를 누르는 힘으로 단위는 hPa(헥토파스칼)을 사용한다. 1기압일 때, 수은은 76cm 올라가게 된다. 따라서 1기압을 76cmHg, 또는 760mmHg로 나타내기도 한다. 또한 수은이 올라간 높이에 밀도와 중력가속도를 곱하면, 압력의 단위인 파스칼(Pa ; pascal)로 표현된다.

기압 = 밀도×중력가속도×높이

수은의 밀도는 13.6g/cm^{3}이므로, 위의 공식에 대입하여 1기압을 계산해 보면,

$$
\begin{aligned}
1\text{기압} &= 13.6\text{g/cm}^3 \times 980\text{cm/s}^2 \times 76\text{cm} \\
&= 1012928 \text{ gcm/s}^2/\text{cm}^2 \\
&= 1013 * 10^3 \text{ dyne/cm}^2 \ (1\text{dyne} = 1\text{g cm/s}^2) \\
&= 1013 * 10^2 \text{ N/m}^2 \ (100\text{N/m}^2 = 1000\text{dyne/cm}^2) \\
&= 1013 * 10^2 \text{ Pa} \ (1\text{Pa} = 1\text{N/m}^2) \\
&= 1013 \text{ mb} \ (1\text{mb} = 100\text{Pa} = 100\text{N/m}^2 = 1000\text{dyne/cm}^2) \\
&= 1013 \text{ hPa}
\end{aligned}
$$

과 같은 값을 얻을 수 있다. 압력의 단위인 1Pa이 1N/m^{2}이므로, 101,300N/m^{2}은 101,300Pa 또는 1,013hPa(h ; hecto = 100)이 되는 것이다.

그럼 1기압일 때, 물은 얼마나 올라갈까? 위의 공식에 대입해 보면 물은 1기압일 때 10m까지 올라간다. 따라서 해수에서 수심이 10m 깊어질 때마다 1기압씩 증가하게 된다. 바다에서 가장 깊은 곳이 필리핀 동쪽의 마리아나 해구로 11,034m이므로 지상기압의 1,103배나 높아지게 된다.

여기서 잠깐 생각해보자. 101,300N/m^{2}은 과연 내가 얼마만한 힘을 공기로부터 받는 것일까? 내 어깨 폭이 0.5m라고 하고, 키가 2m라고 한다면, 내가 누웠을 때 면적은 대략 1m^{2}가 된다. 중력가속도를 10m/s^{2}이라고 가정하면, 나를 누르는 공기덩어리의 질량은 무려 10,130kg이 된다. 즉, 10.13톤(ton)의 공기덩어리가 나를 누르고 있는 것이다.

공기 중에서 지역에 따른 가열 차이로 공기의 밀도 변화가 나타나면, 이로 인해 기압의 변화가 나타나게 된다. 이렇게 측정한 기압은 고도에 따라서도 차이가 나기 때문에 실측 기압을 해수면에서의 값으로 보정해야 하는데 이를 해면 경정이라고 한다.

그러면, 고도에 따라 기압은 얼마나 변할까? 지표근처에서의 기압은 열적 원인과 역학적 원인에 의해 고도가 증가함에 따라 약 1hPa/10m씩 감소한다. 열적 원인에 의해 국지적인 가열로 상승기류가 나타날 때, 그 지역은 저기압이 되고, 주위보다 온도가 낮은 곳은 상대적으로 하강 기류가 생겨 고기압이 형성된다. 위도 30°부근에 나타나는 고기압은 역학적 원인에 의해 대기 대순환으로 이동하여 온 공기가 하강하여 형성된 것이다.

▣ 고기압과 저기압은 무엇인가?

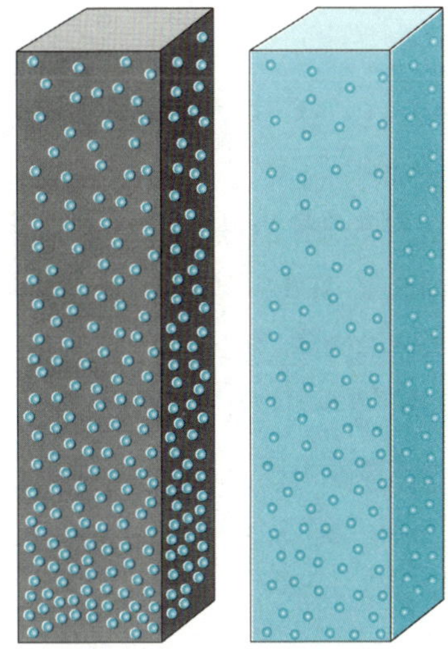

[그림 4-5] 고기압과 저기압 (공기의 밀도)

앞에서 공기는 질소, 산소, 그 외의 기체로 구성되어 있고, 이들로 인하여 무게를 가진다는 것을 배웠다. 이 무게가 지표면에 있는 모든 물체의 표면에 힘을 가하여 단위 넓이를 누르는 힘을 공기압이라고 배웠다. 그렇다면 이들 기체가 빽빽하게 압축되어 있는 경우와 덜 빽빽하게 압축되어 있는 경우의 두 가지 공기를 가정해보자.

일정한 부피에서, 빽빽하게 압축되어 있는 공기는 덜 빽빽하게 압축되어 있는 공기보다 무겁기 때문에 압력이 더 크다. 따라서 빽빽하게 압축된 무거운 공기를 고기압, 덜 빽빽하게 압축되어 있는 공기를 저기압이라고 한다.

고기압의 경우, 공기가 빽빽하게 채워지기 위해서는 하늘에서 공기가 계속 내려와 아래에 있는 공기를 누르면서 쌓여야 한다. 지표면으로 공기가 내려오면(하강기류) 밑에 있는 모든 물체는 압력을 받게 된다. 압력을 받으며 기온이 올라가므로 구름을 이루고 있는 작은 물방울은 수증기로 변해 맑은 하늘이 된다.

반면에, 저기압의 경우는 상대적으로 덜 빽빽하게 채워져 있기 위하여 상공으로 공기를 올려 보내야 한다. 즉, 지상에서 상공으로의 상승기류가 형성되며, 상승하는 공기(상승기류)는 팽창하여 온도가 낮아져 냉각에 의해 물방울이 형성된다. 이것이 구름이며, 구름 내부의 물방울이 성장하여 점점 무거워지면 비와 눈이 내리게 된다.

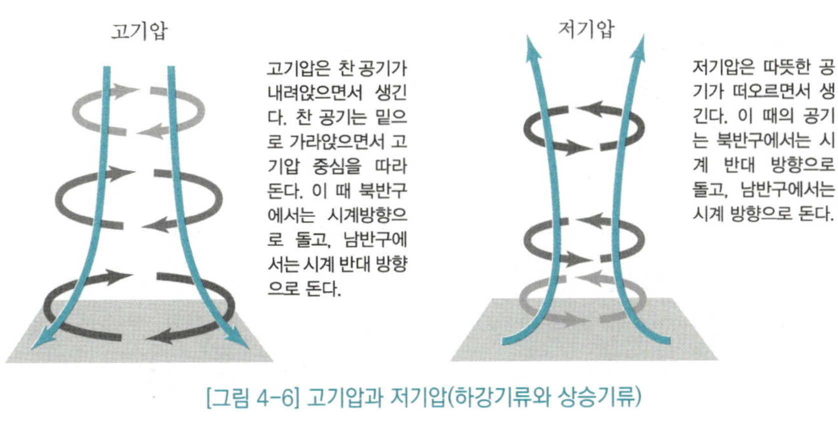

[그림 4-6] 고기압과 저기압(하강기류와 상승기류)

일반적으로 찬 공기는 따뜻한 공기에 비해 무겁다. 따라서 찬 공기는 고기압, 따뜻한 공기는 저기압이 된다.

▣ 고기압, 저기압은 왜 생기는 걸까?

지표에서 나타나는 기압의 차이는 지표면의 가열 차이에 따른 것이다. 주위보다 상대적으로 차가운 지역은 하강기류가 나타나 고기압이 형성되고, 주위보다 상대적으로 뜨거운 지역은 상승기류가 나타나 저기압이 만들어지게 된다. 이는 공기의 밀도차를 유발하여 궁극적으로 기압차를 발생시킨다. 이러한 차이는 공기의 열적 순환(대류)을 일으키게 된다. 이를 토대로 할 때, 지구의 적도 부근에는 저기압이 극에서는 고기압이 발달할 것이라는 것을 짐작할 수 있다[그림 4-7].

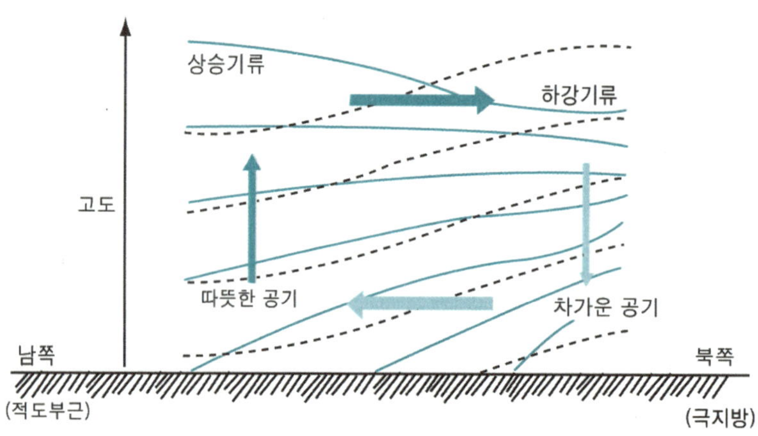

[그림 4-7] 가열차에 의한 기압 발생(연직 단면)

또한 고기압과 저기압은 편서풍 파동과도 연관 되어서 나타날 수 있다. 편서풍 파동이란 대기 상공에서 서에서 동으로 부는 바람으로 파장이 수 천 킬로미터에 달하는 거대한 공기 덩어리의 움직임을 말한다. 이 거대한 공기덩어리의 운동은 비록 초기에는 위도와 나란하였다 하더라도 시간이 갈수록 점점 불안정하게 된다. 단순한 예를 들어보자. 천천히 걷고 있는 사람과 아주 빠르게 달리고 있는 두 사람이 있다고 하자. 이 두 사람 앞에 큰 돌이 놓여 있다고 한다면, 천천히 걷는 사람의 경우 살짝 그 돌을 넘어가면 된다. 그러나 아주 빠르게 달리고 있는 사람의 경우 순간적으로 넘지 못하면 큰 위험에 처할 것이므로 차라리 돌 옆으로 비켜가는 것이 더 좋을 것이다. 따라서 빠르게 달리는 사람은 작은 방해물에 의해서도 그 움직임이 뒤틀릴 수밖에 없다. 마찬가지로 상공의 공기덩어리의 움직임은 아주 빠르기 때문에 작은 대기 상태의 변화에도 큰 요동이 치게 되고, 이로 인하여 거대한 파동이 생기게 된다. 상층의 기압 배치도 하층의 기압 배치에 영향을 미치므로 지상 고기압과 저기압은 결국 이 흐름의 영향을 받을 수밖에 없다.

▣ 고기압에는 어떤 것들이 있을까?

고기압은 온도에 따라 온난 고기압과 한랭 고기압으로 나눌 수 있다. 온난 고기압은 중심부가 온난한 고기압으로 키 큰 고기압이라고도 하며, 북태평양 고기압이 이에 해당한다. 한랭 고기압은 지표면의 냉각에 의해 생성된 것으로 중심부가 한랭한 고기압이다. 키 작은 고기압이라고도 하며, 시베리아 고기압이 이에 해당한다.

또한 고기압을 이동 상태에 따라서 이동성 고기압과 정체성 고기압으로 분류할 수 있다. 이동성 고기압은 편서풍의 흐름으로 서쪽에서 동쪽으로 이동하는 고기압이다. 북반구에서 이동성 고기압의 전면에 들면 북풍계열의 바람이 불고 날씨는 쾌청해지며, 후면에 들면 남풍계열의 바람이 불고 날씨는 흐려진다. 정체성 고기압은 시베리아 고기압과 북태평양 고기압과 같이 세력 확장은 있으나 거의 움직이지 않는 고기압으로 세력의 확장 여부에 따라 날씨가 달라지며, 장기간에 걸쳐 날씨가 아수 좋은 특성이 있다.

▣ 저기압에는 어떤 것들이 있을까?

대표적인 저기압에는 온대성 저기압과 열대성 저기압 있다. 여기에서 열대성 저기압은 열대 지역에서 발달하여 중위도 지역으로 이동하는 저기압을 말하며, 온대성 저기압은 온대 지역에서 성질이 다른 두 공기덩이(한랭기단과 온난기단)가 만나서 발생하는 저기압으로 흔히 전선을 의미한다. 전선에 대한 내용은 5장에서 다루어 질 것이다.

▣ 우리에게 피해와 이익을 동시에 안겨주는 '태풍'에 대해 알아보자

태풍은 아열대해상에서 발생하므로 여러 곳에서 나타나는데, 그 발생지역마다 부르는 명칭이 다르다. 북태평양에서는 태풍(Typhoon), 북대서양과 멕시코 연안에서 발생하는 것이 허리케인(hurricane), 인도양과 오스트레일리아(호주)에서는 싸이클론(cyclone)이라고 부르고, , 필리핀에서는 바쥬오스(baguios)라고 부른다. 생성원리는 모두 같다.

태풍은 강한 풍속과 많은 비를 동반하기 때문에 우리에게 많은 피해를 준다. 나무가 뿌리채 뽑히고 가옥이 무너지는가 하면 홍수가 나타나기도 한다. 그러나 태풍이 항상 나쁜 영향만 주는 것은 아니다. 태풍은 적도와 극의 열 균형이 깨지려고 할 때, 그것을 막고자하는 하나의 긴급 열수송의 역할을 한다. 최근의 발달된 과학은 피해를 주는 태풍을 약화시키거나 소멸시킬 수도 있지만, 이런 인위적인 힘이 지구 전체의 열 균형을 파괴할 위험이 있기 때문에 그대로 두는 것이다. 그리고 태풍은 바닷물을 아래위로 뒤섞어 물고기의 먹이를 풍부하게 하고, 물 속에 산소를 공급해 준다. 그래서 태풍이 지나가고 나면 물고기가 몰려들어 어민에게 풍어의 기쁨을 안겨 준다.

[그림 4-8] 태풍의 눈

태풍은 풍속이 17m/s 이상인 아주 강한 바람이며, 수온이 26℃ 이상인 고온 다습한 아열대(위도 5°～25°)의 해상에서 편동풍 파동으로 발생한다. 태풍은 연중 발생하나 우리나라에 영향을 주는 것은 보통 7～9월 사이에 발생한 것이며, 이들의 이동 경로는 대체로 포물선 궤도를 그린다. 태풍이 북상하여 공기가 차가워지고 수증기를 적게 포함하게 되면 그 세력이 약해진다. 더욱이 육지에 상륙하면 지표면과의 마찰로 운동에너지를 상실하고 태풍이 몰고 온 비로 지면이 냉각되어 기층이 하층에서부터 안정해지기 때문에 급격히 쇠약하게 된다.

태풍을 발생시키는 에너지원은 무엇일까? 바다에 다다른 태양 에너지가 해수를 수증기로 변화시킬 때 기화열로 숨어 있다가 그 수증기가 상승하여 응결할 때 다시 나타나는 잠열, 즉, 수증기의 응결열이 태풍의 에너지원인 것이다. 이러한 태풍은 저위도 지방의 막대한 양의 열과 수증기를 고위도 지방으로 운반하는 중요한 역할을 수행하게 된다.

태풍은 주로 에너지가 수송되는 방향인 북쪽 방향과, 대기 대순환인 무역풍과 편서풍이 합성되어 진행 방향이 결정 된다. 발생 초기에는 서쪽으로 진행하다가 전향력 때문에 북동쪽으로 휘어 대개 포물선 형태의 이동 경로를 보인다. 이 포물선의 꼭지점을 전향점이라 한다. 태풍의 이동 속도는 전향 전에는 약 20km/h이지만 전향점 부근으로 오면서 점점 느려지다가 이 지점을 지나 북동쪽으로 진행하면 급속히 가속되어 60km/h 이상의 속도로 진행한다. 이렇게 가속되는 이유는 태풍의 이동 방향과 편서풍의 방향이 같아지기 때문이다.

그렇다면 적도의 남북 5° 지역 내에서 태풍이 발생하지 않는 까닭은 무엇일까? 이 지역은 전향력이 거의 없어 소용돌이가 생기지 않기 때문이다. 남반구에서는 태풍의 발생이 북반구처럼 활발하지 않는데, 그 이유는 남반구의 해수면 온도가 충분히 높지 않기 때문이다.

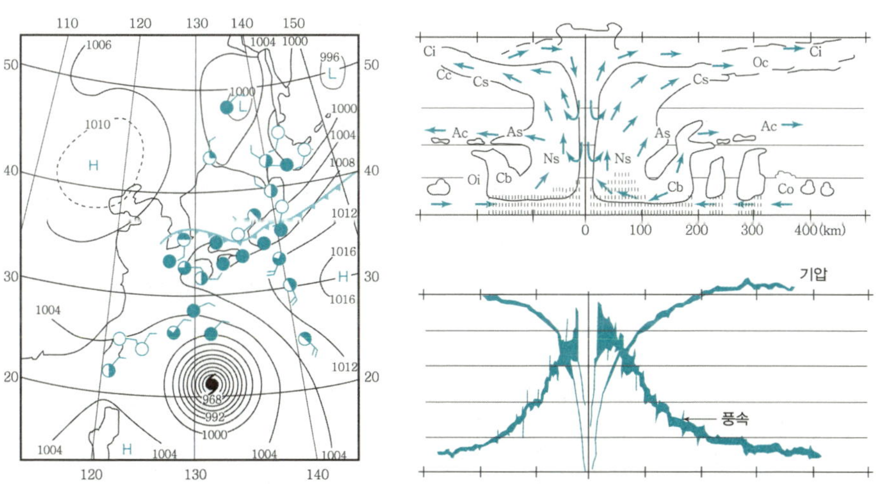

[그림 4-9] 태풍이 나타난 지상일기도(왼쪽)와 연직 단면도(기압, 풍속 변화; 오른쪽)

태풍은 전선이 없고 등압선은 동심원 모양이며, 중심부에는 태풍의 눈이 존재한다. 규모가 큰 태풍은 지름이 수 천 킬로미터에 달하며 풍속이 33m/s 이상인 것도 있다. 풍속이 최대인 곳은 중심에서 40~100km 부근이며, 이보다 중심에 가까워지면 바람도 약하고 푸른 하늘이 볼 수 있다. 대개 20~50km 정도의 지름을 갖는 이 부분을 태풍의 눈이라 한다.

그럼, 태풍의 눈은 왜 생기는 것일까? 태풍의 중심 부근은 전향력과 마찰력은 무시될 정도로 기압 경도력과 원심력이 엄청나게 크다. 따라서 중심에서 5~20km 되는 곳에서는 기압 경도력과 원심력이 평형을 이루게 되어 밖에서 들어온 기류가 더 들어가지 못하고 중심 둘레를 돌면서 상승하게 된다. 이에 따라 태풍의 중심부는 하강 기류가 생기게 되어 구름이 소멸되고 비가 그쳐 맑은 날씨가 나타나게 된다.

〈표 4-1〉 온대 저기압과 태풍(열대 저기압)의 비교

구 분	온대 저기압	태 풍
발생지	한대 전선대	위도 5°~25°의 열대 해상
규 모	지름 수 1,000km 정도	지름 200~1,500km정도
전 선	온난 · 한랭전선 수반	전선을 수반하지 않음
등압선	타원형, 기압 경도가 작다	거의 원형, 기압 경도가 크다
바 람	중심부 풍속이 세다 전선에서 풍향 · 풍속 급변	중심부 풍속이 약하다 풍속이 17m/s 이상이다

▣ 왜 항상 태풍의 오른쪽 부분에만 피해가 크게 발생할까?

[그림 4-10]과 같이 태풍 진행 방향에 대하여 오른쪽 반원에서는 태풍이 저기압이기 때문에 부는 바람과 대기 대순환에 의한 바람이 합세하여 맹렬한 폭풍이 분다. 또한 풍향이 태풍의 진행방향과 같은 방향이기 때문에 바람이 매우 강하다. 그러나 태풍 진행 방향에 대하여 왼쪽 반원에서는 태풍 자체의 바람과 대기 대순환에 의한 바람이 반대 방향이

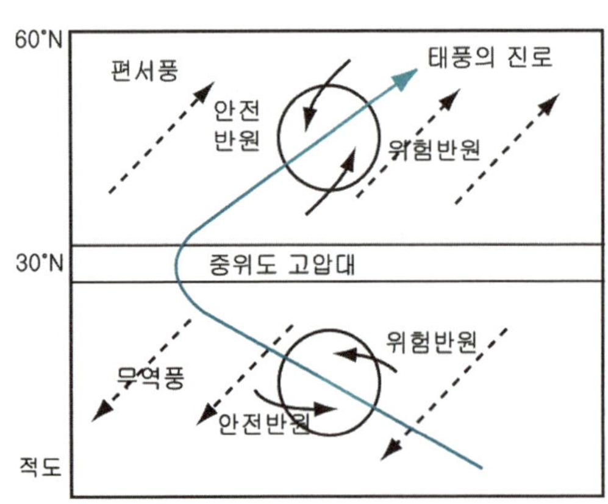

〈안전반원과 위험반원〉

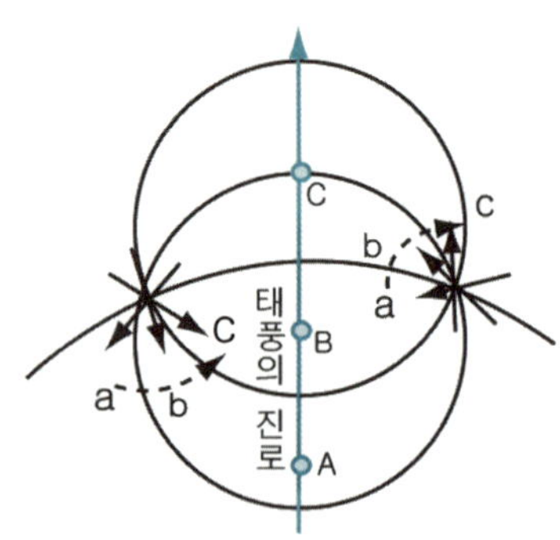

▷태풍의 이동경로 A→B→C
▷태풍의 이동에 따른 풍향의 변화:
a→b→c(태풍의 풍향 변화)
▷안전 반원: 반시계 방향으로 풍향 변화
▷위험 반원: 시계 방향으로 풍향 변화

[그림 4-10] 태풍의 안전반원 및 위험반원(왼쪽)과 태풍의 이동에 따른 풍향의 변화

기 때문에 일부분 상쇄 되어 폭풍이 비교적 약화된다. 또한 풍향이 태풍의 진행방향과 반대방향이기 때문에 바람이 그다지 강하지 않다. 태풍 진행 방향에 대하여 바람이 강한 오른쪽 반원을 위험반원, 왼쪽 반원을 안전반원 또는 가항반원이라 한다.

태풍 진행에 따른 풍향 변화를 살펴보면 태풍 진행 방향의 오른쪽 지방(위험 반원)은 시계 방향으로, 왼쪽 지방(안전 반원)은 반시계 방향으로 바람이 변하는 것처럼 나타난다.

▣ 태풍의 이름은 어떻게 붙여질까?

태풍은 일주일 이상 지속될 수 있고 동시에 같은 지역에 하나 이상의 태풍이 있을 수 있기 때문에 이때 발표되는 태풍 예보를 혼동하지 않도록 하기 위하여 이름을 붙이게 되었다. 태풍에 이름을 붙이기 시작한 것은 1953년부터이다.

태풍에 처음으로 이름을 붙인 것은 호주의 예보관들이었다. 그 당시 호주 예보관들은 자신이 싫어하는 정치가의 이름을 붙였는데, 예를 들어 싫어하는 정치가의 이름이 앤더슨이라면 "현재 앤더슨이 태평양 해상에서 헤매고 있는 중입니다" 또는 "앤더슨이 엄청난 재난을 일으킬 가능성이 있습니다."라고 태풍 예보를 했다.

제2차 세계대전 이후, 미공군과 해군에서 공식적으로 태풍에 이름을 붙이기 시작했는데 이때 예보관들은 자신의 아내나 애인의 이름을 사용했다. 이러한 전통에 따라 1978년까지는 태풍 이름이 여성이었다가 이후부터는 남자와 여자 이름을 번갈아 사용하였다.

북서태평양에서의 태풍 이름은 1999년까지 괌에 위치한 미국 태풍합동경보센터에서 정한 이름을 사용했다. 그러나 2000년부터는 아시아태풍위원회에서 아시아 각국 국민들의 태풍에 대한 관심을 높이고 태풍 경계를 강화하기 위해서 태풍 이름을 서양식에서 아시아 지역 14개국의 고유한 이름으로 변경하여 사용하고 있다.

태풍 이름은 각 국가별로 10개씩 제출한 총 140개가 각 조 28개씩 5개조로 구성되고, 1조부터 5조까지 순차적으로 사용한다. 140개를 모두 사용하고 나면 1조의 처음부터 다시 사용하기로 정했다. 태풍이 보통 연간 약 30여 개쯤 발생하므로 전체의 이름이 다 사용되려면 약 4~5년이 소요될 것이다.

우리나라에서는 '개미', '나리', '장미', '수달, '노루', '제비', '너구리', '고니', '메기', '나비' 등의 태풍 이름을 제출했고, 북한에서도 '기러기' 등 10개의 이름을 제출했으므로 한글 이름의 태풍이 많아졌다.

각 국가에서 제출한 태풍이름은 새로운 이름으로 대체되기도 한다. 일 년마다 태풍위원회에서 총회를 개최하는데 이 곳에서 태풍이름의 퇴출이 결정된다. 과정은 그 해에 막대한 피해를 입힌 태풍의 경우 앞으로 유사한 피해사례가 없길 바라며 피해를 입은 회원국에서 퇴출요청을 할 수 있다. 이 요청이 받아들여지면, 해당 태풍이름을 퇴출하고 대신 새로운 이름으로 변경하는 것이다. 우리나라에서 제출한 10개의 이름 중 '수달'은 미크로네시아의 요청으로 2003년에 '미리내'로 변경되었고, '나비'는 2005년 일본이 요청하여 '독수리'로 변경되었다. 또한 우리나라에서도 2002년 막대한 피해를 준 태풍 '매미(북한)'의 이름을 바꾸어 달라 요청하여 '무지개'로 변경되었다.

아래 〈표 4-2〉는 현재 아시아 태풍 위원회에서 정한 140개의 태풍 이름 열람표이다. 태풍 이름의 명명은 1조 첫 번째의 '담레이'부터 1조 마지막인 '짜미'까지 사용한 후에, 2조 첫 번째인 '콩레이'부터 2조 마지막인 '할롱'까지 사용한다. 그 후에 3조, 4조, 5조 역시 같은 방법으로 사용한다.

2016년에 대해 예를 들면, 7월 3일에 발생한 제 1호 태풍의 이름은 미크로네시아에서 제시한 제 1호 태풍 '네파탁'이며, 제 2호 태풍은 7월 23일에 발생한 '루핏'(필리핀)이다. 특히, 3호(7월 26일 발생)와 9호(8월 19일 발생)는 우리나라에서 제출한 '미리내'와 '민들레'이다. 다음에 올 제 10호 태풍은 홍콩에서 제출한 '라이언록(Lionrock)'이 될 것이다.

〈표 4-2〉 태풍 이름 및 순서

국가명	1조		2조		3조		4조		5조	
캄보디아	Damrey	담레이	Kong-rey	콩레이	Nakri	나크리	Krovanh	크로반	Sarika	사리카
중국	Haikui	하이쿠이	Yutu	위 투	Fengshen	펑 선	Dujuan	두쥐안	Haima	하이마
북한	Kirogi	기러기	Toraji	도라지	Kalmaegi	갈매기	Mujigae	무지개	Meari	메아리
홍콩	Kai-tak	카이탁	Man-yi	마 니	Fung-wong	풍 웡	Choi-wan	초이완	Ma-on	망 온
일본	Tembin	덴 빈	Usagi	우사기	Kammuri	간무리	Koppu	곳 푸	Tokage	도카게
라오스	Bolaven	볼라벤	Pabuk	파 북	Phanfone	판 폰	Ketsana	켓사나	Nock-ten	녹 텐
마카오	Sanba	산 바	Wutip	우 딥	Vongfong	봉 퐁	Parma	파 마	Muifa	무이파
말레이시아	Jelawat	즐라왓	Sepat	스 팟	Nuri	누 리	Melor	멜로르	Merbok	므르복
미크로네시아	Ewiniar	에위니아	Fitow	피 토	Sinlaku	실라코	Nepartak	네파탁	Nanmadol	난마돌
필리핀	Maliksi	말릭시	Danas	다나스	Hagupit	하구핏	Lupit	루 핏	Talas	탈라스
한국	Gaemi	개 미	Nari	나 리	Jangmi	장 미	Mirinae	미리내	Noru	노 루
태국	Prapiroon	쁘라삐룬	Wipha	위 파	Mekkhala	메칼라	Nida	니 다	Kulap	꿀 랍
미국	Maria	마리아	Francisco	프란시스코	Higos	히고스	Omais	오마이스	Roke	로 키
베트남	Son Tinh	손 띤	Lekima	레끼마	Bavi	바 비	Conson	꼰 선	Sonca	선 까
캄보디아	Bopha	보 파	Krosa	크로사	Maysak	마이삭	Chanthu	찬 투	Nesat	네 삿
중국	Wukong	우 쿵	Haiyan	하이옌	Haishen	하이선	Dianmu	뎬 무	Haitang	하이탕
북한	Sonamu	소나무	Podul	버 들	Noul	노을	Mindulle	민들레	Nalgae	날 개

국가명	1조		2조		3조		4조		5조	
홍콩	Shanshan	산 산	Lingling	링 링	Dolphin	돌 핀	Lionrock	라이언록	Banyan	바 냔
일본	Yagi	야 기	Kajiki	가지키	Kujira	구지라	Kompasu	곤파스	Washi	와 시
라오스	Leepi	리 피	Faxai	파사이	Chan-hom	찬 홈	Namtheun	남테운	Pakhar	파카르
마카오	Bebinca	버빙카	Peipah	페이파	Linfa	린 파	Malou	말 로	Sanvu	상 우
말레이시아	Rumbia	룸비아	Tapah	타 파	Nangka	낭 카	Meranti	므란티	Mawar	마와르
미크로네시아	Soulik	솔 릭	Mitag	미 탁	Soudelor	사우델로르	Fanapi	파나피	Guchol	구 촐
필리핀	Cimaron	시마론	Hagibis	하기비스	Molave	몰라베	Malakas	말라카스	Talim	탈 림
한국	Jebi	제 비	Neoguri	너구리	Goni	고 니	Megi	메 기	Doksuri	독수리
태국	Mangkhut	망 쿳	Rammasun	람마순	Morakot	모라꼿	Chaba	차 바	Khanun	카 눈
미국	Utor	우토르	Matmo	마트모	Etau	아타우	Aere	에어리	Vicente	비센티
베트남	Trami	짜 미	Halong	할 롱	Vamco	밤 꼬	Songda	송 다	Saola	사올라

〈출처: 기상청〉

▣ 바람은 왜 부는 걸까?

바람은 공기의 움직임이라고 할 수 있다. 바람이 불기 위해서는 먼저 힘이 필요하다. 가만히 정지해 있는 물체를 이동시키려면 힘이 작용해야 하는 것처럼 정지해 있는 공기 역시 움직이기 위해서는 힘이 필요하다.

보통 바람은 기압차에 의해서 주로 발생하는데, 태양 복사 에너지에 의한 지표면의 부등 가열은 바람을 생성하는 중요한 요인 중의 하나이다. 여기에서 지표면의 부등 가열이 일어나는 이유는 물질마다 가지고 있는 비열이 다르기 때문이다. 예를 들면 해변가의 바다와 육지는 데워지고 식는 정도가 다르다. 비열이 작은 육지는 바다보다 더 빨리 데워지고, 더 빨리 식는다. 이렇게 비열차에 의해 다른 곳보다 빨리 가열된 곳은 더 따뜻해지고, 따뜻한 공기는 상승하게 된다. 그로 인해 그 곳은 주위에 비해 상대적으로 공기압이 낮아지게 된다. 그래서 수평적인 기압차가 발생하고, 바람은 상대적으로 기압이 높은 곳에서 낮은 곳으로 불게 되는 것이다.

그러나 모든 바람이 물질의 비열차로 생기는 기압차에 의한 것은 아니다. 공기를 실제로 움직이게 하는 힘은 여러 가지가 있는데 여기에는 공기를 실제 움직이게 하는 힘인 기압경도력과 방향이나 속도의 변화를 가져오는 전향력, 마찰력, 원심력이 있다.

(1) 기압경도력이란 무엇일까?

기압경도력이란 수평 방향의 기압차에 의해 나타나는 힘으로 기압차(ΔP)에 비례하고, 거리(Δl)와 공기의 밀도(ρ)에 반비례한다.

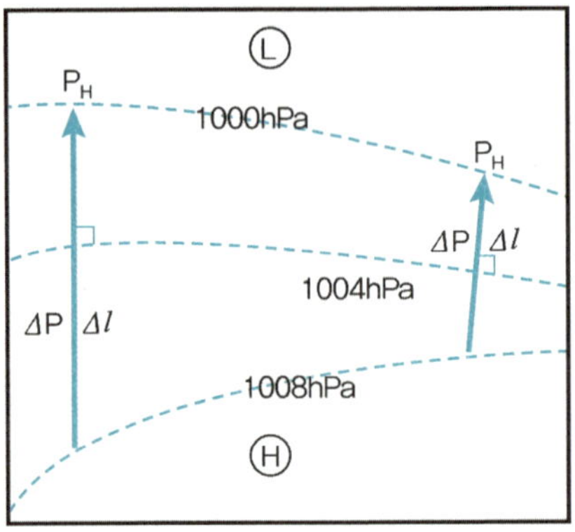

[그림 4-11] 기압경도력

기압경도력을 구하는 공식은

$$P_H = \frac{1}{\rho}\frac{\Delta P}{\Delta l}$$

과 같다. 기압경도력은 등압선의 간격이 조밀하고 기압차가 클수록 강하며, 고압부에서 저압부로 등압선에 직각으로 작용한다. 여기에서 기압차는 여러 원인에 의해 발생하는데 위에서 언급한 것처럼 물질의 비열차는 기압차를 발생시키는 데 중요한 요인 중의 하나이다.

(2) 전향력(코리올리의 힘; Coriolis force)은 왜 나타날까?

전향력은 지구가 자전하기 때문에 생기는 가상적인 힘으로 움직이는 물체의 방향만 바꿔주는 힘이다. 북반구에서는 바람의 진행방향에 대하여 오른쪽 직각 방향으로 작용하고, 남반구에서는 바람이 불어가는 방향의 왼쪽 직각 방향으로 작용하게 된다[그림 4-12]. 그 크기는 바람의 속력(ν)과 물체의 질량(m), 지구의 자전 각속도(ω), 물체가 운동하고 있는 지점의 위도(ϕ)에 비례한다.

$$f = 2m\omega\nu\sin\phi$$

전향력은 적도에서는 0이고, 극으로 갈수록 커진다. 전향력이 적도에서 0이라는 것은 적도에서는 바람이 불 수 없음을 의미한다. 전향력은 바람의 방향을 결정하는 데 아주 중요하다.

여기서 우리가 전향력을 이해할 때 반드시 염두에 두어야 하는 것은 물체를 던진 사람이 기준이라는 것이다. 즉, 물체를 던져 놓고, 그 사람이 던진 물체가 어떻게 날아가는지 보았을 때, 지구의 자전에 의해 북반구에서는 오른쪽으로 휘어져 날아가는 것처럼 보인다는 것이다. 만약 우주 비행사가 우주 공간에서 지구 대기 중을 날아가는 물체를 보았다면, 전향력의 작용은 전혀 느끼지 못하게 되는 것이다. 또한 정지해 있는 물체의 경우 전향력은 전혀 작용하지 않는다. 자전하고 있는 지구의 지표면 위에서 어떤 물체의 운동은 발사지점의 자전선속도를 가지고 있기 때문에 발사속도에는 그러한 자전선속도를 포함하고 있으며, 지표면 위에 있는 사람은 자신이 자전하고 있다는 사실을 인식하지 못하기 때문에, 지구자전선속도의 차이가 큰 지점 사이에서는 전향력을 고려해야 하지만 가까운 거리에서는 거의 같은 자전속도를 가지고 있어서 자전의 영향을 느끼지 못한다.

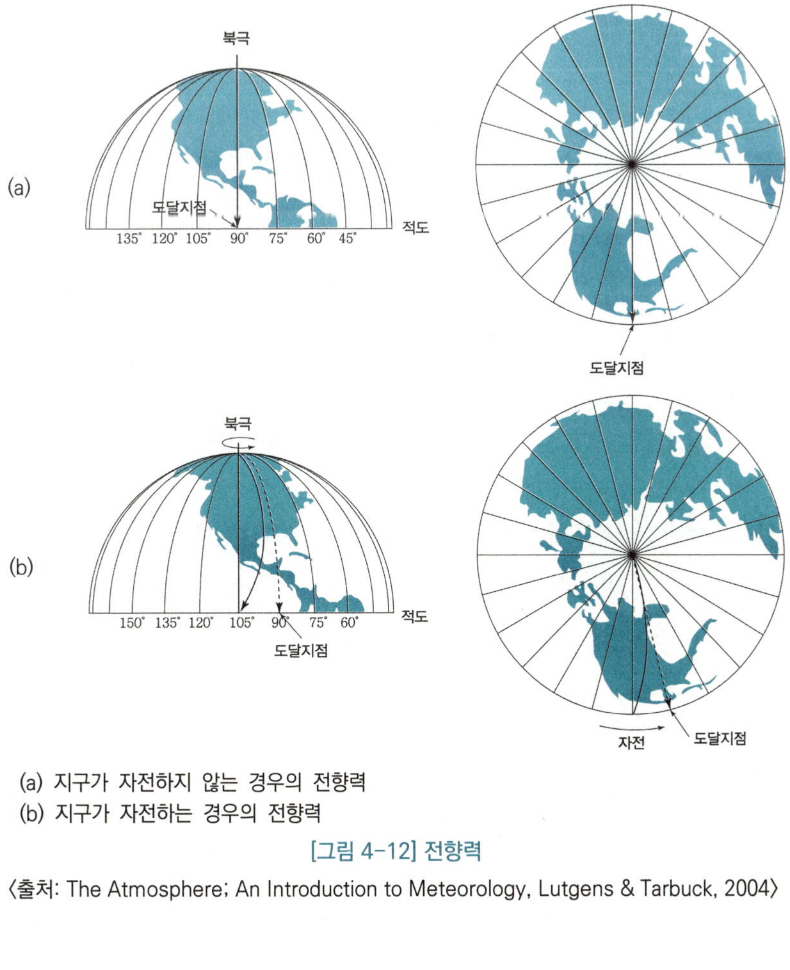

(a) 지구가 자전하지 않는 경우의 전향력
(b) 지구가 자전하는 경우의 전향력

[그림 4-12] 전향력

〈출처: The Atmosphere; An Introduction to Meteorology, Lutgens & Tarbuck, 2004〉

그러면 날아가는 물체는 모두 전향력의 영향을 받아 북반구에서는 오른쪽으로 휘어지는가? 물론 답은 '아니다'이다. 내가 만약 공을 던졌다면, 그리고 그 공이 전향력의 영향을 받는다면, 공을 받는 사람은 내가 볼 때 오른쪽 방향으로만 달려가면 받을 수 있다는 것을 의미할 것이다. 하지만, 그렇지 않다는 것을 모두 알 것이다. 공을 던지고 받는 경우나 축구공을 찰 때와 같이 아주 가까운 거리에서는 전향력의 영향은 '0'이라고 보아야 한다. 즉, 전혀 고려하지 않아도 된다는 것을 의미한다. 전향력의 효과를 반드시 고려해야 하는 물체의 운동은 보통 수평거리 1,000km 이상의 거리를 날아가는 경우이다.

(3) 구심력(원심력)

구심력은 등압선이 곡선일 때만 작용하며, 등압선이 곡선일 때 속도의 직각방향으로 작용하여 운동방향을 바꿈으로써 유체를 원운동하게 하는 힘이다. 일종의 구심력에 대한 관성력인 원심력과 크기는 같고, 방향만 반대이다. 구심력의 크기는

$$C_P = \frac{mv^2}{r} = mrw^2$$

여기서 m은 질량, v는 속도, r은 곡률 반경, w는 지구의 자전 각속도이다. 구심력은 등압선이 원일 때 원의 중심 방향으로 작용한다.

(4) 마찰력

마찰력은 물체의 운동을 방해하는 힘으로 대기와 지표면 사이에서 작용한다. 이러한 마찰력은 대기에서 풍속을 감소시키고, 표면 해수에서는 변형력으로 작용하여 취송류의 원동력이 된다. 대기에서의 마찰층은 지상에서 약 1km 높이까지이며, 1km 이상의 대기는 마찰력의 영향이 없어 자유 대기라고 한다. 해양에서는 에크만 수송이 나타나는 깊이까지를 마찰층이라고 한다. 대기의 마찰력은 산악 지대에서 가장 크고, 해수면에서 가장 작게 나타난다.

대기 상층과 달리 지상에서는 이러한 마찰력이 작용하기 때문에 바람의 방향이 등압선에 빗겨서 불게 된다.

▣ 바람에는 어떤 종류들이 있을까?

바람은 규모나 위치와 같은 기준에 따라 여러 가지 풍계로 나눌 수 있다.

먼저 바람은 부는 높이에 따라 지상에서 부는 바람과 상공에서 부는 바람으로 구분해서 생각해 볼 수 있다. 지상 1km 이내에서 부는 바람은 마찰이 작용하는 바람으로 지상풍이라 하고, 지상 1km 이상에서 부는 바람은 마찰이 작용하지 않는 곳으로 이 지역에서 부는 바람에는 지균풍과 경도풍 및 온도풍 등이 있다. 온도풍의 형태로 나타나는 것으로는 편서풍 파동과 제트류가 있다.

또한 지표면은 물질 분포가 균일하지 않기 때문에 같은 양의 에너지를 흡수하여도 각 물질의 비열 차이에 의해 가열되는 정도가 다르다. 비열 차이로 생긴 부등 가열은 같은 고도상의 두 지점에 기압 차를 유발시켜 공기의 순환을 일으키는데, 이러한 부등 가열에 의한 바람으로 해륙풍, 산곡풍, 계절풍 등이 있다.

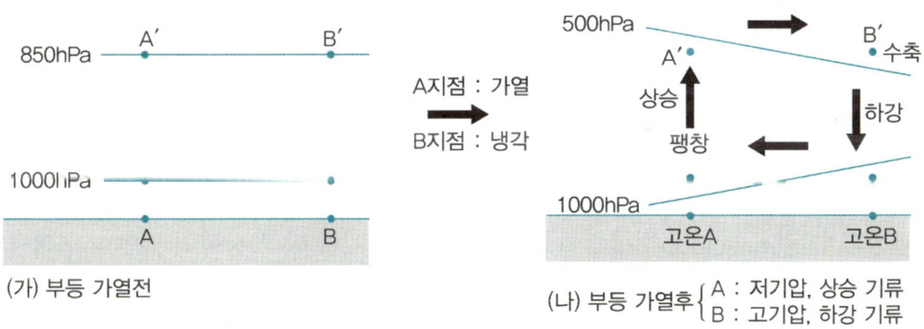

[그림 4-13] 대기의 열적 순환

〈출처: 합격지구과학, 이준희 편저, 2010〉

(1) 지균풍(geostrophic wind)

지균풍은 지상 1km 이상의 상공에서 등압선이 직선일 때, 기압경도력과 전향력이 평형을 이루며 부는 바람이다. 일반적으로 지균풍은 기압경도력이 클수록, 저위도일수록 풍속이 크게 나타난다. 지균풍의 풍향은 북반구에서 기압경도력의 우측으로 90°의 각도로 등압선에 나란하게 나타난다. 그러나 남반구에서는 반대 방향으로 나타나게 된다.

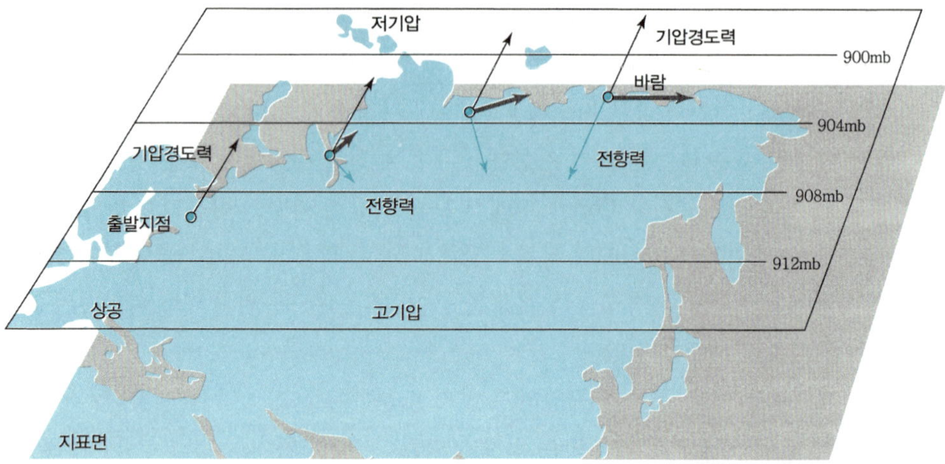

[그림 4-14] 지균풍

〈출처: The Atmosphere; An Introduction to Meteorology, Lutgens & Tarbuck, 2004〉

[그림 4-14]를 참고하여 지균풍의 발달 과정을 살펴보자. 먼저 정지해 있던 공기가 두 지점 사이의 기압차에 의하여 기압경도력이 발생하면 처음에는 고압부에서 저압부로 힘을 받아 등압선의 직각 방향으로 이동하기 시작한다. 공기가 이동하기 시작하면 전향력이 생기므로 북반구에서는 운동 방향이 오른쪽으로 편향된다. 움직이는 공기는 기압경도력을 계속 받아 풍속은 빨라지고 전향력은 더 커져서 운동 방향은 더욱 더 오른쪽으로 편향되게 된다. 마침내 전향력이 기압경도력과 크기가 같고 방향이 정반대가 되어 두 힘이 평형관계가 되면 공기는 일정한 속력으로 등압선에 평행하게 이동하는 지균풍이 되는 것이다.

지균풍의 풍속을 전향력과 기압경도력이 같다는 것으로부터 구해보면

$$\frac{1}{\rho}\frac{\Delta P}{\Delta l} = 2v\omega\sin\phi$$

$$\therefore\ v = \frac{1}{2\rho\omega\sin\phi} \times \frac{\Delta P}{\Delta l}$$

와 같은 식으로 표현할 수 있다. 즉, 지균풍의 속력은 기압경도력에 비례한다. 또한, 기압경도력이 같은 경우라면 위도와 공기의 밀도에 반비례하므로, 밀도가 작은 고층으로 올라갈수록 지균풍속이 커지게 된다.

(2) 경도풍

경도풍은 고도 1km 이상의 대기층에서 등압선이 원형일 때 나타나는 바람이다. 경도풍은 북반구 상공에서 저기압이 생겼을 경우 반시계 방향으로 불고, 고기압이 생겼을 경우에는 시계 방향으로 분다.

북반구에서의 경도풍을 고기압과 저기압으로 나누어 기술해 보면,

고기압: $f = P_H + C_p$ (P_H=기압경도력, f=전향력, C_p=원심력)
저기압: $P_H = f + C_p$

으로 나타난다. 즉, 풍속은 전향력과 비례하기 때문에 기압 경도력이 같은 경우 풍속의 크기는 고기압 주변이 저기압 주변보다 크다.

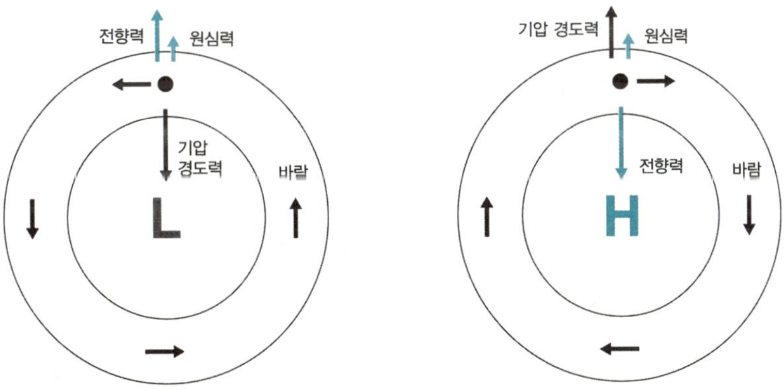

[그림 4-15] 저기압(a), 고기압(b)에서의 경도풍(북반구)

(3) 지상풍

지상풍은 고도 1km 이하의 지표면 부근에서 부는 바람으로, 전향력과 마찰력의 합이 기압경도력과 같은 경우에 나타나게 된다(기압경도력 = 전향력 + 마찰력).

지상풍은 북반구에서 기압경도력의 우측으로 등압선을 횡단하는데, 이때 등압선과 이루는 각은 해상의 경우 10°~20°, 산악 지방의 경우 20°~45°이다. 또한, 고도가 높아질수록 마찰력이 작아지기 때문에 지균풍에 가깝고 풍속도 강해진다.

지상풍의 풍향을 보고 고기압과 저기압의 방향을 알 수 있는데, 이를 바위스 발롯

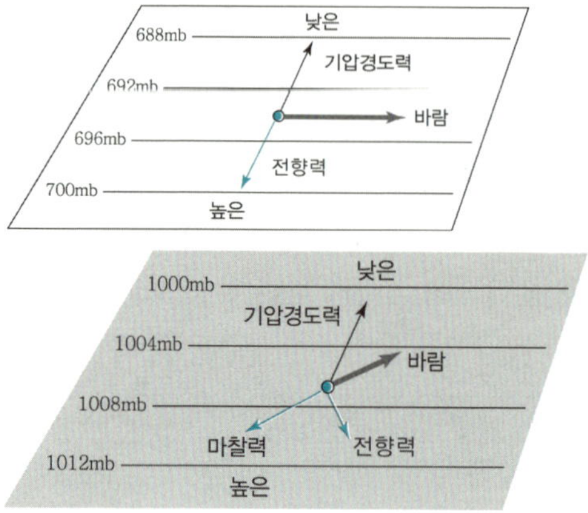

[그림 4-16] 지상풍

(Buys Ballot)의 법칙이라고 한다. 바위스 발롯 법칙이란 북반구에서 비람을 등지고 서면, 저기압의 중심은 그 사람의 왼팔 약간 앞쪽에 있고, 고기압은 오른팔의 뒤쪽에 있다는 것이다.

지상풍은 마찰층 내에서 에크만 운동을 하는데, 이는 높이 올라가면서 풍향은 시계 방향으로(결국 등압선과 평행) 점차 변하면서 마찰력이 작아지고 전향력이 작용하는 방향으로 풍향이 바뀌며 풍속이 증가하는 것이다. 그러나 해류에서의 에크만 운동은 좀 다르다. 해류에서 나타나는 에크만 운동은 수심이 깊어질수록 흐름의 방향이 시계 방향으로 점차 변하는 것은 대기에서와 같으나 유속은 감소한다.

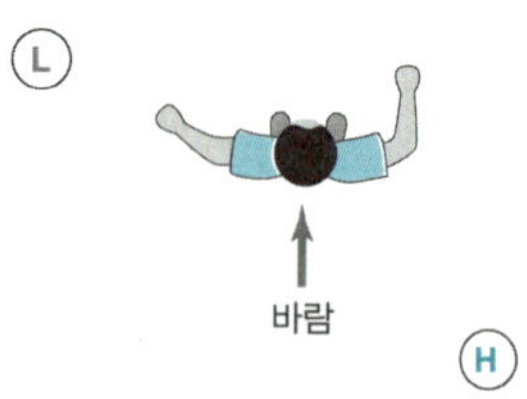

[그림 4-17] 버이스발로트 법칙

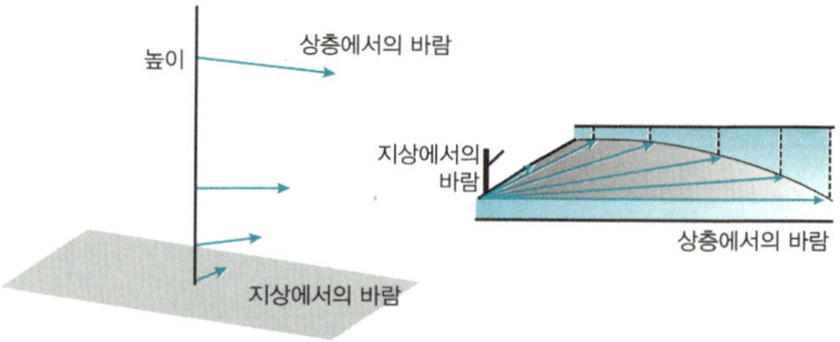

[그림 4-18] 대기에서의 에크만 운동

등압선이 원형인 경우, 북반구 고기압에서는 시계방향으로 불어나가고 저기압에서는 반시계방향으로 불어 들어간다. 반면에 남반구 고기압에서는 반시계방향으로 불어나가고 저기압에서는 시계방향으로 불어 들어간다.

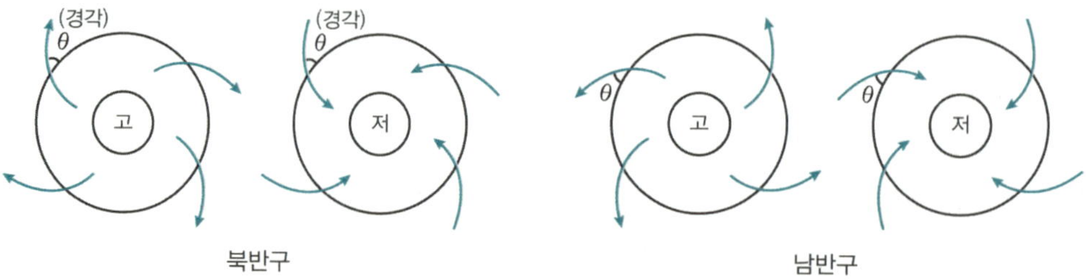

[그림 4-19] 등압선이 원형일 때의 지상풍

(4) 온도풍(thermal wind)

일반적으로 풍향과 풍속은 높은 고도로 올라갈수록 뚜렷하게 변하기 때문에 고도가 다르면 지균풍에서도 차이가 나타나는데, 이러한 지균풍의 차이를 온도풍이라 한다.

[그림 4-20]을 보면, 저위도 지방이 고위도 쪽보다 온도가 높기 때문에 밀도가 낮다. 따라서 같은 압력을 갖는 층은 저위도 쪽이 더 높은 곳에서 나타난다. 따라서 저위도 지방과 극지방 사이에 등압면의 높이 차가 나타나는데, 이 높이 차이는 누적효과에 의하여 높이 올라갈수록 더 커지게 된다. 따라서 고도가 높아질수록 지균풍속은 점점 더 증가하게 된다.

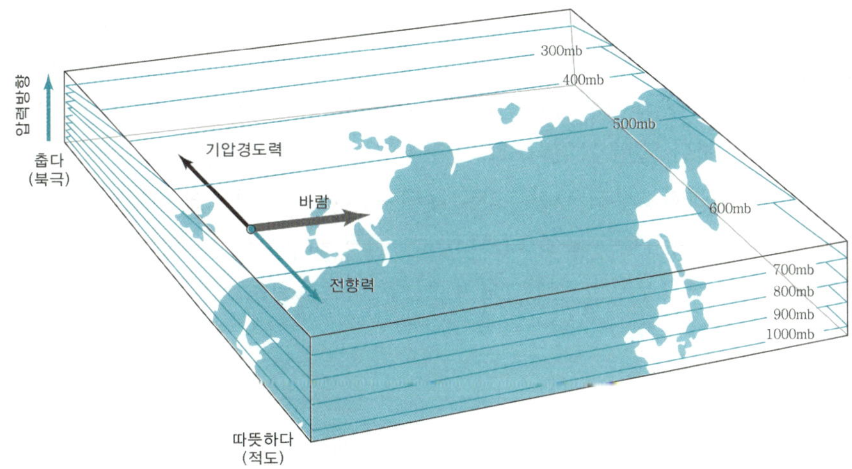

[그림 4-20] 온도풍의 생성

〈출처: The Atmosphere; An Introduction to Meteorology, Lutgens & Tarbuck, 2004〉

(5) 해륙풍

바다와 육지의 비열 차이로 인해 해안 지역에서 하루를 주기로 부는 바람을 말한다.

해륙풍은 해풍과 육풍으로 나눌 수 있다. 낮에는 비열이 작은 육지가 비열이 큰 바다보다 빨리 가열되므로 육지 위에 저기압, 바다 위에 고기압에 형성되어 바다에서 육지로 바람이 불게 되는데, 이를 해풍이라고 한다. 밤에는 비열이 작은 육지가 비열이 큰 바다보다 빨리 냉각되므로 육지 위에 고기압, 바다 위에 저기압이 형성되어 육지에서 바다로 부는 육풍이 형성된다.

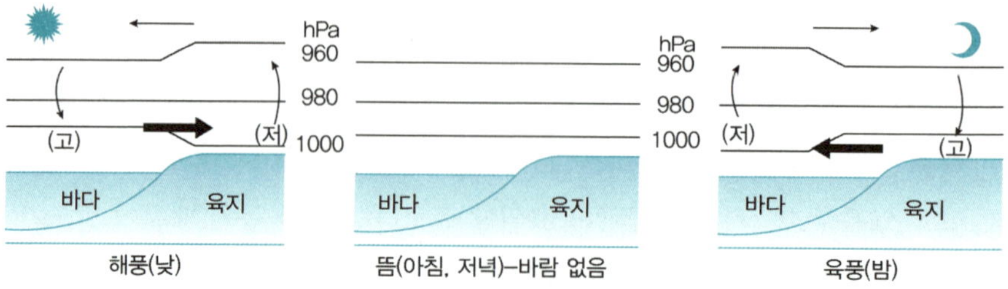

[그림 4-21] 해풍과 육풍

〈출처: 합격지구과학, 이준희 편저, 2010〉

(6) 산곡풍

산봉우리와 골짜기의 물의 비열 차이로 인해 산악 지방에서 하루를 주기로 부는 바람을 산곡풍이라고 한다. 산곡풍은 곡풍과 산풍으로 나눌 수 있다. 낮에는 산봉우리가 물이 있는 골짜기보다 빨리 가열되므로 산봉우리 위에 저기압이, 골짜기에 고기압에 형성된다. 따라서 골짜기로부터 산봉우리로 올라가는 바람이 부는데 이것이 곡풍이다. 밤에는 산봉우리가 골짜기보다 빨리 냉각되므로, 산봉우리 위에 고기압, 골짜기에 저기압이 형성된다. 따라서 산봉우리에서 골짜기로 내려오는 바람이 부는데 이것이 산풍이다.

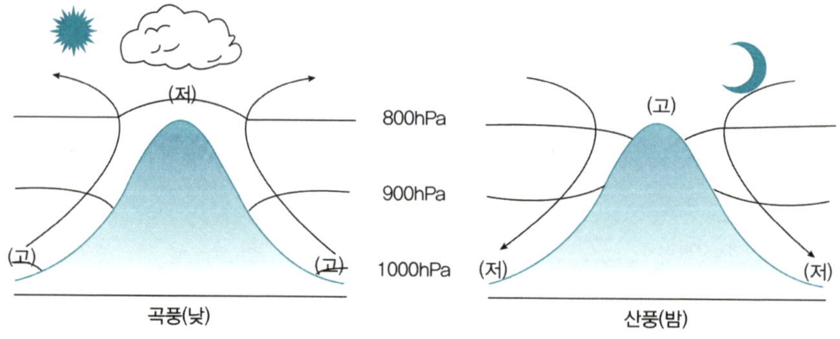

[그림 4-22] 곡풍과 산풍

〈출처: 합격지구과학, 이준희 편저, 2010〉

(7) 계절풍

대륙과 해양의 비열 차이에 의해 1년을 주기로 계절에 따라 바뀌는 바람을 계절풍 또는 몬순(monsoon)이라고 한다. 우리나라는 여름에는 남동 계절풍이, 겨울에는 북서 계절풍이 분다. 그 이유는 여름에는 대륙이 해양보다 빨리 가열되어 대륙 위에 저기압이,

해양 위에 고기압이 형성되므로 해양에서 대륙으로 바람이 불고, 겨울에는 대륙이 해양보다 빨리 냉각되어 대륙 위에 고기압, 해양 위에 저기압이 형성되므로 대륙에서 해양으로 바람이 불기 때문이다.

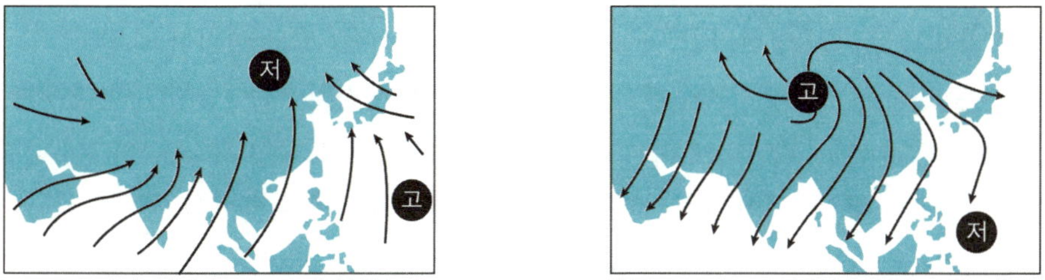

여름철 겨울철

[그림 4-23] 계절풍

〈출처: 합격지구과학, 이준희 편저, 2010〉

▣ 대기의 대순환은 어떻게 이루어지는지 알아보자

지구를 덮고 있는 공기와 물은 태양열에 의해 순환한다. 중요한 것은 지구의 표면이 똑같은 온도로 데워지는 것이 아니라는 것이다.

태양이 지구를 골고루 데우지 않기 때문에 적도지방은 태양열을 많이 받아 따뜻하고, 반면에 극지방에서는 태양열을 적게 받아 춥다. 적도지방의 데워진 공기는 상승하여 극으로 이동하고 극지방에서 냉각된 공기는 적도로 이동한다. 따라서 지구 하층에서 부는 바람은 [그림 4-24]와 같이 북반구에서는 극지방에서 적도 방향을 향하여 부는 북풍, 남반구에서는 남풍만 불게 된다.

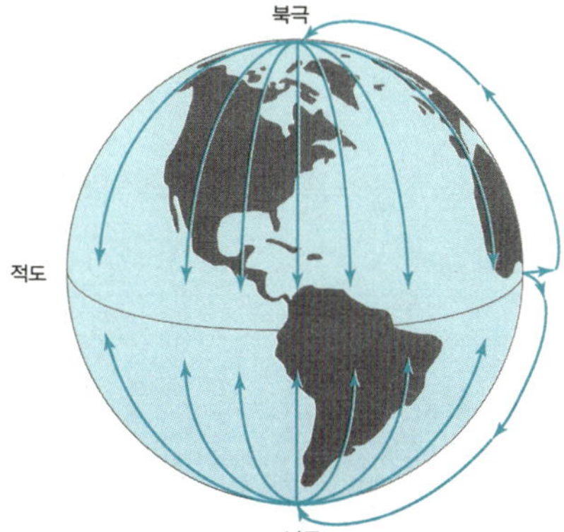

[그림 4-24] 자전을 하지 않는 대기대순환

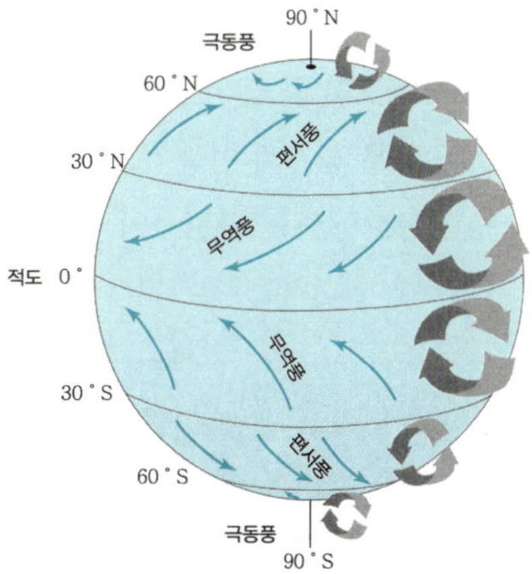

[그림 4-25] 자전을 하는 대기대순환

하지만 실제 지구상에서는 이러한 순환작용이 일어나지 않는다. 왜냐하면 위의 그림은 지구의 자전을 전혀 고려하지 않았기 때문이다. 그렇다면 지구의 자진을 고려한 대기의 순환은 어떠한 모습으로 진행되는지 알아보자.

북반구의 경우, 적도부근에서 공기가 따뜻해져 상승하게 되는데 이렇게 상승한 공기는 상공에서 극으로 향하다가 전향력으로 인해 점점 서풍으로 변화하게 된다. 하지만 이 공기는 차츰 식게 되어 결국 극지방까지 이동하지 못하고 30°N(남반구의 경우 30°S) 부근에서 대부분은 지표면으로 다시 가라앉아 지상에서 적도 쪽으로 흐른다. 이 바람을 무역풍이라고 하며, 이 지역에서 나타나는 남북순환을 해들리 순환이라고 한다.

극지방에서는 차가운 공기가 하강해서 지표면을 따라 적도로 향하는데, 30°N 부근에서 북상한 공기와 60°N 부근에서 만나 다시 상승하게 된다. 이때 상승한 공기는 상공에서 일부는 적도 쪽으로(페럴 순환), 나머지는 극지방 쪽으로(극 순환) 향하게 되며, 그에 따라 지상 30°N와 60°N 사이에서 부는 바람을 편서풍이라 하고, 지상 60°N와 극지방 사이에서 부는 바람을 극동풍이라고 한다.

▣ 편서풍 파동은 어떻게 생성되는가?

지구 대기 전체로 보면 적도지방에서 남는 에너지는 극지방으로 이동해야 된다. 지구가 자전하지 않는다고 가정하면 적도와 극 사이에서 하나의 거대한 순환이 나타나 에너지가 쉽게 이동할 것이지만 실제 지구에서는 세 개의 순환세포가 형성되어 열이 쉽게 이동하지 않는다.

적도지방과 극지방에서는 저위도 지방에서 열을 가지고 상승한 후 고위도 지방에서 그 열을 잃고 하강하여 다시 저위도 쪽으로 순환하는 열적 순환에 의해 직접적인 방법으로 열이 잘 이동되지만 중위도에서는 그렇지 못하다. 따라서 중위도 지방에서 열 수송을 담당하는 또 다른 공기의 이동이 있어야 된다.

중위도 상층에서는 편서풍이 우세하며, 고도가 높아질수록 풍속도 증가한다. 따라서 상층에는 강하고 빠른 공기의 흐름이 존재하게 되는데, 이러한 흐름을 편서풍 파동이라고 한다.

그렇다면 편서풍 파동은 어떻게 형성될까? 온난한 기층은 등압면 간격이 넓어지고, 한랭한 기층은 등압면 간격이 좁아진다. 즉 찬 공기는 따뜻한 공기보다 밀도가 더 크므로 고도가 높아질수록 따뜻한 공기에 비해 기압이 더 빠르게 낮아진다. 그 결과 상공의 한

점을 중심으로 저위도 지역은 고기압, 고위도 지역은 저기압이 된다. 따라서 기압경도력은 북쪽을 향하여 작용하며 오른쪽으로 작용하는 전향력과 평형을 이루는 상태에서 [그림 4-21]과 같이 서풍이 불게 되는 것이다.

두 지점간의 기온차가 클수록 기압차가 커지고 공기의 이동도 활발해진다. 남북 간의 온도차는 여름보다 겨울에 더 크고, 육지가 많은 북반구가 바다가 많은 남반구 보다 크다. 따라서 편서풍 파동은 북반구의 겨울에 가장 강하다. 또한, 위도에 따라 온도차가 큰 지역에서는 기압차가 크기 때문에 상층의 바람이 더욱 강해진다.

이러한 상층 편서풍대에서 풍속이 30m/s 이상인 매우 좁고 강한 흐름을 제트류라고 한다. 즉 제트류는 대류권 상층의 편서풍 파동 중에서 최대 속도를 나타내는 부분으로서, 한대전선 제트류와 아열대 제트류가 있다.

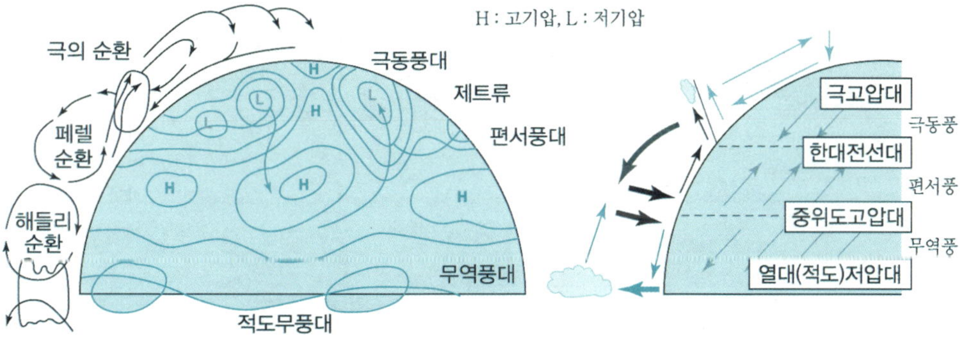

[그림 4-26] 편서풍이 부는 원인

■ 편서풍 파동은 지상의 날씨에 어떻게 영향을 주는가?

중위도 지방의 저위도 지역은 받은 열이 잃은 열보다 많으므로 기온이 점차 상승하고, 이와 반대로 고위도 지역은 기온이 내려가서 기온의 남북 차이가 커진다. 따라서 대기 상층의 편서풍이 강하게 되어 어느 한계에 도달하면 대기가 불안정해지므로 남북으로 큰 파동을 이루는 흐름이 나타난다.

이 파동의 골 동쪽에서는 따뜻한 공기를 고위도로 운반하고, 서쪽에서는 찬 공기를 저위도로 운반한다. 이와 같이 편서풍 파동은 열을 수송하여 남북 간의 온도차를 작게 한다.

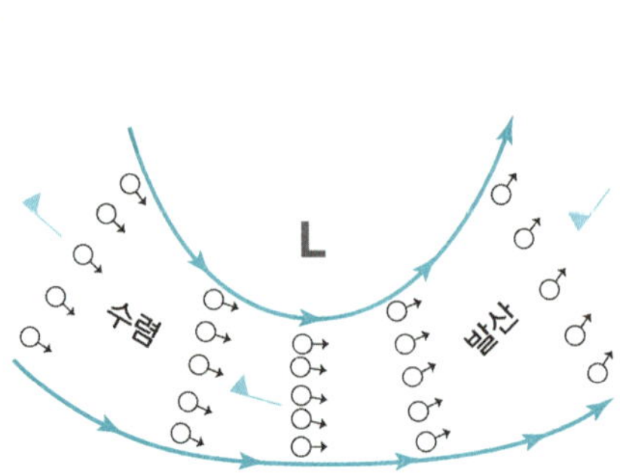

[그림 4-27] 일정한 풍속에서 형성되는 수렴과 발산
〈출처: 대기환경과학, 민경덕 역, 시스마프레스, p.176, 그림1〉

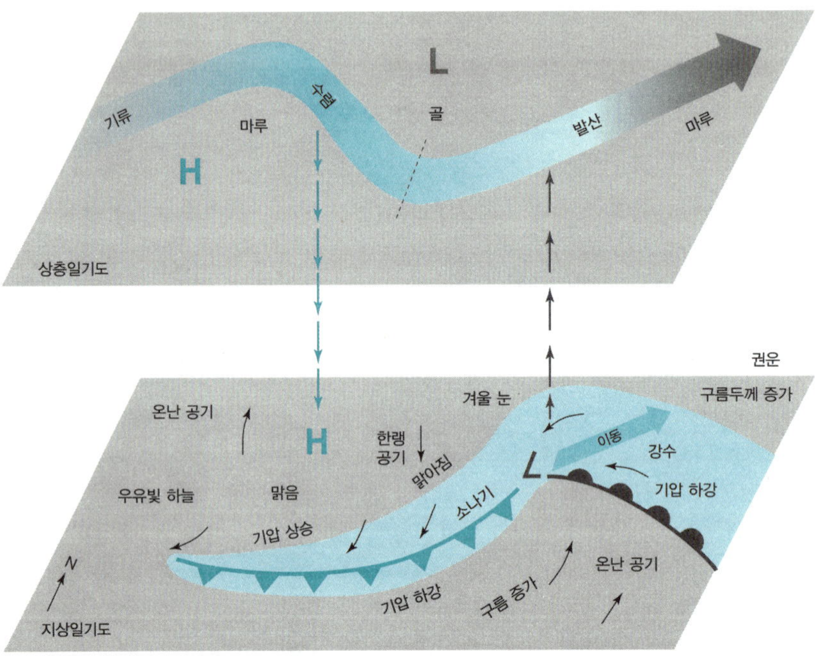

[그림 4-28] 발달하는 파동저기압에 동반되는 구름, 일기, 연직운동 그리고 상승기류
〈출처: 대기환경과학, 민경덕 역, 시스마프레스, p.179, 그림8.15〉

편서풍 파동의 기압골에서는 저기압성 경도풍이, 기압마루에서는 고기압성 경도풍이 나타난다. 결과적으로 기압골은 기압마루보다 상대적으로 풍속이 느려지게 되어 마치 자동차들이 병목 현상을 이루듯 [그림 4-27]처럼 대기가 한 지역으로 수렴하게 된다. 그때 북쪽의 찬 공기는 [그림 4-28]과 같이 아래로 하강하여 상층의 기압골 서쪽에서는 지상에 고기압을 형성하게 된다. 반면에 기압골의 동쪽에서는 병목 현상을 이루는 곳을 지나서 풍속이 빨라지며 발산이 일어난다. 그 결과 지상의 공기가 위로 상승하여 발산하게 되므로 지상에서는 저기압이 형성된다. 이때 상층의 기압골 서쪽에서 하강된 차가운

공기와 지상의 따뜻한 공기가 수렴하면서 그곳에는 온대성 저기압이 나타난다. 결국 상층의 편서풍 파동은 지상 저기압 상공의 공기를 이동시키고, 지상 고기압에 공기를 공급한다는 것을 알 수 있다. 또한 찬 공기의 하강과 더운 공기의 상승으로 인하여 위치에너지가 운동에너지로 변함에 따라 지상의 온대 저기압을 발달시키는 에너지를 형성하는 것이다.

▣ 기압과 바람은 우리 생활에 어떻게 이용되는가?

날계란을 먹을 때 계란의 아랫부분에만 구멍을 내고 먹으면 잘 나오지 않는다. 공기가 드나들 수 있도록 위쪽에도 구멍을 내면 잘 나오는 것을 알 수 있다.

종이팩에 들어 있는 음료수를 빨대를 이용해 마실 때에도 어느 정도 음료를 마신 후에는 더 이상 음료가 나오지 않는다. 즉, 한 번에 음료수를 다 마실 수 없는 것이다. 바로 압력 때문인데, 음료 팩 안팎의 기압이 같아진 다음에야 음료가 다시 나오게 된다.

부탄가스나 탄산음료의 캔 모양을 살펴보면 모두 아랫부분이 오목하게 들어가 있는 것을 볼 수 있다. 이는 가스통이나 음료 캔이 일정 압력 이상을 견딜 수 있도록 용기의 아랫부분을 오목하게 하여 압력이 작용하는 면적을 넓게 만든 것이다.

압력 밥솥이나 뻥튀기 만들기는 열과 압력을 가한 후 갑작스런 압력 해제의 원리로 가능한 것이며, 산 정상에서 밥을 지을 경우에는 기압차 때문에 뚜껑 위에 적당한 크기의 돌을 올려놓아야 한다.

독수리는 따뜻해진 공기의 상승기류를 타고 하늘을 난다. 따라서 주로 해진 후 저녁보다는 아침이나 정오 무렵쯤에 하늘 위를 나는 것을 주로 관찰할 수 있다.

소화기는 질소나 이산화탄소를 이용하여 압력을 충전하여 발사하는 것이다.

이 외에도 화분에 물을 줄 때 사용하는 분무기, 공사장에서 인부들이 페인트칠할 때 사용하는 페인트 분무기, 공기압을 이용한 못 박는 기계, 공기총, 유압크레인 등 기압과 바람은 우리 주변에 다양하게 이용되고 있다.

재미있는 탐구활동(끊어지는 실)

실험 목적

• 기압의 힘을 이해할 수 있다.

실험 준비물

• 신문지, 실, 스카치 테이프

실험 과정

① 신문지를 넓게 편다.

② 실을 테이프로 신문지에 붙인다.

③ 갑자기 실을 잡아당긴다.

④ 실이 어떻게 되는지 관찰한다.

실험 결과

① 어떠한 현상이 일어나는가?

② 왜 이런 현상이 일어나는지 적어보자.

재미있는 탐구활동(공기압)

실험 목적

1. 알루미늄 통이 찌그러지는 이유를 설명할 수 있다.
2. 실험을 통해 기압의 작용방향을 바르게 기술할 수 있다.

실험 준비물

• 빈 알루미늄 통, 알코올램프, 석면 쇠그물, 접착테이프, 비커, 얼음물

실험 과정

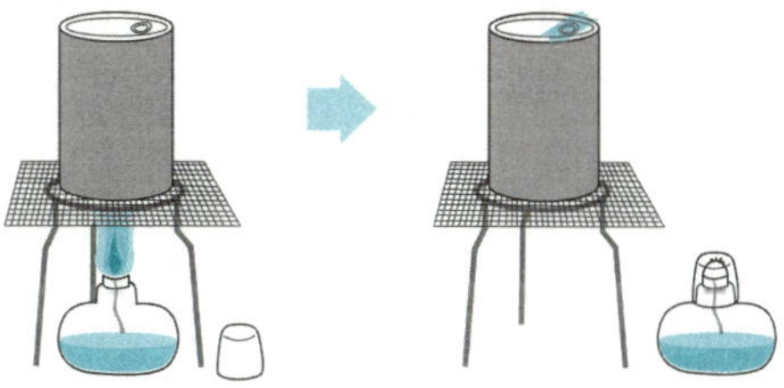

① 그림과 같이 빈 알루미늄 통 속에 물을 조금 넣고 끓인다.

② 깡통에서 수증기가 많이 나온 다음 그림과 같이 접착테이프로 입구를 단단히 막는다.

③ 깡통을 얼음물이 담긴 비커에 집어 넣어본다.

④ 알루미늄 통이 어떻게 변하는지 관찰하자.

실험 결과

① 알루미늄 통은 어떻게 되는가?
또 그 까닭은 무엇일까?

② 알루미늄 통의 찌그러진 모양을 보고 기압이 어떤 방향에서 작용하였는지 토의하자.

재미있는 탐구활동(간이 기압계 만들기)

실험 목적

1. 간이 기압계를 만들어 기압의 변화를 측정할 수 있다.
2. 아네로이드 기압계의 원리를 이해할 수 있다.

실험 준비물

- 500mL 비커, 긴 메스실린더, 풍선, 플라스틱 빨대 1개, 큰 샬레, 얼음물, 뜨거운물, 테이프

실험 과정

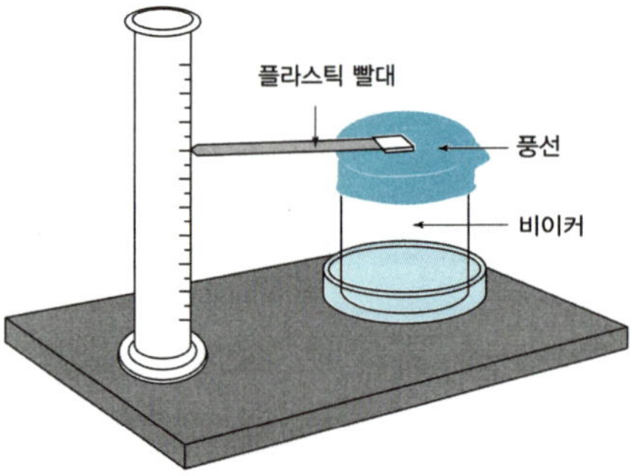

① 풍선의 입구를 자르고, 비커의 입구를 자른 풍선으로 덮어씌우다.

② 비커의 풍선 위에 빨대를 테이프로 붙이자.

③ 비커를 큰 샬레 안에 올려놓는다.

④ 긴 메스실린더의 눈금을 비커 옆에 세워 눈금 척도로 사용한다.

⑤ 빨대의 끝이 메스실린더의 눈금을 가리키도록 놓고, 눈금을 잰다.

⑥ 비커가 움직이지 못하게 잘 누르고, 큰 샬레에 뜨거운 물을 붓는다. 눈금은 어떻게 되는가?

⑦ 이번에는 샬레에 얼음물을 붓고, 눈금의 변화를 확인한다.

실험 결과

① 뜨거운 물을 넣었을 때 빨대는 어느 방향으로 움직이겠는가?

② 얼음 물을 넣었을 때 빨대는 어느 방향으로 움직이겠는가?

③ 이 실험에서 공기의 온도와 기압은 어떤 관계가 있는가?

④ 기압이 변하는 이유는 무엇일까?

⑤ 실험과 같이 밀폐된 공간이 아닌 지구에서 공기의 온도와 기압은 어떤 관계가 있는가?

재미있는 탐구활동(간이 풍향계 만들기)

실험 목적

1. 풍향계를 직접 만들 수 있다.
2. 풍향계를 이용하여 바람의 방향을 알 수 있다.
3. 실제 풍향계와 간이 풍향계의 공통점과 차이점을 비교할 수 있다.

실험 준비물

- 두꺼운 종이, 나무판자(15cm×15cm×3cm), 나무기둥(5cm×5cm×20cm), 연필, 칼이나 가위, 송곳, 빨대(플라스틱 관 또는 유리관), 강력접착제, 못

실험 과정

- 과정 1. 화살표 만들기

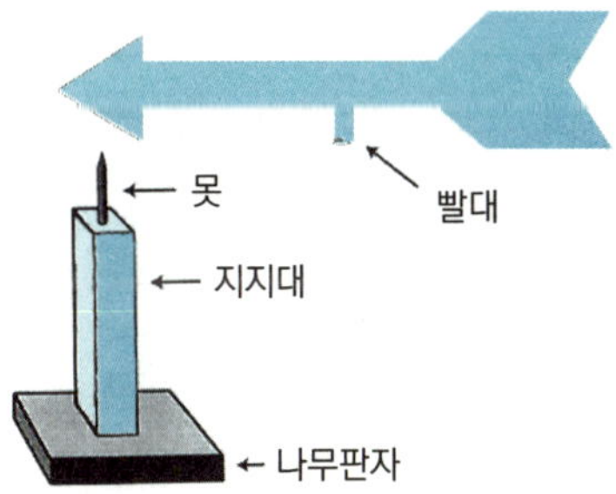

① 두꺼운 종이에 그림과 같은 모양의 화살표를 그린다.

② 두꺼운 종이 두 장을 겹쳐서 한꺼번에 화살표 모양대로 오린다.

③ 두 장의 화살표를 서로 붙인다.

④ 정확한 중심을 찾아 화살표의 균형을 맞춘 후, 연필로 표시한다.

⑤ 표시한 곳을 송곳을 이용하여 구멍을 뚫고 빨대(플라스틱 관)를 꽂는다.

- 과정 2. 지지대 만들기

① 나무판자에 방위 표시를 하고 나무기둥을 붙인다.

② 나무기둥 윗부분 중앙에 못을 박는다.

- 과정 3. 화살표와 지지대 연결하기

① 화살표 중앙의 빨대를 지지대의 못에 끼운 후 잘 돌아가는지 확인한다.

② 이때 화살표가 잘 돌아가야 모든 방향을 자유롭게 가리킬 수 있다.

– 과정4. 실생활과 연결짓기

① 실제 풍향계는 어떤 것들이 있는지 조사해보자.

② 우리가 만든 간이 풍향계와 실제 풍향계의 공통점과 차이점을 생각해보자.

실험 결과

① 풍향계가 어떤 방향을 가리키는가?

② 간단히 풍향을 알 수 있는 방법은 어떤 것들이 있을까?

재미있는 탐구활동(간이 풍속계 만들기)

실험 목적

1. 간이 풍속계를 만들어 바람의 속도를 유추해 볼 수 있다.
2. 실제 풍속계와 간이 풍속계의 공통점과 차이점을 비교할 수 있다.

실험 준비물

- 지지대(간이풍향계 참고.), 40cm 막대 2개(우드락), 종이컵4개(3개의 같은 색 종이컵과 1개의 다른 색 종이컵), 빨대(플라스틱 관 또는 유리관), 강력접착제, 압정.

실험 과정

과정1. 풍속계 만들기

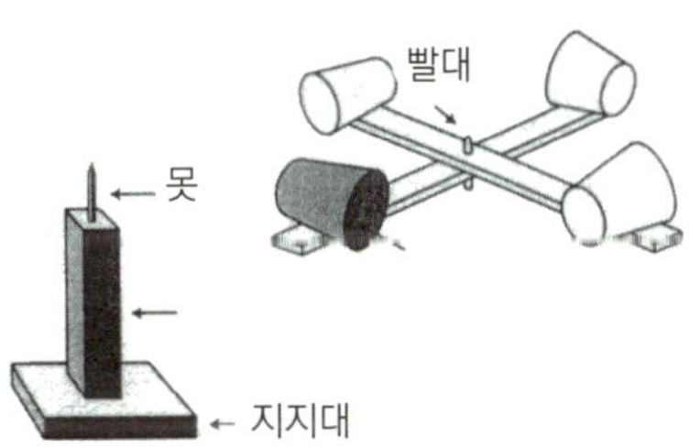

① 우드락으로 40cm 막대 2개를 만들어 중앙에서 교차시켜 붙인다.

② 막대의 교차점에 구멍을 뚫고 빨대를 끼운다.

③ 막대의 끝에 종이컵을 같은 방향을 향하도록 붙인다.

④ 간이 풍향계에서 만든 것과 같이 지지대를 만든다.

⑤ 지지대의 못에 빨대를 끼운 후 풍속계가 잘 돌아가는지 확인한다.

⑥ 바람이 부는 곳에 가서 풍속을 측정한다.

과정2. 실생활과 연관짓기

① 실제 풍속은 어떻게 측정하는지 알아보자.

② 실제 풍속계와 간이 풍속계의 공통점과 차이점을 알아보자.

실험 결과

① 풍속계가 몇 바퀴나 돌아가는가?

② 실생활에서 풍속계를 사용하지 않고 풍속을 예측할 수 있는 방법은 어떤 것들이 있을까?

③ 우리가 측정한 풍속은 실제 어느 정도 일까? 보퍼트 풍력 등급표를 참고하여 추측해 보자.

재미있는 탐구활동(사이펀)

실험 목적

• 압력의 차이에 따라 물체의 움직임이 달라진다는 사실을 알 수 있다.

실험 준비물

• 물, 수조 2개, 책상, 사이펀

실험 과정

① 2개의 수조 중 한 개에 물을 담아 책상 위에 올려 놓는다.

② 물이 담긴 높은 수조에 사이펀을 넣고 다른 한 쪽 수조에 배출관을 놓고 펌프작용을 한다. 그런 후 펌프 작용을 멈춘다.

③ 사이펀의 캡을 열고 펌프작용을 한다.

실험 결과

① 어떤 현상이 나타나는가?

② 왜 이런 현상이 나타나는가?

재미있는 탐구활동(계란껍질 벗기기)

실험 목적

- 공기는 압력이 높은 곳에서 낮은 곳으로 이동한다는 사실을 이해할 수 있다.

실험 준비물

- 냄비, 계란, 버너, 찬물

실험 과정

① 달걀을 냄비에 넣고 삶는다.

② 삶은 달걀을 몇 개는 뜨거운 물 속에서 서서히 식히고 몇 개는 건져내어 바로 찬물에 담근다.

③ 적당히 식으면 껍질을 벗겨본다.

실험 결과

① 어떠한 현상이 일어나는가?

② 왜 이런 현상이 일어나는지 적어보자.

재미있는 탐구활동(감당하지 못한 병마개)

실험 목적

• 힘은 압력이 높은 곳에서 낮은 곳으로 작용한다는 사실을 알 수 있다.

• 병의 안과 밖의 기압차에 따른 현상을 이해할 수 있다.

실험 준비물

• 병, 병 입구보다 약간 작은 코르크 마개.

실험 과정

① 병을 수평으로 들고, 마개를 병 입구에 살짝 끼운다.

② 병 입구에서 약간 강하게 숨을 불어넣는다.

③ 병 입구에서 공기를 빨아낸다.

④ 각각의 경우에서 마개가 어떻게 되는지 관찰해 보자.

실험 결과

① 어떠한 현상이 일어나는가?

② 왜 이런 현상이 일어나는지 적어보자.

재미있는 탐구활동(플라스크 분수)

실험 목적

• 기압차의 원리를 이해할 수 있다.

실험 준비물

• 플라스크, 고무관, 핀치 꼭지, 고무마개, 물, 알코올램프, 시험관집게, 삼발이, 석면쇠그물, 식용색소

실험 과정

① 플라스크에 물을 넣고 고무마개에 고무관을 끼워 플라스크를 막는다.

② 플라스크를 가열하여 수증기가 나오면 핀치 꼭지로 고무관을 막는다.

③ 플라스크를 뒤집어 스탠드에 설치하고 식용색소를 푼 찬물이 든 비커를 아래에 설치한다.

④ 고무관을 물 속에 담근다.

④ 물 속에서 핀치 꼭지를 떼어내고, 1분 정도 시간을 두고 관찰한다.

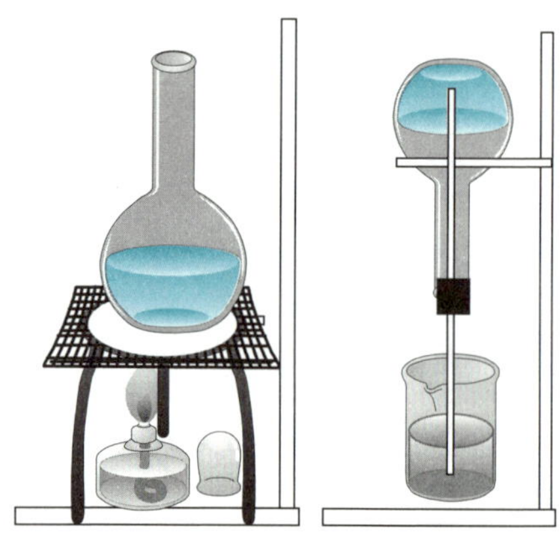

실험 결과

① 어떠한 현상이 일어나는가?

② 왜 이런 현상이 일어나는지 적어보자.

재미있는 탐구활동(컵 들어 올리기)

실험 목적

• 기압에 대해 알 수 있다.

실험 준비물

• 유리컵 2개, 케이크용 초, 흰종이

실험 과정

① 컵 밑바닥에 케이크용 초를 잘 세워놓은 후 초에 불을 붙인다.

② 흰 종이를 물에 살짝 적신 후 컵 위에 덮고 바로 다른 컵으로 주둥이를 꼭 맞추어 뚜껑처럼 덮는다.

③ 위에 있는 컵을 들어 올려 본다.

실험 결과

① 어떠한 현상이 일어나는가?

② 왜 이런 현상이 일어나는지 적어보자.

재미있는 탐구활동(물 속의 동전 꺼내기)

실험 목적

• 내부와 외부의 기압차에 의한 물질의 이동을 이해할 수 있다.

실험 준비물

• 유리컵, 고무찰흙, 성냥, 물감, 샬레, 동전

실험 과정

① 샬레에 동전을 넣는다.

② 샬레에 적당한 양의 물을 붓고, 여기에 물감을 탄다.

③ 유리컵 바닥에 고무 찰흙을 붙이고 성냥개비를 꽂는다.

④ 성냥개비에 불을 붙인 후 유리컵을 재빨리 뒤집어서 물이 담긴 그릇 위에 엎는다.

⑤ 유리컵 속의 변화를 관찰한다.

실험 결과

① 어떠한 현상이 일어나는가?

② 왜 이런 현상이 일어나는지 적어보자.

재미있는 탐구활동(먹을 수 없는 주스병)

실험 목적

• 기압차에 의한 물질의 이동을 이해할 수 있다.

실험 준비물

• 주스, 주스병, 고무찰흙, 빨대

실험 과정

① 주스병에 주스를 넣는다.

② 빨대를 주스병에 넣고 빨대 주위를 고무찰흙으로 빈틈없이 막는다.

③ 빨대에 입을 대고 빨아본다.

실험 결과

① 어떠한 현상이 일어나는가?

② 왜 이런 현상이 일어나는지 적어보자.

재미있는 탐구활동(콜라병 속의 풍선 불기)

실험 목적

• 공기의 압력을 이해할 수 있다.

실험 준비물

• 콜라병(입구가 작은 것), 풍선(병의 입구에 걸릴 수 있을 만한 크기)

실험 과정

① 풍선 입구를 손으로 잡고 병 안쪽에 풍선을 밀어 넣는다.

② 풍선의 입구를 당겨서 병의 입구에 걸치게 한다.

③ 풍선을 입으로 불어 부풀려 본다.

실험 결과

① 어떠한 현상이 일어나는가?

② 왜 이런 현상이 일어나는지 적어보자.

재미있는 탐구활동(유리병 속 풍선 불기)

실험 목적

• 기압차에 의한 공기의 이동을 이해할 수 있다.

실험 준비물

• 유리병(고무로 된 마개에 두 개의 구멍이 뚫린 것), 빨대 2개, 풍선, 노란 고무줄

실험 과정

① 병마개에 빨대를 끼우고 한쪽 빨대에는 풍선을 끼워 유리병 속에 집어 넣는다.

② 병마개를 닫고 다른 쪽 빨대를 구부려 노란 고무줄을 끼운다.

③ 노란 고무줄을 입에 대고 숨을 들이마시고 풍선을 관찰한다.

④ 노란 고무줄을 입에 대고 훅 불고 풍선을 관찰한다.

실험 결과

① 어떠한 현상이 일어나는가?

② 왜 이런 현상이 일어나는지 적어보자.

재미있는 탐구활동(튀는 코르크 마개)

실험 목적

- 기압차를 이해할 수 있다.

실험 준비물

- 콜라병, 젤리, 건조된 이스트(효모) $\frac{1}{2}$봉지, 설탕 1티스푼, 병에 꼭 맞는 코르크 마개

실험 과정

① 콜라병에 이스트(효모) 반 봉지를 붓는다.

② 병의 반을 따뜻한 물로 채운다.

③ 설탕 1티스푼을 넣는다.

④ 엄지손가락으로 병 입구를 막고 세게 흔들어 내용물을 섞는다.

⑤ 코르크의 측면을 젤리로 바른다.

⑥ 코르크로 병을 헐겁게 막는다.

⑦ 병을 땅에 내려놓는다.

⑧ 코르크 마개가 튀어나오는지 관찰한다.

실험 결과

① 어떠한 현상이 일어나는가?

② 왜 이런 현상이 일어나는지 적어보자.

재미있는 탐구활동(달걀 대포)

실험 목적

- 우유병 안과 밖의 기압차에 따른 물체의 이동을 이해할 수 있다.
- 온도에 따른 공기의 팽창을 이해할 수 있다.

실험 준비물

- 우유병, 껍질을 벗긴 삶은 달걀, 얇은 비닐, 가스버너, 그릇

실험 과정

① 우유병 속에 휴지나 신문지를 태운다.

② 껍질을 깐 삶은 달걀을 우유병 속에 얇은 비닐을 씌우고 올려놓는다.

③ 무슨 현상이 일어나는지 관찰한다.

④ 우유병을 중탕한다.

⑤ 달걀이 어떻게 되는지 관찰한다.

실험 결과

① 어떠한 현상이 일어나는가?

② 왜 이런 현상이 일어나는지 적어보자.

재미있는 탐구활동(고무풍선과 입맞춘 컵)

실험 목적

- 풍선 안과 밖의 기압차에 의한 현상을 이해할 수 있다.
- 온도에 따른 공기의 부피변화를 이해할 수 있다.

실험 준비물

- 컵 2개, 고무풍선, 주전자, 가스버너

실험 과정

① 주전자에 물을 넣고 끓인다.

② 김이 나오면 주전자 주둥이에 컵을 댄다.

③ 몇 분 후 컵을 즉시 바람이 든 고무풍선 입구에 갖다 댄다.

④ 나머지 컵 하나도 앞에서처럼 한다.

실험 결과

① 컵을 고무풍선에 대었을 때 어떻게 되는가?

② 왜 이러한 현상이 나타나게 되었는가?

재미있는 탐구활동(쭈글탱이 양철통)

실험 목적

- 양철통 안과 밖의 기압차에 의한 현상을 이해할 수 있다.
- 온도에 따른 공기의 부피변화를 이해할 수 있다.

실험 준비물

- 양철통, 가스버너, 물

실험 과정

① 양철통에 약간의 물을 넣고 뚜껑을 열어 놓는다.

② 양철통에 수증기가 3분 정도 날 때까지 가열한다.

③ 버너의 불을 끄고 즉시 양철통의 뚜껑을 닫는다.

④ 양철통을 관찰한다.

실험 결과

① 양철통은 어떻게 되는가?

② 양철통이 더 빨리 찌그러지게 하려면 어떻게 해야 하는가?

③ 왜 이러한 현상이 나타나게 되었는가?

재미있는 탐구활동(스스로 만드는 감자 국수)

실험 목적

• 기압차를 이해할 수 있다.

실험 준비물

• 삶은 감자, 유리병, 구멍 뚫린 병마개, 주전자, 버너

실험 과정

① 주전자에 물을 넣고 끓인다.

② 물이 끓으면 유리병에 주전자에서 나오는 김을 받는다.

③ 김이 충분히 받아졌으면 구멍 뚫린 마개를 씌운다.

④ 삶은 감자를 마개에 댄다.

실험 결과

① 삶은 감자가 어떻게 되는가?

② 왜 이러한 현상이 나타나게 되었는가?

재미있는 탐구활동(병을 좋아하는 종이)

실험 목적

• 공기 팽창에 따른 기압의 차이를 이해할 수 있다.

실험 준비물

• 유리병, 화장지, 성냥, 물에 적신 종이

실험 과정

① 화장지에 불을 붙인 후 유리병에 넣는다.

② 바로 유리병 입구에 적신 종이를 댄다.

실험 결과

① 유리병을 거꾸로 들었을 때 종이는 떨어지는가?

② 왜 이러한 현상이 나타나게 되었는가?

재미있는 탐구활동(우린 떨어지기 힘든 사이)

실험 목직

- 기압차를 이해할 수 있다.

실험 준비물

- 고무빨판 2개, 물

실험 과정

① 고무빨판 2개에 약간의 물을 적신다.

② 고무빨판을 서로 마주 붙인다.

실험 결과

① 고무빨판은 잘 떨어지는가?

② 고무빨판을 떨어지게 하려면 어떻게 해야 하는가?

③ 왜 이러한 현상이 나타나게 되었는가?

재미있는 탐구활동(혓바닥에 달라붙는 병)

실험 목적

• 기압차를 이해할 수 있다.

실험 준비물

• 유리병(입구가 작은 것)

실험 과정

① 유리병 입구를 입에 대고 유리병 안의 공기를 빨아낸다.

② 공기를 더 이상 빼낼 수 없을 때 병 입구를 혀로 막는다.

③ 병을 떼어 본다.

실험 결과

① 유리병이 잘 떨어지는가?

② 왜 이러한 현상이 나타나게 되었는가?

재미있는 탐구활동(병 물총)

실험 목적

• 기압의 힘을 이해할 수 있다.

실험 준비물

• 유리병, 유리병 마개(구멍이 2개 뚫린), 주름진 빨대 2개, 칼, 물

실험 과정

① 빨대 하나를 다른 것보다 짧게 자른다.

② 유리병에 물을 긴 빨대보다는 많이, 짧은 빨대보다는 적게 넣는다.

③ 유리병 마개에 빨대를 꽂은 후 유리병을 닫는다.

④ 짧은 빨대와 긴 빨대를 각각 불어 본다.

실험 결과

① 짧은 빨대를 불었을 때 잘 불어지는가?
이때, 다른 빨대에서는 무엇이 나오는가?

② 긴 빨대를 불었을 때 잘 불어지는가?
이때, 다른 빨대에서는 무엇이 나오는가?

③ 왜 이러한 현상이 나타나게 되었는가?

재미있는 탐구활동(공 움직이기)

실험 목적

- 공기의 흐름이 빨라지면 그 부분의 기압이 낮아진다(베르누이의 원리)는 사실을 알 수 있다.

실험 준비물

- 가벼운 공 2개, 끈, 막대

실험 과정

① 두 개의 공에 같은 길이의 끈의 묶는다.

② 두 공 사이가 약 5cm 정도 떨어지게 끈을 막대기에 묶는다.

③ 두 공 사이에다 입김을 불어 넣는다.

실험 결과

① 두 공 사이에 입김을 불어넣으면 두 공은 서로 어떻게 움직이는가?

② 왜 이러한 현상이 나타나게 되었는가?

재미있는 탐구활동(물을 끌어 올리는 공기)

실험 목적

- 공기의 흐름이 빨라지면 그 부분의 기압이 낮아진다(베르누이의 원리)는 사실을 이해할 수 있다.

실험 준비물

- 병, 물, 빨대, 칼

실험 과정

① 병에 물을 ⅔정도 담는다.

② 빨대의 ⅓부분을 반쯤 잘라 90°가 되도록 구부린다.

③ 빨대 한쪽(긴 부분)을 병에 담그고 반대쪽(짧은 부분)을 입에 대고 분다.

실험 결과

① 어떠한 현상이 일어나는가?

② 왜 이런 현상이 일어나는지 적어보자.

재미있는 탐구활동(탁구공아 움직여라)

실험 목적

- 공기의 흐름이 빨라지면 그 부분의 기압이 낮아진다(베르누이의 원리)는 사실을 실험을 통해 이해할 수 있다.

실험 준비물

- 컵 2개, 탁구공

실험 과정

① 컵 두 개를 서로 마주 보게 한 다음 한쪽 컵 속에 탁구공을 넣는다.

② 두 컵 사이로 입김을 힘껏 불어 본다.

실험 결과

① 어떠한 현상이 일어나는가?

② 왜 이런 현상이 일어나는지 적어보자.

재미있는 탐구활동(깔때기 속의 탁구공 불기)

실험 목적

- 공기의 속력이 증가하면 기압은 줄어든다(베르누이의 원리)는 사실을 이해할 수 있다.

실험 준비물

- 깔때기, 탁구공

실험 과정

① 깔때기와 탁구공을 준비한다.

② 깔때기에 탁구공을 놓는다.

③ 깔때기의 끝에 입을 대고 공기를 불어 넣는다.

④ 탁구공이 어떻게 되는지 관찰한다.

실험 결과

① 어떠한 현상이 일어나는가?

② 왜 이런 현상이 일어나는지 적어보자.

재미있는 탐구활동(파리약 뿜이)

실험 목적

• 빨리 흐르는 유체 부근은 기압이 낮아진다(베르누이의 원리)는 사실을 이해할 수 있다.

실험 준비물

•주름진 빨대, 알코올램프, 가는 송곳, 유리병, 물

실험 과정

① 빨대의 주름진 곳에 알코올램프로 가열한 송곳을 이용해 작은 구멍을 뚫는다.

② 유리병에 빨대의 긴 부분이 잠길 정도로 물을 채운 후 빨대를 꽂는다.

③ 빨대의 짧은 부분에 입을 대고 힘껏 분다.

실험 결과

① 빨대의 구멍에서 무엇이 나오는가?

② 왜 이러한 현상이 나타나게 되었는가?

재미있는 탐구활동(부메랑이 뜨는 이유)

실험 목직

- 공기의 흐름이 빨라지면 그 곳의 기압은 낮아진다(베르누이의 원리)는 사실을 이해할 수 있다.

실험 준비물

- 두꺼운 도화지, 가위나 칼, 볼펜, 자, 스테이플러

실험 과정

① 두꺼운 종이를 3×12cm의 크기로 잘라 3개의 날개를 만든다.

② 날개 끝 중앙에 1cm 정도의 칼집을 낸다.

③ 칼집을 낸 3장의 날개를 각 120°가 유지되게 엇갈려 끼운다.

④ 끼운 다음 스테이플러로 고정시키고 날개 중앙을 약간 구부린다.

⑤ 부메랑의 가운데를 누르고 날개 끝을 위로 젖힌다.

⑥ 날려본다.

실험 결과

① 어떠한 현상이 일어나는가?

② 왜 이런 현상이 일어나는지 적어보자.

재미있는 탐구활동(떠 있는 풍선)

실험 목적

• 공기의 속력이 증가할 때 압력은 줄어든다(베르누이의 원리)는 사실을 이해할 수 있다.

실험 준비물

•풍선, 헤어드라이어

실험 과정

① 풍선을 동그랗게 분다.

② 헤어드라이어를 켜고, 바람이 나오는 곳에 풍선을 갖다 댄다.

③ 풍선에서 손을 떼고, 풍선의 움직임을 관찰한다.

실험 결과

① 어떠한 현상이 일어나는가?

② 왜 이런 현상이 일어나는지 적어보자.

재미있는 탐구활동(요구르트 분무기)

실험 목직

• 공기의 흐름이 빨라지면 기압이 낮아진다(베르누이의 원리)는 사실을 실험을 통해 알 수 있다.

실험 준비물

• 요구르트병 2개, 유리병 1개, 빨대, 칼, 테이프, 송곳, 물, 플라스틱 사각판

실험 과정

① 요구르트병 2개의 밑부분을 잘라낸다.

② 잘라낸 요구르트병을 입구가 서로 맞게 스카치테이프로 잘 연결한다.

③ 연결된 부위에서 약간 왼쪽으로 치우친 곳에 칼집을 내고 사각판을 끼운다.

④ 연결된 부위에서 약간 오른쪽으로 치우친 곳에 송곳으로 구멍을 낸 후 빨대를 넣어 고정시킨다.

⑤ 유리병에 물을 담고 빨대를 삽입한 후 바람을 불어넣고 관찰한다.

실험 결과

① 어떠한 현상이 일어나는가?

② 왜 이런 현상이 일어나는지 적어보자.

재미있는 탐구활동(흐르는 수돗물에서의 탁구공)

실험 목적

• 유체의 속력이 증가하면 압력이 감소한다(베르누이의 원리)는 원리를 이해할 수 있다.

실험 준비물

• 수도꼭지, 탁구공, 실

실험 과정

① 탁구공을 긴 실에 매단다.

② 실 끝을 손으로 잡는다.

③ 수도꼭지를 틀어 물이 세게 나오게 한다.

④ 실 끝을 잡은 손을 수도꼭지에 가까이 댄다.

⑤ 탁구공의 움직임을 관찰한다

실험 결과

① 어떠한 현상이 일어나는가?

② 왜 이런 현상이 일어나는지 적어보자.

재미있는 탐구활동(바람 이름 짓기)

실험 목적

• 바람이 불 때 주위에 있는 물체의 움직임을 관찰하고, 바람 이름을 지어보는 활동을 통하여 기상 현상에 대한 관심과 자세히 관찰하는 습관을 가질 수 있다.

실험 준비물

• 보퍼트 풍력 계급표

실험 과정

① 바람에 의해 물체가 움직이는 것을 관찰할 수 있는 곳으로 나간다.

② 바람이 부는 정도가 어떠한지 관찰하고, 그 모습을 연상하여 바람 이름을 자유롭게 지어본다. 이때, 보퍼트의 풍력 계급표에 나오는 바람 이름을 보지 않고, 내가 상상하여 지어본다.

관찰 결과	바람 이름(예)
* 나뭇잎과 가는 가지가 쉴 새 없이 흔들린다. * 국기 게양대의 태극기가 가볍게 나부낀다.	산들바람

③ 내가 지은 바람 이름에 대하여 서로 이야기한다.

④ 부록에 수록된 보퍼트 풍력 계급표를 보고 현재 상태의 바람 이름을 확인한다.

실험 결과

① 오늘 부는 바람은 어떤 특징이 있는가?

② 누가 바람 이름을 가장 재미있게 지었나?

③ 이름을 그렇게 지은 이유는 무엇인가?

재미있는 탐구활동(전향력 1)

실험 준비물

- 드라이아이스, 물, 뚜껑이 있는 아이스크림 통, 전향력 실험 장치, 선명한 색의 스티로폼 판, 장갑, 송곳, 테이프

실험 과정

① 전향력 실험 장치에 진한 색의 가로 90cm의 정사각, 또는 원 모양의 스티로폼 판을 테이프로 붙인다.

② 큰 아이스크림 통의 아랫부분에 지름 2cm 정도의 구멍을 여러 군데 뚫어 준다.

③ 구멍이 뚫린 통에 드라이아이스를 넣고 물을 부어주고 뚜껑을 재빨리 닫는다.

④ 아이스크림 통을 전향력 실험 장치 가운데 올려놓고 장치를 정방향으로 작동시킨다.

⑤ 장치를 역방향으로 작동시킨다.

⑥ 결과는 어떻게 나오는가?

- 회전하지 않을 때의 드라이아이스의 움직임은 어떠한가?

- 정방향일 때의 전향력 실험 장치는 북반구와 남반구 중 어디를 나타내는가? 그리고 그때의 드라이아이스의 움직임을 그려 보아라.

③ 역방향일 때의 전향력 실험 장치는 북반구와 남반구중 어디를 나타내는가? 그리고 그 때의 드라이아이스의 움직임을 그려 보아라.

④ 이 실험을 통해 북반구와 남반구에서 고기압에서 각각 바람이 어떻게 불어 나갈지 설명해 보아라.

⑤ 전향력 실험 장치의 회전은 무엇을 의미하는가?

⑥ 전향력으로 설명될 수 있는 대기 현상은 무엇이 있을까?

⑦ 지구가 자전을 하지 않는다면 어떤 상황이 벌어질까?

⑧ 저기압에서 바람이 불어 들어가는 실험은 어떻게 할 수 있을지 고안해 보아라.

재미있는 탐구활동(전향력 2)

실험 준비물

- 스티로폼 판, 두꺼운 색지 2장, 펜, 가위, 칼, 압정 2개, 실, 자

실험 과정

① 스티로폼 판을 가로 30cm, 세로 3cm로 자른다.

② 실과 핀을 이용하여 가능한 큰 원을 색지 위에 그려 가위로 자른다. 원을 2개 만든다.

③ 스티로폼 판 중심에 원을 놓고 길게 자른 판의 한쪽 끝은 원 중심에, 다른 한 쪽은 원 바깥쪽에 핀으로 꽂는다.

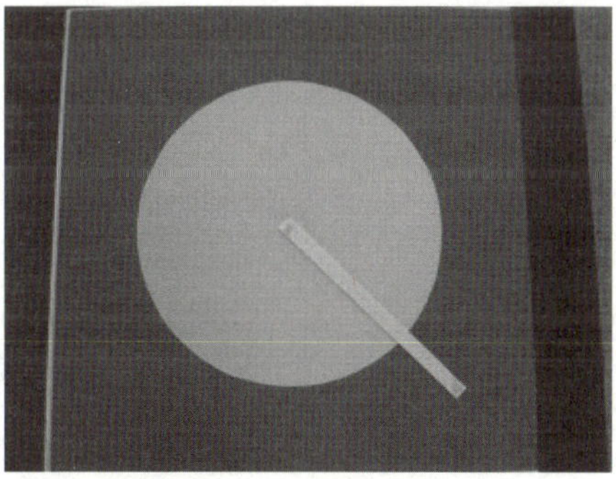

④ 길쭉한 판의 바깥쪽부터 안쪽까지 선을 그려본다.

⑤ 원을 회전시킴과 동시에 선을 그어본다.

⑥ 원을 반대 방향으로 돌려가며 선을 그어본다.

⑦ 선을 안쪽에서 바깥쪽으로 그어보며 같은 실험을 해 보아라.

⑧ 결과는 어떻게 나오는가?

- 원을 회전시키지 않았을 때의 선의 모양은 어떠한가?

- 원을 회전시켰을 때의 선의 모양은 어떠한가?

- 원의 회전은 지구의 어떤 현상과 연관 지을 수 있나?

- 이 실험을 통해 북반구와 남반구에서의 저기압의 움직임을 각각 설명하라.

- 선을 안쪽에서 바깥쪽으로 긋는 것은 어떤 대기현상과 관련 있는가?

- 지구가 자전하지 않는다면 어떤 상황이 벌어질지 예상해 보아라.

재미있는 탐구활동(토네이도 만들기)

실험 목적

- 우연히 만나는 토네이도를 주변 사물을 통해 만들어 볼 수 있다.

실험 준비물

- 나무조각(25×30cm^2), OHP 필름(22.5×25cm^2) 2장(색깔이 다르면 좋음), 미니 선풍기, 작은 라면 용기, 투명한 플라스틱 용기(지름 18cm), 물 1/2컵, 드라이아이스, 글루건

실험 과정

① 투명한 플라스틱 용기는 가운데에 지름 5cm의 구멍을 뚫는다.

② 나무 조각의 중앙에 라면 용기를 글루건으로 붙인다.

③ 1장의 OHP 필름을 라면 용기의 한쪽 면에 붙이고, 반원을 만들어 컵 주위에 붙인다.

④ 컵의 반대쪽에 두 번째 OHP 필름을 붙이고, 마찬가지로 반원을 만든다. OHP 필름 2장은 서로 닿지 않게 겹쳐져야 한다.

⑤ 라면용기에 물 1/2컵을 따르고, 장갑을 사용하여 드라이아이스 작은 조각 몇 개를 넣는다.

⑥ 재빨리 투명한 플라스틱 용기를 OHP 필름 위에 거꾸로 덮는다.

⑦ 선풍기를 켜서 플라스틱 용기의 구멍 위에 둔다.

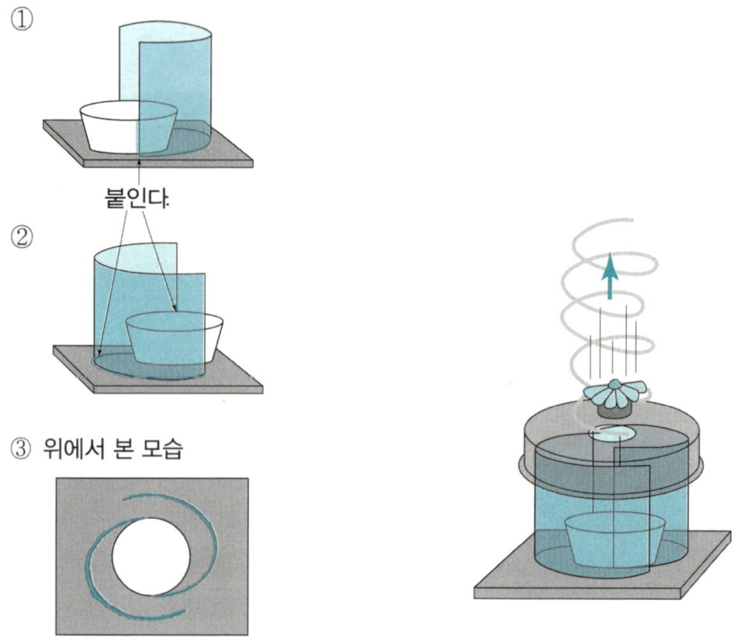

실험 결과

① 어떤 현상이 관찰되고 그 이유는 무엇인지 생각해 보자.

② 선풍기와 드라이아이스의 역할은 무엇인가?

③ 실험 시 유의사항은 무엇인가?

④ 위 실험을 통해 상승기류와 토네이도와의 관계를 설명할 수 있겠는가?

재미있는 탐구활동(태풍이름 짓기)

실험 목적

1. 태풍의 이름을 지을 수 있다.
2. 태풍의 이름을 찾아 다음의 태풍의 이름을 미리 알아볼 수 있다.
3. 태풍이름 열람표를 보고 태풍의 이름을 짓는 방법을 설명할 수 있다.

실험 준비물

- 태풍이름 열람표

실험 과정

※ 다음은 태풍이름 열람표이다. 다음의 표를 살펴보고 물음에 답하여 보자.

국가명	1조		2조		3조		4조		5조	
캄보디아	돔레이	Damrey	콩레이	Kong-rey	나크리	Nakri	크로반	Krovanh	사리카	Sarika
중국	룽방	Longwang	위투	Yutu	펑셴	Fengshen	두지앤	Dujuan	하이마	Haima
북한	기러기	Kirogi	도라지	Toraji	갈매기	Kalmaegi	매미	Maemi	메아리	Meari
홍콩	카이탁	Kai-tak	마니	Man-yi	퐁웡	Fung-wong	초이완	Choi-wan	망온	Ma-on
일본	덴빈	Tembin	우사기	Usagi	간무리	Kammuri	곳푸	Koppu	도토게	Tokage
라오스	볼라벤	Bolaven	파북	Pabuk	판폰	Phanfone	켓사나	Ketsana	녹텐	Nock-ten
마카오	잔쯔	Chanchu	우딥	Wutip	봉퐁	Vongfong	파마	Parma	무이파	Muifa
말레이시아	절라왓	Jelawat	서팟	Sepat	루사	Rusa	멜로	Melor	머르복	Merbok
미크로네시아	에이위냐	Ewiniar	피토	Fitow	신라쿠	Sinlaku	니파탁	Nepartak	난마돌	Nanmadol
필리핀	빌리스	Bilis	다나스	Danas	하구핏	Hagupit	루핏	Lupit	탈라스	Talas
한국	개미	Kaemi	나리	Nari	장미	Changmi	수달	Sudal	노루	Noru
태국	프라피룬	Prapiroon	비파	Vipa	멕클라	Megkhla	니다	Nida	쿨라브	Kularb
미국	마리아	Maria	프란시스코	Francisco	히고스	Higos	오마이스	Omais	로키	Roke
베트남	사오마이	Saomai	레기마	Lekima	바비	Bavi	콘손	Conson	손카	Sonca
캄보디아	보파	Bopha	크로사	Krosa	마이삭	Maysak	찬투	Chanthu	네삿	Nesat
중국	우쿵	Wukong	하이옌	Haiyan	하이셴	Haishen	디앤무	Dianmu	하이탕	Haitang
북한	소나무	Sonamu	버들	Podul	봉선화	Pongsona	민들레	Mindulle	날개	Nalgae
홍콩	산산	Shanshan	링링	Lingling	야냔	Yanyan	팅팅	Tingting	바냔	Banyan
일본	야기	Yagi	가지키	Kajiki	구지라	Kujira	곤파스	Kompasu	와시	Washi
라오스	샹산	Xangsane	파사이	Faxai	찬홈	Chan-hom	남테우른	Namtheun	맛사	Matsa
마카오	버빈카	Bebinca	와메이	Vamei	린파	Linfa	말로우	Malou	산우	Sanvu
말레이시아	룸비아	Rumbia	타파	Tapah	낭카	Nangka	머란티	Meranti	마와	Mawar
미크로네시아	솔릭	Soulik	미톡	Mitag	소델로	Soudelor	라나님	Rananim	구촐	Guchol
필리핀	시마론	Cimaron	하기비스	Hagibis	임부도	Imbudo	말라카스	Malakas	탈림	Talim
한국	제비	Chebi	너구리	Noguri	고니	Koni	메기	Megi	나비	Nabi
태국	두리안	Durian	라마순	Ramasoon	하누만	Hanuman	차바	Chaba	카눈	Khanun
미국	우토	Utor	차타안	Chataan	아타우	Etau	쿠도	Kodo	비센티	Vicente
베트남	차미	Trami	할롱	Halong	밤코	Vamco	송다	Songda	사올라	Saola

① 현재 제12호 태풍의 이름은 '밤코'이다. 13호 태풍의 이름은 무엇이겠는가?

② 태풍의 이름짓는 순서는 어떻게 된다고 생각되는가?

③ 우리나라에서 제출한 태풍이름 외에 나만의 태풍이름을 만들어 보자.

재미있는 탐구활동(등압선 그리기)

실험 목적

1. 등압선을 그릴 수 있다.
2. 고기압과 저기압을 찾아 그 중심을 표시할 수 있다.
3. 완성된 등압선도를 보고 각 지점의 풍향, 풍속을 비교 설명할 수 있다.

실험 준비물

• 등압선도

실험 과정

① 그림은 어느 날 우리나라 부근의 기압 분포를 나타낸 것이다. 왼쪽아래 부분에 그려진 등압선을 연장하여 등압선도를 완성시켜 보자.

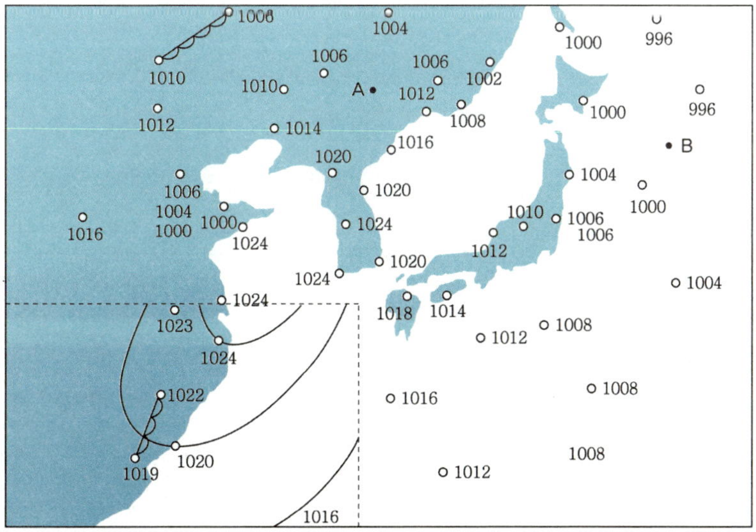

실험 결과

① 고기압과 저기압의 중심은 각각 어디인가? 기호로 표시해보자.

② A , B 중 어느 곳의 풍속이 클 것으로 생각되는가? 또 그 이유는?

③ 서울 부근에서 풍향은 어떠할 것으로 생각되는가?

재미있는 탐구활동(해륙풍)

실험 목적

1. 해륙풍의 원리를 설명할 수 있다.

실험 준비물

• 사각 접시 두 개, 모래, 물, 전기스탠드, 열 전구, 투명 상자, 향, 점화기, 면장갑

실험 과정1

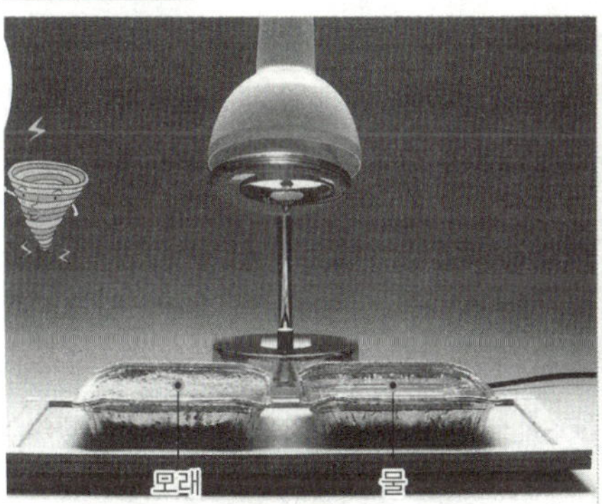

① 사각 접시 두 개에 모래와 물을 각각 담은 다음에 열 전구를 사용하여 10분 동안 가열한다

② 가열한 모래와 물이 담긴 접시를 투명 상자로 덮는다.

③ 향에 불을 붙이고 투명 상자를 들어서 사각 접시 두 개의 중간 위치 바닥에 향 연기를 10초 동안 넣는다.

④ 향불을 꺼낸 다음에 투명 상자 안에서 나타나는 향 연기의 움직임을 관찰한다.

실험 과정2

① 사각 접시 두 개에 차가운 모래와 따뜻한 물을 담은 다음에 투명 상자로 덮는다.

② 향에 불을 붙이고 투명 상자를 들어서 사각 접시 두 개의 중간 위치 바닥에 향 연기를 10초 동안 넣는다.

③ 향불을 꺼낸 다음에 투명 상자 안에서 나타나는 향 연기의 움직임을 관찰한다.

실험 결과

① 첫 번째 실험에서 물과 모래 위의 공기는 어떻게 이동하는가? 향 연기가 움직이는 방향을 살펴보고 적어보자.

② 두 번째 실험에서 물과 모래 위의 공기는 어떻게 이동하는가? 향 연기가 움직이는 방향을 살펴보고 적어보자.

④ 해안지역에서 낮과 밤에 따라 풍향이 바뀌는 까닭을 토의해보고, 일상생활에서 이러한 실험 내용이 적용되는 예를 찾아보자.

⑤ 우리 생활과의 관련성을 생각해 보자.

제 5 장 구름과 강수현상

"토끼구름, 나비구름 짝을 지어서……" 어렸을 때부터 불렀던 노래 가사 중의 일부이다. 고개를 들어 하늘을 보면 우리는 언제든 하얀 구름이 두둥실 떠 있는 것을 보게 된다. 때로는 무섭고 시커먼 색깔로, 때로는 가느다란 털실처럼, 또 새털이나 솜사탕처럼… 구름은 가지각색의 얼굴을 가지고 있다. 하지만 이 구름은 과연 어떻게 생겨났으며, 어디에 숨어 있다가 갑자기 몰려와 시커멓게 하늘을 뒤덮으며 장대 같은 소나기를 퍼붓는 것일까?

또한 만화에서 손오공이 구름을 타고 다니는 것을 본 적이 있을 것이다. 손오공이 어디에서든 "근두운!"하고 외치면 쏜살같이 달려오는 그 구름은 실제로는 우리가 타고 다닐 수 없다. 그러면 실제로 지구 대기에는 어떠한 구름들이 있을까?

이 장에서는 과연 구름이 어떻게 생겨나는지, 그리고 그 종류에는 어떠한 것들이 있는지에 대해 알아보고자 한다. 또한, 비가 내리는 원인과 그 과정에 대해서도 함께 알아볼 것이다.

■ 구름이란 무엇인가?

지표면 가까이에서는 공기의 온도가 높아서 분자의 속도가 빠르기 때문에 서로간의 인력이 작용해도 공기 입자들은 충돌하여 튕기게 된다. 그래서 공기 중에 있는 물 분자들도 뭉치지 못해 보이지 않는 수증기로 존재한다. 지표면 가까이에 있던 공기가 상층으로 올라가면 기압이 낮아져 부피가 팽창하게 된다. 공기는 팽창할 때 주변공기를 밖으로 밀어내기 위해 일을 하여 에너지를 소모하므로 공기 내 분자는 에너지를 잃고 속도가 느려진다. 온도는 분자운동에너지를 측정하는 방법이므로 분자의 속도가 느려지면 온도도 낮아지게 된다. 기온이 낮아져 이슬점 아래로 떨어지면 공기 중의 수증기는 속도가 느려져서 분자간의 인력이 작용하여 한데 엉기어 물방울이 된다. 이런 작은 물방울이 모인 것이 구름이다.

수증기가 응결할 때 입자들이 서로 가까워지면서 일종의 위치에너지가 감소하게 되고, 에너지가 전환되어 액화열이 발생한다. 이때 방출된 열은 부피가 팽창하면서 공기가 냉각되는 속도를 부분적으로 상쇄한다. 보통의 공기는 1km당 10℃ 정도 냉각되지만 수증기의 응결에 의한 방출열로 인해 냉각율은 1km당 6℃ 정도가 된다. 이러한 방출열 때문에 공기의 냉각속도가 느려지며, 구름은 부력 때문에 더 오래, 더 크게 성장하여 큰 구름대를 형성한다.

즉 불포화 공기가 상승하면 단열 팽창에 의해 냉각되는데, 상승응결고도(공기가 상승함에 따라 기온과 이슬점이 같아져서 응결이 시작되는 높이)에 도달하면 포화되어 수증기가 응결하면서 구름이 생성되는 것이다.

▣ 구름은 어떻게 만들어질까?

수증기를 많이 포함한 공기덩이가 부등가열, 산 사면에 충돌 또는 성질이 다른 공기와 만나는 등 여러 가지 원인으로 상승하면 주변의 기압이 낮아지므로 공기덩이는 팽창하여 부피가 커진다. 공기덩이의 부피가 증가하는 과정에서 외부와 열 교환이 없었으므로 이는 단열팽창 과정이다. 이때, 불포화 공기의 온도는 건조단열감률에 따라 100m 상승할 때 마다 약 1℃씩 낮아진다. 따라서 공기덩이가 상승할수록 온도는 점점 낮아지게 되고, 결국 이슬점 온도에 도달하여 포화상태가 되고 응결이 일어나 우리가 볼 수 있는 구름을 생성하게 된다.

상승하여 팽창하는 공기덩이에서는 수증기의 밀도도 낮아지고, 절대습도와 이슬점 온도도 낮아진다. 포화수증기압 곡선(3장 참고)을 보면 수증기압이 낮아져 단위 부피당 수증기량이 적어지면 응결이 시작하는 온도(이슬점 온도) 역시 낮아진다. 따라서 불포화 공기가 상승하면서 팽창을 하게 되면 이슬점 온도는 이슬점 감률에 따라 100m 당 약 0.2℃씩 낮아지고, 포화된 공기에서 이슬점 감률은 습윤단열감률과 같다.

[그림 5-1]은 적운의 생성과정을 나타낸 것이다. 그림에서 가는 실선은 그 지역의 연직 기온 분포를 나타낸다. 지상에서의 온도는 A, 이슬점 온도는 G라고 하자. 지상의 이 공기덩이가 상승한다면, 이 공기덩이는 불포화 상태이므로 건조단열감률선(선 AB)을 따라 상승하게 된다. 이 후 높이가 H인 지점에 도달하게 되면, 이슬점감률선(점선 GB)과 만나게 되어 물방울의 응결이 일어나게 된다. H에서 포화된 이 공기덩이는 습윤단열감

률선(선 BC)을 따라 상승하게 된다. 이 때 상승하는 이 공기는 주위의 기온보다 높으므로 C지점까지는 지속적으로 상승할 수 있다. 따라서 B지점(높이 H)에서 생성된 구름은 B~C까지 발달하게 되는 것이다. 이것이 구름의 두께가 되는 것이다.

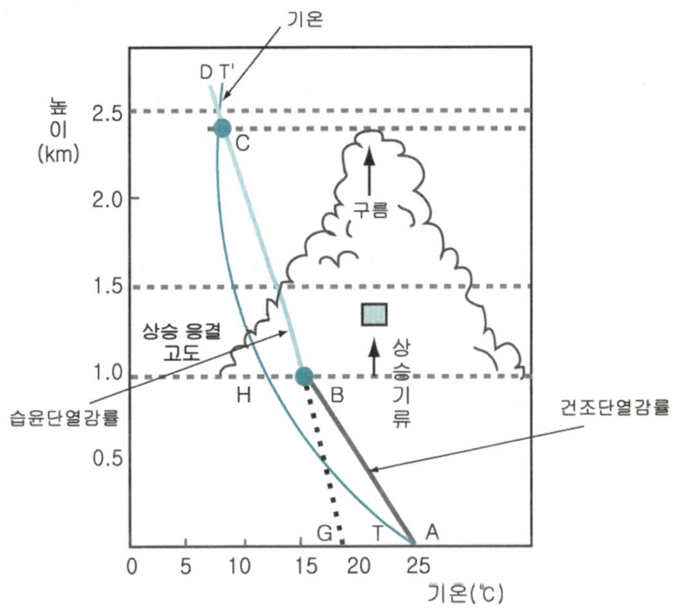

[그림 5-1] 적운의 생성

그러면 구름은 왜 C지점 이상으로는 상승하지 못하는 것일까? 이는 습윤단열감률선을 따라 상승하던 공기가 C점 이상으로 올라갔다면, 주변보다 공기의 온도가 낮아지므로 다시 하강하게 되어 스스로 상승할 수 없게 되는 것이다. 즉, 상승하거나 하강하는 공기덩이는 단열선을 따라 이동하게 되고, 상승 및 하강 여부는 주변 공기덩이와 비교하여 결정되는 것이다.

■ 어떠한 경로로 구름이 생성될까?

구름의 생성은 공기의 상승과 관련이 깊다. [그림 5-2]와 같이 공기 덩이가 상승하는 몇 가지 경우를 통해 구름이 생성되는 과정을 자세히 알아보도록 하자.

[그림 5-2] 구름 생성 경로

저기압 중심으로 공기가 모여들면서 상승할 경우

기류는 기압이 높은 곳에서 낮은 곳으로 이동한다. 습도가 높은 공기가 저기압으로 모여들면서 상승할 경우, 점점 기압이 낮아지므로 부피가 팽창하면서 온도가 하강한다. 상대습도는 점점 높아지고 온도가 이슬점 이하로 떨어지면 습기가 응결하면서 구름이 생성된다.

산을 향해 바람이 불면서 산을 따라 공기가 상승할 경우

산을 향해 바람이 불면서 산을 따라 공기가 상승하면, 점점 기압이 낮아지므로 부피가 팽창하면서 온도가 하강한다. 상대습도가 점점 높아지고 온도가 이슬점 이하로 떨어지면 습기가 응결되어 구름이 생성된다.

태양열에 의하여 데워진 지표 부근의 공기가 상승할 경우

한 여름의 뜨거운 태양열은 공기를 고온으로 만들어 상승하게 한다. 상승하는 공기가 습기를 다분히 포함한 경우, 상승에 따라 온도와 기압이 급속히 떨어지게 되면 많은 양의 습기가 응결되면서 구름이 생성된다.

찬 공기가 더운 공기 밑을 파고들면서 더운 공기를 상승시킬 경우

찬 공기가 더운 공기 아래로 파고들면 기류가 빨라지고 더운 공기는 급속히 상승한다. 상승하는 더운 공기는 점점 기압이 낮아지므로 부피가 팽창하면서 온도가 하강한다. 상대습도가 점점 높아지고 온도가 이슬점 이하로 떨어지면 응결되어 구름이 생성된다.

더운 공기가 찬 공기 쪽으로 이동하면서 찬 공기 위로 상승할 경우

더운 공기가 찬 공기 쪽으로 이동하면 더운 공기는 찬 공기 위로 상승하게 된다. 상승하는 더운 공기는 점점 기압이 낮아지므로 부피가 팽창하면서 온도가 하강한다. 상대습도가 점점 높아지고 온도가 이슬점 이하로 떨어지면 응결되어 구름이 생성된다.

▣ 구름은 어떻게 분류할 수 있을까?

구름은 생성높이와 모양 및 구름의 두께에 따라 여러 가지 운형으로 나눌 수 있다. 우선 높이에 따라, 지상 부근(0~2km)에 생기는 하층운, 2~6km부근에 생기는 중층운, 6km~대류권계면(대략 12km부근)까지 생기는 상층운으로 나눈다. 이들 각각을 모양에 따라 나누어보면, 하층운에는 층운, 층적운, 난층운이 있으며, 중층운에는 고층운과 고적운이 있고, 상층운에는 권운, 권층운, 권적운이 있다. 또한 적운과 적란운처럼 수직으로 높게 발달하는 수직운이 있다. 이 중 층운은 수평으로 퍼진 구름이며, 적운은 구름의 두께가 500m 이상인 구름이다〈화보 참고〉.

〈표 5-1〉 구름의 10종 운형

구분	운형	기호	특징
상층운 (6~15km)	권운 권적운 권층운	Ci Cc Cs	새털모양의 구름으로 흰색. 잔물결이나 연기 모양으로 흰색. 반투명한 베일, 햇무리나 달무리가 가끔 나타남.
중층운 (2~6km)	고적운 고층운	Ac As	흰색이나 암회색의 구름으로 하늘을 대부분 덮음. 회색 · 연한 흑색의 구름으로 하늘을 대부분 덮음.
하층운 (지상~2km)	층 운 층적운 난층운	St Sc Ns	회색의 구름, 균일한 구름층, 안개비 등을 동반 고적운과 비슷, 색은 고적운보다 진한 회색. 암회색의 구름으로 비나 눈이 동반됨. 하늘을 덮음.
수직운 (두께: 500m 이상)	적 운 적란운	Cu Cb	연직으로 발달, 둥근 언덕이나 탑모양, 운저는 수평. 연직 방향으로 크게 발달한 구름, 산이나 큰 탑모양.

◈ 상층운

상층운은 높이 6,000m 이상에서 만들어지는 구름으로 구름을 이루는 입자들이 주로 얼음이다. 그러므로 햇빛이 비칠 경우 투과되기 때문에 그림자가 생기지 않고 밤에도 별빛이나 달빛을 볼 수 있다. 상층운의 종류는 3가지가 있으며 각각의 특성은 다음과 같다.

- 권운(Cirrus. Ci-새털구름)

상층운 중 가장 많이 나타나며, 하얀 선이나 띠의 형태를 이루기도 하고, 서로 엉키어 덩어리가 된 얇고 흰 구름을 새털구름이라 한다. 우리나라에서는 가을철에 자주 볼 수 있다. 섬유상의 구조를 띠고 있는데, 자세히 보면 털과 같은 모양이 있는 것도 있고 그렇지 않은 것도 있다. 구름을 이루는 입자들은 모두 빙정으로 되어 있으며 때때로 무리가 나타나지만 구름 폭이 좁기 때문에 무리가 원이 되지는 않는다.

- 권적운(Cirrocumulus, Cc-비늘구름)

많은 구름조각이 작은 돌을 깔아 나열한 것처럼 보이기도 하고, 잔물결 모양이나 마치 생선 비늘 같은 모양으로 보일 때도 있는 얇고 흰 구름이다. 이 구름을 구성하고 있는 구름 입자는 모두 빙정들이며, 하늘의 대부분을 덮을 정도로 많이 퍼져 있어 털쌘구름이라 부르기도 한다. 렌즈모양을 띠기도 하고 아주 작은 탑과 같은 모양의 구름덩어리가 줄지어 있거나 구름 조각이 소 젖과 같은 모양으로 된 것도 있다. 권적운이 끼면 광관이나 채운이 보이는 경우도 있다.

- 권층운(Cirrostratus, Cs-햇무리구름)

푸른 하늘을 하얀 면사포를 씌워 놓은 것 같은 얇고 흰 구름으로 새털이 층을 지어 보인다고 하여 털층구름이라고도 한다. 균일한 막 같이 보이는 경우도 있는데, 이 구름 역시 빙정으로 되어 있으며, 수증기량이 적은 높은 하늘에 나타나므로 구름의 두께는 얇다.

구름이 얇기 때문에 태양고도가 낮을 때 외에는 지표면에 그림자가 생기지 않으며, 태양이나 달을 가렸을 때는 햇무리나 달무리가 나타난다. 이런 무리는 얼음결정(빙정)에 입사한 빛의 굴절 및 반사에 의하여 생기며, 그 시반경은 약 22°이고 무지개처럼 선명하지는 않지만 몇 가지의 색으로 채색되기도 하는데 이때 안쪽이 붉은 색이 된다.

일반적으로 권층운은 온난전선 전방에 나타나므로 강수구역이 접근한다는 것을 의미한다. 옛 부터 '무리가 생기면 비가 온다.'라는 일기 속담의 기상학적 타당성을 보여주는 한 예로 설명되기도 한다.

◈ 중층운

2,000m 이상에서 6,000m 미만의 고도에서 형성되는 구름으로 빙정과 물방울이 같이 존재한다. 햇빛이 투과 굴절하기도 하고 구름을 이루고 있는 물방울의 양이 많아질 경우에는 빛이 반사되어 반대편에 그림자가 생기기도 한다. 그러므로 구름의 상부는 햇빛을 받아 하얗지만 구름의 아랫부분은 어두운 색을 나타내기도 한다.

- 고적운(Altocumulus, Ac-양떼구름)

엷은 회색을 띠며, 평행한 파형이나 롤의 형태를 가지기도 하고 권적운보다는 큰 구름덩어리로 배열되어 마치 양떼처럼 보이기도 한다. 이 구름은 거의 수적으로 이루어져 있다. 고적운의 엷은 부분에는 광관이나 채운이 잘 보인다. 고적운과 권적운은 구름의 형태, 색, 나열방법 등이 아주 비슷하므로 실제 관측할 때 구별하기가 어렵다. 편의상 운편의 겉보기 각도로 구별하기도 한다. 즉 겉보기 각도가 1° 미만이면 권적운, 1° 이상 5° 미만이면 고적운으로 관측하기도 한다.

- 고층운(Altostratus, As-높층구름)

무늬가 있는 회색 또는 연한 암회색의 커텐(차일)과 같이 하늘을 덮고 있는 구름으로 높층구름이라고도 한다. 이러한 구름 중 엷은 것은 짙은 권층운과 거의 비슷한 겉모습을 갖는다.

이 구름은 몇 백 킬로미터에 걸쳐 하늘 전체를 덮고 있는 경우가 많으며, 이 구름의 두꺼운 부분을 통해서는 태양을 볼 수 없으나, 엷은 부분에서는 마치 우윳빛 유리를 통해 보는 것과 같이 희미하게 태양을 볼 수 있다. 그러나, 햇무리나 달무리는 나타나지 않는다. 이 구름에서는 비나 눈이 내리는 경우가 있고, 엷은 고층운은 두꺼운 권층운과 구별하기가 어렵다.

일반적으로 권층운을 통해서는 태양의 윤곽을 알 수 있으며, 낮에는 지물 등의 그림자가 생긴다. 이에 비해 고층운에서는 우윳빛 유리를 통해 태양을 보듯이 태양이 희미하며, 낮 동안에 물체의 그림자가 생기지 않는다. 또한, 권층운에서는 무리가 생기지만 고층운에서는 무리가 생기지 않는다.

◈ 하층운

하층운은 지상에서 높이 2,000m 이내에서 운저(구름의 아랫부분, 구름의 기저)를 두고 있는 구름으로, 물방울로 구성되어 있다. 공기의 수직운동이 강할 경우는 구름의 키가 커 아주 높은 고도에까지 올라갈 수 있다. 이 경우 구름의 높이가 중층운과 상층운의 높이까지 올라가지만 구름의 기저가 2,000m 이내에 있기 때문에 하층운으로 분류되어진다.

- 난층운(Nimbostratus, Ns-비구름)

암회색을 띠며, 비 또는 눈을 동반한다. 이 구름은 보통 하늘 전체를 덮으며, 두꺼워서 태양을 가린다. 구름방울은 대체로 물방울로 되어 있으나, 높은 고도에 있는 경우 빙정으로 구성되어, 우적(빗방울) 또는 설편(눈 조각)을 포함하고 있는 경우도 있다.

비 또는 눈을 동반하므로 구름의 바닥 부분은 혼란된 형태를 하고 있으며, 운저 밑에는 조각 구름이 생기는 일이 많다. 이 조각 구름은 층운의 일종인데, 넓은 범위를 덮고 있을 때 난층운의 기저(아랫부분)로 잘못 보기도 한다.

또한 이 구름은 두꺼운 고층운으로 착각하기 쉽다. 이 경우 구름을 통해 태양이 희미하게 보일 때에는 고층운으로 관측하며, 운저가 혼란되어 있는지의 여부도 구름 구별에 도움이 된다. 야간에 양자의 구별이 어려울 경우는 편의상 강수 유무에 따라 구별한다.

- 층적운(Stratocumulus, Sc-층쌘구름)

구름 사이로 푸른 하늘이 보이고 큼직한 구름 덩어리들이 열을 지어 나타나기도 하고 둘둘 말린 모양이나, 파상으로 나타나기도 한다. 외형은 고적운과 비슷하지만 색은 고적운보다 진한 회색이다. 구름은 대부분 수적으로 되어 있으나 드물게 비나 눈을 포함하는 경우도 있다. 이 구름은 하늘의 대부분을 덮을 정도로 넓게 펴져 있는 경우가 많다. 아주 드물기는 하나 이 구름은 약한 비, 눈, 싸락눈을 동반하는 경우가 있으며, 구름 두께가 얇을 경우 광관이나 채운이 관측되기도 한다. 이 구름은 그 형태나 나열방법이 고적운과 아주 비슷해서 구별하기가 어렵다. 편의상 기상관측에서는 구름 조각의 크기의 겉보기 각도가 5° 미만이면 고적운, 5° 이상이면 층적운으로 관측한다.

- 층운(Stratus, St-안개구름)

대부분 균일한 운저를 갖는 회색의 구름으로, 안개비, 가는 얼음, 가루눈이 내리는 경우가 있다. 이 구름은 안개비와 비슷하지만 지면에 접해 있지 않는 점이 다르다. 거의 수적으로 구성되어 있으며, 저온에서는 빙정을 포함하기도 한다.

◈ 수직운

구름의 하부는 하층운에 속하나 구름이 높이 발달하여 구름의 꼭대기가 높은 고도에까지 발달하는 구름을 수직운이라 한다.

- 적운(Cumulus, Cu-뭉게구름, 쌘구름)

연직으로 구름이 부풀어 올라 둥근 언덕이나 탑과 같은 형태를 띠고 있다. 햇빛에 비춰진 부분은 희게 빛나고 있지만 구름의 하부는 약간 어두우며 거의 수평이다. 이 구름은 거의 수적으로 구성되어 있으며, 일반적으로 비는 내리지 않는다.

이 구름은 태양복사에 의해 지면이 가열될 때, 또는 따뜻한 지표면이나 수면 위로 차가운 공기가 지나면서 지표면이나 수면에 닿는 공기층의 아랫부분이 따뜻해질 때 공기의 수직운동에 의해 생성된다.

맑은 날 낮에 지표면이 태양에 의해 데워지면 따뜻한 공기가 위로 상승하는 수직운동을 하게 되는데 이를 대류(convection)현상이라 하며 이 대류현상으로 생성되는 적운을 호천적운이라 한다. 또 적운의 일부가 갈라져 나무 토막 같은 구름을 편적운이라고 한다. 적운이 크게 발달하여 배추모양을 갖게 되는 경우에는 웅대적운이라고 한다. 여름철에 태풍이 다가올 경우 우리나라에 많은 양의 비를 내리는 구름이 대부분 웅대적운에 해당한다.

- 적란운(Cumulonimbus, Cb-쌘비구름, 소나기 구름)

하층운에 속하지만, 구름이 높이 발달하여 대류권계면(지상 11km 상공)까지 발달하기도 한다. 주로 물방울로 구성되며 키가 큰 구름의 경우 물방울과 빙정, 또는 빙정만으로 구성되기도 한다. 한 여름철에 소나기를 내리며 우박이 떨어지는 이유도 높은 키를 가진 구름이 물방울 뿐 아니라 많은 양의 빙정을 가지고 있기 때문이다. 이 경우는 특히 공기의 수직운동이 강할 때 나타난다.

◈ 특이한 구름

이 외에도 특이한 구름으로 진주운과 야광운이 있으며, 10종 운형에는 포함되지 않지만 인위적인 활동에 의해 만들어지는 비행운이 있다.

- 진주운(nacreous clouds)

권운에 속하나 고적운과 비슷한 형태로 20~30km 상공(성층권)에 나타나는 구름이다. 낮에는 청백색의 권운과 비슷하지만, 일몰 후에는 진주빛의 밝은 색을 띄고 있는 것이 특징이다. 이 구름은 주로 북유럽에서 관측되고 있으며, 그 성인은 아직까지 정확히 밝혀지지 않았다.

- 야광운(noctilucent clouds)

권운과 비슷하지만 그 생성 높이가 진주운보다 더 높은 약 70~90km(중간 권계면 부근)의 높이에 나타난다. 이 구름은 북반구 중위도 지방에서 잘 관측되는데, 일몰 직후에 나타나 심야에 가장 잘 보이며, 일출과 때를 같이해 사라지게 된다.

- 비행운(condensation trail, contrail)

처음에는 흰색의 섬유모양으로 비행기가 지나간 궤적을 따라 일자로 배열되지만 시간이 지날수록 점차 흩어져 나중에는 사라지게 된다. 이는 비행기의 배기가스에 포함된 미량의 수증기가 공기 중에 공급되어 생기는 것이다. 그러나 비행운은 비행기가 지나가야만 생기는 것으로 자연 현상에 의해 만들어지는 것이 아니기 때문에 10종 운형에는 포함시키지 않는다.

▣ 거대한 구름 덩어리 속에 물 10만 톤이?

여름에는 습도가 높고 대기가 불안정한 날이 많아, 매우 강한 상승기류가 아주 짧은 시간에 발달하면서 검은 뭉게구름(적란운)이 생기게 된다. 이 적란운은 천둥과 번개를 몰고 다니면서 억수같이 소나기를 뿌린다. 이렇게 세찬 비가 한 곳에 집중적으로 내리면 집중호우가 된다. 이때 발달하는 거대한 구름의 높이는 지구에서 가장 높은 에베레스트 산보다 더 높고, 그 속에는 10만 톤 이상의 많은 물이 들어 있다고 한다. 그런데 이러한 구름이 생성되는 시간은 겨우 25분이라 하니 신기하지 않은가.

▣ 구름은 어떻게 하늘에 떠 있을 수 있을까?

16세기에 갈릴레오가 두 개의 물체(가벼운 것과 무거운 것)를 피사의 사탑에서 떨어뜨린 것을 잘 알고 있을 것이다. 두 개의 물체는 똑같은 중력가속도를 가지게 되었고, 똑같이 떨어졌다. 갈릴레오의 실험은 많은 사람들의 경험과 일치하지 않았다. 왜냐하면 일반적으로 개미와 골프공을 같이 떨어뜨리면 골프공이 먼저 떨어지기 때문이다. 이것은 작은 물방울이 더 늦게 떨어진다는 것과 비슷하게 말할 수 있다. 그렇다면 왜 이러한 현상이 일어나는 것일까? 그 이유는 떨어지는 물체에 작용하는 중력 이외의 또 다른 힘이 있기 때문이다. 그것은 바로 바람의 저항(wind resistance) 또는 공기 저항력(drag force)이다. 두 힘이 어떻게 작용하는가를 통해 구름이 떨어지지 않고 하늘에 떠 있는 이유를 설명할 수 있다.

뉴턴의 두 번째 법칙에 따르면 순(알짜) 힘(F_{net}) 힘은 가속도(a)에 관련이 있음을 알 수 있다. 질량(m)이 주어지면 가속도는 순힘에 바로 영향을 받는다. 방정식은

$$\text{순 힘}(F_{net})=\text{질량}(m)\times\text{가속도}(a)$$

와 같다. 물리 법칙에 대해서는 10장 「기상 속의 물리」에서 자세히 살펴보도록 하겠다. 순 힘은 물체에 작용하는 모든 힘을 벡터합한 합력으로, 실제의 물체에는 여러 가지 힘이 작용한다. 떨어지는 물방울에는 밑으로 중력이 작용하며 그와 반대 방향으로 그것에 따르는 저항이 작용한다. 물방울은 갑자기 대기 중으로 떨어지며 속도가 증가하지만 무한히 증가하지는 않는다. 결국 공기저항력(F_d)과 중력(F_g)은 균형을 이루게 된다. 그러면 순 힘(알짜 힘)은 아래와 같이 나타낼 수 있다.

$$F_{net}=F_g-F_d$$

순 힘(알짜 힘)이 0이 되면 더 이상 가속도를 가지지 않게 되고 물방울은 종단속도(terminal velocity)를 가지게 된다. 그럼 이것은 얼마나 빨리 떨어질 것인가? 이것을 아는 데는 두 힘의 크기를 고려해야 한다. 중력 항은 다음과 같이 고려된다.

$$F_g = \rho\frac{4}{3}\pi r^3$$

여기서, ρ는 물의 밀도이고 r은 물방울의 반경이며, 중력가속도는 지표면 근처에서 일정하기 때문에 생략 하였다. 식을 통해 중력은 물방울의 반경에 관여된다는 것을 알 수 있다.

물방울과 주위 공기와의 저항력은 물방울의 사이즈와 떨어지는 속도에 의존한다. 빨리 달리는 고속도로에서의 자동차처럼 빨리 내려오는 물방울은 그것이 공기를 통과해서 움직일 때 더 많은 저항을 받게 된다. 그러므로 저항력(drag force)은 속도의 제곱(v^2)에 비례하게 된다. 또한 이 힘은 접촉면이 커질수록 증가하게 되는데, 정리하면 다음과 같이 나타낼 수 있다.

$$F_d = kv^2 4\pi r^2$$

k는 일정한 상수이다. 상수 k의 값은 중요하지 않다. F_d의 값은 물방울의 반경과 속도에 크게 의존한다. 떨어지는 물방울의 종단속도(terminal velocity)를 구하기 위해 위의 두 힘의 평형을 고려하면

$$\rho\frac{4}{3}\pi r^3 = k{v_t}^2 4\pi r^2$$

이며, 따라서 종단속도는

$${v_t}^2 = (\frac{1}{3}\rho/k)r$$

이다. 상수 항을 c로 하면

$$v_t = c\sqrt{r}$$

로 나타낼 수 있다. 이 방정식은 중요한 결과를 알려준다. 물방울의 반경이 계속 증가해야 종단속도가 증가하며, 큰 물방울이 작은 물방울보다 빨리 떨어진다는 것이다. 사실 반경이 증가하면 F_d와 F_g는 같이 증가한다. 그러나 중력이 공기 저항력(drag)보다 훨씬 빨리 증가하기 때문에 더 빨리 떨어지는 것이다. 결국 구름에서 물방울이 떨어지지 않으려면 공기 저항력(drag)에 의한 힘이 더 커야 하고 이런 조건은 나타나기 힘들다.

그렇다면 구름은 어떻게 떨어지지 않고 하늘에 떠 있을 수 있을까? 그것은 종단속도에 관여되는 물방울이 너무 작기 때문이다. 작은 구름입자는 1시간에 3m정도 낙하한다고 한다. 이 정도의 낙하는 수평방향이나 상하방향의 공기 흐름의 크기를 생각하면 거의 떨어지지 않는 것이 된다. 더구나 구름 속에서는 상승기류가 있으므로 이 정도의 낙하속도는 문제가 되지 않는다.

구름이 떨어지지 않는 것은 또 다른 이유가 있는데 구름 내에서 응결과 증발이 반복적으로 일어나고 있다는 것이다. 적운은 상승기류로 운반되어 온 수증기가 응결하여 계속 구름 입자가 발생하나 구름의 머리부분에서 작은 물방울은 바로 증발해 버린다. 만일 상승 기류에서 벗어나 낙하하는 구름 입자가 있다 하여도 순식간에 증발해 버린다. 즉 구름을 형성하고 있는 구름 입자는 언제나 같은 것이 아니고 항상 격렬하게 교체되고 있다. 그러나 밖에서 보면 조용히 떠 있는 것처럼 보인다. 이상의 두 가지 이유로 구름은 떠 있을 수 있다.

▣ 빗방울 한 개를 만들려면 수증기가 몇 개 모여야 할까?

보통 수증기 한 개의 지름은 약 0.02mm정도이다. 이러한 수증기가 모여 빗방울이 되면 지름은 약 2mm정도가 된다. 그럼 수증기는 몇 개나 모여야 되는 걸까? 수증기와 빗방울의 지름 차이는 100배 정도이다. 수증기가 모여 빗방울이 될 때는 사방에서 모이므로 100^3개, 즉 100만 개가 모여야 된다. 만약 수증기를 잘 뭉치게(응결하게) 하는 물질(응결핵)이 존재한다면, 그 개수는 더 작아지게 된다.

▣ 응결핵에는 어떤 것들이 있을까?

응결핵은 수증기가 응결할 때 중심이 되는 작은 고체, 액체의 부유입자를 말한다. 대기 중 응결핵의 수는 구름이 발생할 때의 조건, 공기의 오염정도에 따라 다르지만, 대략 공기 1㎤ 중에 수백~10만개로 추정한다.

응결핵에는 지표에서 올라간 토양의 미세입자, 해면에서 물보라 등에 의해 공급된 해염입자, 화산 활동으로 공기 중에 공급되는 화산 가스(아황산가스, 염소기체 등), 인간 활동에 의해 만들어지는 여러 가지 오염물질 및 대기 중에 들어 있는 가스(암모니아, 오존 등)가 있다. 지표 부근의 응결핵은 시간과 장소에 따라 달라지는데, 육지가 바다보다 약 10~100배 정도 많다. 같은 육지라 하더라도 평야지대보다는 오염물질이 상대적으로 많은 시가지에서 약 10배 정도 많다.

그러면 기온이 0℃ 이하에서도 응결핵이 영향을 미칠까? 이 정도 온도에서 수증기가 얼음에 대해 포화가 된다면, 수증기는 얼음이 된다. 이를 빙정이라 하는데, 빙정이 성장하도록 돕는 물질을 빙정핵이라고 한다. 빙정핵은 응결핵과는 달리 빙정핵마다 작용하는 유효 온도가 다르다. 예를 들면, 황사는 -12~15℃, 화산재는 -13℃, 요오드화은은 -4℃부근에서 빙정핵으로써 제 역할을 수행한다. 이 온도를 벗어나면, 설령 그 수가 많다 하더라도 빙정핵으로써의 역할을 수행하기 어렵게 된다. 이러한 빙정핵도 시간과 장소에 따라 다르고, 응결핵의 수보다도 훨씬 적다. 또한 구름의 온도가 낮아짐에 따라 빙정핵으로 작용하기 위해서는 더 많은 수가 필요하게 된다.

▣ 기우제를 지내면 정말 비가 올까?

지구에 있는 모든 생명체는 물과 떼어놓고 생각할 수 없다. 우리 인류도 과거 고대인들의 기우제부터 오늘날의 인공강우까지 물을 얻기 위해 많은 노력을 기울여왔다. 그러면 기우제를 지내면 정말로 비가 올까? 정말로 비가 온다고 할 수는 없지만 기우제를 지내기 전보다 이론상 비가 올 가능성은 높아지게 된다. 그 이유는 기우제를 지낼 때 나무장작으로 제단을 쌓아 불을 지피고, 마을 사람들이 춤을 추듯 그 주위를 돌아다니는데, 이는 불을 지피면서 발생하는 재나 춤을 출 때 발생하는 먼지가 공기 중에 올라가 응결핵 역할을 하기 때문이다.

그러나 이러한 기우제를 지내기보다는 그러한 정성으로 마을 주위의 강에서 물을 끌어 쓴다던가, 지하수를 개발한다면 더욱 효과가 클 것이다. 오늘날에는 요오드화은이나 드라이아이스를 이용하여 인공강우를 내리게 하는 법이 개발되었으니 이를 이용하는 것이 더욱 현명한 일이라 하겠다.

▣ 안개와 구름의 차이는 무엇일까?

대기 중의 수증기가 응결하여 성장하게 되면, 구름이나 안개가 된다. 일반적으로 안개와 구름을 구분할 때 안개는 해발고도 1km 이하일 경우를 이야기하고, 구름은 그 이상일 경우를 이야기하지만, 수증기의 응결에 의해 형성된 물방울이 지면에 접해 있는지 아니면 하늘에 떠 있는지에 의해 안개 또는 구름이라고도 한다. 또한 지형에 따라, 또는 관측자의 위치에 따라 안개가 되기도 하고, 구름이 되기도 한다.

그럼 안개는 어떻게 만들어지는가? 안개는 온도가 하강하여 생기는 경우와 수증기의 증발로 생기는 경우로 크게 나누어 생각할 수 있는데, 온도의 하강으로 생기는 안개는 복사안개, 이류안개, 활승안개가 있고, 수증기의 증발로 생기는 안개는 전선안개와 증발안개가 있다.

복사안개는 바람이 거의 없는 맑은 날 새벽에 잘 나타난다. 맑은 날 한 낮에 지표면이 심하게 가열되어서 수증기를 가능한 많이 포함하고 있던 공기가 저녁에 급격하게 식으면서 이슬점온도 이하로 내려가게 되면, 공기 중의 수증기가 응결하여 생기게 된다. 만약 이슬점 온도가 섭씨 0℃ 이하로 내려가 수증기의 결빙이 이루어졌다면, 공기 중에 수증기 대신 얼음이 떠 있는 경우가 있는데, 이는 빙무(ice fog)라고 부른다. 복사안개는 늦가을에서 초겨울에 잘 발생한다.

이류안개는 수증기를 많이 포함한 따뜻한 공기가 차가운 물 위를 지나갈 때 생기는 안개로 이는 주로 해상에서 발생한다. 복사안개의 지속시간은 보통 2~3시간 정도이나 이류안개는 지속성이 커서 한번 발생되면 수일 정도 지속되며, 길게는 한달 정도 지속되는 경우도 있다. 이류안개는 늦여름부터 가을에 이르기까지 해륙풍이 활발한 날 밤에 잘 발생한다.

활승안개는 수증기를 많이 포함한 공기 덩이가 산을 타고 올라가면서 단열 팽창에 의하여 온도가 하강하여 생긴 안개로 우리나라의 경우 대관령이나 추풍령 같은 곳을 통과할 때 자주 볼 수 있다.

전선안개는 전선 앞쪽에서 발생하는데 온난전선 앞쪽에서 공기 덩이가 불어갈 때 강수가 내리는 차가운 공기 쪽에서 수증기가 공급되어 생긴다. 이 안개는 온난전선 앞쪽의 공기가 비교적 안정하고, 바람이 약할 때 잘 나타난다.

증발안개는 찬 공기가 따뜻한 수면 위를 지날 때 차가운 공기로 수증기가 증발하여 나타나는 안개로 수증기의 가열이 심한 상태이기 때문에 공기가 불안정하여 발생과 동시에 사라지는 경우도 있다. 이는 늦가을에 강이나 호수 주변에서 잘 발생한다.

간단히 정리해보면, 수증기를 많이 포함한 따뜻한 공기가 새벽에 제자리에서 식으면 복사안개, 이동해서 식으면 이류안개, 산 사면을 타고 올라가서 식으면 활승안개로 구분되며, 쉽게 포화되는 차가운 공기 속으로 수증기가 위에서 공급되면 전선안개, 아래에서 공급되면 증발안개로 분류할 수 있다.

▣ 강수란 무엇일까?

공기 중의 수증기가 모여 구름을 만들고 이것이 여러 가지 형태로 내리는 것을 강수라고 한다. 이 중에는 비, 눈, 우박, 진눈깨비 등이 있다.

땅이나 바다에서 물이 증발하여 대기 중으로 높이 올라가면 수증기들이 엉겨 붙어 지름 0.05mm 정도의 구름 알갱이가 만들어진다. 구름 내의 물 알갱이들은 끊임없이 움직이면서 변화하고 있다. 구름 알갱이가 많이 모여 더 이상 떠 있을 수 없게 되었을 때 이것이 비나 눈의 형태로 내리는데 이를 강수라고 한다. 이것이 지름 0.2mm 정도 되면 이슬비가 되고 0.4 mm 정도 된다면 가랑비로 내린다. 이처럼 지름이 0.5mm 이하인 것을 통틀어 안개비라고 한다.

▣ 비는 어떻게 내리게 될까?

① 빙정설

공기가 상승하면 팽창에 의해 냉각되고 또 공기가 냉각됨에 따라 상대습도는 증가한다. 상대습도가 100%에 가까워지면 앞에서 설명한 방법으로 구름입자가 형성되기 시작한다. 관측에 의하면 구름입자는 온도가 빙점(0℃)보다 훨씬 낮아질 때까지는 얼지 않는다. -10℃에 가까운 온도에서는 100만 개 중 겨우 1개의 구름입자가 어는 것이 보통이다. 온도가 -30℃정도로 낮아져도, 그 비율은 1,000개 중에 1개 정도밖에 안 된다. 그러나 온도가 -40℃에 가까워지면 구름입자가 갑자기 얼며, 온도가 더 낮아지면 구름은 빙정으로 구성된다.

0℃ 이하의 온도에서 존재하는 액체상태의 물을 과냉각수라 한다. 결빙은 여러 가지 불순물에 의해서 시작되며, 구름입자는 지중 또는 지면에 있는 물보다 훨씬 순수하다.

강수과정에서 물방울과 빙정을 함께 포함하고 있는 구름의 층은 특히 중요하다. 왜냐하면 얼음에 대한 포화증기압은 물에 대한 포화증기압보다 작기 때문이다. 그 차이는 별로 크지 않지만 매우 중요하다.

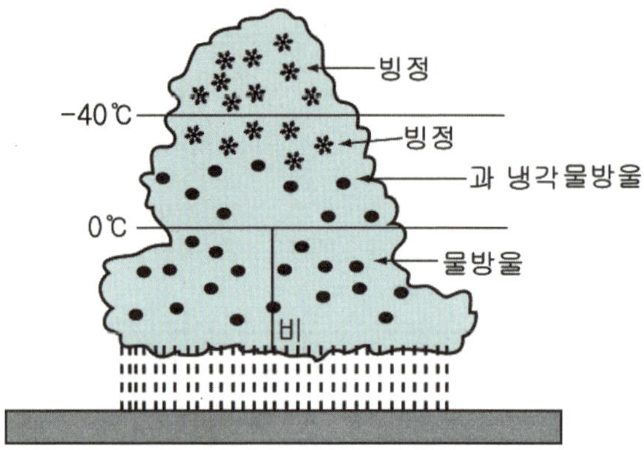

[그림 5-3] 빙정설

물방울과 빙정으로 이루어진 구름에서 실제 수증기압은 두 포화증기압의 중간 정도가 될 것이다. 그러므로 공기는 물에 대해서는 포화되지 않으나 빙정에 대해서는 약간 과포화 된 상태에 있게 된다. 따라서 이런 상태에서는 구름입자로부터 물이 증발하고 빙정에서는 수증기가 응결될 것이다. 다시 말하면, 이것은 몇 개의 구름입자(빙정으로 이루어진)가 다른 입자를 희생시켜서 커지는 과정을 의미한다. 이렇게 성장한 빙정이 지면에 떨어지면 눈과 비가 되는 것이다. 이 메커니즘(Mechanics)은 1928년 Bergeron에 의해서 발견되었기 때문에 그의 이름을 따라 Bergeron 효과라 불리어지고 있다. 응결이 어떤 핵으로부터 시작되듯이 과냉각구름 속(-40～0℃)에서의 결빙은 빙정핵에 의해서 시작된다. 응결핵은 무수히 존재하나 빙정핵은 드물다.

② 병합설

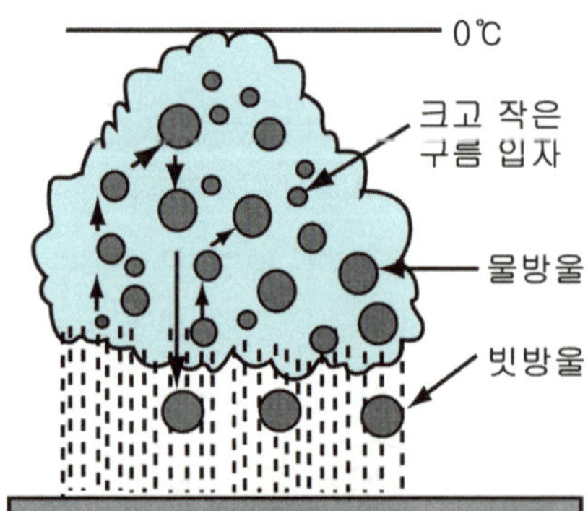

[그림 5-4] 병합설

중 · 고위도 지방에서는 빙결고도가 대단히 낮기 때문에 많은 구름은 빙점 이하의 온도에 도달한다. 그러므로 강수현상을 초래하는 초기단계에서는 빙정과정이 중요한 역할을 하고, 그 다음에 포착과정이 중요한 역할을 하기 시작한다. 저위도지방에서는 일부의 구름만이 빙점 이하의 온도에 도달한다. 그러므로 이런 구름에서는 어떤 구름입자가 다른 것보다 유난히 클 때 강수가 시작된다. 구름입자가 빗방울의 크기로 더욱 커지기 위해서는 구름의 층이 두꺼워야 한다는 것은 매우 중요하다. 관측결과에 의하면 약

2,000m 이내의 층후(層厚)를 가진 열대구름은 비를 내리지 못한다. 즉 비가 올 확률은 구름이 두꺼울수록 증가한다. 층후가 4,000m를 초과하는 구름은 거의 틀림없이 비를 내리게 된다.

③ 우박

우박은 적란운에서 발생하는 지름 5mm 이상의 얼음이나 얼음덩어리가 내리는 강수 현상이며, 수직으로 발달한 적란운에서 빙정이 상승과 하강을 거치면서 여러 차례의 동결 및 성장과정을 통해 크게 자라서 형성된다. 단면구조는 투명한 층과 불투명한 층이 교대로 이루어져 있는데 이는 얼음알갱이가 성장하는 형성과정과 밀접한 관계가 있다.

[그림 5-5] 우박

〈출처: NOAA〉

▣ 사람의 힘으로 비를 내리게 할 수 있을까?

인공으로 비를 내리게 하는 기구가 나타나기 전에는 불을 지르거나 대포를 쏘아 올리는 것이 비를 내리게 하는 방법이었다. 그러다가 1933년 베르예론이 빙정설을 발표했고 5년 후인 1938년에 인공적으로 빙정핵을 구름 속에 뿌리면 비 또는 눈을 만들 수 있다는 핀다이센의 주장이 나왔다.

1946년 섀퍼는 과냉각된 안개로 가득 찬 냉장고 속에 드라이아이스 파편을 떨어뜨려 수많은 빙정이 형성되는 것을 발견했고 이후 여러 분야에서 인공강수 실험이 활발히 이뤄졌다.

그렇다면 인공강우법의 기본이 되는 지식에 대해 알아보자.

우선 드라이아이스법이 있다. 드라이아이스를 과냉각된 구름 속에 떨어뜨리면 떨어지는 덩어리의 아래쪽 공기가 급속히 냉각돼 자연적으로 빙정이 생긴다. 회전운동에 의해 구름 속 넓은 부분까지 빙정이 분산되면 빙정의 씨가 광범위하게 뿌려져 비를 내린다. 하지만 이 방법은 빙정의 확산 여부에 대한 확신이 없다는 것이 단점이다.

다음으로 요오드화은(AgI)법을 들 수 있다. 요오드화은의 결정구조가 얼음과 비슷하다는 점에 착안한 것이다. 요오드화은을 비행기 안에서 만든 다음 구름 속에 뿌리면 인공강우의 빙정핵의 역할을 해, 주변 수증기분자의 응결을 가속화시킨다. 하지만 열대와 중위도 지방 여름철에는 따뜻한 구름이 많아 효과를 기대하긴 힘들다.

마지막으로 미세한 물방울 또는 거대 핵을 살포하는 방법이 있다. 이는 비행거리 1km당 1t 정도의 물을 뿌리는 것이지만 실제 효과는 작다.

▣ 기단(공기 덩어리)이란 무엇인가?

아주 넓은 육지나 해양에서, 공기가 오래 머물거나 느리게 이동하면 넓은 지역에 걸쳐서 같은 성질을 갖는 공기 덩어리가 형성되는데 이러한 공기 덩어리를 기단이라고 한다. 기단은 발생지에 따라 온도, 습도 등이 다르며 기단의 종류와 이동에 따라 날씨가 달라지게 된다.

기단이 차지하는 면적은 수 천 제곱킬로미터에 달한다. 기단이 형성되기 위해서는 거대한 공기 덩어리가 어느 지역에 오랫동안 정체되어 있어야 하는데, 이렇게 기단이 형성되는 지역을 발원지라 한다. 기단의 발원지는 평탄하고 균일한 조성으로 약한 지상풍의 조건을 가져야 한다. 따라서 기단은 오래 동안 머물면서 발원지의 특성을 고스란히 전달받게 된다. 그 발원지가 건조하면 건조한 기단이, 습하면 습한 기단이, 그리고 온도가 높은 지역이면 따뜻한 기단이, 추운 지역이면 한랭한 기단이 형성되는 것이다. 이렇게 일정한 습도와 온도 조건을 가진 기단이 이동을 하거나 다른 기단과 충돌하게 되면 변하기도 하고 소멸되기도 한다.

기단이 지상풍에 의해 다른 지역, 즉 발원지와는 다른 습도, 다른 온도 조건을 가진 지역으로 이동하게 되면 기단의 성질이 바뀌게 되어 여러 기상현상이 나타나게 된다. 예를 들어 습하고 온난한 기단이 차고 건조한 지역으로 이동하게 되면 습한 기단의 기온이 떨어지게 되어 포화 상태가 되면서 층운형태의 구름이 형성되고, 비가 오기도 한다.

▣ 우리나라에 영향을 주는 기단(공기 덩어리)에는 무엇이 있을까?

〈시베리아 기단〉

우리나라의 겨울철에 영향을 미치는 차고 건조한 대륙성 한대기단이다. 11월 초순에서 중순쯤에 우리나라 부근에 나타나서 겨울철 내내 영향을 미치다가 3월 중 · 하순경의 꽃샘추위를 끝으로 세력이 약해지면 우리나라에서 완전히 물러간다. 이 기단이 내습해 올 때는 강추위(한파)가 몰아닥친다.

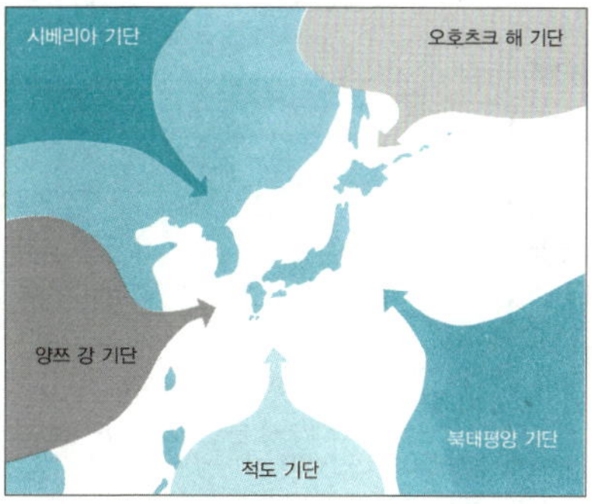

[그림 5-6] 우리나라에 영향을 주는 기단

〈오호츠크 해 기단〉

해양성 한대기단으로 대개 장마철에 오호츠크 해상에서 발생하며 우리나라에 차고 습한 공기를 보낸다.

〈북태평양 기단〉

해양성 열대기단으로 고온 다습하다. 여름에 남동 계절풍을 따라 태평양 방면에서 우리나라 쪽으로 확장되어 오는데, 이 기단권 안에 들면 무더위가 계속되고 가뭄이 일어난다.

〈양쯔강 기단〉

대륙성 열대기단으로 따뜻하고 건조하다. 주로 봄과 가을에 양쯔강 유역에서 생성되어 이동성 고기압을 타고 와 우리나라에 영향을 준다.

〈적도 기단〉

해양성 적도기단으로 덥고 습하다. 태풍이 발생할 무렵인 7~8월에 태풍과 함께 우리나라에 온다.

▣ 기단의 변질이란 무엇인가?

기단이 남하하거나 북상하면서 서서히 그 성질이 변화하는 것을 '기단의 변질(modification)'이라고 한다. 예를 들어 시베리아 기단이 남하하면, 하층이 온난해져서 기층이 불안정하게 되며, 적운형 구름을 발생시키게 된다. 겨울철에 우리나라 서해안 지방에 폭설이 내리는 원인이 바로 이것 때문이다. 그러나 북태평양 기단이 북상하면 하층이 점차 한랭해져서 역전층이 나타나게 되고, 이로 인해 기층이 안정해지면서 층운형 구름이 생성된다.

① 대륙성 한대기단이 남하하여 따뜻한 해상으로 이동한다면,

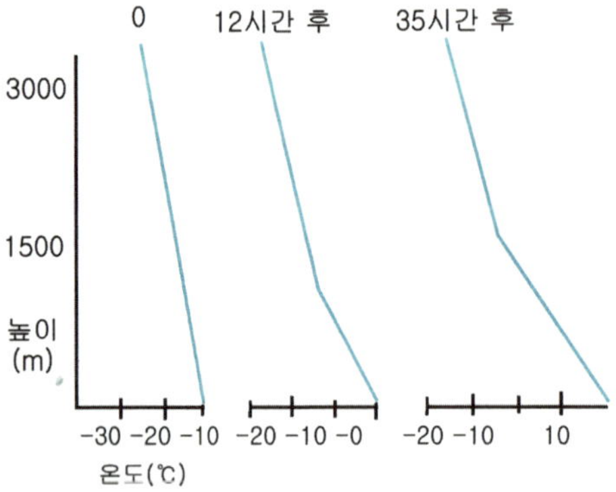

[그림 5-7] 따뜻한 해양 위를 이동해가는 기단의 변질

기단 밑에 있는 해수는 공기보다 따뜻하여 처음에는 전도에 의해 공기를 가열하게 된다. 따라서 하층부가 가열되어 기층이 불안정해지면서 대류 현상이 일어나 열은 급속도로 상층으로 운반된다. 또한 대류는, 해면에서 건조 공기 중으로 증발한 수증기도 운반하므로, 적운형 구름이 더욱 크게 발달하여 소나기 혹은 폭설이 내리게 된다.

또한 기단은 따뜻한 해상을 통과하면서 수증기를 공급받게 되므로, 다습한 성질을 갖는 기단으로 변질이 되어 육지에 도착하게 된다. 이렇게 변질된 기단이 서해안을 지나 지리산을 오르게 되면 폭우 혹은 폭설이 내릴 수 있다.

② 해양성 열대 기단이 북상하여 한랭한 대륙으로 이동한다면,

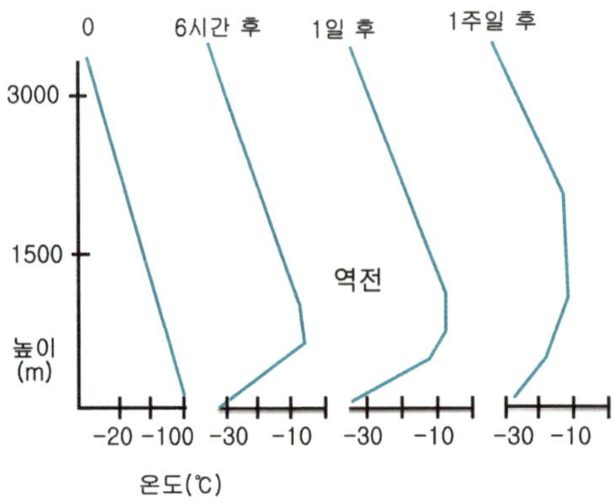

[그림 5-8] 한랭한 육지 위를 이동해 가는 기단의 변질

따뜻한 해상에서 발달한 열대 기단은 열과 수증기를 공급받아, 고온 다습하고 불안정하다. 이 기단이 북상하여 찬 지면 위를 지나게 되면 찬 지표에 의해 따뜻한 공기의 하층부터 급속히 냉각되므로 지표부근의 기층은 안정해진다. 즉 [그림 5-8]과 같이 하층부에는 역전층이 형성되어 인개나 층운형 구름이 형성된다.

▣ 전선이란 무엇인가?

성질이 서로 다른 기단이 만나게 되면 따뜻한 공기는 찬 공기 위로 올라가게 된다. 이때 만나서 생기는 접촉면을 전선면이라고 하고, 전선면이 지표면과 만나는 선을 전선이라고 한다.

전선을 경계로 풍향, 풍속, 기압 등 일기가 크게 변하며, 전선의 종류에는 한랭전선, 온난전선, 폐색전선 및 정체전선이 있다.

온난전선은 대기의 안정도에서 설명한 것처럼, 유입된 온난한 기단이 현재 자리를 잡고 있는 찬 기단을 밀어내면서 생기는데, 찬 공기가 무겁고, 따뜻한 공기가 가볍기 때문에 온난한 공기가 찬 공기 위로 타고 올라가면서 얇고 넓은 구름을 형성하게 되어 넓은 지역에 약한 비가 오게 된다. 한랭전선은 유입된 찬 공기가 현재 자리를 잡고 있는 온난한 공기를 밀어 올리면서 발생하고 흔히 두껍고 강한 비를 내리는 소나기 구름이 형성된다(3장 대기의 안정도 참조).

온난전선과 한랭전선의 특징을 간단히 정리하면 〈표 5-2〉와 같다.

〈표 5-2〉 온난전선과 한랭전선의 비교

	한랭전선	온난전선
전선면의 경사	1/50 - 1/100	1/100 - 1/300
이동 속도	빠르다	느리다
구름 형태	적운형	층운형
강수 형태	소나기성	지속성
통과 후 기온	기온하강, 기압상승	기온상승, 기압감소
표시법		

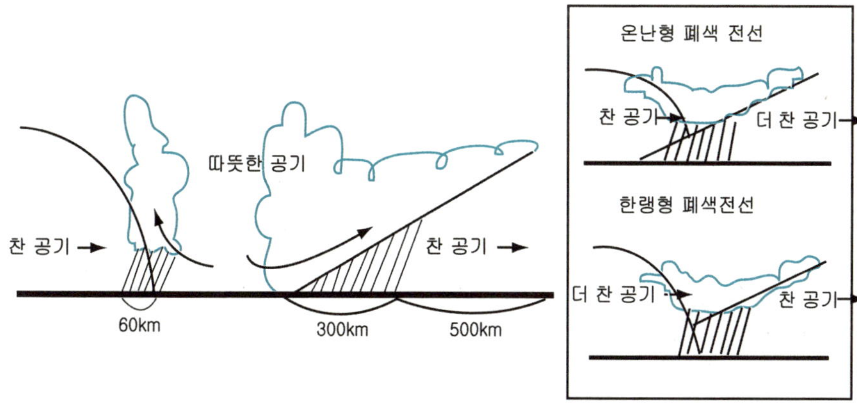

[그림 5-9] 온난전선과 한랭전선의 단면(왼쪽)과 폐색 전선의 단면(오른쪽)

한랭전선과 온난전선 중 한랭전선의 이동 속도가 빠르기 때문에 점차 두 전선이 가까워지다가 결국에는 두 전선이 합쳐지게 된다. 이러한 전선을 폐색 전선이라고 한다. 폐색전선은 로 나타낸다. 폐색 전선은 두 가지 형태로 나타나는데, 한랭전선 쪽의 찬 공기가 온난전선 쪽의 찬 공기보다 온도가 더 낮다면, 한랭전선이 온난전선을 파고 들어가게 된다. 이러한 폐색전선을 한랭형 폐색전선이라 하고, 이와 반대로 나타나는 것은 온난형 폐색전선이라 한다.

정체전선은 찬 공기 덩어리와 더운 공기 덩어리의 세력이 서로 비슷하여 움직이지 않고 한 곳에 오랫동안 머물러 있는 전선으로 로 나타낸다. 즉, 성질이 다른 두 기단이 섞이지 못하고 서로 맞서서 정체되어 있는 전선으로, 우리나라의 장마전선이 이에 해당한다.

이렇게 기단이 충돌하여 전선을 형성하면 구름이 발생하고 비가 내리면서 기단은 점점 섞이게 되고, 결국에는 특정한 각 기단의 성질을 잃어버리게 된다.

재미있는 탐구활동(구름 만들기)

실험 목적

1. 구름이 생기는 원리를 실험을 통하여 알 수 있다.
2. 향의 연기가 구름을 만드는 데 어떤 역할을 하는지 토의할 수 있다.

실험 준비물

• 플라스크 1, 온도계 1, 주사기 1, 스탠드 및 클램프 1, 고무마개, 고무관, 물, 향, 성냥(구름 발생 실험 장치가 있으면 활용)

실험 과정

① 플라스크 속에 물을 조금 넣고 그림과 같이 구름 발생 장치를 꾸민다.

② 큰 주사기로 플라스크 속의 공기를 갑자기 압축 팽창시킬 때의 온도를 측정한다.

③ 플라스크 안의 공기를 갑자기 압축 · 팽창 시켰을 때 그 속에서 어떤 현상이 일어나는가?

④ 플라스크 속에 향의 연기를 약간 넣고 압축 · 팽창 시켰을 때 그 속에 어떤 현상이 일어나는가?

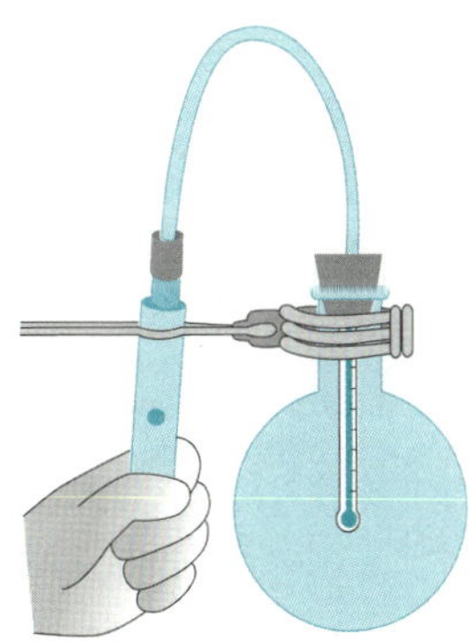

실험 결과

① 공기를 압축 또는 팽창시 플라스크 내부의 온도 변화는 어떠한가?

처음 온도(℃)	압축시킬 때의 온도(℃)	팽창시킬 때의 온도(℃)

② 공기를 압축 또는 팽창 시 플라스크 내부의 변화는 어떠한가?

구 분	압축시킬 때	팽창시킬 때
"물"을 넣은 뒤		
향 연기를 넣은 뒤		

③ 향의 연기는 수증기의 응결에 어떠한 구실을 한 것일까?

④ 건조한 공기보다 습한 공기가 상승하면 구름이 쉽게 발생하는 까닭은 무엇일까?

⑤ 구름이 생성되는 과정을 종합해서 말해보자.

⑥ 구름과 안개의 같은 점과 차이점을 토의해 보자.

재미있는 탐구활동(안개 만들기)

실험 목적

- 일상생활에서 안개를 쉽게 만들고, 그 원리를 알 수 있다.

실험 준비물

- 까만 종이, 유리병, 성냥, 얼음, 비닐, 물감을 탄 물을 준비하자.

실험 과정

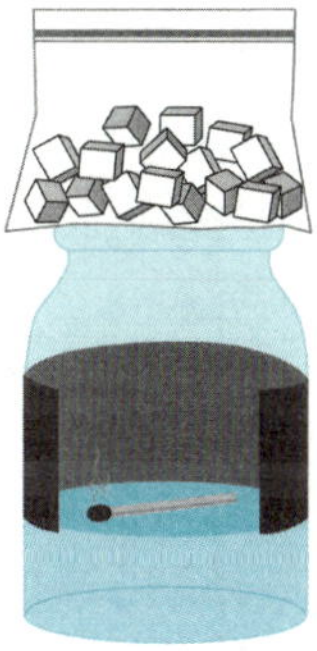

① 유리병 뒤에 까만 종이를 붙인다.

② 물감을 탄 따뜻한 물을 유리병의 1/3 정도 채운다.

③ 성냥에 불을 붙여, 유리병 입구 위에서 들고 있는다.

④ 잠시 후에, 성냥을 유리병 안에 떨어뜨리고 얼음주머니로 유리병의 입구를 막는다.

실험 결과

① 유리병 안에서 어떤 현상이 일어나는가?

② 왜 이런 현상이 일어나는 것일까?

③ 성냥과 얼음은 어떤 역할을 하였는지 생각해 보자.

④ 실험을 토대로, 구름이 어떻게 만들어지는지 생각해 보자.

재미있는 탐구활동(전선 실험)

실험 목적

- 한랭전선과 온난전선이 형성되는 원리를 간단한 실험으로 알 수 있다.

실험 준비물

- 전선 대류 상자, 비커 2개, 잉크(푸른색, 붉은색, 녹색), 찬물, 더운물

실험 과정

〈탐구과제 1〉

① 그림 1과 같이 칸막이를 닫은 상태에서 양쪽에 각각 더운물과 찬물을 같은 높이로 넣고, 더운물은 붉은 색 잉크로, 찬물은 푸른색 잉크로 물들인다.

② 가운데 칸막이를 천천히 들어 올리면서 찬물과 더운물의 경계면이 변하는 모양을 관찰한다.

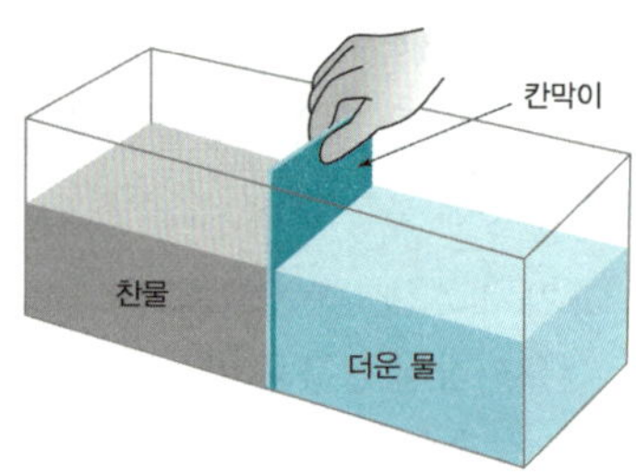

〈그림 1〉

〈탐구과제 2〉

① 그림 2의 ㉮와 같이 수조의 한쪽에 더운물을 붓고, 수조의 벽을 따라 찬물을 흘리면서 경계면이 변하는 모양을 관찰한다.

② 그림 2의 ㉯와 같이 수조의 다른 쪽에 찬물을 붓고, 수조의 벽면을 따라 더운물을 부으면서 경계면이 변하는 모양을 관찰한다.

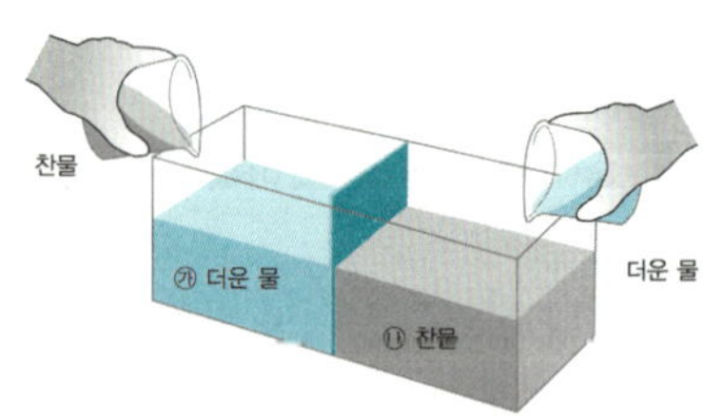

〈그림 2〉

실험 결과

① 활동하기 1과 2에서 물이 움직일 때 경계면의 변화를 처음, 중간, 나중의 3단계로 아래 그림에 각각 나타내어 보자.

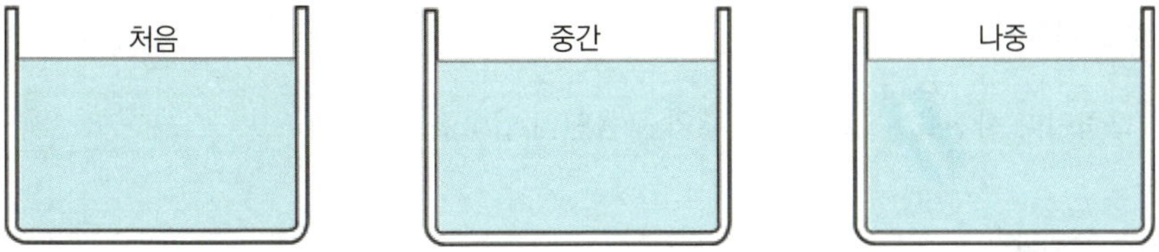

② 활동하기 2의 ㉮와 ㉯에서, 물의 움직임을 온난전선 및 한랭전선과 비교하여 보자.

재미있는 탐구활동(구름의 종류)

실험 목적

• 그림이나 사진을 보고 어떤 종류의 구름인지 알아볼 수 있다.

실험 준비물

• 사진기(필름, 구름 운영 차트)

실험 과정

① 사진기에 필름을 넣고 구름사진을 찍는다.

② 구름사진과 구름 운영 차트 사진과 비교한다.

실험 결과

① 사진을 보고 어떤 종류의 구름인지 알아보자.

② 이 구름의 특징을 설명해보자.

재미있는 탐구활동(간이 우량계 만들기)

실험 목적

① 페트병을 이용하여 간이우량계를 만들어 볼 수 있다.

② 이를 활용하여 실제로 우량을 측정해보는 활동을 할 수 있다.

실험 준비물

- 투명한 페트병(1.5L) 1, 가위 1, 자 1, 사포 1

실험 과정

① 페트병의 윗쪽에서 약 10cm 되는 곳을 가위로 자른다.

② 잘려진 부분이 거칠지 않도록 사포로 매끈하게 다듬는다.

③ 페트병의 몸체에다 윗부분을 그림과 같이 포개어 간이우량계를 완성한다.

④ 간이우량계를 건물이나 나무에서 멀리 떨어진 곳에다 쓰러지지 않도록 단단히 설치한다.

⑤ 비가 그치면 간이우량계에 담긴 빗물의 양을 자로 측정한다.

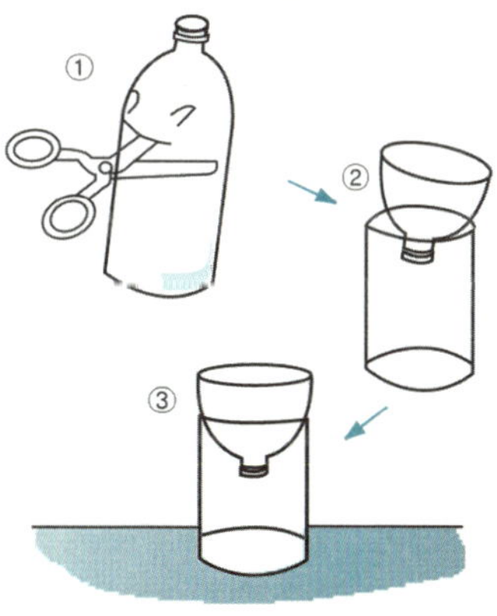

실험 결과

① 간이 우량계를 만들 용기는 어떠한 것이어야 하는가?

② 비가 얼마나 왔는지 실제로 재어 보자.

③ 우량계를 어느 장소에 어떻게 설치하는 것이 가장 효율적일까? 조사해 보고 기록해 보자.

날씨와 일기예보

제 6 장

사람들은 날씨를 미리 알아보기 위해 일기예보를 꼼꼼히 듣곤 한다. 이러한 일기예보는 1869년 미국에서 처음 시작되었다. 이때의 일기예보는 전신을 통해서 보내진 관측자료와 종이와 펜을 이용해 계산해 낸 예측결과를 바탕으로 만들어졌다. 하지만 요즈음에는 기술의 진보에 부응하여 지상, 해상, 공중의 모든 기상 자료를 자동 시스템화하여 정확한 기상 예측과 정밀한 자료를 제공하고 있다. 그렇다면 이 일기예보는 과연 어떻게 만들어지는 걸까? 이 장에서는 일기예보가 누구에 의해서 어떠한 방법으로, 그리고 어떠한 과정을 거쳐 만들어지는지 알아보도록 하자.

▣ 일기예보는 어떻게 만들어지는가?

우리는 TV, 포털사이트, 모바일 앱 등 다양한 미디어 매체를 통해 일기예보를 접하며, 이를 통해 원하는 시간과 지역에 대한 기상정보를 쉽게 얻을 수 있다. 하지만 기상정보가 우리에게 전달되기 까지는 매우 복잡하고 많은 단계를 거치게 된다. 시시각각 변하는 대기 상태를 반영하여 단 시간 내에 많은 단계를 수행해야 하므로 정확성 높은 일기예보를 생산하기 위해서는 고성능의 기술자원 뿐만 아니라 많은 인적자원을 필요로 한다.

일기예보를 생산하는 첫 번째 과정은 다양한 장비와 측정 방법을 이용하여 기상관측을 수행하는 것 이다. 그 다음 지상 관측, 위성 관측, 레이더 관측 등 다양한 관측 자료와 수치예보자료를 종합한 뒤 분석하는 과정을 거쳐 최종적으로 다가오는 날씨를 예보하는 것이다.

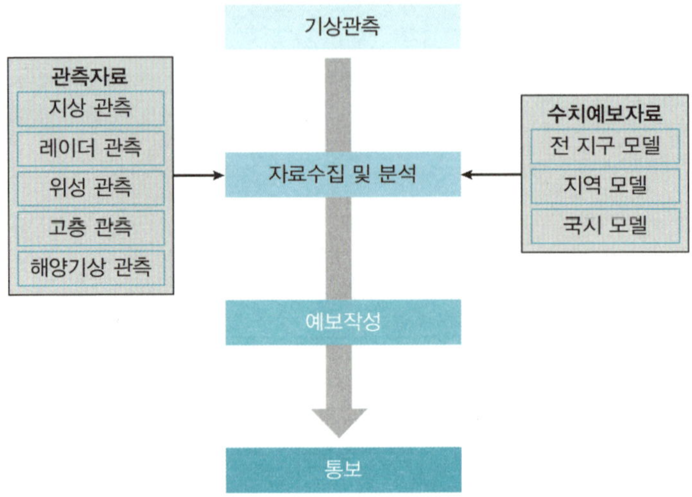

[그림 6-1] 일기예보 생산 과정

▣ 기상관측(Observation)은 어떠한 방법으로 이루어지는가?

우리나라는 기상청에서 기상관측과 일기예보를 한다. 기상청은 서울에 본청을 두고 6개의 지방기상청(수도권, 부산, 광주, 대전, 강원, 제주)이 있으며, 그 산하에 3개 지청(대구, 전주, 청주)과 7개소의 기상대로 구성되어 있으며, 국립기상과학원과 국가기상위성센터, 기상 레이더센터, 항공기상청 등이 있으며, 산하기관으로 한국기상산업진흥원이 있다. 전국의 지상기상 관측망은 종관기상관측장비(ASOS)와 자동기상관측장비(AWS)를 이용하여 총 585개 지점(ASOS 94개 지점, AWS 491개 지점)을 운영하고 있다. 또한, 고층기상관측망은 6개 지점에서 레윈 존데를 이용하여 수행하고 있으며 , 9개 지점에서는 연직바람관측장비와 라디오미터를 이용하여 통합고층기상관측망을 운영하고 있다. 해양은 17개 지점의 해양기상부이, 48개 지점의 파고부이, 6개 지점의 파랑계, 9개 지점의 등표, 18개 지점의 연안방재관측장비, 10개소 지점의 선박기상관측장비와 1척의 해양기상관측선(기상 1호)을 운영하고 있으며, 12개 지점의 기상레이더 관측, 21개 지점의 낙뢰관측, 13개 지점의 항공관측, 127개 지점의 지진관측 업무를 수행하고 있다. 전국 기상관측망의 분포는 [그림 6-2]와 같다. 이처럼 우리나라 기상청에서는 지상 기상관측을 비롯하여 고층기상, 해양기상, 항공기상, 위성기상, 레이더, 낙뢰, 지진 등 다양한 분야의 기상관측을 수행하고 있다. 그렇다면 이제 이러한 각종 관측에 대해 알아보기로 하자.

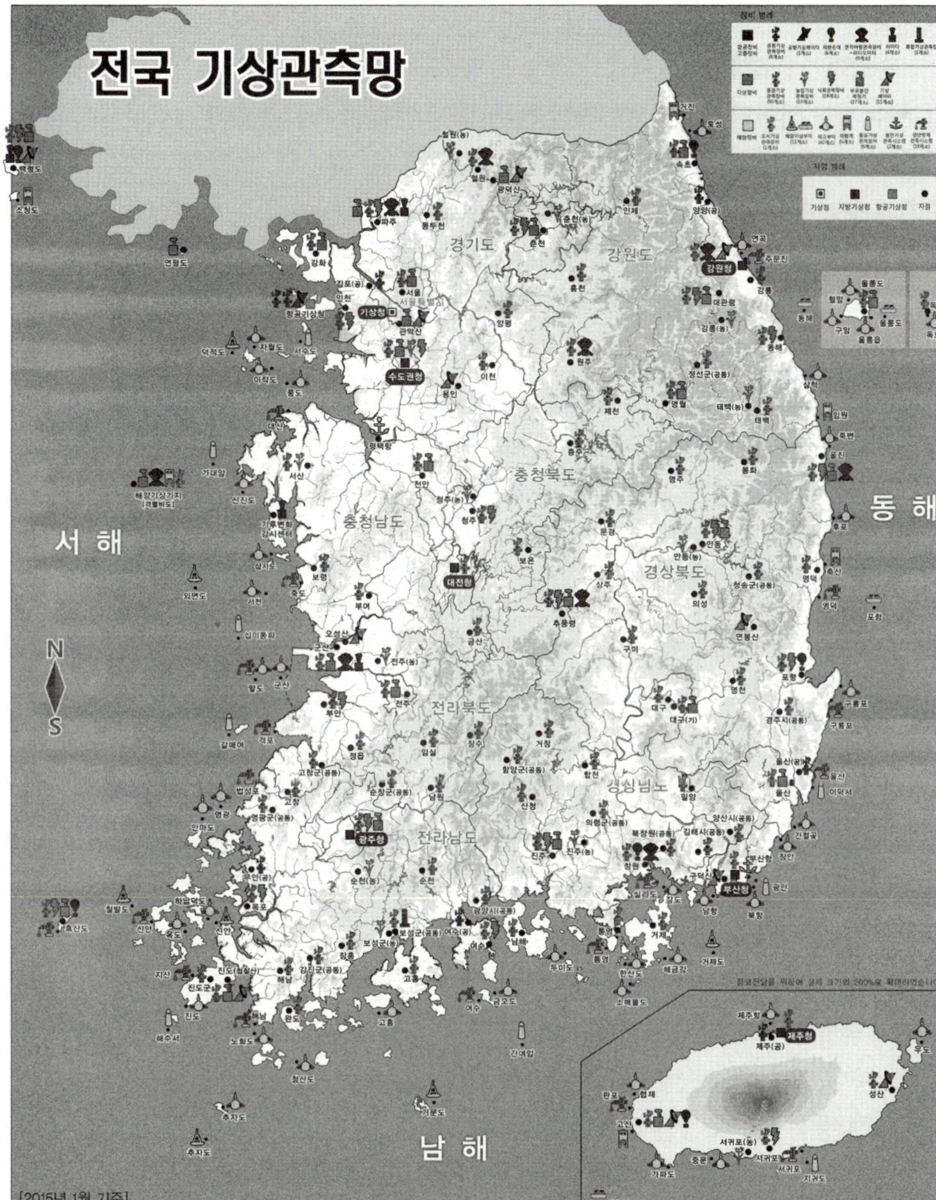

[그림 6-2] 기상관서의 분포 (출처: 기상청)

첫째, 지상 기상 관측에 대해 알아보자.

"내일은 비가 내리겠습니다.", "오늘은 춥겠습니다." 등은 뉴스의 일기예보에서 쉽게 접할 수 있는 말이다. 일상생활에서 일반인들이 쉽게 접하고 생활에 직접적으로 영향을 끼치는 기상현상을 관측하는 것이 지상기상 관측이다. 즉, 지상 기상 관측이란 지상에서 기온, 습도, 기압, 구름, 바람, 일사, 일조, 증발량, 강수량, 적설, 지면 및 지중온도, 지면 상태 등을 관측하는 것이다. 이 중에서 기온과 습도는 관측 노장에 백엽상을 설치해 놓고 측정하는데 이 안에 기온관측을 위해 건구온도계, 최고온도계, 최저온도계를 설치하고, 습도관측을 위해 통풍건습계, 자기습도계 등을 설치한다. 기압은 수은기압계를 설치해서 측정하고, 만약 기압의 변화 상태를 연속적으로 기록해야 한다면 자기기압계를 사용한다.

우리가 흔히 느낄 수 있는 풍향과 풍속은 3배 풍속계, 프로펠러식 풍향풍속계, 자기 전접계수기 등을 지상 10m 높이에 설치하여 측정하는데 풍향은 보통 8방위나 16방위로 관측한다.

그리고, 지표에 낙하되는 비, 이슬비, 싸락눈, 우박 등의 양을 측정하는 데는 가장 간단하고도 널리 사용되는 원통형 우량계와 전기선을 이용하여 먼 곳에서도 그 우량을 측정할 수 있는 전도형 자기 우량계를 사용한다.

둘째, 자동 기상 관측에 대해 알아보자.

기상 현상엔 수많은 변수가 있다. 특정 지역에 돌풍이 생길 수도 있고, 집중호우가 내릴 수도 있다. 그렇기 때문에 모든 지역마다 기상대를 설치하면 좋겠지만, 현실적으로 불가능하다. 그리고 만약 기상대를 설치했다고 해도 사람이 계속 지키고 있기란 불가능하다. 그래서 기온, 습도, 풍향, 풍속, 강수유무, 강수량 등을 컴퓨터를 이용해 무인으로 관측하여 중앙 컴퓨터로 송신해 주는 장비를 사용하게 되는데, 이럴 때 쓰이는 장비를 AWS(Automatic Weather System)라 한다. 이 장비는 쉽게 기상대를 세울 수 없는 산간벽지나 도서 지방에 설치하여 사용하고 있다.

셋째, 해상 기상 관측에 대해 알아보자.

우리나라 뉴스의 일기예보에서 빠뜨릴 수 없는 것이 해양 기상이다. 왜냐하면 우리나라는 삼면이 바다로 이루어져 있어서 각종 수산업과 수송업이 활발히 이루어지고 있기 때문이다. 그래서 기상청에서는 해상기상을 관측하기 위하여 해안 관측소와 해상 기상 자동 관측용 부이(Bouy-바다에 띄우는 부표)를 설치하여 운용하고 있다. 또한, 기상 관측 선박을 띄워 기상을 관측하고 있다. 이러한 곳에서는 물결의 높이(파고), 물결의 길이(파장), 물결의 주기, 해수 온도 등을 수시로 관측하고 있다.

넷째, 고층 기상관측에 대해 알아보자.

우리는 앞 장에서 대류층이 지상으로부터 8~12km 고도에 분포해 있다는 것을 배웠다. 지표상의 대기 흐름도 기상현상에 큰 영향을 끼치지만 상층의 대기 흐름 역시 큰 영향을 끼친다. 그래서 일기 예보에 꼭 필요한 고층 기상관측을 하고 있다.

고층 기상 관측은 기상 상태를 알기 위하여 라디오존데란 전자 장비를 사용하게 되는데, 이것을 대형 풍선에 매단 후 하늘에 띄워 특정 고도의 기상현상을 관측·송신하게 된다.

우리나라에서는 이러한 고층 기상 관측을 6개 지점(백령도, 강릉, 오산, 광주, 포항, 흑산도, 제주)에서 하루 2회(오전 9시, 오후 9시) 수행하고 있다. 각 고도마다 세밀하게 나눠 측정한 후 세계 각각의 기상 관서와 교류하며 상층의 일기도를 작성하게 된다.

다섯째, 기상위성 관측에 대해 알아보자.

먹구름의 이동방향과 태풍의 진로 등 대규모의 기상현상을 거시적으로 관측할 수 있는 방법은 없을까? 이러한 인류의 고민에 의해 탄생된 관측방법이 바로 기상 위성 관측이다. 우주공간에서 지구주변을 돌며 전 지구적인 대기의 흐름을 관측한다. 이렇게 관측된 자료는 여름철에 집중호우 예상지역이나 주의보, 경보 등을 발효하는 데 매우 큰 도움이 된다.

여섯째, 레이더 기상 관측에 대해 알아보자.

레이더가 박쥐의 초음파에 착안하여 만들어졌다는 것은 한번쯤 들어서 알고 있을 것이다. 세계 제2차 대전에서 군함이나 전투기의 움직임을 추적하는 데 쓰였던 레이더가 기상예보를 할 때도 쓰인다는 것이 놀랍지 않은가. 기상레이더는 빗방울, 눈 입자, 우박 등 강수현상을 일으키는 강수입자들에 대해 전파를 보내고, 반사되어 되돌아온 전파를 분석하여 예보에 이용한다. 전파가 수증기 입자에 부딪쳐 돌아오는 파장을 분석하는 게 기상레이더의 탐측 원리라고 할 수 있겠다. 기상레이더로 관측할 수 있는 기상현상은 집중호우, 태풍, 우박 등으로 이러한 강수현상을 짧은 시간에 입체적으로 파악할 수 있어 위험기상의 조기 감시와 예측에 이용되고 있다.

현재 기상레이더는 항공기상청에서 운영하는 인천 영종도 레이더를 포함하여 백령도, 관악산, 용인, 광덕산, 강릉, 오성산, 면봉산, 진도, 구덕산, 고산, 성산에 위치한 12개 관측소에서 운영하고 있으며 현재의 예보에 있어서 기상위성과 더불어 없어서는 안 될 주요 장비이다.

일곱째, 낙뢰 관측에 대해 알아보자.

한여름 밤 "우르르 쾅"하며 천둥과 함께 찾아오는 낙뢰. 번개에 맞아 변압기가 터지고 인명사고가 발생하며, 전자장비에 치명적인 낙뢰사고를 뉴스를 통해 심심치 않게 접할 수 있다. 기상청에서는 낙뢰 자동관측시스템을 도입하여 이러한 낙뢰 관측을 하고 있다. 이 시스템은 강화, 보령, 광주, 제주, 산청, 울산, 추풍령 등 전국 21개 지점에 설치되어 내륙 및 해안에서 발생하는 모든 낙뢰를 관측하고 있다. 이 낙뢰 관측은 기상이 나쁠 때 그 진가를 발휘한다.

여덟째, 지진 관측에 대해 알아보자.

기상과는 다소 멀어 보이지만 현 생활에서 중요한 위치에 있는 지진 관측을 기상청에서 하고 있다. 동남아에서 쓰나미(지진해일)에 의해, 그 인근이 참혹한 변을 당한 것을 참고한다면, 이러한 피해를 사전에 막기 위한 지진 관측은 필수라 하겠다. 지진 발생 즉시 자료수집 및 분석기능을 갖도록, 전산처리 시스템과 지진계가 결합 구성되어 있어 효율적으로 관측을 하고 있다. 여기에서는 지진파의 최대 진폭, 진동주기 및 발생지점(진앙)까지의 거리를 구하고 있다.

▣ 관측된 자료는 어디로 보내지는가?

위에서 알아본 여러 가지 관측법으로 측정한 기상 자료는 여러 장소로 보내지게 된다. 기상대로부터 기상청 본부로, 세계 각지로 보내지는 이런 정보는 각 지역에서 그 분야에 맞게 쓰인다. 각종 관측소에서 관측한 기상자료를 일정한 형식인 전문으로 작성하여 통신장비로 각 기상청에 수집, 배분하는 과정을 '통신'이라 한다. 기상현상은 매우 역동적으로 변화하므로 정시에 관측된 기상자료는 빠른 시간 안에 수집되고 배분되어야 한다. 우리나라뿐만 아니라 전 세계적으로 동시에 관측자료가 수집・분배되어야 하므로 기상학의 발전은 통신 전산 기술의 발전과 동시에 이뤄졌다고 해도 과언이 아니다.

그렇다면 이러한 정보를 어떻게 '통신'하는 것일까? 여기엔 종합기상정보시스템(COMIS)이 구축되어 사용된다. 이 시스템은 세계기상통신망(GTS)의 지역통신센터(RTH)인 동경・북경과 연결되어 세계기상자료를 교환하고 있다. 이들 국제기상통신회선을 통해 입수된 지상 및 고층관측자료 등 20여 종의 세계기상자료와 악기상 예상도 등은 국내 각 기상관서와 관련 기관에 온라인을 통해 즉시 전달된다.

그리고 종합기상정보시스템에서는 연속적으로 발생하는 대량의 실시간 자료를 수집・처리・분배하기 위하여 기상정보통신용 전산기(NR4436)를 주축으로 수치예보용 슈퍼컴퓨터, DB용 전산기, 위성용 전산기, 연구용 전산기 등을 함께 사용함으로써 효율을 극대화 하고 있다.

■ 일기도 작성과 분석은 어떻게 이루어지는가?

'통신'에 의해 자료를 전송 받은 후 하는 작업이 일기 분석 과정이다. 우리가 실제로 예보를 접하기 위해서는 이 과정이 필수적이라 할 만큼 매우 중요한 과정이다.

날씨를 예보하기 위해서는 먼저 현재의 일기상황을 충분히 파악하고 있어야 한다. 기상청에서는 현재의 기상상태를 분석하기 위해서 각 관측소에서 수집된 많은 자료를 필요에 따라 여러 형태로 표현한다. 그 중 가장 기본적인 분석 방법으로 수집한 대기정보를 쉽게 볼 수 있도록 2차원적으로 표현한 것이 우리가 접하는 일기도이다.

우선, 일기도가 작성되기 위해서는 통신을 통해 들어오는 기상자료에 대해 전처리 과정을 거쳐 우리가 알아볼 수 있는 형태로 만들어야 한다. 입수되는 자료는 영문과 숫자로 이루어진 '전문'이라는 약속된 형식으로 이루어져 있으며, 전문 해석을 통해 지점의 기상정보를 파악할 수 있다. 혹시 일기도에 음표와 비슷한 형태를 띠고 있는 기호를 본 경험이 있는가? 기회가 된다면 한번 쯤 유심히 살펴보길 바란다. 바로 그 작은 기호에 표기된 정보가 있어 우리가 보는 일기도가 작성 된다는 사실을 생각해 보면 그 기호 하나하나가 매우 중요한 역할을 하고 있음을 알 수 있다.

〈표 6-1〉 여러 가지 일기 기호

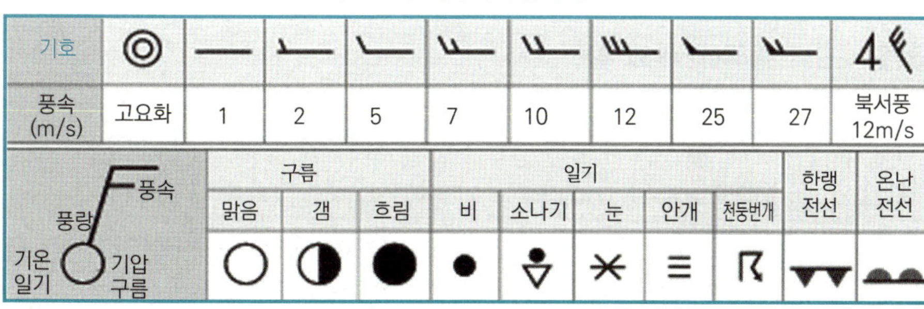

과거에 전문을 해석하고 일기도 작성까지 사람이 직접 수행했지만 현재 기상청에서는 전산일기도체계가 구축이 되어 있어서 자동으로 기입된다. 일기도에는 기입된 자료들에서 같은 기압을 나타내는 선을 찾아내어 등압선을 그리고, 고・저기압을 나타내며 등온선과 등풍속선을 묘화하고, 전선, 강수역, 강풍속역 등을 찾아 표시한다.

우리나라를 기준으로 작성되는 일기도는 크게 국지일기도, 지상일기도, 925hPa 표준등압면 일기도, 850hPa 표준등압면 일기도, 700hPa 표준등압면 일기도, 500hPa 표준등압면 일기도, 300hPa 표준등압면 일기도, 200hPa 표준등압면 일기도, 100hPa 표준등압면 일기도, 북반구 500hPa 고도 및 기온 분석도 등으로 나눌 수 있으며, 또한 이러한 기본 일기도를 이용하여 2차적으로 작성되는 보조일기도가 있다. 요즘에는 일기도를 컴퓨터로 그리지만, 규칙을 안다면 기입된 자료를 바탕으로 누구나 그릴 수 있다. 국지일기도 및 지상일기도는 다음 표에서 제시된 방법으로 그릴 수 있다. 일기도 그리는 방법을 알고 난 후 뒤에 있는 재미있는 탐구활동에서 활용해 보자.

〈일기도 그리는 방법〉

- 1000hPa을 기준으로 4hPa 간격으로 그린다.
- 굴곡이 심하지 않도록 부드럽게 그린다.
- 도중에 끊어지지 않도록 연속되게 그린다.
- 두 개의 등압선이 교차하거나 한 개의 등압선이 도중에 둘로 갈라지지 않도록 그린다.
- 관측 값이 없는 곳은 부근 값에서 거리에 비례하여 그린다.
- 등압선에 표시하는 기압치는 끝 두 자리만 표기하되 폐곡선인 경우 선의 중앙을 끊고 표시하고, 등압선이 단절된 경우에는 양 끝에 표기한다.
- 저기압 중심에는 'L', 고기압 중심에는'H'를 표시하고, 그 밑에 중심기압을 기입한다. (저기압은 적색, 고기압은 청색).

▣ 일기도의 종류에 대해 알아보자

일기도의 종류도 범위에 따라 국지일기도 · 극동일기도 · 아시아태평양일기도 · 북반구일기도 · 전구일기도 등이 있다.

일반적으로 고기압, 저기압, 전선은 하루에 1,000km 정도의 거리를 이동하므로 극동일기도는 24~48시간 예보로 사용하기에 알맞으며, 주간 예보를 하려면 북반구일기도가 필요하고, 아시아태평양일기도는 태풍 추적이나 태평양에 있는 선박에 대한 해상경보에 쓰인다.

국지일기도는 중부지방이나 서울 주변 등과 같이 좁은 범위를 커다란 지도로 만들어 전국 자동기상관측망으로부터 수신한 관측 값을 기입하고, 일반적인 고기압 · 저기압보다 공간적 · 시간적으로 규모가 훨씬 작은 중규모(meso)고기압 · 중규모저기압 등의 움직임을 포착하여 뇌우나 집중호우를 예보하는 데 사용한다. 한국에 접근 · 상륙하는 태풍의 자세한 움직임을 매 시간마다 추적하는 데에도 국지일기도가 이용된다.

또한 일기도는 대기의 상태를 그려내는 면에 따라 지상일기도와 고층일기도로 크게 나누어진다.

고층일기도는 보통 여러 개의 등압면에 의해 작성되므로 등압면일기도라고도 하며, 등압면일기도에 그리는 등고선은 그 부근 정고도면의 등압선에 해당한다.

이 밖에 등온선이나 유선을 그려 넣는 유선분석, 등풍속선을 그려 넣어 제트류의 위치를 분석하는 등풍속선분석 등의 일기도가 있으며, 등온위면일기도를 만드는 경우도 있다. 강우량・기압변화량 등의 기상요소나 소용돌이정도・발산・상승기류・수증기수송량 등의 물리량분포를 그림으로 나타낸 것도 넓은 의미의 일기도에 포함된다.

특히 뒤의 것은 기상역학・열역학 이론의 발전과 대형고속도컴퓨터의 이용에 힘입어 그 실용화가 가능해졌는데, 대기의 상태와 구조를 이해함으로써 일기예보를 하는 데 매우 중요한 역할을 하고 있다.

특수한 일기도에는 구름 분포의 특징을 나타낸 네프차트(nephchart)가 있고, 기상위성을 통해 수집된 구름 사진에 전선이나 고기압・저기압의 위치 등을 그린 것도 있는데 이를 분석한 것을 구름분석이라 한다.

앞으로의 기상요소 또는 각종 물리량분포를 그린 것은 예상일기도(prognostic chart)라 하여 실황도와 구별된다.

그 밖에 주로 장기예보용인 평균일기도가 있는데 여기에는 시간평균과 공간평균 두 가지가 있다.

또한 시간적으로 연속된 일기도로부터 고기압과 저기압의 중심・전선・기압골・특정등압선・특정등온선 등을 골라 대기상태의 시간적 경과를 한 장의 일기도에 기입하여 나타낸 것을 연속도라고 한다.

▣ 지상일기도의 등압선과 전선의 분석방법에 대해 알아보자

먼저 등압선 분석에 대해 알아보자. 등압선은 반드시 폐곡선이 되든가 아니면 일기도의 연변에서 끝나게 되는데, 한 선으로 연결되는 등압선은 양쪽 끝에 시도를 쓰며 폐곡선을 이룬 등압선은 중심위치의 북쪽에서 등압선을 끊고 시도를 기입한다. 필요한 곳에 그려진 중간선의 경우도 같은 요령으로 처리되나 일기도 안에서 그쳤을 경우에는 그 끝에 시도를 쓴 후 적당한 크기의 원으로 둘러싼다.

또, 등압선은 서로 교차하지 않고, 도중에 두 갈래로 갈라지거나 또는 두 등압선이 한 등압선으로 합쳐지지 않으며 도중에 끊어지지도 않는다. 두 등압선의 간격은 풍속에 반비례하도록 그린다. 그러나 특별히 풍속 차가 없는 한 가급적 간격을 일정하게 그린다.

등압선은 항상 기압계의 계통적인 배열이 잘 나타나도록 그린다. 기압능과 기압골은 그 특성에 유의하여 그려야 하며, 전선을 동반하고 있는 저기압에서는 전선에서 등압선이 심하게 저기압성으로 굴곡 되도록 그린다. 등압선은 자료가 많은 곳, 또는 자료의 신빙성이 큰 곳부터 그리기 시작하여 주위로 연장시켜 나간다.

기압계나 전선계 등은 갑자기 발생하거나 소멸하는 경우가 거의 없고 연속적으로 변한다. 따라서 전 시각의 일기도의 등압선분포와 물리적인 연속성이 있도록 분석하여야 한다. 연속성을 유지하기가 힘들 때는 전 시각의 일기도 분석의 잘못 여부를 검토한다.

두 번째로 전선 분석에 대해 알아보자.

전선은 갑자기 발생하거나 갑자기 소멸하는 일이 없으므로 전시각의 일기도로부터 연속적으로 추적할 수 있다. 전선상에서는 일반적으로 일기가 악화되므로 강수 등 나쁜 일기가 선상으로 나타날 경우에 전선이 있을 가능성이 크다. 온난전선은 그 전방에서 넓게 악천을 보이다가 후방에서는 비교적 호천을 이루고, 한랭전선은 전방과 후방의 구별없이 전선상에서 비교적 좁게 악천이 나타난다.

기온의 역전층이 존재하고 이 역전층에서 고도에 따라 풍향이 반전할 때는 한랭전선, 순전할 때는 온난전선이므로 이를 근거로 지상의 전선 위치를 추정할 수 있다. 그러나 저기압의 중심부근에서는 전선이 존재해도 상승기류가 강하기 때문에 명확한 역전층이 없는 경우도 있다.

또한, 열대 저기압(태풍)은 일반적으로 전선을 동반하지 않으며, 약한 저기압이 동서로 여러 개 줄을 지어 있을 때는 보통 정체전선으로 연결되는 경우가 많다.

▣ 지상일기도에 기상현상은 어떻게 표시하는가?

지상일기도에서 전선 또는 기압골, 기압능 등은 〈표 6-2〉와 같이 표시한다.

고기압과 온대성 저기압 중심위치를 알 경우에는 중심위치에 등압선과 같은 색으로 직경 4mm 정도 크기의 "(⊗)"(또는 적당한 크기의 "×")를 표시한다. 그리고 기압계의 종류를 나타내기 위하여 고기압에 'H'(또는 '고'), 저기압에 'L'(또는 '저') 즉 영자 또는 국어의 적절한 머릿자를 중심에 적어 넣고 그 아래 중심 시도를 정수 단위로 적는다.

〈표 6-2〉 지상일기도에 쓰이는 전선류의 표시

내 용	진행방향	기 호	
		단 색	채 색
한 랭 전 선	↑		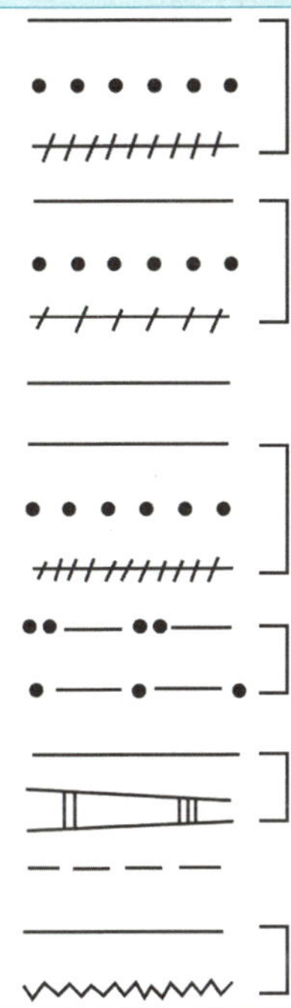 청색
한랭전선발생	↑		청색
한랭전선소멸	↑		청색
온 난 전 선	↑		적색
온난전선발생	↑		적색
온난전선소멸	↑		적색
폐 색 전 선	↑		자색
정 체 전 선	↕		적청 교대
정체전선발생	↕		적청 교대
정체전선소멸	↕		적청 교대
불 안 정 선			흑색
쉬 어 선			흑색
수 렴 선			주황색
열대수렴대*			주황색
열대불연속선			적록 교대
기 압 곡 축			흑색
기 압 능 축			흑색

열대성 저기압의 경우는 그 중심부를 〈표 6-3〉과 같이 표시하고 그 아래에 중심 시도를 비롯한 그 열대성 저기압의 기타 특성을 기입한다. 중심위치 표시방법은 고기압과 온대성 저기압에서의 표시방법과 동일하다.

〈표 6-3〉 열대성 저기압의 표시

종 류	중심최대풍속	표시방법(예)
열대저기압 (Tropical depression)	34knots 미만 (17.2m/s 미만)	⊗ TD
열대 폭풍우 (Tropical storm)	34~47 knots (17.2 24.4 m/s)	 TS VERA (8613) 이름 번호
심한 열대 폭풍우 (Severe tropical storm)	48~63 knots (24.5 32.5 m/s)	 STS VERA (8613)
태 풍 (Typhoon)	64 knots 이상 (32.7 m/s 이상)	 TY VERA (8613)

▣ 상층일기도의 종류에 대해 알아보자

지상부근의 1,000hPa 일기도 보다 높은 고도에 대한 등압면 일기도를 상층일기도라고 한다. 상층일기도의 분석은 기압계의 연직 구조를 알기 위한 입체분석의 수단으로 사용된다. 종류는 925hPa, 850hPa, 700hPa, 500hPa, 300hPa, 200hPa, 100hPa 일기도 등이 있다.

고층관측에서 일정 고도의 기압값을 얻기보다는 일정 기압면의 고도값을 얻기가 더 용이하기 때문에 등고면 일기도 대신에 등압면 일기도를 주로 분석한다. 실제로 항공기들이 등압면상을 비행하는 경우가 많은데 이때에도 많은 도움을 줄 수 있어 등압면 일기도가 유용하다.

▣ 보조일기도의 종류에 대해 알아보자

기본 일기도에서 보여주지 못하는 변수들을 2차적으로 작성하여 나타내는 일기도를 보조일기도 라고 한다. 기상청에 분석하는 보조 일기도의 종류는 보조(가) 6종(850hPa 수증기플럭스, 850hPa 유선과 등풍속선, 925~700hPa, 쇼월터안정지수, K-index 지수, 850hPa 상당온위, 1000~700/500hPa 층후와 700hPa 습수)과, 보조(나) 6종(500hPa 24시간고도변화, 850hPa24시간기온변화, 700hPa상승속도, 500hPa와도, 850hPa수렴과 등풍속선, 200hPa발산과 등풍속선)이 있다.

〈표 6-4〉 보조일기도의 종류

		종류	용도
보조(가)	1	850hPa 수분속	수증기의 분포와 이동(수렴)을 추적
	2	850hPa유선과 등풍속선	대류권 하층에서의 기류의 흐름과 강풍구역 추적
	3	850~500hPa 쇼월터지수	날씨 악화 지역 추출 (지수가 작을수록 날씨악화)
	4	K-index	여름철 해양성 열대기간의 영향을 받을 때 나타나는 호우와 뇌우 진단에 사용
	5	850hPa 상당온위	구름의 발달과 관련된 습윤단열과정에서도 보존되는 양으로 여름철 mT기단을 추적하는데 효과적
	6	1000~700/500hPa 층후와 700hPa 습수	중하층 대기의 기온을 나타내며, 지형의 효과가 상당부분 여과되어 전선 분석에 용이

		종류	용도
보조 (나)	1	500hPa24시간고도변화	대기 중층에서 기압계의 발달이나 쇠약과정을 파악하는데 유용
	2	850hPa24시간기온변화	전선대의 발달과 쇠약, 한랭역과온난역의 진행과정을 파악하는데 유용
	3	700hPa상승속도	대기 하층부에서의 공기의 상승속도가 파악에 유용
	4	500hPa와도	대기 중층부에서의 공기의 와도 (소용돌이도)로 저기압성/고기압성와도의 판단
	5	850hPa수렴과 등풍속선	대기 하층부에서의 공기의 수렴여부와 강풍 분포의 추정
	6	200/300hPa 발산과 등풍속선	상층에서는 발산역의 위치와 강도, 제트류의 위치 파악 가능

〈출처: 기상청〉

▣ 단열선도의 종류와 특징에 대해 알아보자

일반적으로 고층기상관측 자료를 신속하게 정리・분석하여 한 관측지점의 연직방향의 열역학적 특성을 파악하기 위해 단열선도를 이용한다. 단열선도의 주요 등치선은 가능한 한 직선으로 구성되어 있어야 하며, 단열선도상의 면적은 열역학적 에너지와 비례하여야 한다. 〈표 6-5〉는 단열선도의 종류에 따른 특성을 나타낸 것이다.

〈표 6-5〉 단열선도의 종류에 따른 특성

종 류	좌 표	면적과 에너지	직선	고도계산	창안자
Clapeyron diagram	$X = \alpha$ $Y = -P$	비례	등압선	가 능	Clapeyron
Thetagram	X = T Y = -P	-	등압선 등온선	가 능	-
Pastagram	X = H Y = T	-	등고선 등온선	가 능	J.C.Bellamy
Rossby diagram	X = q $Y = \theta$	-	등혼합비선 건조단열선	불가능	Rossby
Aerogram	X = In T Y = -TInP	비례	등온선	불가능	A. Refsdal
Emagram	X = T Y = -InP	비례	등온선 등압선	가 능	A. Refsdal

종 류	좌 표	면적과 에너지	직선	고도계산	창안자
Stuve diagram	X = T Y = $-P^{R/Cp}$	-	등온선 등압선 건조단열선	불가능	G. Stuve
Tephigram	X = T Y = In θ	비례	등온선 건조단열선	가 능	Sir Napier Shaw
Skew T-log P diagram	X = Skewed T Y = -InP	비례	등온선 등압선	가 능	U.S. Air Force

위의 〈표 6-5〉 중에서 일반적으로 가장 많이 쓰이고 있는 단열선도가 바로 [그림 6-3]의 Skew T-log P diagram인데, 온도(T)와 기압(P)선이 기울어져 있는(Skew) 그림이라고 하여 이렇게 명명되었다.

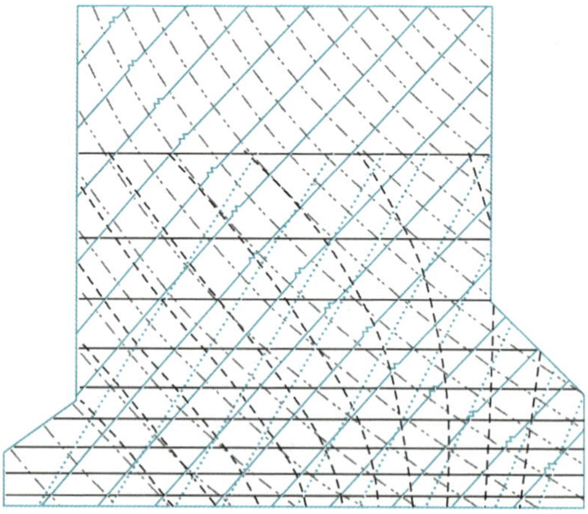

[그림 6-3] Skew T-log P diagram

위의 [그림 6-3]을 살펴보면 다음과 같은 선들로 구성되어 있다.

첫째로, 등압선이 있다. 수평방향으로 그려진 직선으로 1,050hPa부터 100hPa까지, 또 400hPa를 100hPa로 시작하여 25hPa까지 겹쳐서 표시하고 있다

둘째, 왼쪽 아래 부분에서 오른쪽 위 부분으로 45° 기울어져 그려진 직선으로 보통 섭씨 기온으로 표시되어 있는 선은 바로 등온선이다.

셋째로, 건조단열선이 있다. 왼쪽 위 부분에서 오른쪽 아래 부분으로 기울어져 있으며 위쪽으로 약간 오목한 곡선이다. 이 선들은 등온위선이기도 하다. 건조단열선의 간격

은 온도가 높을수록 다소 좁아진다.

넷째, 포화단열선이 있다. 왼쪽 위 부분에서 오른쪽 아래 부분으로 기울어져 있으며 아래로 약간 오목한 곡선으로 보통 200hPa 등압면까지만 그려져 있다. 습윤단열선이라고도 한다.

다섯째, 포화혼합비선이 있다. 왼쪽 아래에서 오른쪽 위로 거의 직선으로 그어진 선으로 등온선보다 경사가 더 급하다. 값이 클수록 간격이 조밀하고 200hPa 등압면까지만 표시되어 있다.

여섯째, 표준대기곡선이 있는데, 이는 표준대기의 상태를 나타내고 있는 굵은 실선이다.

▣ 우리나라 봄 · 여름 · 가을 · 겨울의 일기도는 어떠한가?

우리나라의 봄은 양쯔강 유역에서 형성된 이동성 고기압의 영향을 받는다. 일기도에서도 이동성 고기압이 우리나라를 중심으로 동서로 나란히 놓인 형태를 띠고 있다. 때문에 기압골이 우리나라의 남과 북을 지나고 이동속도도 느려 건조하고 맑은 날씨가 지속된다.

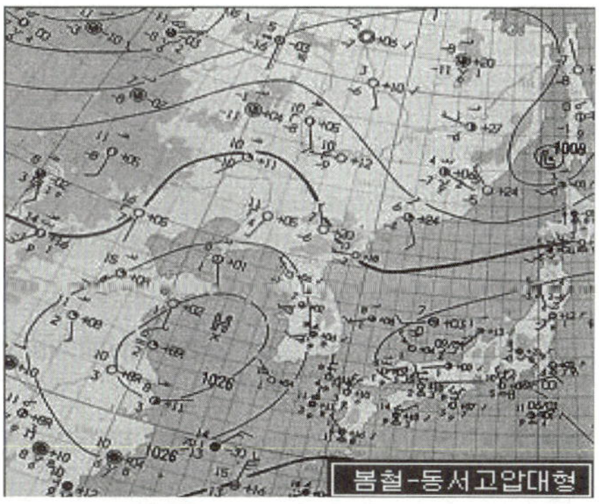

[그림 6-4] 봄철 일기도

7월 하순 장마가 끝난 후에는 덥고 습한 북태평양 고기압의 영향을 받아 여름 날씨가 시작된다. 여름철 남동 계절풍으로 인한 따뜻하고 습한 기류 때문에 무덥고 불쾌지수가 높은 날이 계속된다. 오후에는 불안정한 대기로 인해 소나기가 내릴 경우가 많다.

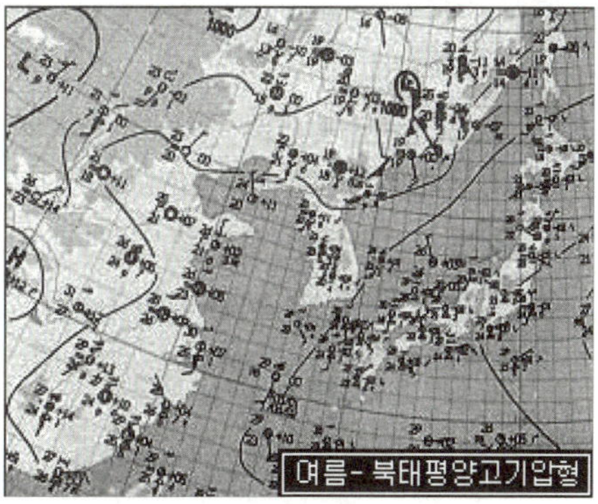

[그림 6-5] 여름철 일기도

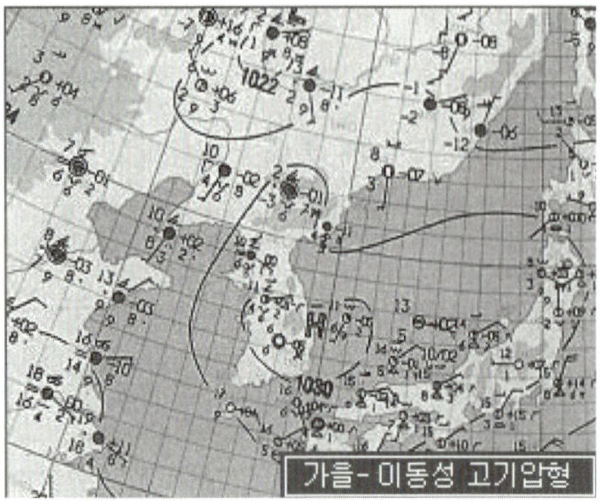

[그림 6-6] 가을철 일기도

서쪽에서 오는 이동성 고기압의 영향을 받아 점차 맑은 날씨를 보이며 건조하고 시원한 바람이 불어 기분좋은 날이 된다. 하지만 이 고기압이 우리나라 동쪽으로 움직이면 그 뒤에서 저기압이 다가와 날씨가 나빠지게 된다. 이와 같은 원인으로 이 시기에는 날씨가 주기적으로 변화하게 된다.

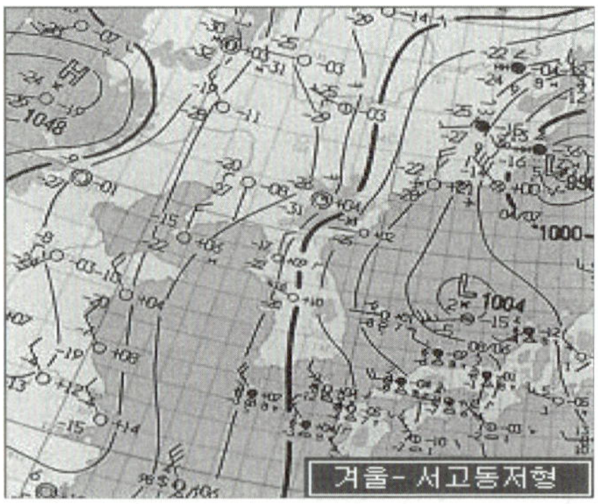

[그림 6-7] 겨울철 일기도

시베리아 기단의 영향으로 서쪽이 높고, 동쪽이 낮은 서고동저형의 기압 분포가 나타난다. 북서 계절풍이 강하게 불고 기온이 갑자기 내려가며 서해안 지방에 눈이 내린다. 이러한 기압 배치에서 날씨는 삼한사온의 특징을 갖는다.

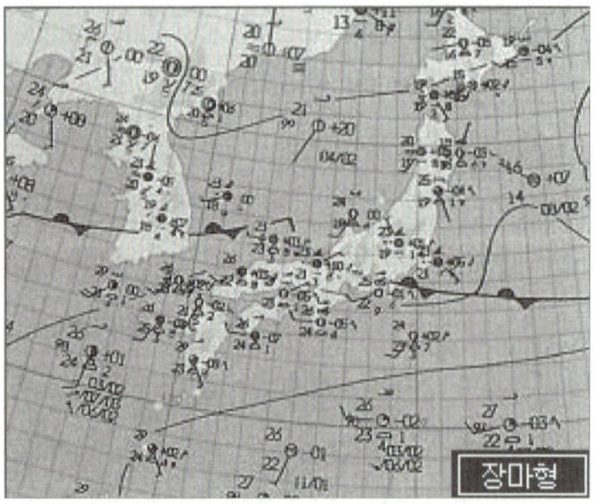

[그림 6-8] 장마철 일기도

〈출처: 기상청〉

일본 남쪽에 온난다습한 북태평양 고기압이 위치하고, 우리나라 북쪽에는 한랭다습한 오호츠크해 기단이 자리하고 있다. 두 기단이 서로 대치상태에 있어 전선이 장기간 머무르게 되는데 이것이 바로 장마 전선이다. 이런 기압 배치에서는 흐리고 비가 오는 날씨가 며칠씩 계속되기도 한다.

▣ 일기예보 방법에는 어떠한 것들이 있는가?

일기예보를 하는 방법에는 여러 가지가 있는데 정확한 예보가 되기 위해서는 현재의 기압 상태가 어느 곳으로 어떤 식으로 발달해 나갈지 예상하는 것 이외에 새로운 저기압 시스템이 어디서 발달할지를 예측할 수 있어야 한다. 대표적인 예보 방법에 대해 알아보자.

우선, 종관적 예보(Synoptic weather forecasting)가 있다.

이 예보의 방법은 종관분석이 된 일기도를 주로 이용하며 1950년대 후반까지 쓰였다. 예보자는 다년간의 경험을 바탕으로 존재하고 있는 기상현상이 어떤 식으로 발달하며 움직여 나갈지 예측을 한다. 이러한 방법으로는 새로운 저기압 시스템이 생겨나는 것을 예측할 수는 없고 예보 가능 시간도 하루나 이틀 이상은 거의 불가능하다. 1950년대에는 일기도를 이용하여 등고선의 값을 적분하는 방법이 이용되었다.

종관적 예보방법은 그 자체만으로는 쓰이지 않으나 지금도 수치예보에 의해 얻어진 일기도를 보고 구체적인 일기현상을 예측할 때는 경험적이고 실험적인 법칙들이 쓰이고 있다.

둘째로, 통계적 예보(Statistical weather forecasting)가 있다.

일기예보에 통계적인 방법을 쓰는 것은 수치예보를 할 때 보충적인 예보방법으로 많이 쓰인다. 과거의 날씨를 자세히 분석해 보면 미래의 날씨 패턴을 예측하는 데 도움이 된다. 이런 방법은 대기현상 전체를 예측하기보다는 한 가지 변수(예: 최고 기온)를 예측하는 데 많이 쓰인다.

통계적인 방법 중의 하나인 유사법(analog method)은 현재 일기와 비슷한 날씨를 과거의 기록 중에서 찾아내어 과거에 진행된 날씨 변화가 현재에도 비슷하게 반복되리라 예상하는 것이다. 간단한 방법같이 들리지만 현재 날씨와 모든 면에서 완전히 같은 날씨를 과거에서 찾는 것은 불가능하다. 이 방법은 주로 장기 예보에 쓰인다.

셋째로 수치 예보(numerical weather prediction)가 있다.

현대의 일기예보는 주로 수치 예보에 의존하고 있다. 그런데 '수치(numerical)'라는 말은 오해를 불러일으키기 쉽다. 왜냐하면 모든 종류의 예보방법이 어느 정도는 정량적인 자료에 의존하므로 여러 예보에 수치를 사용하기 때문이다. 그러나 수치 예보라는 말은 단순히 그런 뜻은 아니다. 수치 예보의 기본개념은 대기가 우리가 알고 있는 여러 물리 법칙을 따르고 있으며 그 물리 법칙들과 현재의 대기 상태를 이용하여 미래의 대기 상태를 예측한다는 것이다. 비록 그 개념은 간단하더라도 대기의 물리 법칙을 표현하는 수학적인 식들은 복잡하며 많은 변수를 포함하고 있어 실제의 예보는 대단히 어렵다. 이러한 식들은 먼저 단순화시켜야 하며 컴퓨터를 이용하여 미래의 상태를 계산한다. 미래의 상태는 여러 가지의 예보도로 나타내어지며 훈련된 예보관들이 이러한 예보도를 이용하여 미래의 날씨를 예측한다.

▣ 수치 예보 자료란 무엇인가?

변수가 무수히 많고, 한치 앞도 알 수 없는 기상현상을 어떻게 높은 정확성으로 짧게는 몇 시간, 길게는 계절 단위까지 예측할 수 있는 것일까? 이러한 예측을 가능하게 한 것은 슈퍼컴퓨터이다. 슈퍼컴퓨터 덕분에 엄청난 수집 자료를 분석하고, 무수히 많은 대기 방정식을 해결하면서 예측의 정확성을 높일 수 있었다.

일기도를 작성하고 분석한 후, 예보를 하기 위해서는 대기의 흐름이나 특성을 분석하는 과정을 거쳐야 한다. 이때 거치는 과정이 수치 예보이다. 수치 예보는 기상관측자료를 슈퍼컴퓨터에 입력하여 수치 예보 모델로 모의된 여러 가지 수치 예보 자료(유선, 와도, 예상도 등)들을 출력하는 것이다. 기온, 습도, 바람 등의 기상요소의 변화를 슈퍼컴퓨터로 분석하기 때문에 체계적이며 최신의 예보 기법이라 할 수 있다.

수치 예보에서는 대기를 3차원으로 조밀하게 나눈 후 각 부분마다 측정값을 대입하여 시간단위(5분, 10분 등)로 산출한다. 마치 컴퓨터로 건물을 설계하는 것처럼 가상의 시뮬레이션을 작성하는 것이다. 또한 컴퓨터가 구역을 더 조밀하게 나눌수록 정확도는 높아지게 된다. 모니터의 해상도가 높을수록 일정한 면에 표시할 수 있는 점이 많아지는 것처럼 말이다.

예보의 정확도는 현대 기상예보의 정확성과 일치하는데, 초기 관측 자료의 상세성과 정확성, 수치모델의 품질, 슈퍼컴퓨터의 성능이 중요하다. 하지만 슈퍼컴퓨터는 분석한 값이 무슨 의미를 갖는지 판단하기 어렵다. 그래서 예보자들이 수치 예보 자료들을 기본일기도와 연관하여 분석하고 종합, 정리한다.

▣ 기상예보는 어떻게 작성되는가?

호우 경보, 호우 주의보, 태풍 경보 등의 기상 예보는 어떻게 만들어지는 것일까? 수치 예보까지 거친 관측 자료 및 예상일기도는 이 과정에서 일정한 기준에 의해 판단된다. 기상예보관은 분석된 각종자료를 종합하여 예상일기도를 만들고 이를 근거로 각종 예보를 작성한다.

그렇다면 기상예보에는 어떠한 종류가 있을까? 기상예보에는 〈표 6-6〉처럼 시간에 따라 초단기, 단기, 중기, 장기예보 등의 일기예보와 그 기상현상이 나타내는 정도에 따라 주의보, 경보 등의 기상특보로 구분할 수 있다.

〈표 6-6〉 예보 기간에 따른 구분

구 분		예보 기간
초단기예보		현재 실황으로부터 4시간 이내의 기상상황을 1시간 간격으로 예보 (일 24회 발표: 매시 30분)
단기예보 (동네예보)		예보 시각부터 3시간 단위로 모레까지 예보 (일 8회 발표: 02, 05, 08, 11, 14, 17, 20, 23)
중기예보		향후 3일에서 10일까지의 예보(일 2회 발표: 06, 18시)
장기예보	1개월 전망	4주간의 주별 기압계 전망 (매주 목요일 발표)
	3개월 전망	3개월간의 월별 기압계 전망 (매월 23일 발표)
기후전망	계절기후전망	발표일 다음계절 전망 (연 4회 발표)
	연기후전망	발표일 다음해 전망 (연 1회 발표)

기상 특보는 일반적인 기상 정보에 비해 강제력을 가지고 있는데, 이는 기상현상에 의해 피해가 발생할 여지가 있는 경우 이러한 기상 특보를 내려 사전에 피해를 예방하려는 목적이 있기 때문이다. 또한 일반인들이 강력한 기상현상에 대해 그 위력을 쉽게 자각할 수 있도록 하는 목적도 가지고 있다.

기상 특보는 통상적으로 주의보・경보로 나뉜다. 주의보는 재해가 일어날 가능성이 있는 경우에, 경보는 중대한 재해가 발생할 가능성이 예상될 때 발표하는 것이다. 만약 주의보가 발표된 후 기상현상의 경과가 악화된다면 경보로 승격 발표되기도 한다. 특보가 발령된 기상현상은 재산피해는 물론 인명피해까지 발생할 수 있으므로, 생활권에 특보가 발표된다면 기상현상에 따라 대비책을 마련하여 피해를 최소화해야 한다. 실제로, 우리나라에서는 기상재해로 인한 피해를 줄이기 위해 위험기상현상에 대해 모바일 문자를 통한 대국민 서비스를 제공하고 있다. 현재 우리나라에서 특보기준을 정하여 예보는 기상현상과 그 기준에 대한 정보는 〈표 6-7〉을 참고하자.

기상 예보는 또한 예보구역에 따라 나뉘기도 한다. 예보구역은 3,500여 읍・면・동에 대한 동네예보구역과 육상 12개 구역, 해상 14개 구역의 광역예보구역으로 나누어 기상예보를 발표하고 있으며, 기상특보에 대해서는 171개 시・군 단위와 24개 해역으로 세분화하여 발표하고 있다.

〈표 6-7〉 기상특보 발표기준

종류	주의보	경보
강풍	육상에서 풍속 14m/s 이상 또는 순간풍속 20m/s 이상이 예상될 때. 다만, 산지는 풍속 17m/s 이상 또는 순간풍속 25m/s 이상이 예상될 때	육상에서 풍속 21m/s 이상 또는 순간풍속 26m/s 이상이 예상될 때. 다만, 산지는 풍속 24m/s 이상 또는 순간풍속 30m/s 이상이 예상될 때
풍랑	해상에서 풍속 14m/s 이상이 3시간 이상 지속되거나 유의파고가 3m 이상이 예상될 때	해상에서 풍속 21m/s 이상이 3시간 이상 지속되거나 유의파고가 5m 이상이 예상될 때
호우	6시간 강우량이 70mm이상 예상되거나 12시간 강우량이 110mm이상 예상될 때	6시간 강우량이 110mm이상 예상되거나 12시간 강우량이 180mm이상 예상될 때
대설	24시간 신적설이 5cm이상 예상될 때	24시간 신적설이 20cm이상 예상될 때. 다만, 산지는 24시간 신적설이 30cm이상 예상될 때.
건조	실효습도 35%이하가 2일 이상 계속될 것이 예상될 때	실효습도 25% 이하가 2일 이상 계속될 것이 예상될 때
폭풍해일	천문조, 폭풍, 저기압 등의 복합적인 영향으로 해수면이 상승하여 발효기준값 이상이 예상될 때. 다만, 발효기준값은 지역별로 별도지정	천문조, 폭풍, 저기압 등의 복합적인 영향으로 해수면이 상승하여 발효기준값 이상이 예상될 때. 다만, 발효기준값은 지역별로 별도지정
지진해일	한반도 주변해역(21N~45N,110E~145E) 등에서 규모 7.0 이상의 해저지진이 발생하여 우리나라 해안가에 해일파고 0.5~1.0m 미만의 지진해일 내습이 예상될 때	한반도 주변해역(21N~45N, 110E~145E) 등에서 규모 7.0 이상의 해저지진이 발생하여 우리나라 해안가에 해일파고 1.0m 이상의 지진해일 내습이 예상될 때
한파	10월~4월에 다음 중 하나에 해당하는 경우 ① 아침 최저기온이 전날보다 10℃ 이상 하강하여 3℃ 이하이고 평년값보다 3℃가 낮을 것으로 예상될 때 ② 아침 최저기온이 -12℃ 이하가 2일 이상 지속될 것이 예상될 때 ③ 급격한 저온현상으로 중대한 피해가 예상될 때	10월~4월에 다음 중 하나에 해당하는 경우 ① 아침 최저기온이 전날보다 15℃ 이상 하강하여 3℃ 이하이고 평년값보다 3℃가 낮을 것으로 예상될 때 ② 아침 최저기온이 -15℃ 이하가 2일 이상 지속될 것이 예상될 때 ③ 급격한 저온현상으로 광범위한 지역에서 중대한 피해가 예상될 때
태풍	태풍으로 인하여 강풍, 풍랑, 호우, 폭풍해일 현상 등이 주의보 기준에 도달할 것으로 예상될 때	태풍으로 인하여 다음 중 어느 하나에 해당하는 경우 ① 강풍(또는 풍랑) 경보 기준에 도달할 것으로 예상될 때 ② 총 강우량이 200mm이상 예상될 때 ③ 폭풍해일 경보 기준에 도달할 것으로 예상될 때
황사	황사로 인해 1시간 평균 미세먼지(PM10) 농도 400㎍/㎥ 이상이 2시간 이상 지속될 것으로 예상될 때	황사로 인해 1시간 평균 미세먼지(PM10) 농도 800㎍/㎥ 이상이 2시간 이상 지속될 것으로 예상될 때
폭염	일최고기온이 33℃ 이상인 상태가 2일 이상 지속될 것으로 예상될 때	일최고기온이 35℃ 이상인 상태가 2일 이상 지속될 것으로 예상될 때

〈출처: 기상청〉

▣ 이렇게 만들어진 일기예보는 우리생활에 어떻게 활용될까?

사회・경제적인 수준이 발전하면서 일기예보의 영향력은 점점 더 커지고 있다. 소풍이나 수능시험 때 기온과 바람은 매우 중요하다. 골프와 야구, 축구 등 스포츠 분야에서도 일기예보를 적극 활용하고 있다. 바람의 방향과 풍속은 프로 골퍼들에게는 필수적인 고려사항이며 야구의 투수와 타자들에게도 그 날의 습도, 기압, 바람 등은 중요한 요인이 된다.

우리나라에서도 날씨변화에 따라 발생하는 기업 손실과 악천후로 갑자기 행사를 취소할 때 발생하는 비용 손실을 보상해주는 날씨보험이 생겼다. 날씨보험은 비가 많이 내려 놀이공원이나 야외 놀이시설 입장객 감소에 따른 손해, 건설현장에서 도장작업을 하는 도중 비로 인해 발생한 손해 등을 보상 받을 수 있어 인기가 많다.

수자원공사나 한국전력 등에서도 일기예보가 적극적으로 활용된다. 여름철 홍수예방과 갈수기 용수공급, 수력발전 등을 위한 다목적댐을 운영하는 수자원공사는 일기예보 특히 강우예보를 활용하여 국가 물 관리를 경제적으로 하고 있다. 태풍이나 장마가 다가올 때 예보된 강우량을 댐 유입량으로 계산하여 발전방류를 통해 미리 댐 저수용량을 충분히 확보해 둔다. 홍수 시에는 버려지고 또 댐 하류에 큰 피해를 줄 수 있는 물을 기상예보를 이용해 미리 수력발전으로 사용함으로서 매년 수백억 원의 예보 활용의 덕을 보고 있어서 수자원공사는 자체적인 예보분석실까지 운영하며 일기예보를 활용하고 있다. 도로공사에서도 고속도로 주변의 안개와 바람, 기온 등 각종 기상상황을 실시간(real time)으로 관측・예보하여 운전자에게 제공하고, 상황실에서는 교통 흐름을 예측하고 대비하는 데 이용한다. 한국 전력에서도 기상조건 특히 기온예측을 통해 시간당 전력 소비율을 예상함으로써 안정적인 전력공급 체계를 유지하여 기업의 수익을 극대화하고 있다. 이제는 일기예보를 어떻게 적용하고 활용하느냐가 각 전문분야에서 성패를 좌우하는 성공요인이 되고 있다.

재미있는 탐구활동(일기도 그리기)

날씨란 대기 중에 나타나는 기상 현상과 기온, 기압, 습도, 구름량, 바람 등의 기상 요소가 특정 시각에 종합되는 대기 상태를 말한다. 이러한 날씨를 이해하고 해석하는 데 가장 기본이 되는 것이 일기도이다. 다음 탐구를 통해 일기도를 작성해 보고, 작성한 일기도를 해석해 보자.

1. 다음 표에 나타난 각 지역의 날씨를 아래 일기기호를 참고하여 표시해 보자.

지 역	서 울	부 산	목 포
풍향	북서풍	북동풍	북동풍
풍속(m/s)	4	10	7
구름 또는 일기	소나기	흐림	갬
기압(hPa)	1024	1020	1024
기온(℃)	10	8	14
일기 기호			

2. 어느 지역의 날씨가 아래 그림과 같은 일기 기호로 표시되었다면, 이 지역의 날씨는 어떠한가?

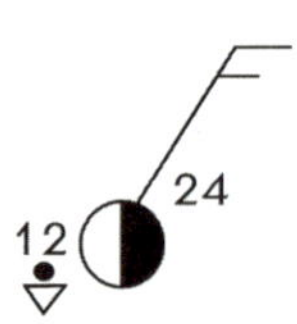

3. 일기도 그리는 방법을 이용하여 아래 일기도를 완성하시오.

<일기도 그리는 방법>

- 1000hPa을 기준으로 4hPa 간격으로 그린다.
- 굴곡이 심하지 않도록 부드럽게 그린다.
- 도중에 끊어지지 않도록 연속되게 그린다.
- 두 개의 등압선이 교차하거나 한 개의 등압선이 도중에 둘로 갈라지지 않도록 그린다.
- 관측 값이 없는 곳은 부근 값에서 거리에 비례하여 그린다.
- 등압선에 표시하는 기압치는 끝 두 자리만 표기하되 폐곡선인 경우 선의 중앙을 끊어 표시하고, 등압선이 단절된 경우에는 양 끝에 표기한다.
- 저기압 중심에는 'L', 고기압 중심에는 'H'를 표시하고, 그 밑에 중심기압을 기입한다(저기압은 적색, 고기압은 청색).

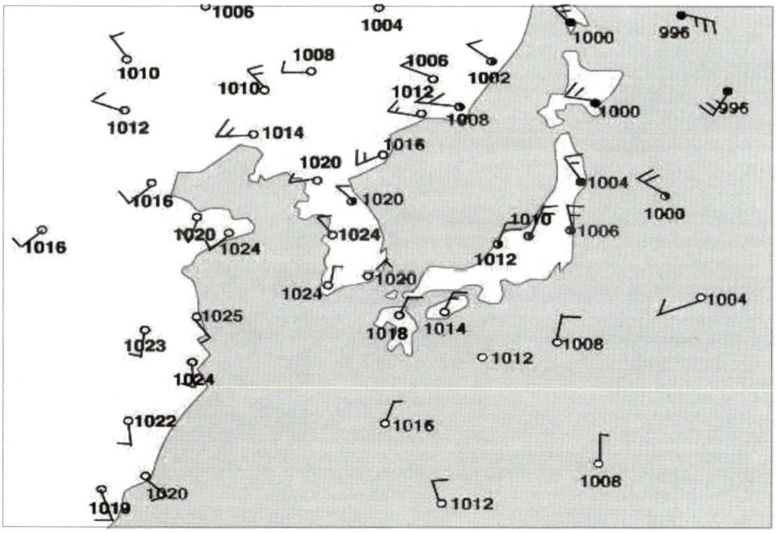

1) 위 일기도에 등압선을 그리고 고기압과 저기압을 표시한다.

2) 자신이 작성한 일기도를 친구들의 것과 비교해 본다.

3) 고기압과 저기압 주변에서 바람의 방향은 어떠한가?

4) 바람의 세기와 등압선 간격은 어떤 관계가 있는가?

5) 일기도를 통해 볼 때 우리 나라의 날씨는 어떠한가?

기압: 하늘상태: 풍향: 풍속:

재미있는 탐구활동(고기압, 저기압 분포와 날씨)

실험 목적

1. 고기압과 저기압에서의 날씨를 비교, 설명할 수 있다.
2. 구름 분포 사진과 일기도를 비교 설명할 수 있다.
3. 기압 배치와 날씨와의 관계를 말할 수 있다.

실험 준비물

• OHP, VTR, 괘도, 필기구, 일간지 일기도, 구름 사진, 탐구 보고서

실험 과정 및 결과

① 다음 일기도와 구름 사진을 비교해 보자. (현재 신문을 활용하자)

㉠ 고기압과 저기압에서의 날씨는?

㉡ 일기도에 사용되는 기호를 찾아보자.

㉢ 고기압과 저기압에서 날씨가 다른 이유는?

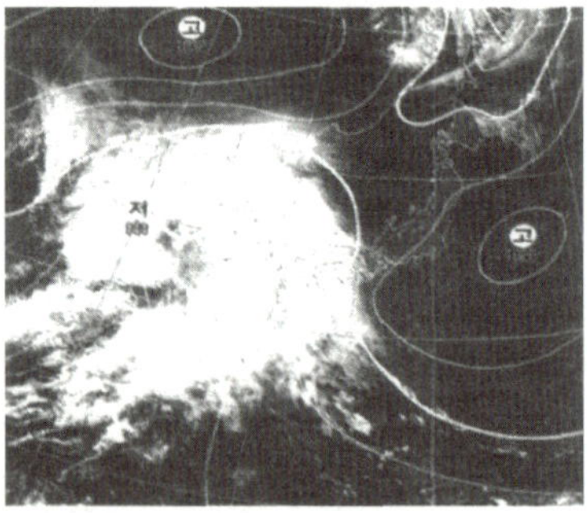

② 다음 일기도는 전선 부근을 나타낸 것이다.

㉠ 전선의 종류와 비가 온다면 비 오는 구역과 구름의 종류는?

㉡ 구름 사진이라면 어떤 모양일까?

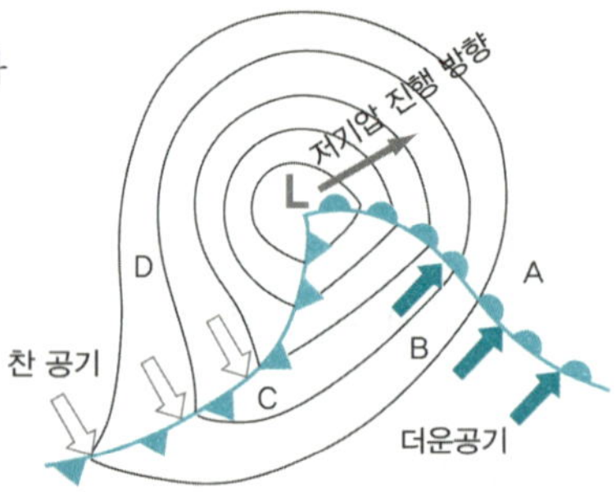

재미있는 탐구활동(일기도 예측)

실험 목적

• 일기도에서 일기변화의 규칙성을 알아 예측할 수 있다.

실험 준비물

• 일기도, 괘도, OHP, 필기구 등

실험 과정

※ 다음은 1993년 4월 21일부터 4월 23일까지 3일간 24시간 간격으로 작성한 우리나라 부근의 일기도이다.

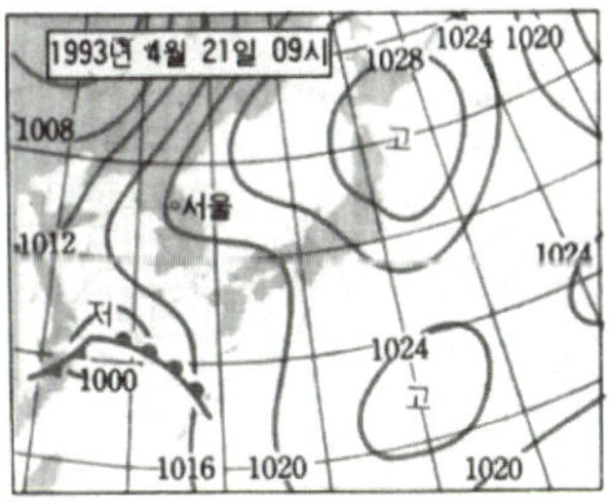

(가)

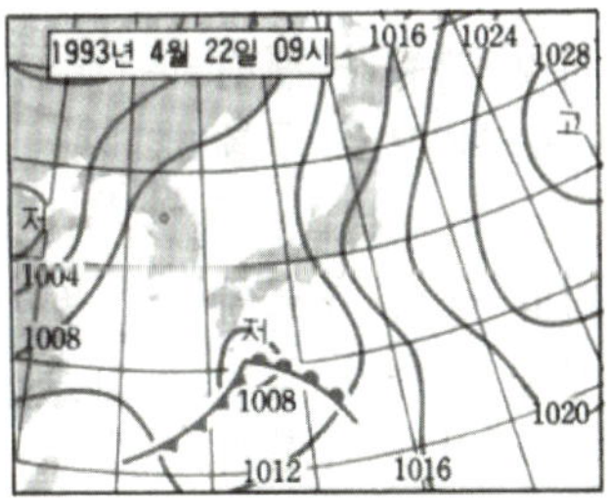

(나)

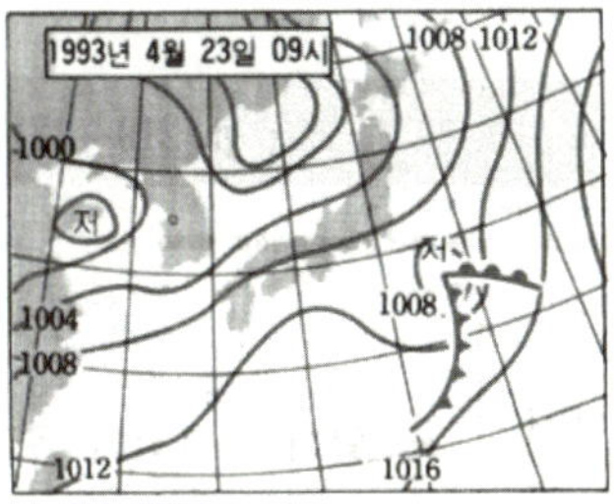

(다)

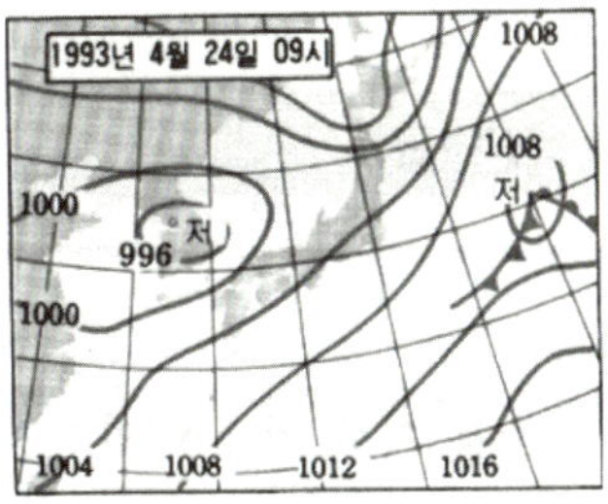

(라)

실험 결과

① 고기압, 저기압 및 전선의 이동방향은 어느 쪽인가?
- 고기압 이동방향:
- 기압 이동방향:
- 선의 이동방향:

② 4월 21일 중국의 남쪽 해상에 있는 전선은 하루에 얼마나 이동하는지 살펴보고 4월 24일 오전 9시경에는 어느 곳에 있을지 그림의 (라)에 표시하여 보아라.

③ 4월 24일 오전 9시경 서울 지역의 일기를 예측하여 보자.

재미있는 탐구활동(우리나라의 사계절 일기예보)

실험 목적

1. 우리나라 일기의 특징에 대해 말할 수 있다.
2. 계절별 날씨의 특징과 그 원인을 설명할 수 있다.
3. 태풍의 특징에 대해 말할 수 있다.

실험 준비물

• OHP, VTR, 괘도, 필기구, 일기도

실험 과정

※ 다음은 계절별로 작성된 우리나라 부근의 일기도이다.

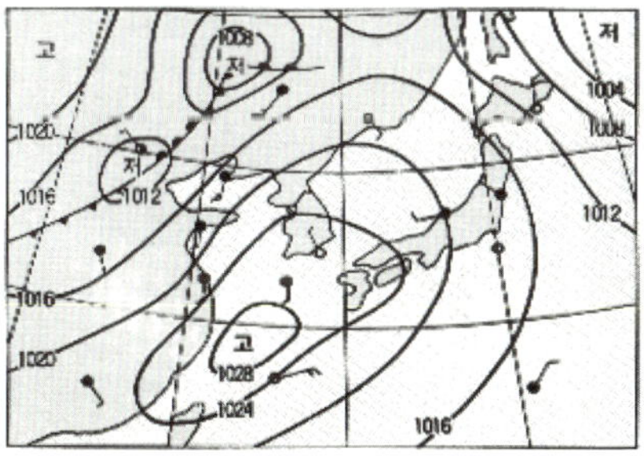

(가)

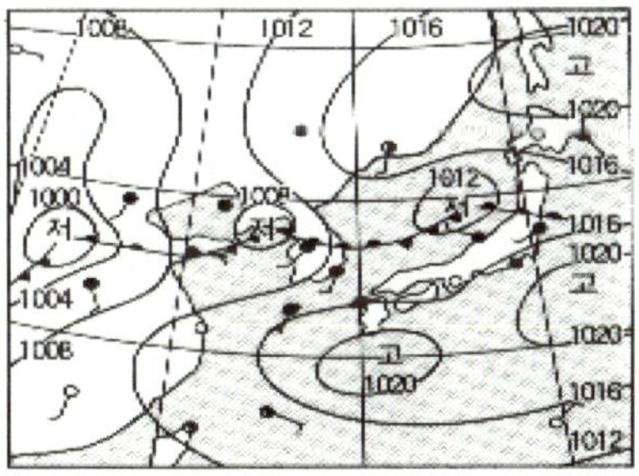

(나)

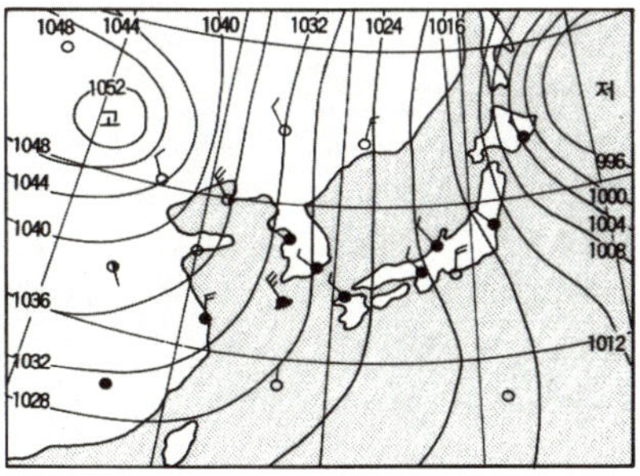

(다)

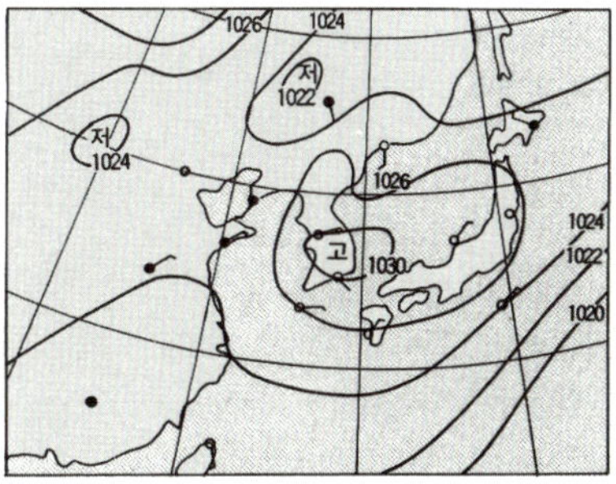

(라)

실험 결과

① 봄철 일기도
- 봄철의 일기도를 찾고, 기호를 적어보자.
- 봄철의 날씨는 어떠한가?
- 그 이유는 무엇일까?
- 또 봄철의 일기 특징에는 어떤 것이 있나?

② 여름철 일기도
- 여름철의 일기도를 찾아 적어보자. 날씨는 어떠한가?
- 장마는 어떤 기단에 의해서 형성되나?
- 태풍의 특징을 말해보자.

③ 가을철 일기도
- 가을철의 일기도를 찾고, 기호를 적어보자.
- 가을의 날씨는 어떠한가?

④ 겨울철 일기도
- 겨울철의 일기도를 찾고, 기호를 적어보자.
- 겨울의 날씨는 어떠한가?
- 일기도를 보고 계절을 확인할 수 있을까?

재미있는 탐구활동(일기도 해석하기)

1. 다음은 아시아 지역의 일기도(2003년 3월 26일)와 같은 시각의 기상위성 구름 사진이 다. 이 그림들을 통해 고기압과 저기압에서의 기상 상태와 구름 분포를 비교해 보자.

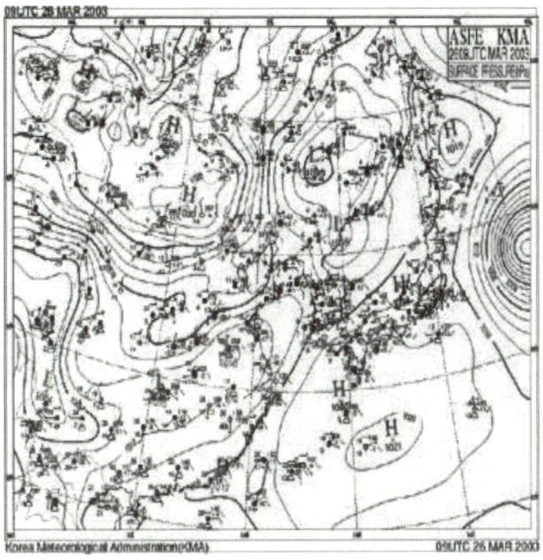

〈2003.3.26 18시 지상일기도〉

〈같은 시각 GMS 구름사진〉

1) 일기도에서 강수구역을 초록 색연필로 칠해 보자.

2) 구름 사진에서 두꺼운(밝은) 구름 영역을 연필로 구분해 보자.

3) 일기도의 강수구역과 구름 사진의 구름 분포가 일치하는가?
만약 일치하지 않는 부분이 있다면 그 이유는 무엇일까?

4) 고기압과 저기압에 따라 구름은 어떻게 분포되어 있는가?

재미있는 탐구활동(오늘 날씨 예측하기)

※ 아래 일기도는 24시간 간격으로 그린 3일 동안의 연속 일기도이다. 3일 동안의 일기 변화를 토대로 4일째 예상되는 일기도를 그려보고 날씨를 예측해 보자.

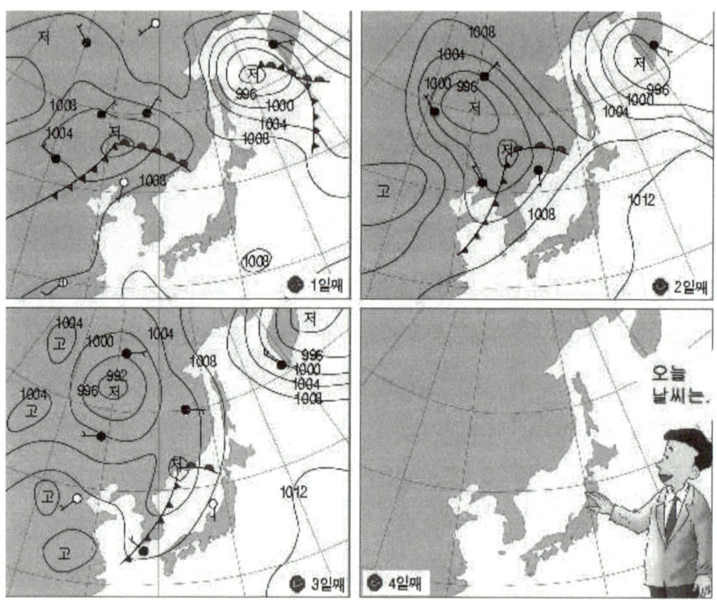

〈3일 동안의 연속 일기도와 오늘의 예상도〉

1. 고기압과 저기압의 중심 및 전선은 어떻게 이동하였는가?

2. 3일 동안 우리나라의 날씨는 어떻게 변하였는가?

〈제1일〉 하늘 상태: 바람: 기압: 기온:

〈제2일〉 하늘 상태: 바람: 기압: 기온:

〈제3일〉 하늘 상태: 바람: 기압: 기온:

3. 4일째 예상되는 전선과 기압 배치를 점선 안에 그려보자.

4. 오늘의 우리나라의 날씨를 예보해 보자.

하늘 상태: 바람: 기압: 기온:

제 7 장

우리 삶과 기상

날씨의 변화는 우리의 생활에 많은 영향을 준다. 날씨 변화로 인한 큰 피해를 입은 사례로는 2005년 9월 미국 남부지방을 휩쓸고 지나간 태풍 카트리나로 피해액은 440억 달러(약 44조 원)로 예상되고, 2005년 12월 호남지역에 내린 폭설로 인한 재산피해액은 무려 4,000억 원을 넘었다고 한다. 이처럼 기상현상은 우리의 생활에 막대한 영향을 끼치고 있다. 반면에 기상현상을 예측하여 우리 생활에 적절히 이용하는 경우도 있다. 그 예로써 'D 데이(D-Day)'라는 말을 처음으로 유행시킨 노르망디 상륙작전이 있다. 이 작전이 성공하게 된 중요한 요인 중의 하나는 바로 '기상 예보'이다. 독일군은 일주일 내내 해변에 폭풍우가 불어 다칠 것으로 생각하고 방심하였지만 연합군은 폭풍의 눈이 지나는 날을 정확히 예측하여 그 날을 작전 개시일로 삼아 독일군의 허를 찔러 승리하였다. 이것은 정확한 기상 예보가 얼마나 중요한 것인가를 알려주는 하나의 예이다. 이 장에서는 기상현상이 우리의 일상생활에서부터 의식주, 건강, 관광, 산업 등 다양한 분야에까지 미치는 영향에 대해 알아보기로 하자. 또한, 우리의 생활 속에서 이용되는 다양한 생활지수에 대해서도 살펴보자. 이 장은 박대홍(1994)과 윤성탁(2004) 등의 책을 참고하였음을 밝힌다.

▣ 의식주(衣食住)와 기상은 어떠한 관계가 있을까?

의식주 역시 우리 생활의 가장 기본적인 요건으로 기상과 밀접한 관계가 있다. 특히, 기상현상에 따라 다양한 모습으로 달라지는데 과연 어떠한 면에서 기상과 관련이 있는지 알아보자.

첫째, 공기는 뛰어난 단열재이다.

우리가 추위를 느끼는 것은 외부의 차가운 공기가 옷을 통해 들어와 피부에 직접 닿기 때문이다. 예를 들어 아주 추운 겨울에 주로 발가락이나 장갑을 낀 손가락이 시린 것도 구두와 발가락, 장갑과 손가락 사이의 공간이 없어 찬 공기를 막아주지 못하기 때문이다. 이렇듯 공기는 가장 좋은 단열재이다. 그래서 겨울에는 다소 큰 옷을 입는다든지 외투를 걸치든지 하여 옷과 옷 사이에 공기가 머무를 공간을 많이 두면, 공간의 크기에 비례하여 따뜻해진다. 집도 벽을 2중으로 쌓으면 여름은 시원하고 겨울은 따뜻하게 된다.

둘째, 여름에는 음식을 조심히 먹어야 한다.

식중독은 주로 부패된 음식에 의해 일어나는데, 부패는 온도보다 습도에 더 많은 영향을 받는다. 따라서 여름에 식중독이 많은 것은 여름이 다른 계절에 비해 습도가 높기 때문이다. 여름에는 음식이 부패하기 쉬우므로 음식물 보관에 주의하지 않으면 안 된다.

보통 우리는 냉장고를 과신한 나머지 음식을 무심코 먹게 되는데 냉장고 안에서도 음식물은 서서히 부패한다는 것을 잊어서는 안 된다 .

셋째, 아침 차(茶)맛이 좋으면 날씨가 맑다.

아침에 마시는 차의 맛이 좋다는 말은 차 맛 그 자체가 좋아서가 아니라, 마시는 사람의 생리상태와 기분이 좋아서 맛있게 느끼는 것이다. 맑은 날 아침에는 기온이 낮고 습도가 낮기 때문에 몸에서 수분의 증발이 왕성해지고, 우리 몸은 기분이 좋아지게 된다. 이때 먹는 음식이 맛있게 느껴지는 것은 당연한 것이다.

넷째, 음식의 맛은 기온에 따라 변한다.

같은 음식이라도 온도에 따라 맛은 큰 차이가 있다. 아침에 그렇게도 맛있던 된장찌개가 점심에 다시 먹으면 된장이라기보다는 간수를 먹는 듯한 것도 역시 온도차에서 비롯된 것이다. 가장 좋은 맛을 내는 각 음식물의 적정 온도는 신맛은 25℃일 때, 단맛은 35℃, 짠맛은 37℃, 쓴맛은 40℃, 매운맛은 60℃일 때이다.

다섯째, 건물은 반드시 남동 방향으로 지어야 한다.

겨울이 되면 태양의 고도가 낮아지므로 햇볕이 방 안 깊숙이 들게 된다. 그래서 아무리 추운 날이라도 햇볕을 받는 실내는 따뜻하게 된다. 실내에서 햇볕을 받으려면 남쪽을 향해야 한다. 태양은 동쪽지평선에서 보이기 시작하여 남쪽하늘을 지나 서쪽하늘에서 사라지기 때문이다. 아파트의 수명을 30년으로 볼 때 30년 동안 소비되는 난방비는 천문학적 숫자가 된다고 보면, 연료 절약과 공기 정화를 위해 어떤 값을 치르더라도 모든 건물은 햇볕이 잘 들도록 지어야 한다. 그리고 남향보다는 남동 방향으로 집을 세우는 것이 훨씬 효과적인 난방이 될 것이다.

▣ 건강과 기상은 어떠한 관계가 있을까?

보건 및 인간 건강 향상에 있어서도 기상정보의 활용이 필요하다. 건강과 체력은 삶의 기본적인 조건이고, 이 조건이 충족되어야 보다 상위 가치에 대한 욕구와 생산성의 향상을 도모할 수 있다. 우리들의 신체는 극한 기온, 대기 오염의 증가, 과다한 자외선에의 노출, 산소 결핍, 급격한 날씨 변화, 새로운 기후 등에 의해서 스트레스를 받게 된다. 인간은 기상의 영향을 받아 질병이 발생하기도 하는데 이를 기상병이라고 한다. 기상병은 기상변화에 대한 인체의 조절 능력이 불충분한 경우에 발생한다. 전선, 특히 한랭전선의 통과나 푄현상 등에 따라서 기압, 기온, 습도, 바람 등이 급격하게 변화할 때 일어나기 쉽다. 저기압이 다가올 때 기압이 급격히 내려가고 그때 기관지 천식이 일어나는 사람도 있다. 또한 추운 겨울에는 인플루엔자가 유행하기도 하여 많은 감기 환자가 발생하기도 한다. 의사의 지시를 따르는 것도 중요한 일이지만 신문이나 TV의 일기도를 보고 자기 방어를 하고 대기오염 기상예보나 광화학 스모그의 정보에 특히 유의하는 것도 건강을 시키는 데 도움이 될 수 있다.

계절병의 경우 전에는 질병과 사망이 많이 발생하는 계절이 정해져 있었지만 최근에는 의료기술의 진보, 신약의 개발, 의료 제도의 발달, 냉난방 시설과 식생활의 개선 등과 함께 그 양상이 바뀌어 가고 있다. 그러나 아직도 극단적인 기후가 나타날 때에는 발병률이 높으므로 건강면에서도 기후 상태에 주의할 필요가 있다.

이 외에도 우리의 건강과 관련된 기상상식에는 다음과 같은 것들이 있다.

첫째, 고기압은 건강에 좋다.

저기압 속에서는 사람의 신체가 풀어져 근육 무력 상태가 되기 때문에 체내의 기능이 왕성하지 못하지만, 고기압권 내에서는 신체가 약간 수축하여 모든 기능이 원활해진다. 그리고 높은 기압은 산소를 가장 많이 소비하는 뇌에 보다 많은 산소를 공급하므로 뇌의 활동이 왕성해진다.

둘째, 고혈압 환자는 저기압을 조심해야 한다.

큰 저기압이 통과할 때는 기압이 낮아진다. 우리 체내에서 바깥으로 미는 힘은 보통 1기압에 적응되어 있다. 그런데 기압이 평소보다 낮아지면 외부에서 신체를 미는 힘이 약해져 혈관이 파열되게 된다. 이런 원리로 고층아파트의 상층은 고혈압 환자에게는 좋은 환경이 못된다. 10m 높아지는데 기압은 1hPa씩 낮아지기 때문이다.

셋째, 겨울 등산은 조심해야 한다.

평지에서는 별다른 추위를 느끼지 못하므로 산도 그럴 것으로 생각하고 특별한 겨울용 등산장비를 갖추지 않고 떠나 어려움을 당하는 경우가 많다. 산의 기상은 평지와는 매우 다르다. 해발 1,000m 산 정상의 기온은 평지보다 10℃정도 낮다. 그리고 도심지와 교외의 기온을 비교하면 보통 교외가 도심지보다 5℃정도 낮다. 그러므로 해발 1,000m 되는 산은 도심지보다 15℃가량 기온이 낮은 것이다.

여기에다 바람이 불면 체감온도는 더 낮아지는데, 보통 초속 1m에 대하여 2℃정도 낮아진다. 만약 도심지의 기온이 10℃일 때, 초속 10m의 바람이 부는 해발 1,000m의 산에 오르면 영하 25℃정도의 추위를 느끼게 되는 것이다.

넷째, 잠잘 때 선풍기 바람은 금물이다.

선풍기를 켜 놓고 잠을 자면 몸에서 수분 증발이 왕성하게 일어나는데, 사람의 체온이 30℃까지 내려가면 산소의 소비가 감소되어 의식을 잃게 되고 25℃가 되면 회복불능의 상태가 된다. 사람은 잠을 자면 체온이 내려가는데, 선풍기 바람으로 수분 증발이 왕성하여 체온은 더 내려가게 된다. 그래서 잘못하면 생명까지 잃을 수 있게 되는 것이다.

그리고 바람을 맞는 쪽은 압력을 더 받게 되어 압력의 균형도 깨지게 된다. 바람을 맞은 얼굴이 퉁퉁 붓는 것도 바로 이런 이유 때문이다.

다섯째, 머리카락은 습도에 민감하다.

사람의 신체 중에서 기상환경에 가장 민감하여 외형적인 변화를 보이는 것이 바로 머리카락이다. 사람의 모발은 습기에 아주 민감하다. 습도가 높으면 늘어나고, 습도가 낮으면 줄어들게 된다.

맑은 날은 별문제가 없지만, 비가 온다든가 안개가 낀다든가 혹은 흐린 날에는 기껏 손질한 머리 모양이 곧 원래대로 돌아가게 된다. 그런 날에는 머리에 기름을 발라서 손질하면, 습기가 모발에 침투하지 못하여 공들여 손질한 머리모양을 아름답고 멋있게 그대로 유지할 수 있다.

여섯째, 고층일수록 산소가 부족하다.

지구상의 공기의 대부분은 지표면에 압축되어 있다. 1cm^{2}당 1kg의 무게를 가진 공기가 10km의 고도에서는 겨우 400g에 불과하다.

건물의 15층에서의 기상환경을 살펴보자. 15층의 높이는 약 45m가 되는데, 이때 기압은 1층보다 약 6hPa이 낮다. 이것은 그만큼 지표면보다 산소의 양이 적다는 것이 된다. 고층에 놓아 둔 화분식물은 잘 성장하지 않을 뿐 아니라, 꽃도 잘 피지 않는다. 이런 것을 볼 때 건강을 위해서는 저층에서의 생활이 바람직할 것이다.

일곱째, 열대야는 우리를 괴롭게 한다.

열대야는 '열대지방의 밤'이라는 뜻으로 대단히 무더워서 밤잠을 이루지 못한다는 의미이다. 열대야는 최저 기온이 25℃ 이상 되는 밤을 말하는데, 이런 날이 계속되면 잠을 제대로 이룰 수 없게 되어 많은 괴로움을 준다. 또한, 자동차 사고가 잦아지며 업무의 능률이 떨어지게 된다. 자기감정의 통제가 어려워져서 인간관계에서는 시비가 자주 일어나게 된다. 그럴 경우에는 마음의 평화를 찾도록 힘써야 하며, 휴식을 취하는 것이 건강에 좋다.

여덟째, 저기압에서는 기분이 나빠진다.

저기압이 접근하면 습도가 높아져 물의 증발이 활발하게 일어나지 않는다. 그리고 기온이 높아져 물체가 팽창하게 된다. 따라서 사람의 신체, 즉 피부혈관의 세포가 팽창하여 체내 수분의 발산이 억제되므로 일반적으로 이런 날에는 기분이 나빠지게 되는 것이다.

세계 곳곳에서 일어난 폭동이라든가 큰 범죄는 대부분 저기압이 접근할 때 일어났다는 보고가 있다. 따라서 중요한 계획이나 귀한 손님을 만날 때는 가급적 저기압대의 날을 피하는 것이 좋다.

아홉째, 대기 중의 음이온은 지능을 높여준다.

미국 매사추세츠 주립대학에서 태풍으로 나무가 쓰러지고 전선이 끊어지는 최악의 기상상태일 때 시험을 실시한 적이 있다. 연구자들은 학생들의 시험점수가 나쁠 것으로 예상하였지만, 실제로는 굉장히 좋았다. 보통 75점 수준의 학생이 95점이라는 높은 점수를 받은 것이다. 연구자들이 이를 규명하고자 연구를 계속한 결과, 대기 속에서 극히 적은 양의 전기를 띠고 있는 이온이란 물질의 입자가 사람에게 영향을 미쳤다는 사실을 알아냈다.

연구자들은 음이온의 흐름 속에서 여러 가지 검사를 한 결과, 시각반응과 호흡기능이 좋아지고 피로를 적게 느낀다는 것을 밝혀낸 것이다.

열 번째, 밤에 숲 속에서 자면 위험하다.

나무들은 낮에는 광합성을 하고 밤에는 호흡을 주로 하게 된다. 그래서 밤의 숲 속에는 산소는 적고 탄산가스는 많게 되는데 특히, 새벽이 되면 기온이 내려가고 공기의 유출이 없기 때문에 공기는 지표면에 압축되므로, 밤에 숲 속에서 자면 더 많은 탄산가스를 마시게 되고 결국 산소 부족으로 몸에 치명적일 수 있다.

실제로 외국에서는 숲 속에 텐트를 치고 자던 사람이 목숨을 잃은 적도 있다.

▣ 산업과 기상은 어떠한 관계가 있을까?

기상의 영향을 받지 않는 사물은 없을 것이다. 다만 정도가 크냐 작냐의 차이는 있다. 산업 활동의 기본이 되는 인간의 생활, 신체의 리듬까지도 기상의 영향을 받고 있다. 과거에는 농업, 어업 등 1차 산업이 주로 기상의 영향을 받았으나, 오늘날에는 3차 산업까지도 영향을 받아 전기소비량과 슈퍼마켓에 오는 손님 수는 물론 옷차림인 패션에까지 영향이 미치고 있다. 이에 대한 세부적인 내용은 아래에서 하나하나 살펴보자.

첫째, 관광, 레저와 기상은 어떤 관계가 있을까?

비가 많고 서늘한 여름에는 레저 손님이 줄어서 항공, 철도, 선박의 수입이 줄어든다. 따뜻한 겨울에는 스키 손님이 줄어들고, 골프 손님이 늘어나는 등 기상의 영향을 받는다.

골프장에서의 기상정보는 골프장을 경영하는 쪽이나 골프를 즐기는 쪽이나 둘 모두에게 중요하다. 골퍼의 경우 비바람이 분다거나 기상이 좋지 않을 때 평소와 같은 플레이를 하려면 미리 일기예보를 시청한 뒤 장갑이나 수건 등을 챙기는 것이 좋으며, 계절이 바뀌고 날씨가 차가워지면 잔디가 눕기 때문에 샷을 달리한다거나, 비오는 날에는 잔디가 젖어 있으므로 클럽의 선택과 스윙 방법을 달리하는 것이 효과적이다.

예를 들어, 두산 춘천 컨트리 클럽을 비롯한 국내의 6개 골프장에서는 민간예보사업자가 제공하는 기상 예보를 통해 매일 시간대별로 자세한 기상예보를 골퍼들에게 제공함으로써 예약과 경기에 참고할 수 있게 하고 있다.

또한 골프장에서는 잔디병을 억제하기 위해 농약을 살포하곤 하는데 이러한 시기의 결정에 있어 기상정보를 잘 활용한다면 경비를 절감할 수 있어 매우 경제적으로 골프장을 운영할 수 있을 것이다.

겨울철 스키 시즌이면 스키장과 스키를 즐기러 가는 사람 모두에게 기상정보는 중요한 변수가 된다. 특히 스키장의 경우 인공눈의 생성과 관리, 고객유치를 위한 마케팅 전략 수립, 효율적 인력관리를 통한 비용절감을 위해 정확하고 상세한 기상정보는 필수적이며, 기상예보는 이러한 요구에 잘 부합하는 날씨정보라고 할 수 있다.

용평스키장의 경우 이러한 기상정보를 이용하여 인공눈 생산 작업의 효율을 증대할 뿐 아니라 중장기예보를 통해 스키장의 개장과 폐장시기까지 결정하고 있다.

또한 효율적인 스키장 관리를 위해서는 인근지역이 아니라 해당 스키장에 설치되어 있는 기상관측데이터를 필요로 한다. 자체 자동기상관측시스템(AWS)을 갖추고 실시간 기상 데이터를 통해 스키장을 효율적으로 관리하며, 이런 기상데이터를 인터넷상에서도 표출한다면 스키장을 찾는 사람들에게도 유용한 정보가 될 수 있을 것이다.

따라서 레저 부문의 산업은 기본적인 날씨 정보 이외에 기상예보와 기상관측 등을 통해 스키장과 골프장을 운영하는 쪽이나 즐기는 쪽 모두에게 경제성과 효율성을 꾀할 수 있도록 한다.

이 외에도 기상은 등산, 조깅, 해수욕 외 다양한 레포츠 활동들과도 깊은 관련이 있다.

둘째, 전력과 기상도 관계가 있을까?

수력발전소 건설과 운영에 있어서 강수량에 대한 기후 정보는 말할 나위 없이 중요하다. 관개 용수 공급을 원활하게 하기 위해서는 골짜기를 포함한 집수 유역의 적설량과 강수량에 대한 기후 정보와 계절 예보를 적절히 고려해야 함은 물론 댐의 선정, 건설, 수량조절과 발전량 예상치 등에 기상 정보를 이용해야 한다.

최근 에어컨이 많이 보급되어 여름철 에너지 소비가 급격히 증가하는 데 따른 전력량을 보충하기 위해 심야 전력까지도 고려하고 있는 실정인데, 그 소비전력 또한 기온에 따라 많은 차이를 보이고 있다. 실제로 여름철 전력 부족으로 일부지역에 전력공급이 중단되는 사태를 목격한 경험이 있을 것이다. 그러므로 다음날의 기상을 고려하여 발전량을 계획해야 한다. 일본에서는 여름철 월 평균기온이 1℃ 상승하면 전력수요는 3%가 증가한다고 한다. 따라서 전력 수급면에서는 3일 후까지 정확한 최고 기온, 습도 등의 기후 예측을 통하여 수급계획을 세워두는 것이 필요하다.

뿐만 아니라 심야 전력을 활용한 보일러 가동과 난방, 발전을 위한 물의 조절에도 기상이 관계한다. 그리고 이 외에도 송전과 관련하여 여름은 번개, 겨울은 눈이 중요한 변수로 작용하고 있다.

셋째, 선박과 기상은 어떤 관련이 있을까?

선박의 경제적 운항, 방재 등도 기상과 관계가 깊다. 특히, 방재 기상 서비스는 일반적인 기상재해부터 태풍, 폭풍, 호우, 낙뢰 등 악기상으로 인한 재해에 이르기까지 상세한 기상예보, 사전 특/경보 예측 서비스, 고객의 특성에 맞는 전담예보관의 1:1 상담서비스 등을 통해 기상으로 인한 모든 위험요소를 해결할 수 있는 서비스이다.

또한, 기상은 어부와 어선의 안전은 물론 어류의 분포에 따른 어획량과도 관련이 있다. 어류의 생태계도 해양의 물리량의 변화와 관련되어 있어, 어장 탐사는 물론 조업 계획을 세우는 데에도 바다의 기상 상태는 매우 중요하다. 또한, 연안의 양식업 역시 해수온도, 해류 등의 바다정보가 중요하다. 한류를 좋아하는 명태와 청어, 연어, 송어와 난류를 좋아하는 황새치와 황다랑어 등의 어종은 최적수온의 범위가 대단히 좁아서 수온이 어장을 선정하는 데 중요한 표적이 된다. 그리고 해안의 양식 어업에 있어서도 수온, 해류 등의 기상정보는 적조의 방지와 수산물의 효율적인 관리를 위하여 중요하다.

이처럼 기상정보를 활용하는 기업에서는 돌발 악(惡)기상에 능동적으로 대처할 수 있는 시스템을 구축할 수 있으며, 수집된 관측 데이터의 분석으로 기상변화에 따른 방재 대책 계획수립에 적극 활용할 수 있다. 기상정보의 활용은 해난 방지와 현장의 안전관리 및 비용절감, 수산작업의 효율성 제고에 큰 역할을 하는 것이다.

넷째, 항공기와 기상은 어떤 관련이 있을까?

항공 운항 관계자가 공항의 기상 관측치를 적절한 시간에 정확하게 입수, 파악하는 것은 항공기 안전 운항에 있어 중요하다. 또한 항공 기상 및 항로 예측을 위한 각종 기상정보의 작성에는 항공기가 비행 중에 관측한 기온과 바람, 난기류 등의 데이터가 필요하다.

기온이 상승하면 공기의 밀도가 희박해져 엔진 출력이 줄고 비행 날개의 양력이 작아진다. 록히드 점보 여객기의 경우 기온이 1℃ 상승할 경우 1.4톤의 화물 적재량이 줄게 되고, 활주로 상에 물이나 눈이 3mm이상 쌓이거나, 횡단 바람이 10knot 이상이면 이륙이 곤란하다.

비행기의 날개에 서리가 끼면 양력이 저하되어 평소보다 30knot 이상의 속력을 더 내야 이륙할 수 있다. 도착지의 활주로 상에 눈, 비 등이 쌓여서 비행기의 착륙이 지연되면 이로 인한 손실도 크다. 또한, 항로를 어떻게 선택하느냐에 따라서 연료 소비량이 달라지기도 한다. 이처럼 안전대책, 경제비행 등에 기상정보는 없어서는 안 되는 중요한 정보이다.

다섯째, 무역과 기상은 어떤 관계가 있을까?

무역에 있어 날씨 및 기상 조건은 상품자체와 운반과정에 큰 영향을 미친다. 특히 식량 자급률이 30%를 밑돌고 각종 제품의 수입량이 증대하고 있는 우리나라에서는 전 세계의 기후 및 해양의 이변이 직접적으로 우리 무역 및 해운업에 영향을 미치고 있다. 세계 주요 곡물 및 임산물 산지의 기후 변동이나 장기적인 기후 예측 정보는 작황을 조기에 고찰해서 대응하는 데에 특히 중요하다.

예를 들어 브라질의 커피는 상해를 만나면 생산량이 감소되며, 가뭄이 발생하면 흉작이 발생할 수 있다. 이러한 기상 이변에 대해서 수출업자는 정보를 얻어 대책을 강구한다. 이처럼 수출과 수입의 기상은 제품의 품질관리에 이용되며, 또 가뭄과 추위에 의한 수로 등 수송 경로의 폐쇄는 제품의 납입시기를 어지럽히고, 원료의 수입이 늦어지게도 하기 때문에 기상정보를 이용하여 재빨리 대책을 세운다.

여섯째, 제조업과 기상은 어떠한 관계가 있을까?

날씨에 따라서 경제가 활기를 띠기도 하고, 침체되기도 한다. 또한, 날씨에 따라 사람들이 필요로 하는 상품의 종류도 달라지게 된다. 평균기온이 20℃가 넘어가면 에어컨과 여름 의복이 팔리기 시작하고, 24℃가 넘으면 수영복을 찾는 사람이 많아진다. 30℃가 넘으면 피서에 직접 필요한 용품들 즉, 비치파라솔이나 썬 블록 크림 등이 잘 팔리는 것으로 나타나 있다. 이 외에도 맥주, 아이스크림, 청량음료, 난방기구 등의 계절상품의 판매는 기상에 의해 크게 영향을 받는다.

대형 할인 마트나 편의점 등에서는 바코드를 활용한 POS(Point of sales)시스템을 활용하고 있다. 이를 이용한 통계조사에 따르면 고객 수, 주요 판매 상품 등은 요일, 경제적 배경, 회원 고객 수, 광고 등의 방법에 따라 다르지만 매일의 기후, 기온 등에 따라서도 크게 좌우된다고 한다. 이 때문에 이러한 기상정보를 요인으로 삼고, 소비자의 동태를 보다 정확하게 파악하여 수요 등의 예측을 세워서 매입 조정, 재고 조정, 상품 배치 등을 효과적으로 행하려는 것이다.

이처럼 POS시스템과 기상자료를 활용해서 생산 계획, 판매 촉진, 재고관리 등에 직접적으로 도움이 되는 가공 정보를 제공하는 유통기상정보도 취급되고 있다.

일곱째, 건축과 기상은 어떤 관계가 있는지 알아보자.

건축물의 설계, 안전기준, 실외작업일, 빌딩의 냉난방에 기상을 이용한다. 또한, 고층건물 인근의 빌딩풍, 자연환경보전을 위한 설계, 빌딩옥상의 녹화 등에 의한 도시 온난화 방지, 새로운 도시설계 역시 기상이 중요한 역할을 한다.

기후예보나 예보자료를 활용하면 악천후로 인한 작업 중단 일수를 줄일 수 있을 뿐만 아니라 작업의 효율을 높여 공사기간을 단축할 수 있기 때문에 작업 비용을 줄일 수 있다. 이처럼 기상 정보는 건설현장에서의 작업 계획 조절뿐만 아니라 날씨에 민감한 작업시기의 결정, 현장 안전 관리 대비 등을 위해 필수적인 요소라고 할 수 있다.

석유개발공사에서는 기상 예보를 통해 시추작업 장소의 정확한 예보로 국내대륙붕에서의 날씨변화에 따른 시추작업 일정을 원활히 세울 수 있었으며, 시추작업 중 기상상태 변화로 발생할 수 있는 시추선과 작업인원의 피해를 방지하기 위하여 태풍, 호우 및 각종 기상상태의 변화를 사전에 예측하여 대비함으로써 시추선 작업을 성공리에 마칠 수 있었다.

인천 신공항 입지 선정시에는 여러 후보지들의 기후조사를 통해 공항의 기상조건에 맞는 최적입지를 선정하였고, 삼성 문화재단 호암 미술관에서는 미술관 지역의 풍향, 풍속 등 기상변화를 조사 분석하여 야외 미술품 전시와 건축물 설계에 사용하고 있다.

현대건설과 삼성물산을 비롯한 수많은 건설업체들이 다리건설, 고속도로공사, 댐건설, 지하철공사 등의 건설현장에서 정확한 기상정보를 얻기 위해 민간예보를 활용하여 작업일정 및 인력확보에 대한 정보로 사용하고 있다. 따라서 건설 부문의 산업은 기본적인 날씨정보 이외에 전국 도시별 기후자료의 전산화, 기상 관측망 설치 및 용역 등의 기상정보를 활용할 수 있으며, 특히 건설현장의 경우 기상예보의 활용도가 가장 높다고 할 수 있다.

여덟째, 공업과 기상은 어떤 관련이 있을까?

공업에 있어 기상정보는 공장입지와 노동조건 및 생산에 이용한다. 또한 원재료의 보관 및 작업능률 등은 기후의 영향을 크게 받고 있는데, 예를 들어 한랭전선이 통과할 때 기온과 습도의 급강하로 인해 면직물 공장에서 실이 끊어지는 일이 일어난다든지, 황사현상에 의해 계기에 모래 먼지가 들어가거나 자동차 도장이 불가능한 경우들을 볼 수 있다. 이러한 경우 짧게는 당일의 기상현황, 예보나 주의보 등에서부터 길게는 장기예보까지 모두 도움이 되는 것을 알 수 있다. 특히, 한파나 폭풍, 폭설 등은 자재의 조달에도 문제가 될 수 있다. 목재의 경우 수 년에서 수십 년 후의 기상에까지 주의를 기울일 필요가 있다. 자재의 부식, 공업용수의 공급 등에도 기상 현상이 깊게 관련된다.

아홉째, 축산업과 기상은 어떠한 관계가 있을까?

여름철 더위가 심할 때는 돼지 자체가 더위를 타는 것이 심해져 품질이 떨어지며, 어린 닭은 폐사하는 경우도 있다. 이렇게 여름에 더위가 심하면 혹서 때문에 돼지고기의 소비량이 일반적으로 줄어들게 된다. 이러한 경우 축사에 통풍, 살수 장치 등이 고려되고 있지만, 이때에는 더위의 정도나 지속시간 등의 정보가 필요할 것이다. 혹서기의 건조한 시기에는 목초의 생육도 저해를 받으므로 이때에도 기상정보를 이용한 대책이 필요할 것이다. 이처럼 목초의 생산, 우유생산, 축사의 통풍, 고기수요 등에 기상을 이용한다.

열번째, 농업과 기상은 어떠한 관계가 있을까?

농작물의 재배와 생산은 토양이나 지형의 영향을 받기는 하지만 다른 산업에 비해 기후의 지배가 절대적이라 할 수 있다. 이 때문에 많은 재배 기술 개발과 품종개량이 이루어져 왔다. 작물의 분포는 크게 기온과 수분, 고도에 따라 제한된다. 이것은 결국 농업이 기상의 영향을 받고 있는 것을 뜻한다. 기후의 영향으로 작물의 재배지가 달라지는 것은 물론이며, 농작물 품종의 선정, 씨 뿌리는 시기, 비료주기, 농약살포, 병해충 등도 기상을 이용한다. 또한, 작물의 생육은 강수량이나 강수의 계절분포에도 크게 영향을 받아 열대작물의 하나인 고무는 2,000~2,500mm의 강수량을 필요로 하며 면화는 700~1,300mm 정도의 강수량을 필요로 한다. 우리나라도 강수량이 부족한 경우에는 저수지나 관개시설에 의해 물을 보충하기도 한다.

최근에는 농업재해, 병충해의 방재, 생산성 향상 등을 위해 각종 기상예보, 특히, 장기예보, 주의보, 경보 등이 경지의 기상 파악 및 농업대책에 활용되고 있다. 농업생산성은 토양, 날씨, 영농기술에 따라 좌우된다. 따라서 과학적인 영농관리를 위해 기상정보가 필수적이며, 새로운 토지에 새로운 작물을 재배할 경우에도 토양과 기후의 적합성, 작황의 성패 여부 등을 진단하는 데 기상자료가 필요하다. 또한, 주요작물에 대한 병균의 발육온도는 20~34℃ 사이이고, 일반적으로 습도가 높을수록 병균의 활동이 활발하다. 병충해의 발생과 성장이 비교적 활발하게 나타나는 온도영역은 최저 5~10℃, 최고 30~35℃로 되어 있다. 이러한 병충해의 발생예보에 있어 기상 예보는 매우 중요하다.

▣ 기상지수에 대해 알아보자

기상청에서는 기온, 습도, 풍속, 날씨뿐만 아니라 관측으로 직접 얻는 수치만으로는 쉽게 알 수 없는 생활기상 정보를 경험식과 예보관에 판단에 의해 보기 쉽게 만들어 제공하고 있다. 또한, 날씨는 질병의 발생과도 매우 밀접한 관계를 가지고 있기 때문에 감기나 뇌졸중, 피부질환 등에 대한 보건기상 지수를 제공함으로써 국민 생활 안정에 큰 도움을 주고 있다.

〈표 7-1〉 생활기상지수와 보건기상지수

생활기상지수		보건기상지수	
자외선지수	3월~11월 일 2회	뇌졸중가능지수	연중 일 2회
식중독지수	3월~11월 일 2회	천식-폐질환가능지수	연중 일 2회
불쾌지수	6월~9월 일 8회	피부질환가능지수	연중 일 2회
열지수	6월~9월 일 8회	감기지수	9월~다음해 4월 일 2회
체감온도	11월~다음해 3월 일 8회	꽃가루농도위험지수	4월~5월, 9월~10월 일 2회
동파가능지수	12월~다음해 2월 일 8회		
대기확산지수	11월~5월 일 8회		

〈출처: 기상청〉

위의 〈표 7-1〉을 통해 기상청에서 제공하는 생활 및 보건 기상 지수에 대한 목록과 제공기간을 알 수 있다. 이제, 실생활에 큰 도움이 되는 기상지수들에 대해 더 자세히 알아보도록 하자.

▣ 체감온도지수에 대해 알아보자

체감온도지수는 외부에 있는 사람이나 동물이 바람과 한기에 노출된 피부로부터 열을 빼앗길 때 느끼는 추운 정도를 나타내는 지수이다. 이는 풍속과 밀접한 관련이 있다. 바람이 강해질수록 피부의 열 손실률이 높아지기 때문에 더 많은 내부체온을 떨어뜨리게 된다. 영하 10℃에서 풍속이 5km/h일 때 체감온도는 영하 13℃이지만 풍속이 30km/h가 되면 체감온도가 영하 20℃까지 떨어져 강한 추위를 느끼게 된다. 풍속에 따른 체감온도는 〈표 7-2〉과 같다.

〈표 7-2〉 풍속에 따른 체감온도

기온(℃) / 풍속(m/s)	0	-5	-10	-15	-20	-25	-30	-35
1.4	-2	-7	-13	-19	-24	-30	-36	-41
2.8	-3	-9	-15	-21	-27	-33	-39	-45
4.2	-4	-11	-17	-23	-29	-35	-41	-48
5.6	-5	-12	-18	-24	-31	-37	-43	-49
6.9	-6	-12	-19	-25	-32	-38	-45	-51
8.3	-6	-13	-20	-26	-33	-39	-46	-52
9.7	-7	-14	-20	-27	-33	-40	-47	-53
11.1	-7	-14	-21	-27	-34	-41	-48	-54
12.5	8	15	-21	-28	-35	-42	-48	-55
13.9	-8	-15	-22	-29	-35	-42	-49	-56
15.3	-8	-15	-22	-29	-36	-43	-50	-57
16.7	-9	-16	-23	-30	-36	-43	-50	-57

관심 / 주의 / 경고 / 위험

〈출처: 기상청〉

다음은 체감온도별 증상과 대처요령을 살펴보기로 하자.

〈표 7-3〉 체감온도별 설명 및 주의사항

단계	지수범위	설명 및 주의사항
위험	-45 미만	노출된 피부는 몇분내에 얼게 되고, 야외 활동시 저체온 위험이 매우 크므로 방풍·보온기능이 있는 매우 따뜻한 겹옷을 착용해야 함. 또한 노출된 모든 피부를 덮고 모자, 벙어리장갑, 스카프, 목도리, 마스크의 착용이 필요함. 야외환경은 생명에 매우 위험하므로 야외활동은 가급적 짧게 하거나 취소하여 실내에 머무를 수 있도록 할 것.

단계	지수범위	설명 및 주의사항
경고	-45~-25 미만	10~15분이내 동상 위험이 있고, 보호장구 없이 장기간 노출시 저체온에 빠질 위험이 크므로 방풍기능이 있는 겹옷이나 따뜻한 겹옷을 착용해야 함. 또한 노출된 모든 피부를 덮고 모자, 벙어리장갑, 스카프, 목도리, 마스크의 착용이 필요함. 피부가 바람에 직접 노출되지 않도록 할 것
주의	-25~-10 미만	노출된 피부에 매우 찬 기운이 느껴지고, 보호장구 없이 장기간 노출시 저체온에 빠질 위험이 있으므로 방풍기능이 있는 겹옷이나 따뜻한 옷을 착용해야함. 또한 모자, 벙어리장갑, 스카프의 착용이 필요함
관심	-10 이상	추위를 느끼는 정도가 증가함. 긴 옷이나 따뜻한 옷의 착용이 필요함

〈출처: 기상청〉

체감온도는 우리생활 속에서 다양하게 적용될 수 있다. 즉, 한파가 오는 한겨울이나 극지방에서는 체감온도지수에 따라 추위에 대한 대비가 달라진다. 체감온도지수가 낮을수록 체온을 보존할 수 있는 목도리나 장갑 등의 복장을 갖추고 외출해야 한다. 또한, 타 지방으로 여행을 갈 때에도 목적지가 본래의 거주 지역과 체감온도지수의 차가 클 경우에는 의류준비에 있어 체온손실이 적게끔 준비해야 한다.

▣ 열지수(heat index)에 대해 알아보자

열지수는 기온과 습도에 따라 사람들이 실제로 느끼는 더위를 나타내는 지수이다. 고온이 지속되는 기간 동안 사망자 수가 현저하게 증가하는 것에 주목한 미국 기상청은 고온다습한 환경에 대한 대국민 경보를 더욱 효율적으로 제시하여 열파에 미리 대처할 수 있는 체제로 열지수(HI)를 개발하였다. 열지수는 그늘지고 약한 바람이 부는 환경에서 만들어진 것이므로 태양빛에 직접 노출되면 열지수 값이 발표 값 보다 더 높아 질 수 있다. 특히, 뜨겁고 습한 바람이 불면 그 위험성은 더 커지며 동일한 기온이라도 습도에 따라 열지수가 달라질 수 있다. 〈표 7-4〉는 기온과 습도를 고려한 열지수 산출표이다.

〈표 7-4〉 열지수 산출표

습도 \ 기온	27	28	29	30	31	32	33	34	35	36	37	38	39	40	41	42	43
40	26.9	27.7	28.6	29.7	30.9	32.3	33.8	35.4	37.2	39.1	41.2	43.4	45.8	48.3	50.9	53.7	56.6
45	27.1	28.0	29.1	30.3	31.7	33.2	34.9	36.8	38.8	41.0	43.4	45.9	48.5	51.3	54.3	57.5	
50	27.4	28.4	29.7	31.0	32.6	34.4	36.3	38.4	40.7	43.1	45.8	48.6	51.6	54.8	58.1		

기온 / 습도	27	28	29	30	31	32	33	34	35	36	37	38	39	40	41	42	43
55	27.7	28.9	30.3	31.9	33.7	35.6	37.8	40.2	42.7	45.5	48.5	51.6	55.0	58.5			
60	28.1	29.4	31.0	32.8	34.8	37.1	39.5	42.2	45.1	48.1	51.4	55.0	58.7				
65	28.5	30.0	31.8	33.9	36.2	38.7	41.4	44.4	47.6	51.0	54.7	58.6					
70	28.9	30.7	32.7	35	37.6	40.4	43.5	46.8	50.3	54.2	58.2						
75	29.3	31.4	33.7	36.3	39.2	42.3	45.7	49.4	53.3	57.5							
80	29.7	32.1	34.7	37.7	40.9	44.4	48.1	52.2	56.5								
85	30.2	32.9	35.9	39.1	42.7	46.6	50.8	55.2									
90	31.1	34.0	37.2	40.8	44.7	49.0	53.5										
95	32.0	35.2	38.7	42.5	46.8	51.1											
100	32.9	36.4	40.2	44.4	49.0	54.2											

낮음
보통
높음
매우 높음

〈출처: 기상청〉

〈표 7-5〉 열지수 단계별 설명 및 주의사항

단계	지수범위	주의사항
매우 높음	54 이상	보통사람이 열에 지속적으로 노출될 시 열사·일사병 위험 매우 높음
높음	41~54 미만	보통사람이 열에 지속적으로 노출되면, 신체활동 시 일사병, 열경련, 열피폐 위험 높음
보통	32~41 미만	보통사람이 열에 지속적으로 노출되면, 신체활동 시 열사병, 열경련, 열피폐 가능성 있음
낮음	32 미만	보통사람이 열에 지속적으로 노출되면, 신체활동 시 피로 위험 높음

〈출처: 기상청〉

지속적인 고온은 경제적인 손실뿐만 아니라 심각한 인명피해를 초래하기도 한다. 1994년 기록적인 폭염으로 인해 우리나라에서는 3,384명의 사망자가 발생했다. 그때 당시 전국 폭염일수가 무려 32일을 기록하고 있으며 관측 이래 현재까지도 가장 강한 폭염으로 기록되고 있다. 고온으로 인한 피해를 줄이기 위해서는 열지수 높음 단계부터 야외활동을 자제하고 햇볕을 차단하는 등의 예방이 필요하며, 매우 높음 단계부터는 야외활동을 가급적으로 하지 않고 노약자는 냉방기기를 통해 실내 적정온도가 유지될 수 있도록 해야 한다.

▣ 불쾌지수(discomfort index)에 대해 알아보자

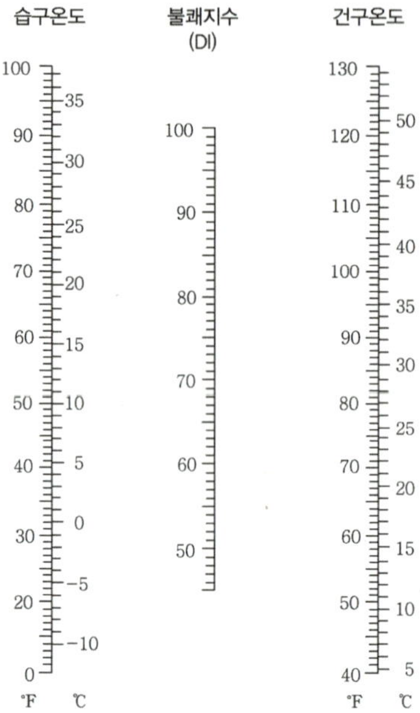

[그림 7-1] 불쾌지수를 구하는 모노그램
〈출처: 기상청〉

불쾌지수(discomfort index, DI)는 날씨에 따라 인간이 느끼는 불쾌감의 정도를 기온과 습도를 조합하여 나타낸 수치로서 일반적으로 온습도지수라고도 한다.

불쾌지수를 쉽게 산출할 수 있는 방법은 다음과 같다.

[그림 7-1]을 살펴보면 왼쪽에 습구온도를 표시하고, 우측의 건구온도는 현재의 온도를 표시한다. 이때 주의할 점은 섭씨온도(℃)와 화씨온도(°F)를 잘 구분하여 사용해야 한다는 것이다.

원래 불쾌지수 DI＝0.4(건구온도＋습구온도)＋15로 화씨온도를 사용하도록 고안되었으나, DI＝0.72(건구온도＋습구온도)＋40.6으로 수정하여 섭씨온도로도 사용할 수 있다.

또한, 습구온도를 관측되지 않는 기상관서에서는 현재 기온(℃)과 상대습도(%)를 알고 있다면 다음과 같은 관계식을 통해 산출할 수 있다.

$$\text{불쾌지수}(DI) = \frac{9}{5}T - 0.55(1 - RH)(\frac{9}{5}T - 26) + 32$$

(단, 기온은 ℃, 상대습도는 소수 단위)의 식을 이용하여 계산한다. 인종에 따라 쾌감대의 범위가 다르기 때문에 동일한 불쾌지수 값에 대해서 인종에 따라 불쾌감을 느끼는 정도가 약간 차이가 있다

이렇게 구해진 불쾌지수에 따라 우리가 느끼는 신체적인 증상을 〈표 7-6〉에 나타내었다.

〈표 7-6〉 불쾌지수 단계별 설명 및 주의사항

단계	지수범위	설명 및 주의사항
매우 높음	80 이상	전원 불쾌감을 느낌
높음	75~80 미만	50% 정도 불쾌감을 느낌
보통	68~75 미만	불쾌감을 나타내기 시작함
낮음	68 미만	전원 쾌적함을 느낌

〈출처: 기상청〉

불쾌지수는 무더운 여름철 우리 생활에 자주 적용될 수 있다. 여름철 불쾌지수가 높을 경우, 사람들 간에 감정적 불화가 자주 발생한다. 이런 경우를 대비하여 중요한 약속이나 미팅 날짜를 정할 때에는 그날 그날의 불쾌지수를 참고하는 건 어떨까? 이 외에도 불쾌지수가 높은 날에는 통계적으로 범죄율도 증가하므로 경찰에서는 치안 · 방범활동을 늘리기도 한다.

▣ 자외선지수(ultraviolet index)에 대해 알아보자

지상으로부터 약 13~50 km 사이의 대기층인 성층권에는 오존층이 존재한다. 이 오존층은 태양광선 중 해로운 자외선으로부터 지구상의 생명체를 보호하는 얇은 보호막 역할을 한다. 그러나 1980년대에 들어서 과학자들은 성층권 오존이 감소되고 있다는 증거를 포착했다. 이러한 오존의 감소는 지표면에 도달하는 해로운 자외선을 증가시킬 것이며, 인체가 자외선에 많이 노출되면 결과적으로 피부암, 백내장, 면역 저하와 같이 건강에 나쁜 영향을 받게 된다.

자외선 지수는 지역별 구름량, 지표면 반사도, 태양의 고도, 대기의 두께를 기준으로 0에서부터 15까지로 구분되어 산출되는데, 0은 과다 노출 때 위험이 매우 낮음을 나타내고, 11 이상은 과다 노출 때 매우 위험이 높은 것을 의미한다. 각 자외선지수별 자외선 강도와 피부유형별 타는 시간은 〈표 7-7〉와 같다.

〈표 7-7〉 자외선 단계별 설명 및 주의사항

단계	지수범위	설명 및 주의사항
위험	11 이상	태양에 노출시 극도로 위험하며 노출된 피부는 몇 분내에 탈 수 있음. 겉옷을 입고 모자와 선글라스를 쓰고, 자외선 차단제를 2시간마다 충분히 발라야 함
매우 높음	8~10	태양에 노출시 매우 위험하며 노출된 피부는 빠르게 타서 위험해질 수 있음. 겉옷을 입고 모자와 선글라스를 쓰고, 자외선 차단제를 발라야 함
높음	6~7	태양에 노출시 위험하며 햇볕에 노출시 보호가 필요함. 겉옷을 입고 모자와 선글라스를 쓰고, 자외선 차단제를 발라야 함
보통	3~5	태양에 노출 시 위험 보통. 햇볕에 노출시 겉옷을 입고 자외선 차단제를 바르는 등 주의해야 함
낮음	0~2	보통의 사람의 경우, 자외선 복사로 인한 위험 낮음

〈출처: 기상청〉

이를 이용하여 태양에 대한 과다 노출 시 예상되는 위험에 대한 예보는 물론 야외 활동 시 우리가 어느 정도로 주의해야 하는지를 알 수 있다. 특히 여성들은 피부 관리를 위해 여름철에는 자외선 지수에 민감하게 반응하여 자외선지수가 높을 때에는 선블럭 크림이나 선글라스 등의 자외선 차단제품으로 피부를 보호한다.

▣ 식중독지수(food poisoning index)에 대해 알아보자

우리는 매년 여름철 식중독으로 고생하는 사람들을 주변에서 쉽게 볼 수 있다. 식중독은 비정상적인 음식물 섭취에 따른 건강 장해 중 하나로서, 일반적으로 식중독을 일으키는 미생물이 식품에 부착되어 증식하거나, 독성물질의 혼입이나 잔류로 인해 건강을 해치는 경우가 많다.

따라서 기상청에서는 식품의약품안전청과 공동으로 식중독지수를 제공하고 있다. 이 지수는 여름철 식중독을 예방하고 국민의 위생을 위하여 식품의약품안전청에서 개발한 정량적이고 수치적인 개념으로, 최적조건에서 식중독을 유발시킬 수 있는 시간과 각각의 온도에서 식중독을 유발시킬 수 있는 시간에 대한 비율을 나타내고 있다.

식중독은 음식물을 부패시키는 미생물의 증식과 관련이 있으므로, 식중독지수는 이 미생물의 증식에 영향을 미치는 온도를 고려해서 산출하는데, 〈표 7-8〉와 같이 온도에 따른 음식물의 부패가능성을 %로 나타낸다.

〈표 7-8〉 온도별 식중독 지수

온도(℃)	미생물의 단위시간당 성장속도	증식시간 (hr)	식중독유발시간 (hr)	식중독 지수(%)
40	1.98	0.35	3.5	100
39	1.95	0.36	3.6	98
38	1.92	0.36	3.6	97
37	1.85	0.37	3.7	93
36	1.8	0.39	3.9	91
35	1.7	0.41	4.1	86
34	1.6	0.43	4.3	81
33	1.45	0.48	4.8	73
32	1.35	0.51	5.1	68

온도(℃)	미생물의 단위시간당 성장속도	증식시간 (hr)	식중독유발시간 (hr)	식중독 지수(%)
31	1.2	0.58	5.8	61
30	1.05	0.66	6.6	53
29	1	0.69	6.9	51
28	0.9	0.77	7.7	45
27	0.8	0.87	8.7	40
26	0.7	0.99	9.9	35
25	0.6	1.16	11.6	30
24	0.55	1.26	12.6	28
23	0.475	1.46	14.6	24
22	0.4	1.73	17.3	20
21	0.35	1.98	19.8	18
20	0.25	2.77	27.7	13
19	0.2	3.47	34.7	10
18	0.18	3.85	38.5	9
17	0.15	4.62	46.2	8
16	0.12	5.78	57.8	6
15	0.1	6.93	69.3	5

〈출처: 기상청〉

위의 표를 살펴보면 온도가 29℃인 경우, 미생물의 단위시간당 성장속도는 1이다. 이때, 증식시간이 0.69시간으로 약 6.9시간이 지나면 음식물이 상할 확률이 51%가 됨을 알 수 있다. 또한, 온도가 40℃일 경우에는 같은 조건하에서 3.5시간이 경과하면 음식이 상할 확률이 100%이다.

〈표 7-9〉 식중독 지수별 설명 및 주의사항

단계	지수범위	설명 및 주의사항
위험	95 이상	식중독 발생가능성이 매우 높으므로 식중독예방에 각별한 경계요망
경고	70 이상 95 미만	식중독 발생가능성이 높으므로 식중독예방에 경계요망
주의	35 이상 70 미만	식중독 발생가능성이 중간단계이므로 식중독예방에 주의요망
관심	35 미만	식중독 발생가능성은 낮으나 식중독예방에 지속적인 관심요망

〈출처: 기상청〉

이처럼 여름철 음식물 취급 시 우리는 식중독 지수를 고려하여 안전한 식생활을 할 수 있고, 식중독을 사전에 예방할 수 있다. 음식물, 손, 주방기구 등의 청결을 유지하고, 음식물은 가열 조리하여 바로 섭취하며, 음식물 보관 시 냉장, 냉동 또는 뜨겁게 보관하는 것도 식중독 예방의 한 방법이 될 수 있다.

▣ 동파가능지수에 대해 알아보자

동파가능지수는 기온과 일 최저기온을 이용하여 겨울철 한파로 인해 발생되는 수도관 및 계량기의 동파발생가능성을 나타내는 지수이다. 서울상수도사업본부 및 수도자제사업부에서 사용하고 있는 수도관 동파 기준에 근거하여 개발되었으며, 한파로 인한 가정용, 공업용 수도관 및 계량아기의 동파 가능성을 예측 하여 방지대책을 세우거나 계량기 설계와 관련된 내구성을 측정하는데 활용 될 수 있다. 〈표 7-10〉는 동파가능지수의 단계별 설명과 주의사항을 보여준다.

〈표 7-10〉 동파가능지수 단계별 설명 및 주의 사항

<table>
<tr><th>단계</th><th>기상조건</th><th>설명 및 주의사항</th></tr>
<tr><td>매우 높음</td><td>기온이 -10℃ 이하</td><td>영하 10℃ 이하 혹한이 계속될 때에는 수도꼭지를 조금 틀어 수도관에 물이 흐르도록 해야 함</td></tr>
<tr><td>높음</td><td>기온이 -10~-5℃ 이하,
전일최저기온이 -5℃ 미만</td><td rowspan="2">- 수도계량기 보호함의 내부에는 헌옷을 채우고, 외부에는 테이프로 밀폐시켜 찬 공기가 스며들지 않도록 보호해야 함
- 복도식 아파트는 수도계량기 동파가 많이 발생하므로 수도계량기 보온에 유의하여야 함
- 장기간 집을 비우게 될 때는 수도꼭지를 조금 틀어 수도관에 물이 흐르도록 해야 함
- 마당에 노출된 수도관은 보온재로 감싸주고, 앞 고동의 수도꼭지는 항상 열어 놓고 뒷고동만 열고 잠궈야 함
- 화장실 등 수도관이 노출되어 있는 경우에는 보온재로 감싸서 보온을 잘 하여야 함
- 집안의 수도관이 얼었을 때는 헤어드라이어로 서서히 가열하여 녹이거나, 미지근한 물로 시작하여 점차 뜨거운 물로 녹이면 됨</td></tr>
<tr><td>보통</td><td>기온이 -10℃~-5℃ 이하,
전일최저기온이 -5℃ 이상</td></tr>
<tr><td>낮음</td><td>기온이-5℃ 초과</td><td>동파가능성 낮음</td></tr>
</table>

〈출처: 기상청〉

▣ 대기확산지수란 무엇일까?

대기확산지수는 오염물질이 대기 중에 유입되어 존재할 경우, 대기상태에 의해 변화될 수 있는 가능성을 나타내는 지수이다.

대기오염은 여러 가지 오염원으로부터 대기 중으로 배출되고 있는 대기 오염물질의 양에 의해 직접적인 영향을 받고 있으며, 기상상태에 따라 오염물질의 희석, 지속, 농축 등의 과정을 통하여 대기오염의 정도가 변화하게 된다.

대기오염을 유발할 수 있는 기상요소들을 이용하여 혼합층높이, 환기지수, 강수유무, 역전층유무, 지표면과 상층의 바람, 대기안정도 등을 산출한 뒤, 각 요소별 합계에 따라 좋음, 보통, 나쁨 및 위험의 4단계로 구분한다.

〈표 7-11〉 대기오염지수에 따른 인체영향

단계	임계값을 갖는 기상요소의 계수	설명 및 주의사항
낮음	7	기상조건에 의해 대기변화 가능성이 낮음
보통	6	기상조건에 의해 대기변화 가능성이 보통
높음	3~5	기상조건에 의해 대기변화 가능성이 높음
매우 높음	0~2	기상조건에 의해 대기변화 가능성이 매우높음

〈출처: 기상청〉

이러한 지수가 높아 위험수위의 판정기준에 도달하면 가능한 한 외출을 삼가해야 한다. 대기 중 오염물질이 고농도 오염상태를 일으키거나 광화학 스모그를 발생시킬 가능성이 매우 높은 경우이기 때문이다.

▣ 천식 · 폐질환가능지수란 무엇일까?

천식 · 폐질환가능지수는 기상조건(최저기온, 일교차, 현지기압, 상대습도)에 따른 천식 · 폐질환 발생 가능정도를 나타내는 지수이다. 높은 기온은 오존농도를 높여 천식과 같은 알레르기성 호흡기질환에 영향을 주며, 봄철 황사로 인해 미세먼지 농도가 증가하게 되면 기도에 직접적인 자극을 줄 수도 있고 기존의 염증을 악화시켜 천식이 나빠질 수 있다. 또한 장마철, 주거환경이 습해지면 곰팡이 포자와 같은 실내 항원이 증가하고, 습하고 따뜻한 환경에서 잘 번식하는 집먼지 진드기에 대한 노출이 증가하게 되는데 일부 환자들은 이런 환경에서 증상이 악화되기도 한다. 천식과 만성 폐쇄성 폐질환(COPD)

은 계절적으로 겨울에 많이 발생하게 되는데, 기온이 낮아지면 폐기능이 떨어지고 면역반응이 억제되어 각종 급성 호흡기 감염증의 발생위험이 높아지기 때문이다.

〈표 7-12〉 천식 · 폐질환가능지수 단계에 따른 설명 및 주의사항

단계	설명 및 주의사항
매우 높음	청결한 환경 유지에 각별히 신경 쓰기. 천식환자들은 각별한 주의 요망
높음	실내 청결하게 하고 자주 환기시키기. 대기오염이 증가하는 시기에는 창문과 문을 닫아 외부 노출을 줄이고 공기청정기 사용하기
보통	규칙적인 생활습관 유지하기. 만성천식·폐질환 환자들은 주의 요망
낮음	평소 건강관리에 유의하기

〈출처: 기상청〉

황사나 흡입성 알레르겐이 증가하는 시기에는 가급적 외출을 삼가고, 부득이하게 외출해야 하는 경우에는 마스크를 착용하는 등 각별한 주의가 필요하다.

▣ 뇌졸중가능지수란 무엇일까?

뇌졸중가능지수는 기상조건(최저기온, 일교차, 현지기압, 상대습도)에 따른 뇌졸중 발생 가능정도를 나타내는 지수이다. 높은 기온은 심혈관계 및 뇌혈관계에 영향을 미쳐 간접적인 피해를 일으킬 수 있다. 반면 외부기온이 낮아지면 혈관이 수축되어 혈압은 높아지고 체내 혈액의 점성은 증가하여 마찰력이 커져 혈액의 흐름이 둔화되어 혈전이 생성될 위험이 높아지고 혈관이 막히거나 터지는 원인이 되어 고혈압과 함께 뇌졸중을 일으키기는 원인으로 작용한다.

〈표 7-13〉 뇌졸중가능지수 단계에 따른 설명 및 주의사항

단계	설명 및 주의사항
매우 높음	꾸준한 혈압, 혈당, 콜레스테롤 수치를 측정하고 급격한 날씨 변화에 노출되지 않도록 주의하기. 뇌졸중 환자들은 각별한 주의 요망
높음	건강에 더욱 관심을 가지고 추운 곳으로 외출할 경우 보온 유지하기
보통	평소 건강관리에 유의하고 규칙적인 운동과 함께 식습관 조절하기. 뇌졸중 환자들은 주의 요망
낮음	평소 건강관리에 유의하기

〈출처: 기상청〉

추운 날씨 속에서 뇌졸중을 예방하기 위해서는 평소 자기건강에 관심을 가지고 꾸준히 혈압, 혈당, 콜레스테롤 수치를 측정하고 음식조절과 운동하는 것이 중요하다. 또한, 갑작스러운 외부 환경의 변화를 피하는 것이 좋으며, 겨울철에는 이른 아침, 여름철에는 한 낮에 야외활동을 자제하는 것이 안전하다.

▣ 피부질환가능지수란 무엇일까?

피부질환가능지수는 최고기온과 상대습도 같은 기상조건에 따른 건조피부염, 무좀, 두드러기 등 피부질환 발생 가능정도를 나타내는 지수이다. 기온이 낮은 계절, 건조하고 차가운 공기에 피부가 노출 되면 건조피부염 증상이 나타날 수 있으며, 습하고 더운 날씨에 피부 사상균이 증식하게 되는데, 이는 무좀 등의 피부질환을 일으킬 수 있다. 또한, 더위 혹은 추위는 두드러기의 악화요인으로 작용할 수 있다.

〈표 7-14〉 피부질환가능지수 단계에 따른 설명 및 주의사항

단계	설명 및 주의사항
매우 높음	실외활동은 가급적 자제하고 쾌적한 환경 유지하기. 피부질환 환자들은 각별한 주의 요망
높음	실내온도와 습도를 일정하게 유지하고 충분한 수분 섭취하기
보통	피부질환 환자들은 주의 요망
낮음	피부질환 환자들은 지속적인 관심 요망

〈출처: 기상청〉

▣ 감기가능지수란 무엇일까?

감기지수는 기상조건(최저기온, 일교차, 현지기압, 상대습도)에 따른 감기 발생 가능 정도를 나타내는 지수이다. 급격한 기온 변화나 일교차, 그리고 건조한 날씨는 신체 항상성에 영향을 미쳐 감기를 유발할 수 있다. 또한, 날씨가 추워지면 실내생활이 많아지면 바이러스 전파 확률이 증가한다.

〈표 7-15〉 감기가능지수 단계에 따른 설명 및 주의사항

단 계	설명 및 주의사항
매우 높음	체온을 유지하고, 실내습도 조절하기
높음	충분한 수면 취하고, 과로하지 말기
보통	규칙적인 생활습관 유지하기
낮음	평소 건강관리 유의하기

〈출처: 기상청〉

감기를 예방하기 위해서는 적절한 실내온도를 유지해야하고, 가습기나 젖은 수건을 이용하여 적정 습도를 유지해야하며, 또한 주기적으로 실내 환기가 필요하다.

▣ 꽃가루농도 위험지수란 무엇일까?

꽃가루농도 위험지수는 기상조건(평균기온, 최저기온, 최고기온, 일교차, 풍속, 강수량 등)에 따른 꽃가루 농도를 예측하여 알레르기 질환 발생 가능정도를 지수화 한 것이다. 꽃가루는 수목류, 잡초류, 잔디류로 구분되며, 수목류는 3~5월, 잡초류는 8~10월, 잔디류는 6~8월에 주로 발생한다. 꽃가루는 알레르기 질환을 유발시키고 악화시키는 주요 물질로써 알려져 있으며, 꽃 가루와 연관된 질환으로는 기관지 천식, 비염, 결막염, 아토피 피부염 등이 있다.

꽃가루 발생은 기온, 강수, 일조시간 등 기상요소와 밀접한 관계가 있다. 꽃가루는 기온이 높고 날씨가 맑은 날 잘 퍼지며, 호흡기 깊숙이 파고들어 알레르기를 유발할 수 있다. 특히, 기온이 20~30℃ 사이에서 가장 높은 농도를 보이며, 강한 바람보다는 약 2m/s의 약한 바람이 불 때 공중으로 높이 부양하여 멀리까지 이동한다.

〈표 7-16〉 꽃가루농도 위험지수 단계에 따른 설명 및 주의사항

단계	설명 및 주의사항
매우 높음	거의 모든 알레르기 환자에게서 증상이 나타날 수 있으므로 야외활동을 자제하고 실내에 머물러야 함
높음	대개의 알레르기 환자에게서 증상이 나타날 수 있으므로 야외활동을 자제해야 함
보통	약한 알레르기 환자에게서 증상이 나타날 수 있으며, 야외 활동 시 주의 요함
낮음	알레르기가 심한 환자에게서 증상이 나타날 수 있음. 평소 건강관리에 유의

〈출처: 기상청〉

재미있는 탐구활동(기상과 관련된 직업 찾기)

실험 과정

1. 다음은 기상과 관련된 직업에 대한 글이다. 잘 읽고 물음에 답하시오.

> 기상정보의 활용이 중요해지면서 1995년에 기상컨설턴트라는 직업이 생겨났습니다. 선진국의 경우 기상그래픽 전문가, 기상 사진 전문가, 기상 비디오 전문가, 기상문학가 등 세분화된 기상전문가들이 활동하고 있습니다. 사회활동이 다양해지고 경제가 발전할수록 의학 기상전문가, 기상경영 전문가 등이 등장할 것이며 그 수요가 늘어날 것이 확실하답니다.

2. 이 외에도 기상과 관련된 직업이 어떠한 것들이 있는지 찾아보자.

재미있는 탐구활동(체감온도지수 산출)

실험 과정

※ 다음은 체감온도지수 산출도표입니다. 이 표를 보고 물음에 답하시오.

풍속(m/sec) \ 온도(℃)	6	3	0	-3	-6	-9	-12	-15	-18	-21	-24
3	3	-1	-4	-7	-11	-14	-18	-21	-24	-28	-31
6	-2	-6	-10	-14	-18	-22	-26	-30	-34	-38	-42
9	-6	-10	-14	-18	-23	-27	-31	-35	-40	-44	-48
12	-8	-12	-17	-21	-26	-30	-35	-39	-44	-48	-53
15	-9	-14	-18	-23	-27	-32	-37	-41	-46	-51	-55
18	-10	-14	-19	-24	-29	-33	-38	-43	-48	-52	-57
21	-10	-15	-20	-25	-29	-34	-39	-44	-49	-53	-58
24	-10	-15	-20	-25	-30	-35	-39	-44	-49	-54	-59

1. 체감온도지수를 산출하는 데 이용되는 기상요소에는 어떠한 것들이 있을까?

2. 위의 표를 바탕으로 온도와 풍속에 따른 체감온도지수를 구할 수 있는 식을 유도해 보자.

재미있는 탐구활동(불쾌지수 산출)

실험 과정

1. 불쾌지수를 산출하는 데 이용되는 기상요소에는 어떠한 것들이 있을까?

2. 아래의 그림을 보고 불쾌지수를 수식으로 유도해 보자.

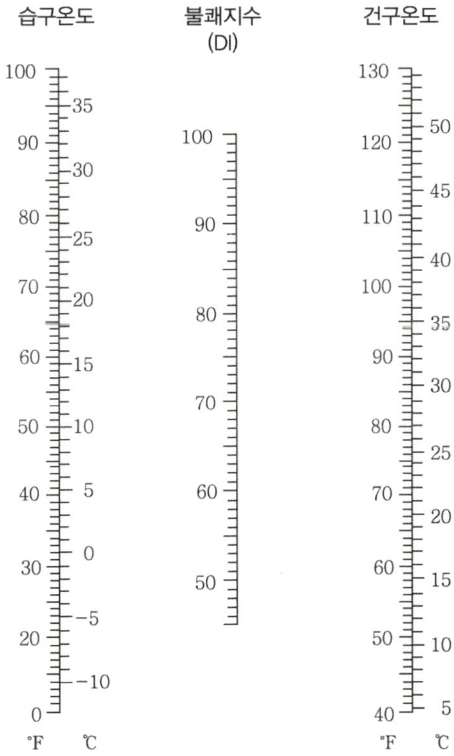

제 8 장 특이한 기상현상

매년 수많은 사람들이 이상기상에 의해 부상을 입거나 죽고, 주거지를 잃는다. 이상기상이란 통계적으로 나타나는 빈도가 매우 드문 대기 현상을 말한다. 세계기상기구(WMO)에서는 월평균 기온이나 월강수량이 30년에 1회 정도의 확률로 발생하는 기상현상을 이상기상이라고 정의하고 있다. 최근 뉴스에서 많이 접하는 이상기후라는 용어도 엄밀히 말하면 이상기상에서 새로 만들어진 사회적 용어라고 할 수 있다. 이상기후는 일정기간 동안, 날씨가 정상적인 범위를 벗어나 장시간 지속되는 상태를 뜻한다. 폭염, 한파, 홍수, 가뭄 등과 같은 세계적인 이상기상 현상이 발생하는 주요 원인은 지구 온난화와 엘리뇨 현상 등이다.

기상 현상에는 뇌우나 토네이도, 태풍 등과 같이 우리가 쉽게 접하지 못하는 매우 난폭한 현상도 있다. 그리고 인간이 생활하면서 발생시키는 오염물질은 오존층을 파괴하거나 산성비, 스모그와 같은 기상 현상을 발생시키기도 한다. 하지만 특이한 기상현상이 모두 위협적인 것만은 아니다. 무지개나 노을, 신기루, 오로라와 같은 기상현상은 우리에게 신비로움과 아름다움을 느끼게 해주기도 한다.

이 장에서는 이러한 이상기상과 특이한 기상현상에 대해서 알아보고자 한다.

▣ 사람들은 지구 온난화에 어떻게 관심을 가지게 되었을까?

지구는 3억 5,000만~6,500만 년 전 사이에 식물과 동물이 죽어서 썩고, 그 유해가 압축되어 석탄이나 석유로 바뀌었다. 이 과정에서 대기 중에 있는 많은 양의 탄소가 지하에 저장되었다. 이처럼 대기 중의 탄소는 땅, 해양, 대기, 생물 등을 거치는 순환과정에서 효과적으로 제거되어 평형을 유지하였다.

그런데 18세기 영국의 제임스 와트가 증기 기관을 발명하면서 시작된 산업혁명은

[그림 8-1] 증기 기관

세계의 경제와 사회의 흐름을 바꾸게 되었다. 증기 기관은 그 동안 물을 퍼내지 못해 채굴이 중단되었던 많은 탄광을 다시 가동시켰다. 그리고 증기 기관은 독립된 동력원을 만들어 낼 수 있었기 때문에 공장을 어디에서나 건설할 수 있도록 해 주었다.

한편, 20세기에 포드가 자동차를 대량 생산하자 석유산업은 전 세계에 붐을 일으켰다. 이때부터 석유는 석탄과 함께 산업사회를 지탱하는 연료 중 하나로 자리잡게 되었다. 이러한 산업화와 자동차의 보급은 화석연료의 급격한 사용을 불러왔다. 화석연료는 연소될 때 많은 이산화탄소를 발생시킨다. 하지만 이때까지 과학자들은 이산화탄소의 급격한 증가를 심각하게 인식하지 못하고 있었다.

산업 혁명이 급속하게 진행되고 있을 때 몇몇 과학자들은 대기의 온실효과를 연구하기 시작하였다. 1827년 프랑스의 수학자이자 물리학자인 푸리에는 지구에 흡수되는 태양열과 지구에서 우주로 내보내는 열의 차이를 밝혀 온실효과를 설명하였다. 푸리에는 지구의 대기가 우주로 내보내는 열을 가두어 온실효과가 발생하며, 인간은 대기가 가두는 열의 양을 변화시킬 수 있다고 주장하였다.

영국의 과학자 턴들은 1850~1860년대에 걸쳐 실시한 실험을 통해서 대기 중의 이산화탄소나 수증기가 온실가스라는 사실을 알아내고, 이들의 농도가 달라지면 지표면의 온도가 달라질 수 있다고 하였다. 스웨덴의 아레니우스는 대기 중에 포함된 이산화탄소량이 1890년대의 절반으로 감소하면 빙하기가 시작될 수 있다고 주장하였다. 반대로 이산화탄소량이 1890년대의 2배로 증가하면 지구의 평균 기온이 5~6도나 오를 것이라고 예상하였다. 이러한 예상치는 오늘날 계산한 값과 2배정도 차이가 난다. 아레니우스는 대기 중 이산화탄소량이 2배로 증가하려면 3,000년이 걸릴 것이라고 예측하였으며, 먼 미래의 일이라고 생각하였다. 20세기 초 대부분의 과학자들도 온실효과에 대해서 큰 관심을 두지 않았다. 이들은 이산화탄소와 같이 적은 양의 기체는 기후에 큰 영향을 주지 않으며, 설령 문제가 발생한다고 해도 현재와는 상관없는 먼 미래의 일로 여겼다.

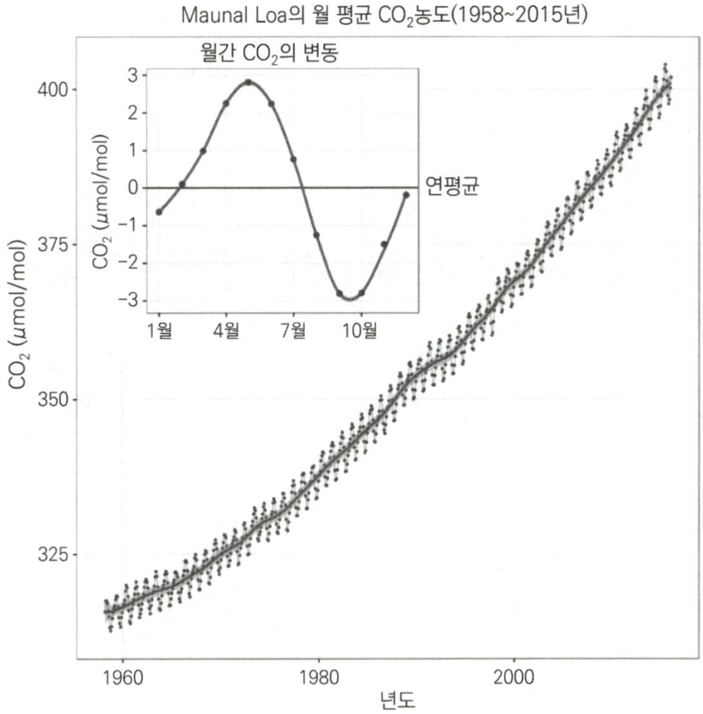

[그림 8-2] 킬링 곡선으로 알려진 이산화탄소 농도 변화그래프

그런데 킬링이 1958년부터 지구 대기의 이산화탄소량을 그래프로 나타내면서 이산화탄소의 비밀이 하나씩 벗겨지기 시작하였다. 킬링은 1958년부터 하와이 마우나로아 관측소에서 이산화탄소의 양을 매일 측정해 왔다. 계절에 따라 식물이 이산화탄소를 흡수하는 정도가 달라지기 때문에 이산화탄소의 농도는 규칙적으로 달라졌다. 하지만 킬링은 계절에 따른 규칙적인 변동을 넘어서 이산화탄소량이 매년 꾸준히 상승하고 있음을 알게 되었다. 1999년 중반에 발표된 '남극 빙하에 갇힌 대기 중 이산화탄소 농도 변화 분석'에 따르면 오늘날 이산화탄소의 농도는 지구 역사상 가장 높은 것이었다.

1980년대가 되자 과학자 미첼이 이름을 붙인 '지구 온난화'라는 용어는 젊은 과학자들에게 익숙한 용어가 되었다. 또 이와 관련된 증거들도 축적되면서 다시 세상의 주목을 끌기 시작하였다. 1989년 1월 지구 온난화 논쟁이 절정에 다다랐을 때, 연구자들은 지구의 평균기온이 20세기가 시작되면서 매년 0.5℃씩 상승하고 있다는 연구 결과를 발표하였다.

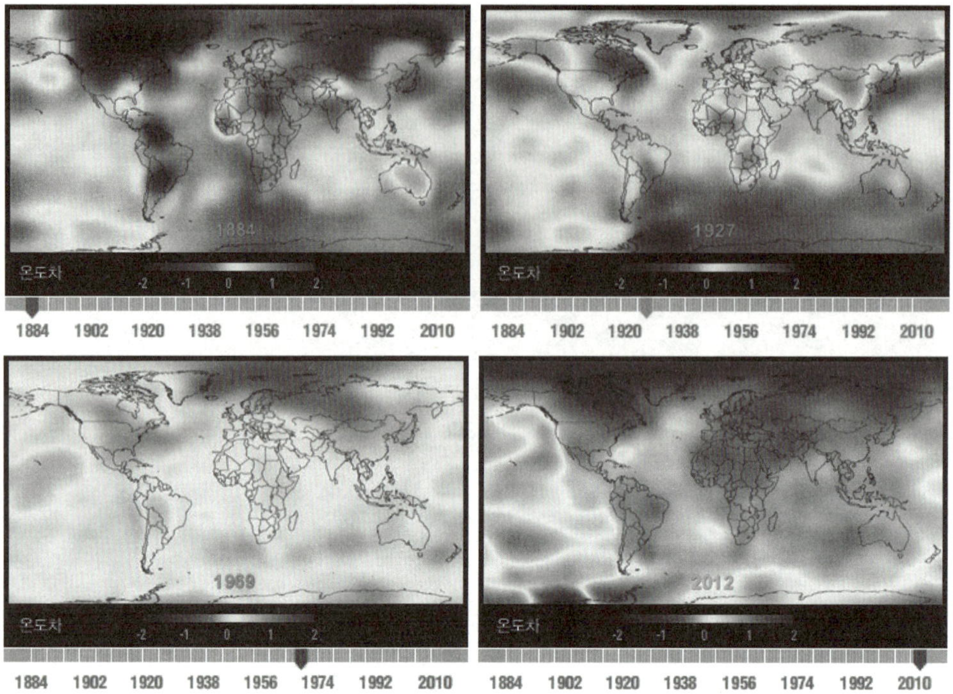

[그림 8-3] 1984, 1927, 1969, 2012년의 지구 표면 온도 변화. 진한 파란색은 평균보다 시원한 지역, 진한 빨간색은 평균보다 따뜻한 지역을 나타냄

〈출처: NASA〉

1988년 11월 세계기상기구와 국제연합 환경계획(UNEP)은 기후 관련 전문가를 중심으로 하여 국제 위원회를 창설하였다. 이 위원회는 기후 변화에 관해 세계에서 가장 권위 있는 목소리를 내는 과학적 조직이 되었으며, IPCC로 불리게 되었다.

IPCC는 기후 변화 추세 및 원인규명, 기후변화에 따른 생태학적 · 사회경제적 영향 평가 및 대응전략을 분석한 평가보고서를 실무그룹별로 발간하고 있다. 1990년 제 1차 평가보고서에서는 지구 온난화의 과학적 증거를 확인하여, 1992년 각국의 온실가스 배출 억제 노력을 촉구하는 유엔기후변화협약(UNFCCC)을 발족시키는데 영향을 주었다. 1995년 제2차 평가보고서에서는 지구 온난화가 인간에 의한 영향으로 발생한다고 주장하였으며, 온실가스를 줄이기 위한 구속력이 있는 장치로서 1997년 교토의정서를 채택하는 데 기여를 하였다. 2001년 제3차 평가보고서에서는 현재의 기후시스템과 미래 기후변화에 대한 예측 값과 이의 불확실성을 제시하였고, 2007년 제4차 평가보고서를 통해 기후변화를 과학적으로 입증하였다. 국제사회는 이러한 IPCC의 역할과 기여를 높게 평가하여 2007년 노벨평화상을 수여하기도 하였다.

▣ 지구 온난화는 무엇일까?

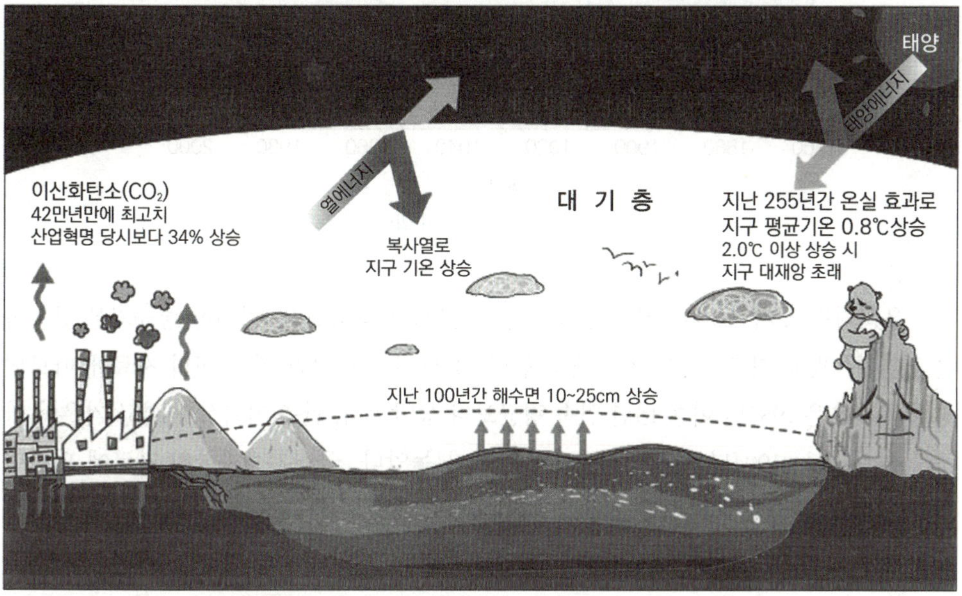

[그림 8-4] 지구 온난화 개념도

지구 온난화란 1800년대 후반부터 시작된 전 세계적인 바다와 지표 부근 공기의 온도 상승을 의미한다. 지구의 표면 온도는 지난 세기 동안, 특히 1970년대 이후에 급격히 증가하였다. 그 증가폭은 약 0.4~0.8℃ 정도이다. IPCC는 지구 표면의 평균온도가 다음 세기 동안 1.5~4.5℃ 정도, 많게는 6℃까지 증가할 것으로 추정하였다.

지구 온난화의 원인에 대해서는 아직까지 논쟁이 되고 있다. 하지만 대부분의 과학자들은 온실 기체 농도의 증가와 화석 연료의 사용과 같은 인간의 활동에 의해 발생한 것으로 추측하고 있다. 주요 온실 기체는 수증기이며 온실 효과의 36~70% 정도를 차지하고 있다. 그 다음으로는 이산화탄소가 9~26%, 메탄가스가 4~9%, 오존이 3~7% 정도의 영향을 주고 있다. 산업 혁명 이후 인간의 활동들은 이산화탄소, 메테인, 대류권 오존, 염화불화탄소(CFCs) 등의 온실 기체를 다량으로 발생시켰다. 특히 이산화탄소와 메테인 기체는 1750년 이후 36%와 148%가 증가하였다.

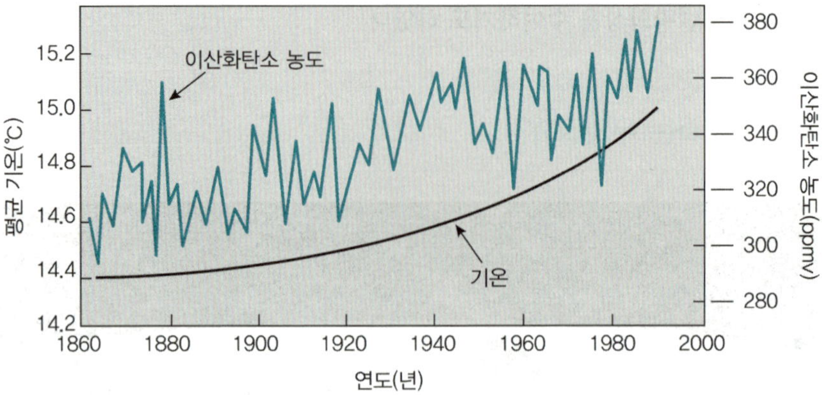

[그림 8-5] 이산화탄소 농도와 기온 변화

우리나라도 지난 100년간 연평균기온이 1.7℃ 상승하였다. 이러한 평균기온 상승폭은 전 지구 평균 기온상승률보다 매우 높다. 2011년 우리나라 기온 변화 자료에 따르면 연평균 기온은 1989년 이후 15년 연속 평균보다 높았으며, 관측 기록상 연평균 기온이 가장 높았던 때는 1994년으로 평균보다 1.77℃가 높았다. 국립기상과학원 자료에 의하면 1987년 이후 우리나라 연평균 기온은 지난 100년 동안의 평균값보다 낮은 적이 없으며, 기온이 계속 올라가고 있다고 한다.

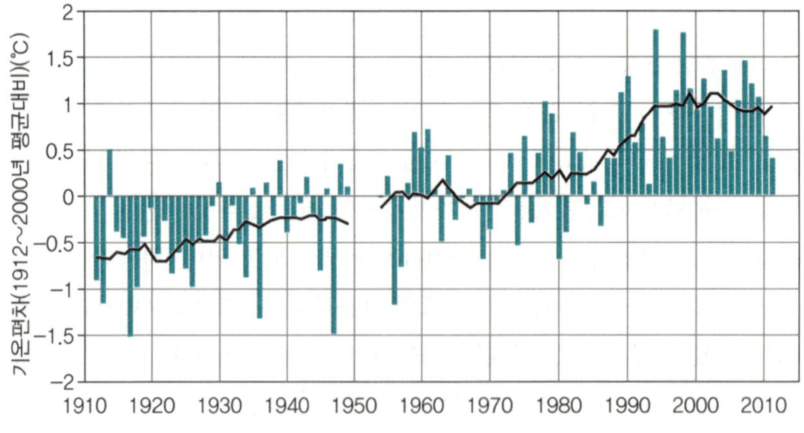

[그림 8-6] 우리나라 기온 변화(1912~2011)

▣ 지구 온난화는 어떤 영향을 줄까?

지구 온난화는 세계 곳곳에서 다양한 형태로 진행되고 있다. 북반구 고위도 지역은 지구 온난화로 인한 변화가 가장 큰 곳이다. 1995년에 발간된 IPCC보고서에서는 북위 40~70도 사이에서 지구 온난화가 가장 두드러지게 나타난다고 발표하였다. 지난 35년 간 이곳의 연평균 기온은 3℃ 정도 올랐는데, 이 수치는 전 세계적으로 상승한 기온의 평균값보다 3~5배나 더 높다. 미국의 알래스카 지역에서는 기온이 영하 40℃ 이하로 내려가는 날이 크게 줄었으며, 여름은 더 덥고 길어졌다. 그리고 영구 동토층이 녹고, 따뜻해진 기후로 곤충 떼가 알래스카 지역까지 올라와 상록수 삼림을 죽이기도 했다.

캐나다 남부에 해당하는 북위 48도 아래에서는 다른 양상으로 지구 온난화가 진행되고 있었다. 이곳에서는 평년보다 겨울철에 눈이 많이 내렸지만, 눈이 오는 때보다 비가 내리는 날이 더 많아져 적설 면적이 오히려 줄었다. IPCC보고서에서도 북반구 평균 적설 면적이 줄어들었다고 언급하고 있으며, 과학자들은 20년 전에 비해서 북반구의 적설 면적이 약 10% 정도 감소한 사실을 확인하였다.

눈이 덮고 있는 지표는 태양 빛을 많이 반사시켜 지표의 온도를 낮추며, 눈 아래에 있는 지표면의 열이 대기로 빠져나가는 것을 효과적으로 막아준다. 따라서 눈이 덮인 지역에서는 태양 빛이 비추어도 기온이 쉽게 상승하지 못한다. 북반구의 적설 면적 감소는 봄철의 기온 상승을 촉진하고 있다. 실제로 계절에 따른 식물의 변화를 관찰한 결과 북반구의 봄이 과거보다 더 빨라지고 있다는 것이 밝혀졌다.

페어뱅크스(Fairbanks)는 알래스카에서 두 번째로 큰 도시이다. 이곳에서 30년 전에 여름철 기온이 27℃ 이상 되는 날은 1주일 정도였지만, 현재는 3주일 정도로 길어졌다. 그리고 여름철 평균기온은 30년 전보다 약 11% 정도 상승했다.

[그림 8-7] 알래스카의 모습

지구 온난화는 북극에 있는 빙하와 높은 지대에 있던 빙하를 녹여 해수면을 상승시키고 있다.

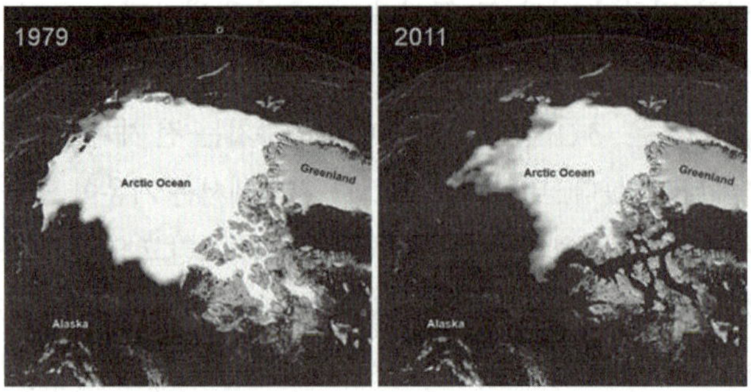

[그림 8-8] 북극빙하가 차지하고 있는 면적

IPCC는 지난 100년 동안 해수면이 10~25cm 정도 상승했다고 분석하였다. [그림 8-9]의 그래프는 퇴적물이나 조수 계측, 위성 데이터의 여러 기록을 통해 1700년부터 해수면을 표시한 것이다. IPCC는 5차 보고서에서 현재 수준으로 온실가스가 배출될 경우 21세기 말 지구 해수면이 29~91.4cm까지 상승할 수 있다고 경고했다. 이것은 2007년 보고서에 비해 최대 30cm나 더 상승한 것이다. 그만큼 6년 전에 비해 지구 온난화가 더욱 가속화되고 있다는 것이다. 그래프에서 붉은색과 파란색으로 표시한 것은 IPCC가 예상한 미래의 시나리오를 표시한 것이다. 파란색은 인류가 기후 변화에 효과적으로 대응할 경우에 해당한다.

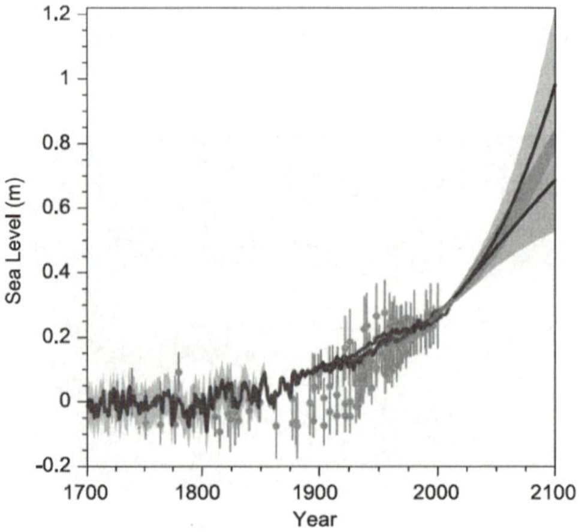

[그림 8-9] 해수면 상승과 예측(IPCC 보고서)

지구 온난화가 현재와 같은 추세로 진행될 경우 뉴욕이나 런던, 상하이, 시드니와 같은 해안 근처의 주요 도시들은 물에 잠기게 된다. 우리나라 해양환경관리공단의 시뮬레이션에 따르면 해수면이 50cm가 상승하면 여의도 면적의 11배에 달하는 면적이, 해수면이 1m가 상승하면 여의도 면적의 33배에 달하는 면적이 물에 잠기는 것으로 나타났다.

해수면 상승은 먼 미래의 일이 아니다. 현재에도 세계의 낮은 지역은 심각한 위기 상황에 처해있다. 인도양의 아름다운 섬으로 이루어진 몰디브는 해발고도가 평균 2.5m 정도로 낮아 조금씩 물속에 가라앉고 있다. 과학자들은 50년 이내에 몰디브가 수몰되어 지도에서 사라질 수 있다고 경고했다.

[그림 8-10] 해수면 상승으로 위협받는 몰디브

지구 온난화는 생물의 서식지에도 영향을 주고 있다. 파메산 박사는 지난 100년 동안 나비 서식지를 분석한 결과 멕시코에 서식하고 있는 나비의 개체수가 캐나다에 비해 4배나 더 많이 멸종했음을 발견하였다. 그리고 나비의 주 서식지도 북쪽으로 약 160km 정도 옮겨진 것이 확인되었다. 나비 서식지의 분포는 기후와 매우 밀접한 관련이 있음을 보여준다. 미국과 유럽의 공동 연구팀도 지난 20세기 동안 유럽이 거의 0.8℃ 이상 따뜻해졌고, 유럽 나비 종의 2/3 정도가 서식지를 35km~240km 정도 북쪽으로 이동했다고 발표하였다. 과학자들은 이러한 연구 결과를 통해 지구 온난화가 야생 생물의 서식에 영향을 미친다고 주장하고 있다.

지구 온난화는 단순히 지구의 평균기온이 상승하는 것만을 의미하는 것은 아니다. 과학자들은 지구 온난화가 극심한 온도, 바람, 강수량의 변화를 포함하는 여러 기후 변화를 일으키는데 관여하고 있다고 주장한다. 예를 들어 허리케인은 해수 표층수의 수온이 25℃ 이상인 곳에서 생성되어 강해진다. 바다의 수온이 올라가면 이러한 폭풍은 더욱 강해지고 더 자주 발생할 수 있다. 최근에 미국 남서부 지역에 불어 닥친 폭풍이 더 강해지고, 더 자주 발생하는 이유도 해수 수온의 증가 때문으로 생각되고 있다.

지구 온난화는 우리의 건강에 직접적으로 영향을 줄 수도 있다. 지구 온난화로 인해 폭염이 발생하는 경우가 잦아졌다. 특히 높은 상대습도와 결합된 장기간의 폭염은 사람들의 일상생활에 큰 영향을 줄 뿐만 아니라 많은 사망자를 내기도 한다. 그리고 지구 온난화는 전 세계의 강수량 패턴을 변화시켜 지역에 따라 극심한 가뭄이나 홍수, 폭설을 발생시키기도 한다. 가뭄은 농작물을 황폐화시키며 화재를 발생시킬 수 있다. 반대로 일부 지역에서는 비가 너무 많이 내려 잦은 홍수와 폭설로 사람들의 생명을 위협하거나 큰 경제적 피해를 입힌다. 해안가 주변의 사람들은 폭풍 해일과 바닷물의 범람으로 피해를 입을 수 있다.

지구 온난화는 사람이 사는 대기의 질을 악화시키며, 일부 식물의 성장을 촉진시켜 알레르기와 같은 질환을 더 심화시킬 수 있다. 또한 질병 매개체의 변화를 가져와서 콜레라와 해로운 박테리아에 의한 질병을 확산시킬 수도 있다.

지구 온난화는 우리나라에도 많은 영향을 줄 수 있다. 환경부에 따르면 이산화탄소의 농도가 2배로 증가할 경우에 한반도 기온은 2.0~2.5℃ 정도 상승할 것으로 예상된다. 그리고 여름철 강우량은 -25%~+30%까지 변화폭이 커져 극심한 가뭄과 홍수가 빈번하게 발생할 수 있다고 한다. 그리고 남서해안지대와 남부해안지대, 동해안 남부지대는 겨울이 거의 없는 아열대성 기후권에 속하게 되며, 중부지방은 현재의 남해안 도서지역과 유사한 기후가 될 것으로 예상되고 있다. 이러한 기후 변화는 자연생태계를 교란시킬 수 있다.

▣ 지구 온난화를 막으려면 어떻게 해야 할까?

아직까지 지구 온난화를 해결하기 위한 명확한 방법은 없다. 따라서 현재는 지구 온난화의 속도를 완화시키는 정도에서 노력하고 있다. IPCC는 지구 온난화를 완화시키는 방법으로 온실 가스 배출량을 줄이거나 배출한 온실가스를 흡수하는 방법을 들고 있다.

가정과 기업에서 사용하는 에너지는 지구 온난화의 주요 원인이다. 가정과 기업에서 에너지의 효율을 높이는 기술을 사용하거나 전기를 절약하면 에너지와 비용을 모두 절약할 수 있다. 지난 10년간 자동차와 같은 교통수단에서 발생하는 온실 가스는 다른 발생원에 비해 빠른 속도로 증가하였다. 따라서 교통수단의 에너지 효율을 개선하고, 저탄소 연료로 전환하며, 효율적인 대중교통 시스템을 구축하면 지구 온난화를 완화시킬 수 있다.

신재생에너지를 개발하는 것도 지구 온난화를 완화시킬 수 있다. 태양 에너지나 풍력, 수력, 지열 에너지와 같은 재생 가능한 에너지원은 이산화탄소를 거의 배출하지 않으며 고갈되지 않는다. 하지만 현재 주목받고 있는 태양에너지나 풍력에너지는 발전소를 짓기 위한 입지 조건이 까다로우며, 넓은 공간을 필요로 한다. 또한 이러한 친환경 에너지는 비용대비 에너지 효율이 좋지 못하기 때문에 아직 폭넓게 사용되지 못하고 있다.

원자력에너지는 온실 가스를 거의 배출하지 않기 때문에 지구 온난화 완화에 도움이 된다. 하지만 원자력 발전소는 안전이나 방사선 폐기물 처리와 같은 심각한 문제를 발생시키고 있다. 이러한 원자력 에너지의 위험성은 일본 대지진때 후쿠시마 지역의 원자력 발전소의 사례에서 잘 드러났다.

화석연료의 사용을 줄여서 이산화탄소 배출을 줄이는 것이 가장 이상적이지만 현실적으로 국가나 개인들의 이해관계가 다르기 때문에 쉽지 않다. 최근 주목받고 있는 이산화탄소 포집 및 저장기술(CCS)은 보다 적극적인 방법으로 이산화탄소를 줄일 수 있다. 이 기술은 발전소나 제철소와 같은 대형 이산화탄소 발생 시설에서 이산화탄소를 직접 포집하여 지하 1,000m 이하의 대염수층에 압축, 저장하는 방법이다.

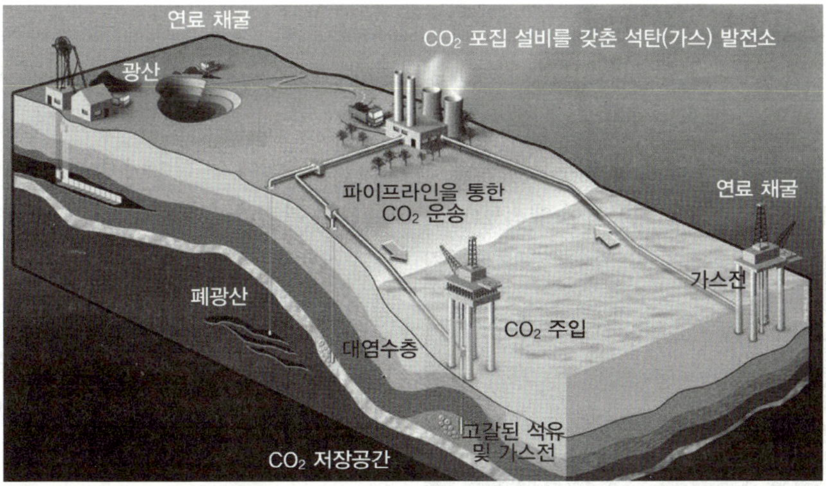

[그림 8-11] CCS기술을 통한 이산화탄소 감축

〈출처:http://www.sccs.org.uk〉

CCS 기술은 포집-운송-저장 과정에서 고도의 기술이 요구되며, 탄소 배출권 시장에서 거래되는 이산화탄소(톤당 30달러)에 비해 CCS를 통해 이산화탄소를 처리하는 비용(톤당 100달러)이 더 비싸다는 문제가 있다. 그리고 이산화탄소를 저장한 후 적어도 수백 년 이상은 이산화탄소가 땅 위로 누출되지 않고 안정적으로 저장되어야 한다. 하지만 이런 누출 및 환경오염이 없는 저장기술을 개발하는 것이 쉽지 않다.

이처럼 CCS 기술 적용에 어려움이 있지만, 화력 발전 중심의 현재 산업구조에서 CCS 기술은 가장 현실적이며 획기적인 대안이 될 수 있다. 전문가들은 2020년 이후에는 이 기술이 상용화 될 것으로 기대하고 있다.

엘리뇨와 라니냐란 무엇일까?

엘리뇨와 라니냐는 열대 중부 지방의 태평양 해수면 온도가 평균에 비해 0.4℃ 이상의 차이가 나는 상태로 6개월 동안 지속되는 현상을 말한다. 그리고 이러한 상태가 6개월 이상 지속되면 엘리뇨 에피소드나 라니냐 에피소드라고 말한다.

남아메리카 서해안을 따라 부는 남풍은 해수가 위로 상승하는 용승류(upwelling)를 일으켜 아래쪽의 영양분이 풍부한 물을 상승시킨다. 그래서 이곳은 멸치떼와 같은 풍부한 어족을 불러온다. 그런데 1567년 페루의 어부들은 남아메리카 서해안에서 이상한 현상이 일어난다는 것을 발견하였다. 수년에 한 번씩 크리스마스 무렵에 솟아오르는 바닷물이 평년보다 따뜻한 것이었다. 따뜻한 바닷물에는 영양분과 산소가 많지 않기 때문에 물고기가 먹고 사는 플랑크톤이 적었다. 그래서 물고기의 수도 줄어들어 어부들은 물고기를 많이 잡을 수 없었다. 페루 사람들은 크리스마스 무렵에 이 현상이 발생한다고 해서 아기예수를 일컫는 스페인어인 엘리뇨(남자아이)라고 불렀다.

[그림 8-12] 인도의 몬순

이러한 현상이 발생하는 것은 1923년 길버트 워커에 의해서 최초로 기술되었다. 워커는 인도에 있는 기상대 소장으로 근무하고 있을 때, 엘리뇨와 연관성이 없어 보이는 현상을 발견했다. 보통 인도에서는 많은 비가 내리는 몬순이 주기적으로 발생한다. 그런데 수년에 한번 씩 그 몬순의 위력이 약해지고, 인도에는 가뭄이 발생하였다. 워커는 오랜 기간 전 세계에서 모아온 영국의 기상관측 기록을 분석하였다. 그러자 일반적인 해에는 서태평양에는 높은 기압이, 동태평양에는 낮은 기압이 자리 잡고 있었다. 하지만 수년에 한 번씩 이런 패턴이 반대로 되었다. 워커는 태평양에서 기압이 반전되는 시기와 인도에서 몬순이 약해진 시기가 서로 일치하는 것을 발견하였다. 기상과학자들은 이와 같은 현상이 태평양에서 동쪽과 서쪽으로 왔다 갔다 하면서 발생했기 때문에 '남방진동'이라고 불렀다. 현재는 진동하는 해양과 기압의 변화가 서로 연관되어 있다는 사실을 알고 있기 때문에 이들을 합쳐서 엘리뇨/남방진동 또는 약어로 ENSO라고 부른다.

보통 인도네시아가 있는 서태평양은 남아메리카 부근의 동태평양보다 수온이 3~8℃정도 높다. 따라서 서태평양의 고온다습한 공기는 상승하게 되고, 동쪽으로 이동하여 동태평양의 저온 저습한 공기로 성질이 변해 하강하게 된다. 그래서 아래에 있는 무역풍들을 서쪽으로 불어 보낸다. 이러한 공기의 순환을 워커 순환이라고 한다. 하지만 아직도 명확히 설명되지 않는 이유로 3~5년에 한 번씩 엘리뇨 현상은 동태평양을 서태평양만큼 따뜻하게 데운다. 그렇게 되면 남반구의 무역풍이 약해지거나 역방향으로 바뀌게 된다.

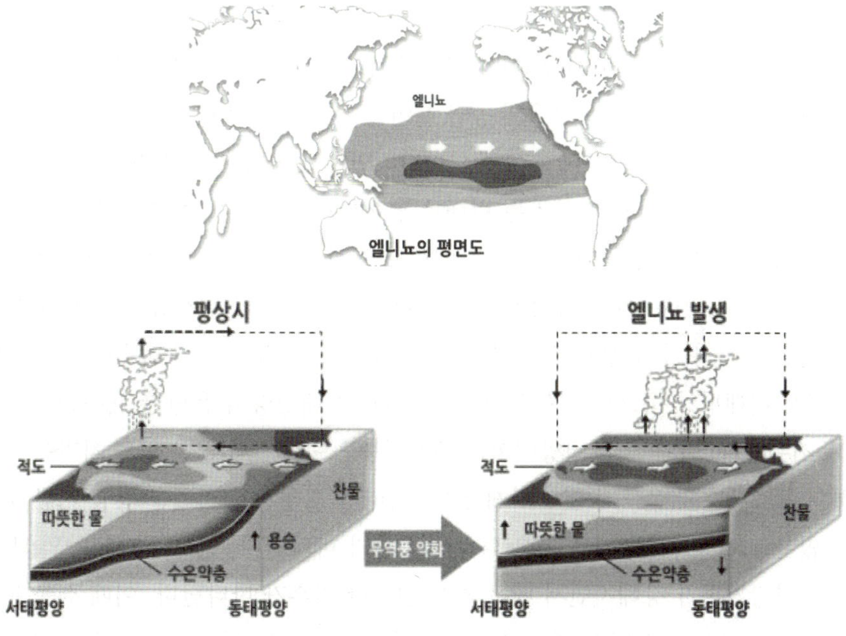

[그림 8-13] 엘리뇨의 발생

〈출처: 에듀넷〉

엘리뇨 현상은 짧게는 수 주에서 한 달 남짓 지속되고 다시 정상적인 상태로 돌아간다. 하지만 엘리뇨 현상이 수 개월 동안 계속되고, 넓은 범위에서 걸쳐 발생하면 기상 이변이 나타나며 큰 경제적 피해를 주게 된다.

엘리뇨 현상이 발생하면 세계적으로 홍수, 가뭄 등의 재해를 동반한 이상 기상이 증가한다. 엘리뇨 현상에 의해 적도 주변의 해수면 수온이 변하면 대류 활동의 강도가 달라진다. 이것은 대기에 공급하는 에너지양이 달라진다는 것을 의미한다. 이로 인해 지구 전체의 대기 흐름이 변하며, 세계의 기상이 영향을 받게 되는 것이다. 실제로 엘리뇨 현상이 발생할 경우 페루나 에콰도르와 같은 남아메리카 해안선 근처에는 대규모의 홍수가 발생하였으며, 반대 지역에 있는 인도네시아나 필리핀 등지에서는 건조한 상태가 지속되어 산불이나 가뭄 현상이 나타났다.

엘리뇨 현상은 농업과 수산업에도 큰 영향을 끼친다. 1982～1983년 사이에 나타난 엘리뇨 현상으로 인해 인도네시아, 남아프리카, 오스트레일리아 지역에서 가뭄이 나타났고, 농산물의 생산량이 평균에 비해 절반으로 감소하였다. 페루 연안에서도 주 어획물인 멸치 어획량이 현저히 감소하였다. 여기에서 잡히는 멸치는 대부분 가공되어 가축의 사료로 수출된다. 그래서 줄어든 멸치로 인해 사료 가격이 크게 오르게 되었고 사료의 대체품인 콩 가격이 급등하였다. 이때 우리나라에서는 두부 값이 폭등하기도 하기도 하였으며, 미국에서는 가금류 가격이 40%이상 상승하기도 하였다. 이처럼 엘리뇨와 같은 세계적 규모의 이상 기상 현상은 농산물의 공급 불안을 가져와 가격 변동을 심화시킨다. 농산물의 가격 변동은 엘리뇨보다 다소 늦게 나타나지만 비슷한 주기를 가진다.

라니냐 현상은 엘리뇨 현상과는 반대로 남아메리카 부근의 해수면 온도가 평년에 비해 낮아지는 현상이다. 라니냐는 주로 엘리뇨 현상의 전과 후에 발생하고 '여자 아이'라는 뜻을 가지고 있다. 이 시기에는 하층의 무역풍과 상층의 편서풍이 강화되고, 이로 인해 워커순환 역시 강해진다. 또한, 무역풍의 강화는 더 많은 양의 따뜻한 표층수를 동태평양에서 서태평양 쪽으로 이동시키고, 그 결과 서태평양의 온난한 해수층은 평소보다 더 두꺼워진다. 반면, 동태평양에서는 해저심층으로부터 더 많은 양의 차가운 해수가 용승하여 표층해수의 온도가 낮아지게 된다. 따라서 서태평양 지역은 상승 기류가 더욱 강해져 많은 비가 내리고, 매우 고온 다습한 기후가 나타난다. 반면 동태평양의 페루 연안에서는 하강기류가 강해지면서 매우 저온 건조한 기후가 나타난다. 이때 심층수는 풍부한 영양분을 포함하고 있기 때문에 차가운 물에 서식하는 어족 자원이 풍부해 지기도 한다.

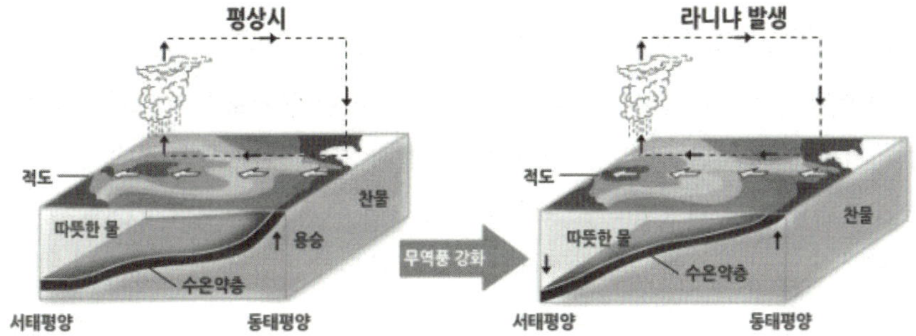

[그림 8-14] 라니냐의 발생

〈출처: 에듀넷〉

▣ 지구에서 기록한 최고 기온과 최저 기온은 얼마일까?

사람들의 생활에 가장 많은 영향을 주는 것은 기온일 것이다. 생물 기상과학자들은 폭염과 한파를 두 가지 온도로 분류해서 설명한다. 첫째는 절대적 극단 온도로, 절대 온도 눈금을 초과하는 현상을 말한다. 예를 들어 -40℃나 55℃는 북극이나 사하라 사막에 사는 사람들에게도 극단적인 온도에 해당한다. 두 번째는 상대적 극단 온도로 특정 기후나 계절에 비해 상대적으로 높거나 낮은 온도를 말한다. 예를 들어 5월 25℃의 온도는 정상적인 온도이지만 북극 지방에서는 기록적으로 높은 온도이다. 사람들은 일반적으로 상대적 극단 온도에 관심을 두고 있다. 이것은 인간이나 동식물이 특정 지역의 기후에 순응하고 살기 때문이다.

극단적인 더위는 동식물에게 가혹한 기상현상이다. 특히 높은 온도와 높은 습도가 함께 나타난다면 땀의 증발이 잘 일어나지 않기 때문에 체온을 유지하기 어렵다. 식물도 건조한 더위에서는 수분 조절을 하기 어렵기 때문에 생존을 위협받는다. 세계에서 기록된 최고 기온은 1913년 미국 데스밸리에서 관측된 56.7℃이다. 사실 몇 년 전까지만 해도

1922년 리비아에서 관측된 58℃가 최고 기온이라고 인용되었지만 최근 세계기상기구(WMO)의 조사에서 측정과정에서 오류가 있었음이 밝혀졌다.

우리나라에서 공식적인 역대 최고 기온은 1942년 8월1일 대구에서 기록한 40℃이다. 서울에서는 1994년 7월 23일에 38.4℃를 기록하기도 했다. 우리나라에서 폭염이 가장 심했던 해는 1994년이다. 이때는 엘리뇨 현상으로 인해 여름부터 9월까지 무더위가 계속됐다. 이 기간 동안 3,384명이 폭염으로 사망했다. 기상청에서는 33℃이상의 기온이 2일간 지속될 경우 폭염 주의보를, 35℃이상의 기온이 2일 이상 지속되면 폭염 경보를 발령한다.

사람들이 극단적인 추위로부터 받는 가장 큰 위험은 저체온증과 손가락과 발가락 등 피부가 어는 동상이다. 매우 낮은 기온에서는 잔잔한 공기보다 빠르게 움직이는 공기가 체온을 급속도로 낮출 수 있어 위험하다. 그래서 기상과학자들은 풍속에 따라 추위를 느끼는 수준이나 실제 위험 정도를 나타내는 풍속 냉각 지수표 [그림 8-15]를 개발하였다. 풍속 냉각 지수표는 동상에 걸리기까지의 시간을 온도와 바람에 따라 나타내 주고 있다.

바람의 세기(mph) \ 온도(°F)	40	35	30	25	20	15	10	5	0	-5	-10	-15	-20	-25	-30	-35	-40	-45
5	36	31	25	19	13	7	1	-5	-11	-16	-22	-28	-34	-40	-46	-52	-57	-63
10	34	27	21	15	9	3	-4	-10	-16	-22	-28	-35	-41	-47	-53	-59	-66	-72
15	32	25	19	13	6	0	-7	-13	-19	-26	-32	-39	-45	-51	-58	-64	-71	-77
20	30	24	17	11	4	-2	-9	-15	-22	-29	-35	-42	-48	-55	-61	-68	-74	-81
25	29	23	16	9	3	-4	-11	-17	-24	-31	-37	-44	-51	-58	-64	-71	-78	-84
30	28	22	15	8	1	-5	-12	-19	-26	-33	-39	-46	-53	-60	-67	-73	-80	-87
35	28	21	14	7	0	-7	-14	-21	-27	-34	-41	-48	-55	-62	-69	-76	-82	-89
40	27	20	13	6	-1	-8	-15	-22	-29	-36	-43	-50	-57	-64	-71	-78	-84	-91
45	26	29	12	5	-2	-9	-16	-23	-30	-37	-44	-51	-58	-65	-72	-79	-86	-93
50	26	19	12	4	-3	-10	-17	-24	-31	-38	-45	-52	-60	-67	-74	-81	-88	-95
55	25	18	11	4	-3	-11	-18	-25	-32	-39	-46	-54	-61	-68	-75	-82	-89	-97
60	25	17	10	3	-4	-11	-19	-26	-33	-40	-48	-55	-62	-69	-76	-84	-91	-98

동상에 걸리는 시간 ■ 30분 ■ 10분 □ 5분

[그림 8-15] 풍속 냉각 지수표

세계에서 기록된 최저 기온은 남극 대륙의 보스토크 기지에서 1983년 7월 21일 관측된 영하 89.2℃이다.

우리나라의 한파는 폭염에 비하면 비교적 견디기 쉬운 편이다. 폭염과 달리 겨울철 내내 지속되는 것이 아니기 때문이다. 기상청 관측 자료에 따르면 우리나라에서 역대 최저 기온은 1981년 1월 5일 경기도 양평에서 기록한 영하 32.6℃이다. 당시 신문기사에서는 마당에 있는 김칫독이 깨지고 96,000명의 주민들이 아예 집 밖으로 나가지 않아 죽음의 마을을 방불케 했다는 기록이 있다. 이 당시의 전국적인 한파와 폭설로 74곳의 교통이 두절됐고, 2명이 동사했으며 176명의 이재민이 발생했다.

▣ 뇌우란 무엇일까?

뇌우(thunderstorm)란 번개와 천둥이 치고, 가벼운 비에서 폭우나 우박을 동반하는 폭풍을 말한다. 뇌우는 따뜻한 수분이 풍부하고 상승 기류가 강하며, 공기가 불안정할 때 발생하기 쉽다.

매년 1,600만 개로 추산되는 뇌우가 발생하고, 지구상에는 약 2,000개의 뇌우가 여러 지역에서 동시에 생성되고 있다. 이 뇌우에서는 많은 번개가 치고 있다. 번개는 일종의 정전기 방전으로 나타나는 현상이다. 가죽으로 된 신발을 신고 모직물로 만든 카펫 위를 걸은 다음 금속으로 된 문손잡이를 만지면 작은 불꽃이 튀어나와 몸이 따끔한 느낌을 받게 된다. 이러한 정전기도 본질적으로는 번개와 같다. 다만 번개는 그 규모와 범위가 매우 크다는 점이 다를 뿐이다.

[그림 8-16] 번개

번개가 전기 불꽃임을 증명한 사람은 미국의 정치가이자 과학자인 벤자민 프랭클린이다. 프랭클린은 1752년 번개가 치는 날 열쇠를 단 연을 날려, 번개가 전기라는 사실을 입증하였다. 프랭클린의 실험은 매우 위험한 실험으로 자칫 목숨을 잃을 수도 있는 것이었다. 실제로 3년 뒤 물리학자 빌헤름 리히만은 번개의 전기세기를 직접 재어 보려다가 번개에 맞아 그 자리에서 죽기도 했다. 프랭클린은 이러한 연구 결과를 통해 피뢰침을 제안하기도 하였다.

한 번의 낙뢰는 수억 볼트의 에너지를 가지고 있다. 이것은 수초 동안 원자력 발전소에서 생산해 내는 정도의 전기에 해당한다. 번개는 태양의 표면 온도(약 6000℃)보다 훨씬 더 뜨거운 약 25,000℃까지 주변 공기를 가열한다. 가열된 공기는 순식간에 팽창하여 천둥이라고 불리는 충격파를 발생시킨다.

번개가 발생하는 과정에 대해서는 과학자마다 견해가 조금씩 다르다. 그 중 가장 인

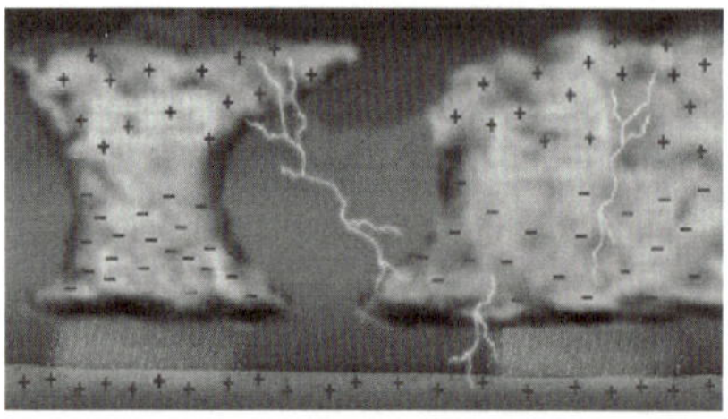
[그림 8-17] 번개가 발생하는 과정

정받는 가설은 다음과 같다. 적란운 내부에서 구름을 이루고 있는 작은 물방울이나 빙정 또는 싸라기눈은 상승 기류와 하강 기류를 따라 상승하고 하강하면서 마찰을 일으킨다. 그 결과 작은 물방울 등은 하전되어 전기를 띠게 된다. 이때 양전하는 적란운의 위쪽에 축적되고, 비와 우박은 음전하를 적란운의 아랫부분으로 운반한다. 공기는 전기가 통하지 않도록 하는 절연체이므로 구름 안은 양전하와 음전하가 서로 분리되어 있는 거대한 충전기가 된다. 그러다가 어느 순간 1/1,000,000초보다 짧은 시간 동안에 충전된 전기 에너지가 한꺼번에 방전되는데, 이것이 번개이다.

번개의 약 90%는 구름과 구름 사이에서 발생한다. 그리고 나머지 10%는 구름에서 지면으로 내리는 낙뢰 또는 벼락의 형태로 나타난다. 사람이나 고층 아파트가 이런 낙뢰에 맞을 확률은 생각보다 높다. 미국에서는 낙뢰에 의해 죽는 사람이 연간 약 100명에 달한다고 한다. 낙뢰에 맞으면 보통 심장박동과 호흡이 중단되어 의식을 잃는다. 낙뢰에 의한 감전사가 가장 많이 발생하는 곳은 따로 떨어져 있는 높은 나무 근처이다. 번개는 지상의 돌출된 물체의 꼭대기로 집중하는 경향이 있기 때문이다. 따라서 번개가 칠 때 나무 밑에 앉아 있는 것은 피해야 한다. 낙뢰를 만났을 때 가장 안전한 방법은 건물 안으로 들어가는 것이다. 승용차나 기차 내부도 낙뢰에 안전한 곳이다.

▣ 토네이도란 무엇일까?

[그림 8-18] 토네이도

토네이도(tornado)는 가장 파괴적인 기상 현상 중 하나로, 좁고 강력한 저기압 주위에서 빠른 속도로 부는 회오리바람을 말한다. 토네이도의 회전은 깔때기 모양의 구름이나 소용돌이치는 먼지 및 파편의 형태로 지상에 나타난다. 토네이도는 보통 뇌우 안에서 발생하며, 트위스터 또는 사이클론으로 불리기도 한다. 토네이도의 직경은 대부분 100～600m 정도이다.

토네이도 중심의 기압은 주변보다 약 10% 정도 낮기 때문에 지표 부근의 공기가 토네이도 중심으로 모여들고, 중심에는 소용돌이성의 강한 상승기류가 생긴다. 지금까지 관찰된 것 중 가장 강력한 토네이도는 풍속 약 480km/h, 지름이 1.6km인 것이다. 토네이도의 바람은 건물을 파괴하고 나무뿌리를 뽑으며, 물체를 공중으로 날려 버릴 정도로 강력하다. 실제로 토네이도가 117명의 승객을 태우고 달리는 열차를 들어올려 27m나 떨어진 곳에 떨어뜨리거나, 인근 연못에서 빨아올린 두꺼비와 개구리 떼를 소나기 형태로 지상에 쏟아내린 예도 있다.

토네이도는 한 번에 6개 또는 그 이상 발생하기도 하는데, 이처럼 토네이도가 6개 이상 무리를 지으며 나타나는 것을 아웃브레이크(outbreak)라고 한다. 1974년 4월에 발생한 슈퍼 아웃브레이크는 무려 148개의 토네이도들이 미국 앨라배마에서 오하이오까지 이동하기도 하였다. 이 과정에서 315명이 목숨을 잃었으며, 수많은 건물들이 부서졌다.

토네이도는 세계 곳곳에서 발생한다. 이 중 미국은 연평균 1,000여 회의 토네이도가 발생할 정도로 빈번하게 나타나는 지역이다. 특히 미국 남부의 대초원 지대는 '토네이도 골목길(tornado alley)'이라고 불릴 만큼 토네이도가 자주 발생한다.

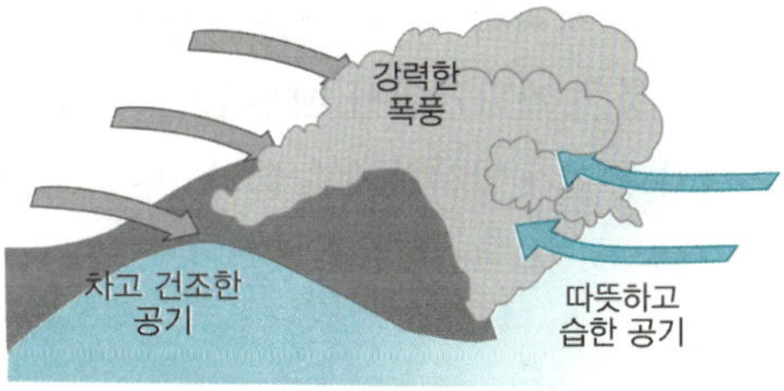

[그림 8-19] 토네이도가 발달하기 좋은 조건

토네이도의 형성과정은 정확하게 밝혀지지는 않았다. 하지만 토네이도가 발달하기 좋은 일반적인 대기의 조건은 연구되어 알려져 있다. 미국에서 봄철에 발달하는 중위도 저기압과 관련된 기단은 서로 다른 성질을 가지고 있다. 캐나다의 대륙성 한대기단은 매우 차고 건조한 반면 멕시코만의 해양성 기단은 온난 습윤한 불안정한 상태이다. 이 두 기단이 만나면 서로 상반된 성질로 인해 강력한 폭풍이 발생한다. 특히 초원지대에서는 두 기단 사이에 지형적인 장벽이 없으므로 강력한 토네이도가 자주 발생하게 된다.

[그림 8-20] 용오름

우리나라에서는 미국과 달리 산지가 많기 때문에 육지에서 토네이도가 잘 발생하지 않는다. 하지만 우리나라 동해안에서는 가끔씩 토네이도가 발생하는데, 이러한 현상을 용오름(waterspout)이라고 한다. 용오름은 넓은 바다 위에서 발생하는 작은 규모의 토네이도로 주로 여름철 따뜻한 바다 상공에서 발생한다. 용오름이라는 말은 바닷물이 하늘로 솟구쳐 올라가는 모습이 마치 용이 승천하는 모양과 같다고 하여 붙여진 이름이다.

▣ 태풍이란 무엇일까?

우리에게 태풍으로 잘 알려진 열대 저기압(tropical cyclone) 또는 열대폭풍은 토네이도보다 덜 강력하지만 크기가 더 크고 더 오랫동안 생존한다.

태풍의 발생에 관한 내용은 제4장 '기압과 바람'에서 자세히 다루고 있다.

태풍에 의한 피해는 크게 바람, 해일, 홍수에 의해서 나타난다.

바람에 의한 피해는 태풍 피해의 정도를 결정하는 주요인이다. 태풍의 강한 바람은 나무를 쓰러뜨리거나 부러뜨릴 정도로 위력적이다.

바다와 접한 지역에서는 폭풍 해일(storm surge)에 의해서 막대한 인적, 물적 피해가 발생한다. 폭풍 해일은 태풍의 눈이 육지에 도달했을 때 해안 지역을 덮치는 돔 형태의 파도를 말한다. 실제로 1970년 11월 방글라데시의 델타지역에 폭풍 해일이 강타하여 약 50만 명(비공식 집계)이 사망하기도 하였다. 1991년 5월에도 방글라데시에 비슷한 규모의 태풍이 강타하여 13만 명이 사망하고, 해안 지역 마을이 폐허가 되었다.

태풍은 지나가면서 매우 많은 비를 내리게 된다. 이때 많은 양의 비가 한 곳에 집중되면서 홍수가 발생하기도 한다. 홍수로 인한 피해가 해일에 의한 피해보다 더 심한 경우도 있다.

[그림 8-21] 태풍에 의한 피해(바람, 해일, 홍수)

[그림 8-22] 태풍 루사에 의한 침수

우리나라도 매년 2~3개의 태풍이 찾아오고 있다. 특히 2002년에 발생한 '루사', 2003년에 발생한 '매미'는 우리나라에 많은 강수량과 강한 바람으로 막대한 피해를 주었다.

태풍 루사는 괌섬 부근 해상에서 발생하여 일본 남쪽해상을 거쳐 제주도와 전남 고흥반도에 상륙하였다. 이 태풍으로 제주도에서는 최대순간풍속이 56.7m/s를 기록하였고, 강수량은 제주도 400~700mm, 남해안 지방 400mm, 그 밖의 지방 20~350mm를 기록하였다. 이 태풍으로 246명이 죽거나 다쳤으며, 재산피해는 무려 5조원에 달했다.

[그림 8-23] 태풍 매미

태풍 매미도 괌섬 부근 해상에서 발생하여 경남 사천시 해안으로 상륙하여 동해상으로 빠져나갔다. 매미는 우리나라에 영향을 미친 태풍 중에서 가장 강력한 태풍으로 기록되었다. 특히 태풍의 오른쪽 반경에 위치한 부산이나 창원 등은 큰 피해를 입었다. 이 태풍으로 제주도에서는 최대순간풍속이 60.0m/s를 기록하였는데, 이것은 우리나라 관측 사상 최대순간풍속에 해당한다. 그리고 태풍이 상륙한 시간이 만조시간과 겹치면서 해안 지방에는 높은 파도가 몰아쳐, 많은 지역이 침수되었다. 이 태풍으로 131명의 인명피해와 4조원 이상의 재산 피해가 발생하였다.

▣ 오존층은 무엇일까?

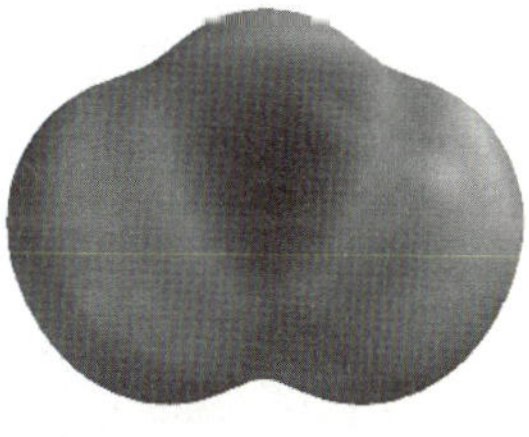
[그림 8-24] 오존의 구조

오존(O_3)은 산소 원자 3개로 이루어져 있으며, 상온 대기압에서 푸른빛의 띠는 기체이다. 1785년 네덜란드의 화학자 마르티누스 판 마룸은 물 위에 전기 스파크 실험을 하던 중 이상한 냄새를 맡았다. 이것은 최초로 오존을 생성한 실험이었지만 마룸은 이상한 냄새가 전기 반응 때문에 나온 것으로 생각하여 오존의 존재를 깨닫지 못했다. 이후 1893년 독일의 크리스티안 쇤바인은 냄새가 무척 심한 기체를 분리해내고, 이를 '오존(ozone)'이라고 이름 붙였다. 오존은 '냄새가 나는'을 뜻하는 그리스어에서 따온 것이다. 이러한 이유로 쇤바인은 오존을 최초로 발견한 사람으로 인정받고 있다.

오존은 강력한 산화력이 있어 살균이나 악취제거 등에 유용하게 쓰인다. 그리고 대기의 성층권에 형성된 오존층은 지구 생명체를 강력한 자외선으로부터 보호하는 역할을 한다. 하지만 오존이 지표면에서 생성되어 떠다닌다면 인간에게 해로운 대기 오염물질이 된다.

오존층은 지구의 생성 초기부터 있었던 것은 아니다. 지구 초기에는 오존층의 구성

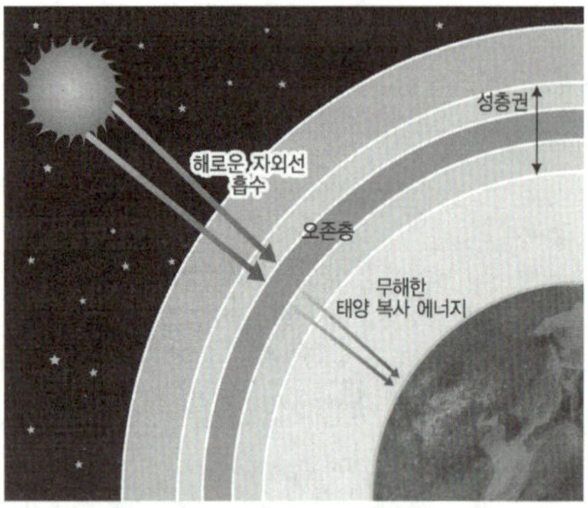

[그림 8-25] 오존층의 역할

성분인 산소가 거의 없었기 때문이다. 지구에서 산소가 생성된 것은 약 38억~35억 년 전 광합성 능력을 갖춘 박테리아가 등장하면서 부터이다. 산소는 대기 중에 축적되어 약 20억 년 전에는 현재의 1%, 약 7억 년 전에는 현재의 10% 비율로 상승하였으며, 약 3억 5천만 년 전에는 대기 중의 산소 비율이 현재와 비슷해졌다.

산소 농도가 증가하면서 대기 중의 산소는 오존층을 형성하였다. 오존층의 생성은 생명체를 보호하여 생물의 진화에 큰 도움을 주기도 하였다.

▣ 오존층에 어떤 문제가 생겼을까?

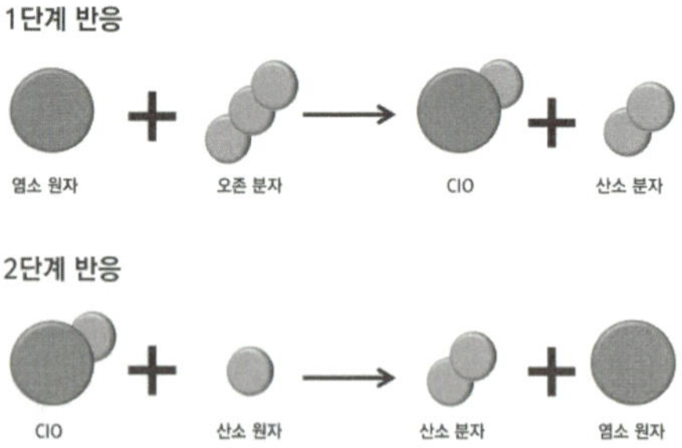

[그림 8-26] 오존이 파괴되는 과정

초기의 냉장고는 유독한 폭발성 기체들을 사용하였다. 그런데 1927년 화학자 토머스 미즐리는 이 기체를 대체할 새로운 기체인 염화불화탄소(CFC)를 발명하였다. 그 당시 염화불화탄소는 혁신적이었으며, 냉장고의 역사를 바꿨다. 유해성이 없어 보였던 이 기체는 냉장고 외에도 여러 제품에 두루 활용되기 시작하였다. 1974년에는 염화불화탄소를 활용한 냉장고가 전 세계에 수백만 대나 팔렸다.

그런데 과학자 셔우드 롤런드와 마리오 몰리나는 이 화합물이 상층 대기로 올라가면서 태양 빛에 의해 분해되어 염소를 배출할 것이라고 주장하였다. 그리고 성층권에서 염소 원자는 오존과 만나 화학 반응을 시작하여 오존층을 파괴할 것이라고 생각했다([그림 8-26]). 만약 오존층이 파괴되면 자외선에 의해 동식물의 건강에 해가 되고, 피부암이 증가할 것이라고 예상하였다.

이들은 1995년 대기화학에 대한 연구를 인정받아 노벨상을 받았으며, 본격적으로 오존층 파괴에 대한 경고를 하였다. 그리고 지속적인 연구와 발견을 통해 염화불화탄소가 오존층을 파괴한다는 것을 입증해 갔다. 이때 영국의 남극관측 팀은 1984년 남극 대륙

상공의 오존층에 커다란 구멍이 뚫려 있다는 사실을 과학전문 '네이처'지에 공개하였다. 영국의 관측 팀은 1957년부터 오존을 관측하고 있었는데, 1980년대 중반에 접어들면서 오존 총량이 40%까지 줄어드는 것을 포착한 것이다. 그리고 1970년대부터 인공위성 '님버스 7'을 이용해 오존을 관측하고 있던 미국항공우주국(NASA)도 이러한 오존층 파괴 현상을 재확인해 주었다.

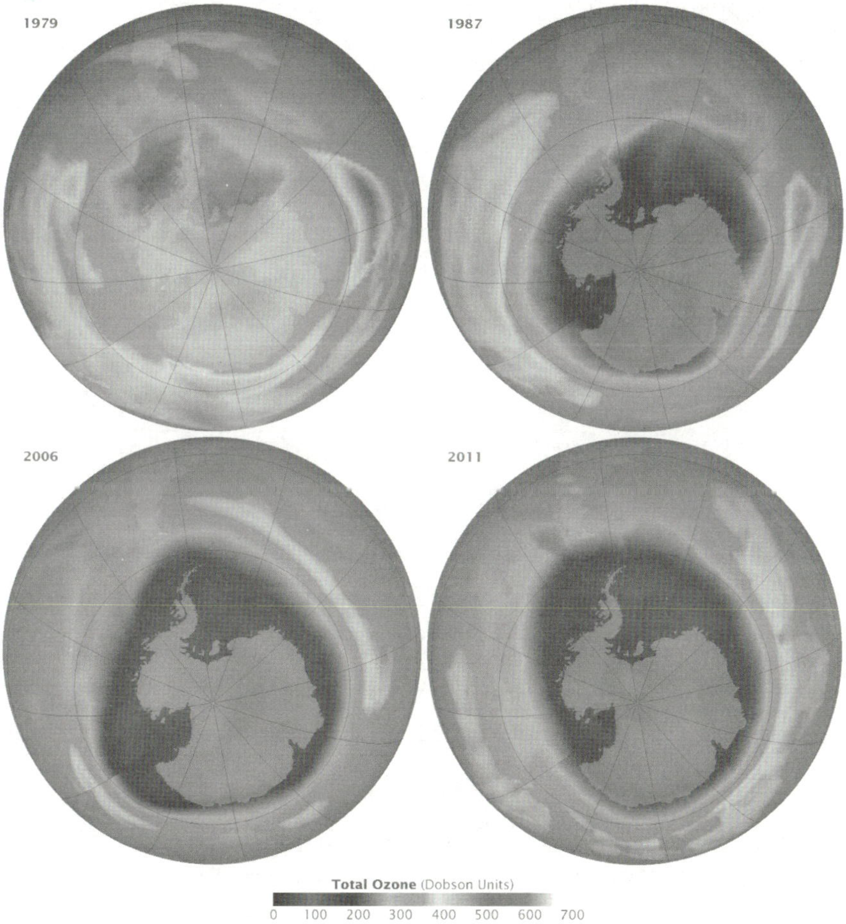

[그림 8-27] 남극 상공 오존층의 변화

이러한 발견은 사람들이 염화불화탄소에 대한 위험성을 깨닫고 움직이도록 하였다. 1987년에는 27개의 나라가 몬트리올 의정서에 동의하였다. 그리고 과학적 연구 결과가 명확해지면서 점점 많은 나라들이 동참하기 시작하여 모두 183개국이 몬트리올 의정서에 가입하였다. 몬트리올 의정서의 목적은 오존층 파괴물질의 생산 및 사용의 규제이다. 몬트리올 의정서에 따라 선진국은 1996년부터 오존층 파괴 물질의 생산 및 수입이 금지되었으며, 개발도상국은 1997년부터 단계적으로 감축해 2010년에는 사용이 완전히 금지되었다. 당시 개발도상국이었던 우리나라도 몬트리올 의정서에 가입하였으며, 그에 따라 2010년부터는 기존 생산분과 일부 예외적인 경우를 제외하고는 생산과 수출입을 완전히 금지하였다.

이 당시의 유엔 사무총장 코피 아난은 몬트리올 의정서를 역사상 가장 성공적인 국제 협약이라고 평가하였다. 이러한 전 세계적인 노력에 따라 염화불화탄소 화합물과 연관 화합물들의 양은 점차 줄었으며, 오존량 감소는 2010년에 와서 멈추었고, 이후 회복되고 있는 것이 확인되었다. 과학자들은 오존층 복원이 예상보다 빨리 진행되어 2045년에서 2060년 사이에는 1980년 이전 수준으로 회복될 것으로 예상하고 있다.

▣ 스모그란 무엇일까?

스모그(smog)는 연기와 안개를 뜻하는 스모크(smoke)와 포그(fog)가 결합된 말로 원래는 연기와 안개가 섞인 것을 가리키는 말이었다. 하지만 현대에 와서는 대기 오염 물질로 인해 하늘이 뿌옇게 보이는 현상을 일컫는 말로 쓰고 있다.

영국에서는 산업 혁명으로 석탄 소비량이 급증하고, 도시에 많은 공장들이 생기면서 엄청난 양의 매연이 발생하였다. 이 매연은 안개가 자주 끼는 영국의 기후와 결합되면서 스모그를 발생시켰다. 1952년 12월 5일 런던에서 발생한 스모그는 많은 사람들을 죽음으로 내몰았다. 이 당시 런던에서는 뿌연 매연이 섞인 안개로 인해 앞이 잘 보이지 않아 템스강의 보트와 비행기, 열차 등 대부분의 교통수단이 멈추었다. 런던에서는 부모들에게 스모그에 길을 잃을 수 있기 때문에 자녀를 학교에 보내지 말 것을 권고하기도 하였다. 이 스모그는 노인이나 아기와 같이 호흡기와 심혈관이 약한 사람들에게는 치명적이었다. 기관지염 및 폐렴으로 죽는 사람이 평소에 비해 7배 이상 증가하였으며 스모그가 발생한지 얼마 안 돼 4,000명 이상이 사망하였다. 스모그는 1952년 12월 9일에 되어서야 사라졌지만 스모그에 의한 악영향은 그 다음해 여름까지 지속되었다. 일부 전문가들은 이 스모그로 인해 직간접적으로 12,000명이 넘는 사람이 사망했을 것으로 추정하였다. 4년 후 영국 의회는 '청정공기법'라는 법을 만들었는데, 이때 스모그라는 용어와 그 심각성이 세계적으로 알려지게 되었다.

[그림 8-28] 1952년 런던의 스모그

하지만 오늘날에는 LA와 같은 대도시에서 형성되는 공해성 스모그를 가리키는 말로 자주 쓰인다. 일산화탄소, 탄화수소, 분진, 이산화황, 질소산화물 등의 1차 오염물질들은 태양 빛과 같은 에너지원에 의해 다른 물질과 상호작용을 일으켜, 오존이나 기타 반응성이 높은 물질을 만든다. 이러한 스모그를 광화학 스모그 또는 LA형 스모그라고 부른다. 그리고 황성분의 연기와 안개로 형성된 스모그는 런던 스모그라고 한다.

〈표 8-1〉 스모그의 종류와 특성

	런던 스모그	광화학 스모그
색깔	짙은 회색	연한 갈색
보이는 정도	100m 이하	1km 이하
오염물질	먼지 및 황산화물	질소산화물, 탄화수소
주요 오염물질 배출원	가정과 공장의 연소, 난방시설	자동차 배기가스
기상조건	겨울, 새벽, 안개, 높은 습도	여름, 한낮, 맑은 하늘, 낮은 습도
피해	호흡기질환, 심장질환, 만성기관지염	눈, 코, 기도점막자극, 고무 부식, 시정악화

광화학 스모그의 주성분은 오존(O_3)과 과산화아세틸질산염(PANs)이다. 이 두 물질은 강력한 산화제이다. 오존은 불쾌한 냄새를 가진 기체로 지표에서 눈과 호흡기의 점막을 자극하여 천식, 기관지염 등의 질환을 악화시킨다. 건강한 사람이라도 비교적 낮은 농도의 오존에서 6~7시간 정도 가벼운 운동을 하면 폐기능이 크게 저하될 수 있다. 이 경우 흉통, 메스꺼움, 기침, 폐충혈 등의 증상이 나타나기도 한다. 오존은 또 고무를 부식시키며 나무의 성장을 저해하고 농작물에 피해를 준다. PANs은 산화제로서 눈을 자극한다.

오존과 PANs는 모두 태양 빛에 의한 화학반응으로 생성된 2차 대기오염물질이라고 할 수 있다.

[그림 8-29] 광화학 스모그

전형적인 광화학 스모그 오염은 다음과 같은 과정을 거쳐서 일어난다.
아침 출근길 혼잡한 교통은 많은 양의 일산화질소를 방출한다.

$$N_2+O_2 \rightarrow 2NO$$

일산화질소는 대기 중의 산소 분자(O_2)와 반응하여 이산화질소(NO_2)를 생성한다. 광화학 스모그가 적갈색의 연무를 갖게 되는 것은 이산화질소 때문이다.

$$2NO + O_2 \rightarrow 2NO_2$$

늦은 아침 이산화질소는 자외선과 반응하여 산소 원자(O)를 형성한다.

$$2NO_2 \xrightarrow{\text{자외선}} NO + O$$

대기 중 대량의 산소 분자는 산소원자와 반영하여 오존을 형성한다.

$$O_2 + O \rightarrow O_3$$

대기 중의 탄화수소는 오존과 반응하여 PANs을 생성한다. 지금은 다양한 오염방지 장치가 대기 중으로 배출되는 탄화수소의 양을 감소시켜 PANs의 형성을 줄이고 있다. 오존과 PANs는 생명체와 반응하면서 손상을 입히고 반응성이 작은 물질로 변환되며 최종적으로는 광학적 스모그가 소멸된다.

광학적 스모그가 심한 LA와 같은 도시들은 대부분 산으로 둘러싸여 있는 분지형 지형을 갖고 있다. LA의 경우 서풍을 통해 차가운 공기가 도시로 흘러 들어오면 이 공기는 따뜻한 공기를 위쪽으로 밀어 올린다. 따뜻한 공기는 두 개의 차가운 공기 층 사이에 갇히게 되고, 기온역전 현상이 일어나게 된다([그림 8-30]). 갇힌 따뜻한 공기는 더 차가운 공기층에 의해 덮여 있기 때문에 더 이상 상승하지 못하며, 주위를 막고 있는 산 때문에 그 지역을 벗어나지도 못한다. 따라서 강한 날씨 변화가 일어나 따뜻한 공기를 밀어 올려 산 위로 넘기기 전까지는 유해한 화학 물질의 농도는 계속 증가하게 된다.

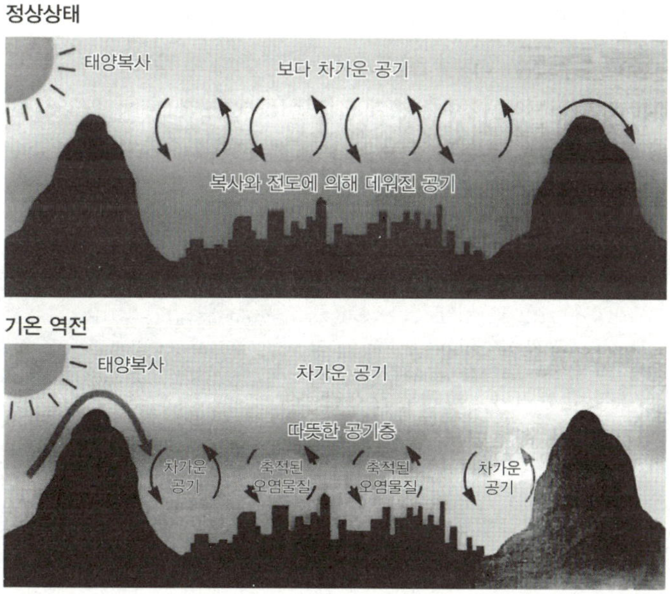

[그림 8-30] 기온역전에 의해 발생하는 광학적 스모그

광학적 스모그는 자동차와 같은 내연기관의 사용을 억제하고, 기온역전을 일으키는 도시 인구밀집 현상을 해소하여 감소시킬 수 있다. 하지만 이러한 방법은 매우 많은 비용이 필요하며, 생활양식에서 큰 변화를 요구하고 있기 때문에 쉽지만은 않다.

▣ 산성비란 무엇일까?

산성비는 평균보다 많은 산성 물질을 함유하고 있는 비(눈, 안개 포함)를 말한다. 산성비의 산도는 pH 단위(pH scale)로 나타낸다. 순수한 물의 pH는 7의 값을 가지며 강한 산성일수록 7보다 작은 값을 갖는다. 하지만 모든 비는 자연적으로 약간의 산성을 띤다. 대기 중에는 이산화탄소가 많이 존재하는데, 이산화탄소가 빗물에 녹으면 약산성인 탄산(H_2CO_3)이 만들어지기 때문이다. 따라서 오염물질이 없는 깨끗한 빗물이라고 해도 pH는 5.6 정도가 된다. 따라서 이를 기준으로 pH가 5.6보다 더 낮은 경우에는 산성비라고 부른다.

산성비를 만드는 물질은 다양한 대기오염원에서 배출된다. 여기에는 화석연료를 사용하는 발전소나 공장, 자동차 등과 같은 인위적인 배출원 뿐만 아니라 화산 폭발이나 산불 등과 같은 자연적인 배출원도 포함된다. 오염 발생원에서 배출되는 이산화황(SO_2)과 질소산화물은 인근 지역에 내려앉아 있다가 대기 중에 이슬이나 서리가 형성될 때 물과 상호작용하여 산성화된다. 대기 중에서 잔류한 오염 입자들은 햇빛, 물, 기체를 포함한 복잡한 화학 작용을 하여 작은 황산(H_2SO_4) 및 질산(HNO_3) 방울로 변할 수 있다. 이들 산성입자는 서서히 지상에 떨어지거나 산성 구름이나 산성 안개를 형성한다. 구름에서 강수가 발생하면 산성 물질은 그 속에 포함되어 지표에 내려오게 된다.

[그림 8-31] 인위적인 오염물질 배출

[그림 8-32] 자연적인 배출원(화산)

1980년대 중반 비행관측 결과 산성비를 생성하는 고농도의 오염 물질이 이동할 수 있는 것으로 나타났다. 예를 들면 중국 동부해안에서 발생하는 거대한 오염물질은 수백 km가 떨어진 우리나라에서도 검출이 된다. 이처럼 산성비에는 국경이 없기 때문에 산성비를 막기 위해서는 국제적인 공조가 필수적이다.

산성비의 주요 원인 물질인 황과 질소 산화물은 폐 기능을 손상시키며, 천식과 폐기종과 같은 질병을 유발한다. 또한 심장, 간에 영향을 주며, 신체를 약화시켜 인플루엔자 같은 바이러스 감염에 취약해질 수 있다.

산성비는 산성의 성질을 갖기 때문에 금속과 암석을 약화시키기도 한다. 특히 대리석이나 석회암은 산성비에 매우 취약하여 약한 산성비에도 녹는다. 그래서 대리석이나 석회암으로 만들어진 세계의 여러 건축물과 조각상 유물들은 산성비의 영향으로 심하게 훼손되고 있다.

[그림 8-33] 산성비에 의한 대리석 조각상의 부식
〈출처: (cc) Nino Barbieri at Wikimedia.org〉

산성비는 호수를 산성화 시키며, 높은 지대에 있는 나무와 산림을 황폐화시키는 등 생태계에도 많은 영향을 미친다. 산성비로 인해 가장 많은 영향을 받는 생태계는 호수와 같은 수생태계이다. 산성비는 호수에 직접 내리거나 주변에 있는 지표에 떨어진 후 호수로 유입되어 호수를 산성화시킨다. 호수가 산성화되면 독성이 강한 알루미늄 농도를 증가시켜 물속에 사는 생물들을 위협한다. 이럴 경우 많은 물고기가 죽기도 하며, 특정 생물종이 멸종되어 종 다양성이 떨어질 수도 있다. 일반적으로 pH가 5이하로 떨어지면 대부분의 물고기 알은 부화되지 못한다고 한다.

산성비가 산림에 내리면 나무들의 성장이 느려지며, 토양 속에 있는 금속 이온과 반응하여 식물에게 필요한 영양분을 없앤다. 그리고 나무의 잎과 줄기가 갈색으로 변하는 등 나무가 약해지게 된다. 이러한 피해는 높은 지대일수록 심하게 나타난다.

[그림 8-34] 산성비에 의한 나무의 피해
〈출처: (cc) Lovecz at Wikimedia.org〉

우리나라에는 기상청과 한국환경공단에서 산성강하물 측정을 지속적으로 하고 있다. 우리나라는 편서풍 지대에 위치하여 중국으로부터 발생하는 대기오염물질에 많은 영향을 받고 있다. 따라서 오염배출원이 없는 제주도나 서해안에서도 산성비가 내리고 있으며, 충남 태안의 경우 2012년 빗물의 연평균 pH가 4.7을 기록하기도 하였다. 기상청에서 측정한 우리나라 주요 도시의 빗물 평균 산성도는 pH 4.8 정도로 대부분이 약산성 비라고 할 수 있다. 산성도가 가장 높은 도시는 서울과 울산으로 평균 산성도가 pH 4.6이다.

산성안개(acid fog)와 산성눈(acid snow)은 산성비보다 더 심각한 문제를 일으킨다. 산성안개는 산성비보다 농도가 30～50배 정도 진하며, 비처럼 바로 지표로 떨어지지 않고 지표면 근처의 대기에 머물러 있기 때문이다. 1952년에 발생한 런던 스모그의 안개는 pH가 1.5～1.8로 매우 강한 산성을 나타냈다. 우리나라도 2004년 대관령에서 pH 3.7～5.5의 산성안개가 관측되기도 하였다.

산성 눈 속에는 황산염, 질산염, 암모니아와 같은 유해물질이 섞여 있어 위험하다. 그리고 겨울에는 눈이나 비가 자주 내리지 않기 때문에 대기 중의 오염물질들이 많이 포함되어 있고, 천천히 떨어지기 때문에 오염물질이 더 잘 섞일 수 있다. 또한 눈의 결정에는 대기 오염물질이 더 잘 부착할 수 있다. 2013년 충남 태안에서 내린 눈의 산성도는 pH 3.9로, 일반적인 눈보다 50배나 강한 산성도를 나타내기도 하였다. 2014년 서울에서는 중국의 스모그와 황사가 결합해 pH 3.8의 산성눈이 내리기도 하였다.

산성비를 줄이기 위해서는 주 원인물질인 황과 질소산화물의 배출을 최소화해야 한다. 이러한 물질들은 공장이나 자동차에서 석탄과 석유가 연소될 때 주로 발생하므로, 청정에너지의 사용을 늘려야한다. 태양이나 풍력에너지와 같은 청정에너지를 활용한 발전소를 건설하고, 공장에서는 탈황시설을 통해 황산화물의 배출을 줄여야한다. 하지만 산성비를 내리는 오염물질은 그 지역에서만 머무는 것이 아니기 때문에 중국 등 주변국가와의 긴밀한 협력이 필요하다.

▣ 황사란 무엇일까?

황사는 중국 북부나 몽골의 건조한 황토지대에 있는 모래와 먼지가 상승하여 편서풍을 타고 멀리 날아가 서서히 가라앉는 현상을 말한다. 우리나라에서는 삼국시대부터 흙가루가 비처럼 내린다는 의미에서 우토(雨土)나 토우(土雨) 등으로 불렀다. 황사라는 용어는 1954년부터 사용하기 시작했으며, 순우리말로는 흙비라고 한다.

황사현상은 바다와 멀리 떨어져 있고, 강수량이 적어 매우 건조한 유라시아 대륙의 중심부에서 주로 발생한다. 이곳은 모래와 진흙이 섞여 만들어진 황토지대이다. 황사가 봄에 주로 발생하는 이유는 추운 겨울에 얼었던 메마른 토양이 봄에 녹으면서 모래 먼지 형태로 되기 때문이다. 이곳의 건조한 모래 먼지는 강한 바람이 불면 조금씩 위로 올라가며, 태양 빛에 의한 대류 현상은 모래 먼지를 공기 중으로 더 잘 떠오르게 한다. 공기 중으로 올라간 입자 가운데 크고 무거운 것은 더 이상 상승하지 못하고 근처에 떨어지지만, 작고 가벼운 입자는 대기 상층까지 올라가 상층기류를 타고 멀리까지 이동하여 우리나라에 영향을 미치게 된다. 황사가 한번 발생하면 동아시아 상공에 떠도는 미세먼지의 규모는 약 100만t에 달하며, 이중 한반도에는 약 45,000~86,000t 정도의 먼지가 쌓인다고 한다.

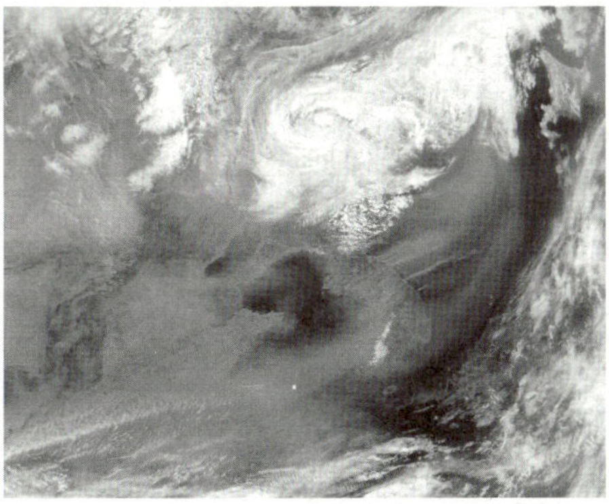

[그림 8-35] 위성사진으로 본 황사(출처:NASA)

[그림 8-36] 황사로 덮인 도시의 모습

황사에 관한 우리나라 최초의 기록은 삼국시대에서 찾을 수 있다. 당시 신라시대의 아달라왕 21년(174년)에 우토(雨土), 즉 황사라는 기록이 나온다. 이후에도 379년과 606년에 백제에 하루 종일 우토 현상이 있었다고 기록되어 있으며, 289년과 627년에는 신라에서 우토 현상을 발견할 수 있다. 고구려에서는 644년에 붉은색의 눈이 내렸다는 기록이 있는데, 이것은 황사에 의한 것으로 추정된다.

고려시대에서는 주로 봄철에 59건 64일간의 황사 기록이 남아 있다. 조선시대에는 세종대왕 때 측우기가 만들어지는 등 과학기술이 발달하여 기상현상의 관측과 기록이 더욱 활발해 졌다. 조선왕조실록에 따르면 1550년 명종 때에 한양에서 흙이 비처럼 떨어졌으며, 전라도 지방에는 지붕과 밭, 잎사귀에 누렇고 하얀 먼지가 덮었다고 기록되어 있다.

〈표 8-2〉 황사로 인한 발생가능 질환 및 대처방법

질환의 종류	주 증상	대처방법
호흡기질환 (기관지염, 천식 등)	• 호흡곤란 • 목의 통증 • 기관지, 기도점막의 염증 • 기침 등	• 천식환자는 황사가 심할 때는 가급적 외출을 삼간다. • 창문 등을 닫아 외부공기의 유입 차단 • 공기정화기와 가습기로 실내공기를 정화시키고 습도를 조절한다. • 물을 많이 마신다.
안질환 (알레르기성 결막염)	• 눈의 가려움증 • 눈물이 남 • 눈이 빨갛게 충혈 됨 • 눈에 뭔가 들어간 것 같은 이물감과 통증 • 눈을 비비면 끈끈한 분비물이 나옴	• 부득이 외출해야 할 경우 보호안경을 끼고 콘택트렌즈의 착용은 삼간다. • 귀가 후에는 미지근한 물로 눈을 깨끗이 씻어낸다. • 소금물은 눈을 자극하므로 피해야 한다. • 결막염 초기 증세가 의심되면 깨끗한 찬물에 눈을 대고 깜빡거리거나 얼음찜질을 해주면 증상을 완화시킬 수 있다.
이비인후과질환 (알레르기 비염)	• 재채기가 계속됨 • 맑은 콧물이 흐름 • 코 막힘 등	• 외출 시 마스크를 착용하도록 한다. • 귀가 후에는 미지근한 물로 콧속을 씻어낸다.
피부질환	• 피부의 가려움증 • 두드러기 등	• 외출 시에 황사에 노출되지 않도록 긴소매 옷을 입는다. • 귀가 후에는 반드시 손과 발을 등을 깨끗이 씻는다. • 피부에 로션 등을 발라 흙먼지가 직접 피부에 닿지 않도록 한다.

〈출처: 기상청〉

황사 먼지는 기관지의 자극이나 천식 등 다양한 형태로 우리의 건강에 안 좋은 영향을 준다. 황사 먼지가 덮고 있는 지역에서는 사망률이 1.7%가 증가한다는 조사 결과가 있기도 한다. 〈표 8-2〉는 황사로 인해 발생 가능한 질환과 대처 방법이다.

황사는 태양 빛을 차단하여 시정을 악화시키며, 지구 대기의 열 수지에 영향을 미친다. 황사에 있는 모래 자체는 토양에 해롭지 않지만, 황사에 붙어있는 오염물질이 토양의 질을 저하시켜 농지를 파괴하며 중금속을 축적시키기도 한다.

황사는 산업체에 큰 피해를 주기도 한다. 2002년 3월에 발생한 황사로 인해 반도체, 항공기 등 정밀기계 작동에 문제가 발생하였다. 반도체를 생산하는 공장에서는 공기 정화기를 가동시켰음에도 불량품이 크게 증가하였으며, 자동차 공장에서는 자동차 표면의 도장작업이 1시간 동안 중단되기도 하였다. 모래바람으로 인한 시정 악화는 많은 항공기를 결항시켰다. 하지만 황사가 나쁜 영향만 주는 것은 아니다. 황사와 함께 내리는 오염된 비는 송충이를 죽이는 효과가 있으며, 바다의 적조 현상을 완화시켜주기도 한다.

▣ 무지개는 어떻게 생길까?

무지개는 비가 온 뒤 개었을 때나, 비가 오기 직전 태양을 등지고 섰을 때 보이는 호를 이루는 색의 띠를 말한다. 무지개는 폭포나 분무기에서 뿜어내는 작은 물방울에 의해서도 만들어질 수 있다.

[그림 8-37] 무지개 모습

빛은 파장별로 그 굴절률이 다르다. 따라서 빛이 어떤 매질(물방울) 속으로 들어가게 되면 각 파장별로 굴절되어 분리된다. 무지개가 아름다운 색으로 보이는 것도 바로 물에 의한 빛의 분산 때문이다.

태양광선은 공기 중에 떠있는 물방울에 진입할 때 굴절한다. 그리고 물방울 내부에서 전반사를 하게 되고, 다시 밖으로 나가게 되면서 굴절을 하여 여러 색으로 분산된다. 이처럼 무지개는 굴절 → 내부반사 → 굴절되는 과정을 통해 만들어진다.

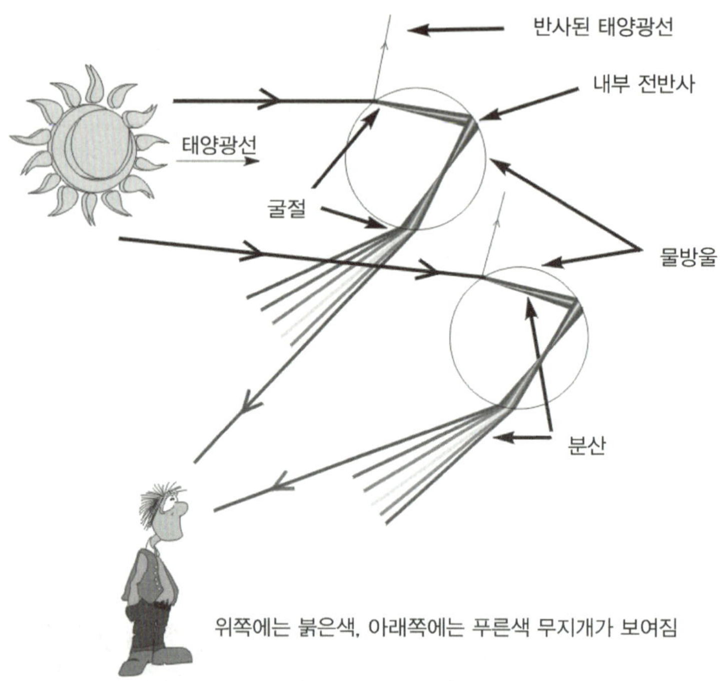

[그림 8-38] 무지개가 만들어지는 과정

우리가 가장 많이 보는 무지개는 바깥쪽이 빨간색, 안쪽이 보라색을 띠는데, 이것을 1차 무지개라고 한다. 가끔씩 이 무지개보다 더 바깥쪽에 또 한 개의 무지개가 보일 때가 있다. 이 무지개를 2차 무지개라고 하며, 1차 무지개와 색깔 순서가 반대로 되어 있다. 2차 무지개가 생성되는 이유는 태양 빛이 물방울에 진입할 때, 각도에 따라 각 물방울 안에서 두 차례 내부반사가 일어나기 때문이다.

무지개를 볼 때 한 개의 물방울에서 사람의 눈에 들어오는 빛은 한 가지 뿐이다. 무지개가 떴을 때 어떤 방향으로 움직여도 무지개는 따라서 움직이는 것처럼 보인다. 그 이유는 움직일 때마다 무수히 많은 물방울 중 다른 물방울에서 나오는 빛이 눈에 들어오기 때문이다. 따라서 두 사람이 서서 무지개를 볼 때 각자가 보는 무지개는 옆 사람이 보는 것과 완전히 같지는 않다.

▣ 오로라는 무엇일까?

오로라(aurora)는 지구 밖에서 들어오는 대전 입자가 지구 대기권 상층부의 기체와 마찰하여 빛을 내는 현상을 말한다. 오로라는 '새벽'이라는 뜻의 라틴어로, 1621년 프랑스의 과학자 피에르 가센디가 로마신화에 등장하는 여명의 신 아우로라(Aurora)의 이름을 딴 것이다. 아우로라는 장미색 피부를 가진 아름다운 여신이며, 태양의 신 헬리오스의 누이동생이다. 오로라는 태양 표면에 흑점이 많이 있을 때 가장 많이 발생하고 화려하다. 오로라는 극지방에서 주로 관찰되지만, 태양 활동이 왕성할 때는 적도나 열대지방에서 관찰되기도 한다.

[그림 8-39] 오로라의 모습

태양은 양성자와 전자 등으로 이루어진 대전입자를 방출하고 있다. 태양으로부터 모든 방향으로 내뿜는 이러한 플라즈마의 흐름을 태양풍이라고 한다. 지구에 도달하는 태양풍은 대부분 지구의 자기장에 의해 우주로 흩어진다. 하지만 일부는 지구의 자기장에 끌려 밴 앨런대(Van Allen belt)에 붙잡히게 된다. 이곳에서 대전입자가 공기 분자와 서로 충돌하면 공기 분자들은 네온사인 안의 기체들처럼 빛나게 된다.

오로라는 매우 높은 대기층에서 빛을 낸다. 오로라의 대표적인 빛은 산소원자가 방출하는 녹색 및 적색, 그리고 질소분자 이온이 방출하는 청색 등이다.

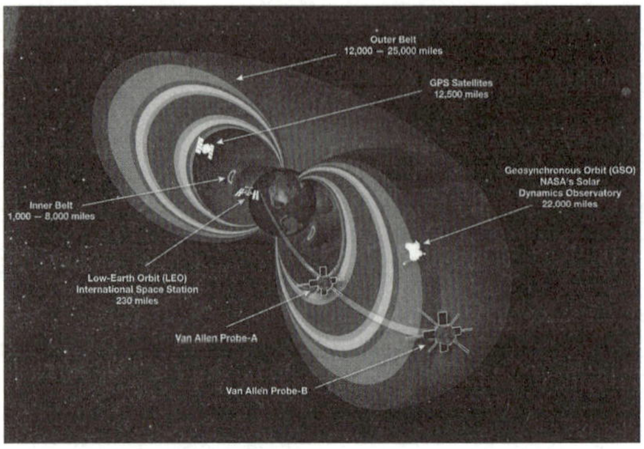

[그림 8-40] 밴 앨런대

〈출처: NASA〉

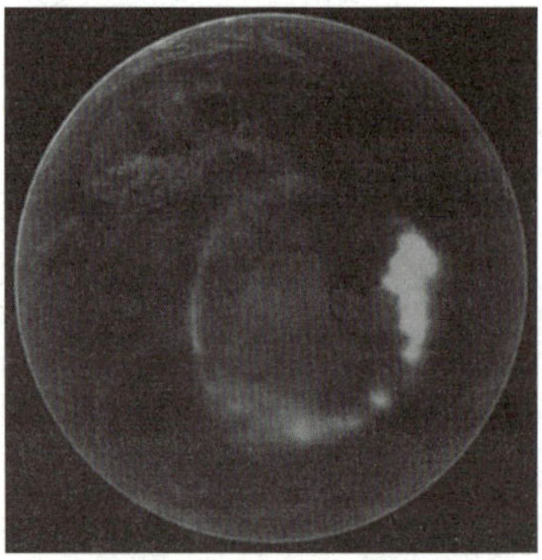

[그림 8-41] 우주에서 본 오로라

〈출처: NASA〉

▣ 신기루는 어떻게 생길까?

대기권에서 어떤 물체가 원래 위치에서 벗어난 것처럼 보이는 현상을 신기루(mirage)라고 한다. 신기루는 상상이 만들어낸 허구는 아니다. 이것은 대기의 조화로 생겨나는 현상이다. 1798년 이집트로 원정을 간 나폴레옹의 군사들은 사막에서 오아시스와 야자수가 가까이 있는 것을 보았다. 하지만 아무리 가까이 가도 오아시스는 나타나지 않았다. 이때 나폴레옹 군에 동행하던 수학자 가스파르 몽주는 신기루 현상이 사막에 접해 있는 더운 공기층 때문에 생긴다는 것을 최초로 밝혀냈다.

신기루 현상은 빛이 서로 다른 밀도의 대기층을 통과할 때 굴절하면서 생긴다. 대기의 밀도변화는 보통 기온의 급격한 차이로 발생한다. 기온 변화폭이 클수록 빛의 굴절 정도도 커진다. 예를 들면, 더운 여름날 검은 아스팔트 도로는 태양열을 흡수하여 매우 뜨거워진다. 뜨거워진 지면과 접촉하는 대기는 가열된다. 하지만 공기는 열전도도가 낮기 때문에 지상에서 가까운 공기와 그 윗부분의 공기는 서로 온도 차이가 나게 된다. 빛이 이 공기층을 통과할 때 밀도 차이가 나기 때문에 굴절되는 각도가 다르게 된다. 그러나 공기의 온도 차이는 높이에 따라 경계가 분명하지 않기 때문에 우리는 빛이 꺾이는 것을 분명히 구분할 수는 없다. 대신 공기가 흔들리는 것처럼 보이게 된다. 이것이 아지랑이이다. 만일 이보다 공기의 온도차이가 커지게 되면 신기루가 만들어진다.

[그림 8-42] 사막 가운데에 호수가 있는 것처럼 보이는 신기루
〈출처: (cc) Brocken at Wikimedia.org〉

신기루는 사막이나 극지방과 같이 공기의 온도차이가 크고 불안정한 대기층에서 잘 만들어진다. 그런데 사막과 극지방은 공기의 온도 분포가 반대이다. 사막의 지표면은 기온이 높지만, 극지방의 지표면은 기온이 매우 낮다. 따라서 두 지역의 신기루는 다르게 나타난다. 온도가 낮은 대기는 밀도가 높기 때문에 빛의 속도가 느려지고, 온도가 높은 대기는 밀도가 낮기 때문의 빛의 속도가 빨라진다. 따라서 빛은 온도가 낮은 대기 쪽으로 꺾이게 된다.

사막에서와 같이 지표면 근처의 공기 온도가 그 위의 공기보다 훨씬 높을 때는 물체가 실제보다 낮아 보이며, 거꾸로 된 것처럼 보인다. 이러한 신기루를 아래신기루(inferior mirage)라고 한다. 그 이유는 나무 꼭대기에서 반사되는 빛이 모래 위의 뜨거운 공기에 도달하면 공기의 온도가 상대적으로 낮은 위쪽으로 휘어지기 때문이다([그림 8-43]).

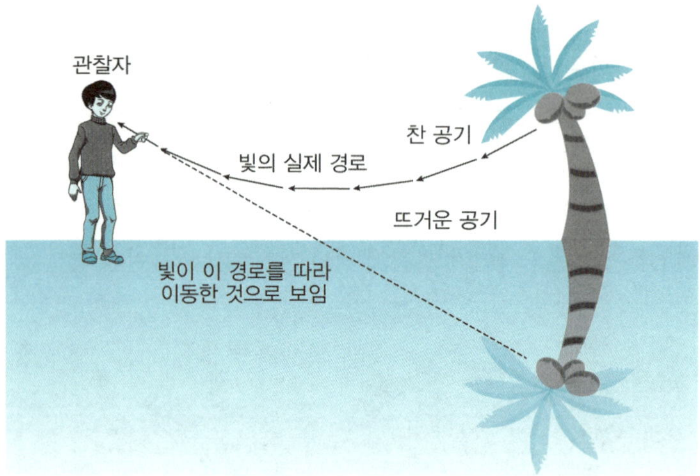

[그림 8-43] 아래신기루가 보이는 과정

지표면이 매우 차가운 극지방에서는 이와 반대의 현상이 나타난다. 극지방의 차가운 지표면과 접한 대기는 그 위의 대기층보다 매우 차갑다. 따라서 아래쪽에는 기온이 낮고, 위쪽에는 기온이 높은 기온 역전층이 만들어진다. 지표면에서 위쪽으로 향해 이동하는 빛은 역전층 내에서 온도가 더 낮고 밀도가 높은 아래쪽으로 휘어진다([그림 8-44]). 대기의 온도 차이가 커지면 커질수록 빛은 더 많이 굴절한다. 이 때문에 물체는 실제보다 위에 있는 것처럼 보인다. 이런 현상을 위신기루(superior mirage)라고 부른다.

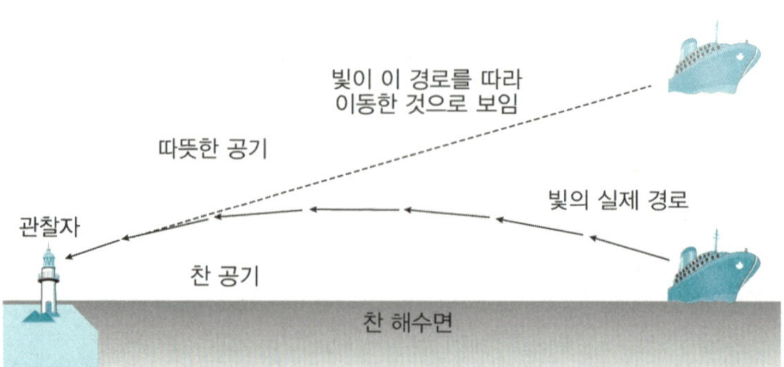

[그림 8-44] 위신기루가 보이는 과정

[그림 8-45] 위신기루

〈출처: (cc) Brocken at Wikimedia.org〉

▣ 하늘은 왜 푸른색일까? 그리고 저녁노을은 왜 붉은색일까?

하늘이 푸르게 보이는 이유에 대한 문제는 오래 전부터 과학자들의 관심을 끌었다. 르네상스 시대의 레오나르도 다빈치는 대기 중에 존재하고 있는 미세한 물체에 의해 하늘에 푸른빛이 생긴다고 주장하였으며, 뉴턴은 물방울 같이 투명한 물질로 이루어진 얇은 막에서 빛이 반사되기 때문이라고 주장하였다.

근대 과학이 발달하면서 여러 과학자들은 빛의 굴절과 반사에 의해서 하늘이 푸르게 보인다고 생각하게 되었다. 특히 노벨물리학상을 받은 영국의 레일리는 하늘의 파란색은 태양 빛이 대기 중의 작은 입자들에 의해 산란된 결과라고 발표했다.

태양에서 나오는 빛은 색깔이 없는 것처럼 보이지만 프리즘을 통과 시켜보면 여러 가지 색깔로 나누어진다. 이러한 무지개 색과 같은 다양한 색깔의 빛을 가시광선이라고 한다.

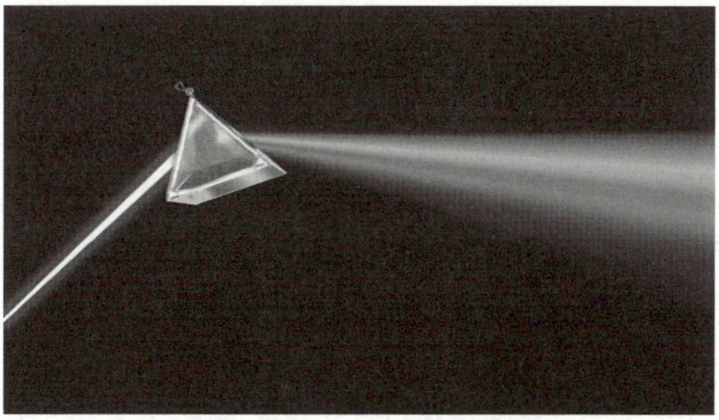

[그림 8-46] 프리즘을 통과한 빛

빛의 각 색깔은 공기 중의 입자에 의해 흩어지는 정도가 다른데, 파장이 짧을수록 많이 흩어진다. 낮에 태양 빛이 지구로 들어와 대기권에 들어오면, 짧은 파장인 청색은 질소나 산소 등과 같은 공기 입자와 충돌하여 사방으로 퍼지게 된다. 그래서 우리 눈에는 파란색이 하늘에 퍼져 있는 것처럼 보이는 것이다. 만약 달과 같이 대기가 없는 곳에서 하늘을 보면 빛의 산란이 없기 때문에 하늘은 검게 보이게 된다.

하지만 저녁에는 서쪽 하늘에서 붉은 노을을 볼 수 있다. 저녁에는 태양과 지표면이 이루는 각이 낮아 태양 빛이 더 많은 대기층을 통과해야 한다. 태양과 지표면이 이루는 각도가 4°일 때는 태양 빛이 90°일 때보다 12배나 더 두꺼운 대기층을 통과한다고 한다. 태양빛이 이처럼 두꺼운 대기층을 통과하는 동안 파장이 짧은 청색 영역의 가시광선은 대부분 공기 분자들에 의해 산란되고 노랑, 주황, 빨강 등 파장이 긴 빛만이 남아 우리 눈에 들어오게 된다. 이 때문에 저녁이나 새벽에는 붉은 색의 하늘을 볼 수 있는 것이다.

[그림 8-47] 푸른 하늘과 저녁노을

▣ 태양과 달 주변에 생기는 빛의 고리는 무엇일까?

가끔씩 태양이나 달 주위에 동그란 고리 모양의 빛을 볼 수 있다. 이것을 무리(햇무리, 달무리) 또는 광환(corona)이라고 한다. 이러한 현상은 빛이 작은 구형의 얼음으로 구성된 얇은 구름층을 통과하면서 반사되거나 굴절되면서 생긴다. 무리는 보통 높은 하늘에 있는 얇은 구름인 권운층에서 생기게 된다.

광환이 형성되는 것은 빛이 물체를 돌아서 통과 할 때 발생하는 회절(diffraction) 현상 때문이다. 연못에서 물결이 작은 돌을 돌아서 이동한다고 가정해 보면, 파동이 돌 주위를 퍼져 나가면서 한 파동의 골은 다른 파동의 마루와 만나게 된다. 그 결과 파동들이 서로 상쇄작용을 통해 잔잔한 수면을 형성하게 된다. 그러나 2개의 파동이 마루끼리 만나게 되면 돌아갈 때도 같은 현상이 발생한다. 빛의 파동이 함께 이동할 때는 밝은 빛이 보이고, 빛의 파동들이 상쇄작용을 할 때는 어둡게 보인다. 광환은 빛과 어둠이 교차하는 흰색으로 나타날 때도 있고, 색깔이 있을 때도 있다.

구름 속의 작은 얼음, 물방울 등 입자들의 크기가 균일할 때는 색깔이 있는 광환이 보인다. 회절에 따른 빛의 굴절량은 빛의 파장에 좌우되기 때문이다. 이때 파장이 짧을수록 광환 안쪽에는 푸른빛이 나타나고 파장이 길수록 바깥쪽에 붉은색이 나타난다.

햇무리와 달무리는 기상학이 발달하기 이전부터 날씨를 예측하는데 쓰였다. 우리나라에도 '햇무리나 달무리가 지면 비가 온다'는 속담이 있다.

[그림 8-48] 햇무리

〈출처: (cc) Adam Selwood at Wikimedia.org〉

[그림 8-49] 달무리

재미있는 탐구활동(온실 효과)

실험 목적

• 온실 효과가 무엇인지 실험을 통해 알아 볼 수 있다.

실험 준비물

• 전기스탠드 3개, 사각 수조 3개, 온도계 3개, 드라이아이스, 비닐랩, 자

실험 과정

① 한 개의 사각 수조에는 온도계를 넣고, 비닐랩을 씌우지 않는다.

② 한 개의 사각 수조에는 온도계를 넣고, 비닐랩을 씌운다.

③ 한 개의 사각 수조에는 드라이아이스를 넣고 온도계를 넣은 후, 비닐랩을 씌운다.

④ 드라이아이스가 이산화탄소로 변하고, 온도가 실온과 비슷해질 때까지 기다린다.

⑤ 각 수조에 있는 온도를 측정한다.

⑥ 수조로부터 30cm 떨어진 곳에 전기스탠드(백열등)를 설치하고, 전등을 켠다.

⑦ 일정한 시간 간격으로 각 수조 안의 온도변화를 측정한다.

⑧ 각 수조의 온도 변화를 꺾은선 그래프로 그려 비교한다.

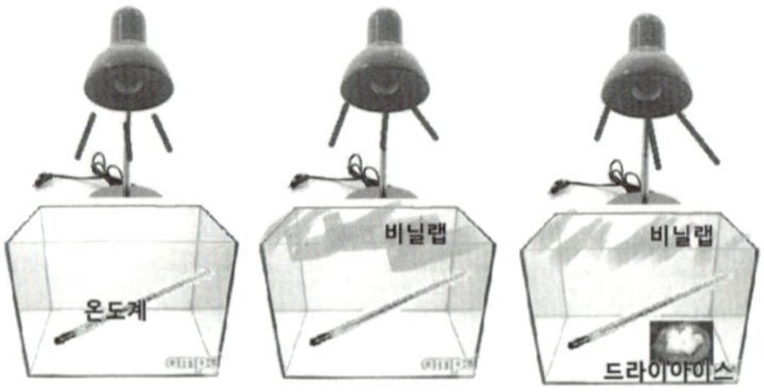

실험 결과

① 각 수조 안의 온도 변화는 어떻게 달라졌는가?

② 온실효과와 이산화탄소가 기온에 어떠한 영향을 주는지 써 보시오.

재미있는 탐구활동(도로 주변의 대기 오염 조사하기)

실험 목적

- 자동차가 많이 다니는 도로변의 대기 오염 물질을 관찰할 수 있다.

실험 준비물

- 바셀린, 공기오염물질 조사판(하드보드지와 긴 막대로 제작), 돋보기나 현미경

실험 과정

① 대기 오염도를 조사해 보고 싶은 간선도로를 정한다. 가능하면 자동차 통행이 잦은 간선도로변이 적당하다.

② 간선도로변에서 먼 쪽을 향하여 약 30m씩 3개 지점을 선정한다.

③ 오염물질 조사판(반지름 10cm)을 만들어 막대에 고정시킨다.

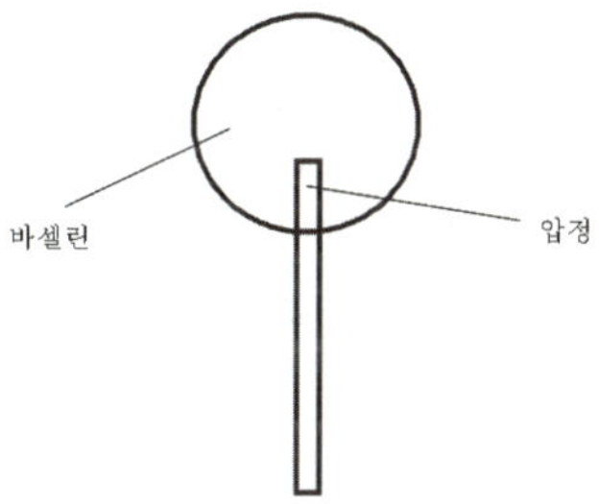

공기오염물질 조사판

④ 오염물질 조사판에 바셀린을 골고루 바른다.

⑤ 바셀린을 바른 오염물질 조사판을 3개 지점에 설치한다. 지상 1m 위에 설치하는 것이 좋다. 이때 바람이 적은 맑은 날에 하는 것이 좋다.

⑥ 하루가 지난 후 공기오염물질 조사판을 수거하여 돋보기나 현미경으로 관찰한다.

실험 결과

① 간선도로변에서 멀수록 공기 오염도는 어떻게 변하는지 써 보시오.

② 하루 중 아침, 점심, 저녁 때, 공기 오염도가 가장 심할 때는 언제일지 예상해 보고, 이를 확인할 수 있는 실험을 고안해 보시오.

③ 간선도로변 일수록 공기 오염이 심한 까닭을 추리해 보시오.

재미있는 탐구활동(산성비의 영향 알아보기)

실험 목적

• 산성비가 생물에 미치는 영향을 실험을 통해 알아볼 수 있다.

실험 준비물

• 묽은 황산, 물, 페트리 접시 2개, 스포이트2개, 탈지면, 무씨

실험 과정

① 페트리 접시 두 개에 탈지면을 깐다.

② 스포이트를 이용하여 탈지면이 축축해질 정도로 묽은 황산과 물을 각각 넣는다.

③ 각 페트리 접시에 같은 개수의 무씨를 올려놓고 뚜껑을 닫아 따뜻한 곳에 놓는다.

④ 일주일 동안 각각의 페트리 접시에서 싹이 튼 무씨의 개수를 비교한다.

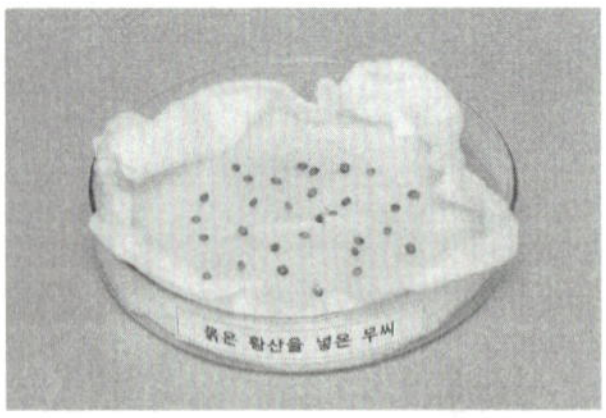

실험 결과

① 일주일 동안 각각의 페트리 접시에서 싹이 튼 무씨의 수는 어떻게 되는가?

	1일후	2일후	3일후	4일후	5일후	6일후	7일후
묽은 황산							
물							

② 이 실험 결과를 이용하여 산성비가 생물에 어떤 영향을 미치는지 써 보시오.

재미있는 탐구활동(번개 만들기)

실험 목적

- 번개를 실험으로 만들어보고, 번개가 어떤 현상인지 설명할 수 있다.

실험 준비물

- 플라스틱 책받침, 투명한 백열전구, 화장지

실험 과정

① 책받침을 화장지로 문질러 정전기를 모은다.

② 정전기가 모아지면 암막 등을 이용하여 방을 깜깜하게 한다. 밤에 해도 좋다.

③ 백열전구를 손가락으로 잡고, 책받침을 전구 꼭지에 갖다 댄다.

④ 백열전구 안에서 어떤 현상이 일어났는지 관찰한다.

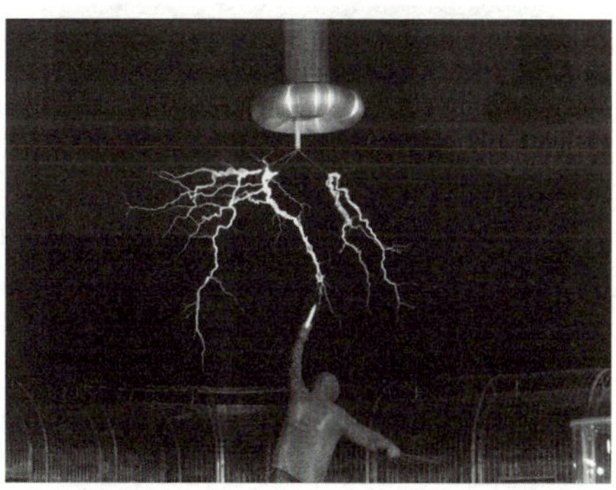

인공적으로 번개를 만드는 장치

실험 결과

① 플라스틱 책받침을 전구에 갖다 댔을 때 어떤 현상이 일어나는가?

② 번개는 어떤 현상인지 설명해 보시오.

재미있는 탐구활동(토네이도 만들기)

실험 목적

• 토네이도를 실험으로 만들어보고, 토네이도가 어떤 현상인지 설명할 수 있다.

실험 준비물

• 드라이아이스, 둥근 수조, 따뜻한 물, 검은 종이

실험 과정

① 바닥에 검은 종이를 깐다.

② 수조에 따뜻한 물을 넣고, 드라이아이스를 넣는다.

③ 수조에서 뿌연 기체(이산화탄소)가 나오기 시작하면, 손으로 수조의 공기를 회전시킨다.

④ 뿌연 기체의 움직임을 관찰한다.

토네이도

실험 결과

① 뿌연 기체의 움직임은 어떻게 되는가?

② 토네이도가 어떤 현상인지 설명하고, 토네이도가 발생하는 원인을 조사하여 써 보시오.

재미있는 탐구활동(무지개의 원리 알아보기)

실험 목적

• 렌즈를 이용하여 무지개를 만들어 보고, 무지개의 원리를 알 수 있다.

실험 준비물

• 물, 분무기

실험 과정

① 햇빛이 있는 날 분무기 이용하여 물방울을 공기 중에 뿌린다.

② 분무기에서 비춰지는 무지개를 관찰한다.

실험 결과

① 분무기를 통해 만들어지는 무지개는 어떤 위치에서 보이는가?

② 무지개는 어떤 순서로 있는가? 그리고 그 이유는 무엇인가?

기상 속의 법칙

제 9 장

우리 주위의 공기는 질소와 산소를 포함한 다양한 기체의 혼합으로 이루어져 있다. 따라서 기상현상은 이러한 작은 기체 입자들의 운동으로 설명할 수 있다. 이 장에서는 우리 주위의 작은 기체들이 어떠한 법칙과 연관되는지 알아보자.

▣ 기상현상에 왜 이상기체 상태 방정식을 적용하는가?

우리 주위의 기상현상이 모두 기체의 운동이기 때문에 이 모든 현상들은 기체의 온도, 압력, 밀도의 변화에 적용을 받게 된다. 또한 기체의 상태는 온도와 압력, 밀도의 상태로 나타낼 수 있다. 이 각각의 요소는 시간과 장소에 따라 항상 변하게 되며 이 세 가지 변인들은 상태 방정식과 서로 연관되어 있다. 따라서 상태방정식은 기체의 변인들 간의 상호 관계를 설명해 준다.

① 샤를의 법칙에 의하면 기체의 압력이 일정할 때 기체의 절대온도(K)가 증가함에 따라 부피가 팽창하여 밀도가 감소하게 된다. 이를 식으로 정리하면 다음과 같다.

$$T \propto \frac{1}{\rho} \qquad P = \text{일정}$$

이 기체에 열을 가하면 주위보다 압력이 상승되기 때문에 주위와 압력이 같아지기 위해서 부피가 팽창하게 되고, 밀도는 그만큼 줄어들게 된다.

② 보일의 법칙에 의하면 기체의 온도를 일정하게 유지했을 때 압력과 밀도는 서로 비례하게 된다. 즉, 다음과 같은 관계가 성립하는 것이다.

$$P \propto \rho \qquad T = \text{일정}$$

따라서 이상기체의 온도를 일정하게 유지시키기 위해서 이상기체의 압력이 천천히 증가하면 부피가 감소하게 되고, 그로 인해 기체 분자간의 간격이 가까워져 밀도가 증가하는 것이다.

위의 샤를의 법칙과 보일의 법칙을 종합하면, 다음과 같이 정리할 수 있다.

$$P \propto \rho T$$

이 식은 어떤 주어진 기체에서 실험을 통하여 결정한 상수값, R을 사용하면 다음과 같이 나타낼 수 있다.

$$P = \rho RT$$

이처럼 기체의 압력과 밀도 및 온도 사이에는 일정한 관계가 성립되는데 이것을 나타낸 식을 바로 이상기체 상태방정식이라고 한다. 이 방정식은 다음과 같은 세 가지 기본적인 사항을 설명해 준다.

첫째, 밀폐된 공간에서 밀도가 일정할 경우 온도의 증가는 기체분자의 운동을 활발하게 하여 압력의 증가를 유발한다.

둘째, 압력의 변화가 서서히 일어나 외부의 온도와 같아져서 온도가 일정할 경우 압력의 증가는 기체 분자간의 간격을 줄어들게 하여 밀도의 증가를 유발한다.

셋째, 압력이 일정할 경우 온도의 증가는 분자운동을 활발하게 하여 압력을 증가시키므로 밖의 압력과 같아지기 위해 팽창하게 되어 밀도가 감소하게 됨을 의미한다.

위와 같은 사실들을 기상에 적용해 보자. 여름철에 기온이 상승하면 공기가 팽창하여 공기의 밀도가 감소하게 되고 결국 지표의 기압이 감소되어 저기압이 출현하게 된다. 반면, 겨울철에는 기온이 낮아져 지표의 기압이 증가하게 된다. 이처럼 이상기체 상태 방정식은 기온이 낮아질 때, 밀도가 증가하는 이유를 설명할 수 있다.

▣ 기상현상에 열역학 법칙이 어떻게 적용되는가?

에너지는 창조되거나 파괴되지 않지만, 다양한 형태로 변화하게 된다. 우리 주변의 기상현상에서도 눈과 비, 구름과 같이 공기 중의 수증기가 태양에너지원에 의해서 여름에는 비로, 겨울에는 눈의 형태로 내리게 된다. 이러한 상태변화는 에너지의 흡수와 방출에 의해 이루어지기 때문에 열역학법칙은 날씨와 기상현상을 파악하는 데 가장 중요하다.

어떤 공기 덩어리에 열(ΔQ)을 가했다고 하자. 그러면 이 열량 중 일부는 공기 덩어리의 내부 에너지를 증가시키는 데 사용되고 나머지는 이 공기 덩어리가 외부에 일을 하는 데 사용된다. 공기 덩어리의 내부 에너지의 변화량을 ΔU로, 한 일을 ΔW로 나타내면 다음과 같이 표현할 수 있다.

$$\Delta Q = \Delta U + \Delta W$$

먼저 내부 에너지에 대해 생각해 보자. 내부 에너지는 열에 의해서 내부의 공기 덩어리의 분자들이 가지고 있는 에너지의 총량으로 나타내어진다. 어떤 공기 덩어리에 열량(ΔQ)을 가하면 그 공기 덩어리는 온도의 변화 (ΔT)가 나타나게 되며, 다음의 관계가 성립하게 된다.

$$\Delta U \propto \Delta T$$

그러나 내부에너지와 온도의 변화는 비열에 따라 달라진다. 따라서

$$\Delta U = C\Delta T$$

와 같이 표현된다. 실제로 건조공기의 정압비열(Cp)은 1005J/K · kg, 정적비열 (Cv)은 718J/K · kg이다. 여기에서 체적이 일정할 때, 단위질량을 1K변화시키는 데 필요한 에너지인, 정적 비열을 사용하면 다음과 같은 식이 된다.

$$\Delta U = Cv\Delta T \text{ ----------①}$$

이 과정에서 압력은 증가하지만 기체는 일을 하지 않는다.

다음으로 공기 덩어리가 외부에 한 일에 대해 생각해 보자. 예를 들어 주사기의 피스톤을 생각해 보면, 움직이는 데 필요한 힘을 F, 피스톤의 단면적을 A라 하고, 움직인 거리를 ΔD, 단위면적당 압력을 ΔP라고 하면 [그림 9-1]과 같이 ΔV만큼의 부피가 변화한다.

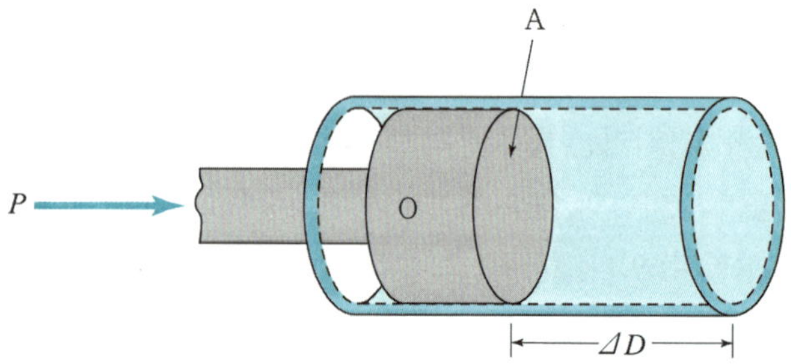

[그림 9-1] 열역학 법칙

부피를 변화시키는 데 공기 덩어리가 외부에 한 일(ΔW)은 다음과 같이 표현된다.

$$\Delta W = F\Delta D \rightarrow \Delta W = PA\Delta D$$

여기에서 공기 덩어리의 부피 증가량(ΔV)은 AΔD이므로, 다음과 같이 표현할 수 있으며,

$$\Delta W = P\Delta V \text{ ------------- ②}$$

이것이 바로 공기 덩어리가 외부에 해준 일이라고 할 수 있다.

위의 ①, ②의 두 가지 식을 종합하여 정리하면 다음의 식을 얻을 수 있다.

가해진 열량(ΔQ) = 내부 에너지의 변화량(ΔU: $Cv\Delta T$)
+ 외부에 해준 일(ΔW: $P\Delta V$)

여기에서 압력이 일정할 때, 단위질량을 1K만큼 변화시키는 데 필요한 에너지인, 정압비열을 사용하면 $\Delta Q = Cp\Delta T$로 나타낼 수 있기 때문에 다음과 같은 식이 가능하다.

$$Cp\Delta T = Cv\Delta T + P\Delta V$$

외부의 열을 차단시키면 외부로부터 열의 유입이나 외부로의 방출이 전혀 없기 때문에 가해진 열량(ΔQ) 역시 0이 된다. 즉,

$$\Delta Q = 0 \text{ 또는 } Cv\Delta T + P\Delta V = 0$$
$$Cv\Delta T = -P\Delta V \text{ ---------- ③}$$

으로 나타낼 수 있다.

여기에서 (−)부호는 온도의 변화와 부피의 변화가 반대로 일어남을 의미한다. 또한 실제적인 기상현상에서 천천히 일어나지 않고 부등가열 혹은 공기가 산에 부딪치고 올라갔다가 다시 반대편의 산사면을 따라 내려올 때와 같은 갑작스러운 공기의 상승과 하강은 외부와의 열의 출입이 근본적으로 차단되는 효과가 있다. 열의 이동은 시간이 요구되기 때문이며, 이렇게 열이 차단될 때 나타나는 변화를 단열변화라고 한다.

위의 식을 바탕으로 우리는 다음과 같은 사실을 알 수 있다.

첫째, 온도의 변화(ΔT)에 따라서 부피(ΔV)도 변화하게 된다. 즉, 대기 중에서 공기 덩어리가 빠르게 상승하면 밖의 압력이 낮아져서 기체는 외부로 일을 하게 되고, 이로 인해 기체의 부피가 증가하며 외부에 일을 한만큼 분자운동이 느려져서 온도가 낮아지게 된다(단열팽창). 반대로 공기 덩어리가 빠르게 하강하면 압력이 외부보다 낮아져서 부피가 감소하며 외부의 공기로부터 일을 받게 되어 분자운동이 활발해지며 그만큼 온도가 높아지게 된다(단열압축).

둘째, 불포화된 건조한 공기는 1,000m씩 올라갈 때마다 10℃씩 감소하고, 반대로 내려올 때는 1,000m마다 10℃씩 증가하게 되며 이를 건조단열감률이라고 한다. 또한, 포화된 습윤한 공기는 계속해서 수증기가 물방울로 액화되어 잠열이 방출되기 때문에 건조한 공기의 온도 감소율보다 작아 1,000m 올라갈 때마다 6℃씩 감소하게 된다. 그와 반대로 내려올 때에는 1,000m마다 6℃씩 증가하게 되며, 이를 습윤단열감률이라고 한다.

셋째, 대기의 안정도를 설명해 준다. 앞의 3장. 「공기 중의 수증기」 내용을 참고하기 바란다.

▣ 정역학 방정식은 기상현상에 어떻게 적용되는가?

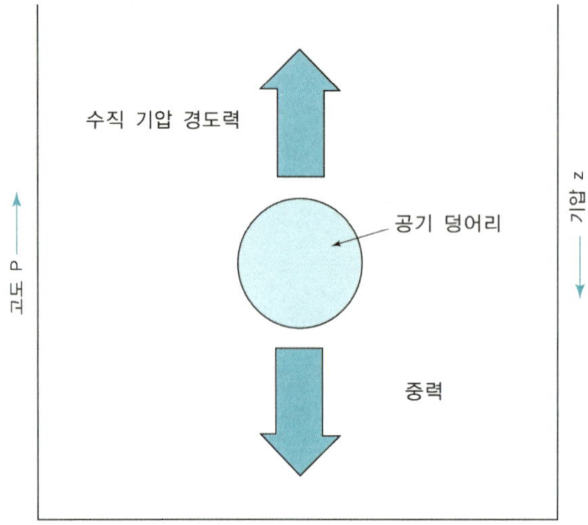

[그림 9-2] 정역학 평형상태(기압 경도력=중력)

먼저 정역학 평형(hydrostatic equilibrium)에 대해 알아보자. 연직방향의 기압 차이로 인한 기압경도력과 지구의 중력이 평형을 이룰 때 정역학적 평형상태에 있다고 하며 이때 공기 덩어리는 수직운동이 없는 정적 상태가 된다. 즉, 그림과 같이 서로 반대 방향으로 작용하는 힘이 평형을 이루는 것을 말한다.

이를 나타내는 식을 정역학 평형 방정식이라고 하는데, 수식을 사용하여 알아보도록 하자.

[그림 9-3]에서와 같이 단위체적의 공기 덩어리에 대하여 공기의 밀도를 ρ, 단면적을 A, 부피를 V, 공기자체의 무게를 W라고 하면 다음과 같은 식이 성립한다.

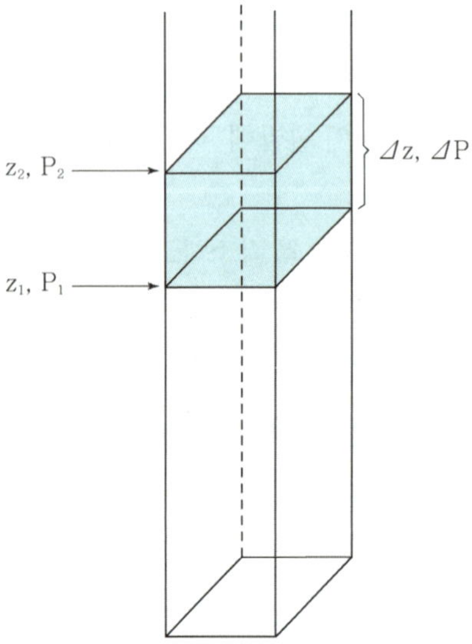

[그림 9-3] 정역학 평형

$$\Delta P = W/A$$

여기에서, 무게 = 질량 × 중력가속도이고 질량 = 밀도×부피이므로

$$W = mg = \rho Vg$$

이다. 이때, $V = A\Delta z$이므로 위의 식은 다음과 같이 정리할 수 있고, 이를 정역학 평형 방정식이라 한다.

$$\Delta P = -\rho g \Delta z$$

여기에서 (−)부호는 고도의 변화와 압력의

변화는 변화방향이 역으로 일어난다는 것을 의미하며, 이 방정식을 통해서 다음과 같은 사실을 알 수 있다.

첫째, 이 방정식은 기압과 고도의 관계를 설명해준다. 즉, 고도가 증가함에 따라 기압이 감소함을 알 수 있다. 따라서, 고도가 높아질수록 기압이 왜 낮아지는지를 설명해준다. 이것은 우리가 엘리베이터나 비행기를 타고 내릴 때 귀가 멍해지는 것을 통해서도 알 수 있다.

둘째, 기압의 변화는 공기의 밀도와 중력가속도에 따라 달라진다. 중력가속도는 측정하는 장소의 고도와 지구의 반지름에 따라 달라지지만 지표면 근처에서는 거의 일정하다. 따라서 기압의 변화는 밀도에 의해서 결정되어지며, 밀도가 클수록 기압의 변화가 크게 나타난다. 즉, 공기의 밀도가 높은 하층대기에서 기압은 급격하게 감소하며 고도가 증가할수록 그 변화량은 감소함을 알 수 있다.

▣ 뉴턴의 제2운동 법칙은 기상현상에 어떻게 적용되는가?

공기 역시 원자와 분자로 구성되어 있기 때문에 다른 물체와 마찬가지로 동일하게 적용되는 자연의 운동법칙을 따른다. 간단히 말해 공기에 힘이 작용하면, 공기 덩어리는 원래의 위치에서 다른 위치로 움식이게 된다. 실랑을 가신 공기가 움직일 때는 가속도를 가진다. 공기의 움직임에 영향을 주는 힘에는 기압경도력, 전향력, 원심력, 마찰력 등이 있는데 이는 장소에 따라서 달라진다. 공기 덩어리는 이 힘이 작용하는 방향에 따라 수평방향으로 이동하면 바람이 되고, 동일조건하에서 연직방향으로 움직여 기류가 되기도 한다. 이 힘을 이해하기 위하여 다음의 운동법칙을 살펴보자.

뉴턴의 제2운동 법칙은 힘과 가속도의 관계를 나타내고 있다. 즉, "한 물체에 가하여진 힘(F)은 그 물체의 질량(m)과 가속도(a)의 곱과 같다."

$$F = m \times a$$

이 법칙을 통해서 물체에 작용하는 힘은 생성된 가속도와 직접 연관되어 있음을 알 수 있다. 여러 힘들이 한 물체에 작용하는 경우, 그 물체는 항상 합력(total force)이 작용하는 방향으로 가속될 것이다.

이로 인해 지균풍(Geostrophic Wind)은 기압경도력과 전향력이 평형을 이루게 되고, 경도풍(Gradient Wind)은 기압경도력, 전향력, 원심력이 평형을 이루며, 지상풍은 기압경도력, 전향력, 마찰력 등이 평형을 이룬다. 여기서 지균풍과 지상풍의 평형의 의미는 속도의 방향이 변화하지 않는 일정한 속도를 의미하기 때문에 가속도가 없는 합력은 "0"인 바람을 의미한다. 그러나 경도풍에서의 평형이라는 의미는 일정한 속도로 곡선과 평행을 이루면서 일정한 속도로 부는 바람을 의미한다. 여기에서 일종의 관성력인 원심력을 고려하지 않으면 경도풍은 운동속도의 방향에 변화가 생기기 때문에 가속된다. 구심가속도라 불리는 가속도는 바람에 직각으로 원의 중심을 향한다. 공기에 가속도가 붙을 때면 그 공기에 합력이 작용하고 있음을 의미한다는 사실을 앞의 뉴턴의 제2법칙에서 배웠다. 즉, 원의 안쪽으로 작용하는 합력이 작용함을 의미한다. 이러한 원의 중심으로 향하는 힘을 구심력이라고 한다. 이는 전향력과 기압경도력의 불균형에 기인된다. 예를 들면 경도풍의 저기압에서는 원의 중심으로 향하는 기압경도력이 바깥으로 향하는 전향력보다 크다는 것을 의미하며, 경도풍의 고기압에서는 바깥쪽으로 향하는 기압경도력보다는 원의 중심으로 향하는 전향력이 더 크다는 것을 의미한다. 같은 위도에서 전향력의 크기는 바람의 속도의 크기를 말하기 때문에 경도풍에서는 고기압의 속도가 빠르다는 것도 알 수 있다.

▣ 혼합비란 무엇인가?

혼합비는 건조 공기 1kg 속에 공존하는 수증기가 얼마나 되는지를 나타내는 것으로

$$혼합비(\chi) = \frac{수증기의\ 밀도}{건조공기의\ 밀도} = \frac{\rho_v}{\rho_d}$$

로 정의된다. 단위는 g/kg이다.

혼합비(mixing ratio ; χ)를 간단한 수식으로 나타내 보면,

$$\chi = 622\frac{e}{P-e} \simeq 622\frac{e}{P}$$

으로, e는 수증기압, P는 기압을 나타내고, $P-e$는 불포화 공기(건조 공기)의 압력을 나타낸다. 여기서 e는 P에 비해 매우 작은 값이므로, $P-e \simeq P$로 놓을 수 있다.

포화수증기압으로 혼합비를 구할 수 있는데, 예를 들어, 어떤 공기의 온도가 24℃,

이슬점 온도가 21℃인 경우, 포화수증기압은 아래의 표를 참조하면, 각각 29.8hPa, 24.9hPa이다. 지상기압이 1000hPa일 때, 이 공기의 포화혼합비는

$$\chi = 622 \times \frac{29.8}{1000} = 18.5\text{g/kg}$$

이고, 현재 혼합비는

$$\chi = 622 \times \frac{24.9}{1000} = 15.5\text{g/kg}$$

이 된다.

〈표 9-1〉 물에 대한 포화 수증기압(단위: hPa)

온도(℃)	0	1	2	3	4	5	6	7	8	9
30	42.4	44.9	47.6	50.3	53.2	56.2	59.4	62.8	66.3	69.9
20	23.4	24.9	26.4	29.1	29.8	31.7	33.6	35.7	37.8	40.1
10	12.3	13.1	14.0	15.0	16.0	17.0	18.2	19.4	20.6	22.0
0	6.1	6.6	7.1	7.6	8.1	8.7	9.4	10.0	10.7	11.5
-5	6.1	5.7	5.3	4.9	4.6	4.2	3.9	3.6	3.4	3.1
-10	2.9	2.6	2.4	2.3	2.1	1.9	1.8	1.6	1.5	1.4

▣ 건조단열감률을 어떻게 알아냈을까?

실제 우리 주변에 존재하는 공기 덩이는 다양한 성질을 갖고 있기 때문에 이러한 공기 덩이의 성질을 어떤 일정한 틀 속에서 정해진 법칙에 따라 움직이게 하는 것은 불가능할지도 모른다. 하지만 공기 덩이가 움직일 때 나타나는 경향을 알아보기 위해서는 정해진 방식에 의거하여 움직이는 공기 덩이를 정의할 필요가 있다. 이러한 이유로 다음과 같은 공기 덩이를 정의해 보자. 어떤 공기 덩이가 이상기체이고, 불포화 상태(상대습도가 100% 이하)이며, 열역학 법칙을 만족하고, 정역학적 평형을 이루고 있다고 가정하자. 만약 이 공기가 단열적으로 상승한다면 어떠한 변화를 일으킬까? 먼저 정역학적 평형과 열역학 제 1법칙을 이용하면

$$\Delta P = -\rho g \Delta Z, \ \Delta Q = C_P \Delta T - \alpha \Delta P$$

이 된다. 단열변화이므로 $\Delta Q = 0$이라고 가정하고 이 식을 정리하면,

$$-\frac{\Delta T}{\Delta Z} = \frac{g}{C_P} \equiv \Gamma_d \approx 10\,℃/\mathrm{km}$$

Γ_d 건조단열감률

이 된다. 즉, 이상기체인 이 공기덩이는 100m 올라감에 따라 단열 팽창으로 인하여 약 1℃씩 온도가 낮아지게 된다.

▣ 습윤단열감률은 항상 같을까?

습윤단열감률은 건조단열감률과는 달리 기온과 압력에 따라 다르게 나타난다. 이는 습윤단열감률에 따른 변화에는 공기 중에 포함되어있는 수증기의 응결이 일어나기 때문이다. 수증기가 포화 되어 응결할 때 상변화로 인한 응결잠열을 공기 중으로 방출되고, 이로 인하여 건조단열감률보다는 기온의 감률이 작아지게 된다.

$$-\frac{\Delta T}{\Delta Z} = \Gamma_d / (1 + L / C_p \times d\chi_s / dT) \equiv \Gamma_m \approx 6\,℃/\mathrm{km}$$

Γ_m 습윤단열감률, χ_s 포화혼합비

여기서, 포화혼합비가 기온과 압력에 따라 달라지고, 그에 따라 습윤단열감률이 정해진다. 보통, 습윤단열감률은 0.5~0.6℃/100m 정도이며, 일반적으로 큰 차이가 없기 때문에 상수처럼 사용하기도 한다.

▣ 우리 지구의 대기는 어떠한 특성을 가지고 있을까?

다양한 대기를 가정하여 그 성질을 파악해 본다면, 특별한 상황 하에서 나타나는 대기의 특성이나 다른 천체들에서 나타나는 여러 현상을 이해하는 데 도움이 될 것이다. 실제 우리 지구의 대기는 고도가 높아짐에 따라 밀도가 급격히 감소하고, 대류권에서는 위

로 올라가면서 온도가 일반적으로 감소한다. 하지만 우리는 밀도가 일정한 대기, 온도가 일정한 대기, 온도 변화가 일정한 대기, 온도가 건조 단열 감률하는 대기 등을 고려해 보고, 이들 대기가 갖는 특성을 비교해 보자.

대기의 밀도가 높이에 따라 일정하다고 가정되는 대기는 정역학적 평형을 적분하여 아래와 같이 표시할 수 있다.

$$H = \frac{p_o}{\rho g}$$

여기에 기체 상태 방정식 $p_o = \rho R T_o$를 대입하면,

$$H = \frac{\rho R T_o}{\rho g} = \frac{R T_o}{g}$$

가 된다. 따라서 밀도가 일정한 대기의 경우 지상기온과 중력 가속도값을 알면 고도를 계산할 수 있다. 지표에서 건조 공기의 온도를 $R = 287.09 J/K \cdot kg$, $T_o = 273K$라고 하면, H는 8km가 된다.

$$H = \frac{287.09(J/K \cdot kg) \times 273K}{9.8 m/s^2} = 7997.5\text{m} \approx 8\text{km}$$

이 대기는 지구의 현재 밀도가 균질하게 대기를 채웠을 때, 얼마만한 높이까지 공기 덩이로 채울 수 있는지를 나타낸 것이다.

만약 공기 덩이가 해발고도가 올라갈수록 온도변화가 없다(기온감률 = 0℃/km)고 가정해 보자. 여기서 정역학적 평형과 이상기체 상태 방정식을 이용하면

$$\frac{dp}{p} = \frac{g}{RT}\text{dz}$$

으로 표현할 수 있으며, $p = p_0$ 인 해수면($z = 0$)에서부터 기압이 p 인 높이 z 까지 적분하면,

$$\ln = \frac{p}{p_0} = -\frac{gz}{RT}$$

이 된다.

만약 공기 덩이가 건조하고, 높이 올라갈수록 건조단열감률에 따라 온도가 감소한다고 할 때, 온도와 압력의 변화는 어떻게 나타날까? 이때는 해수면 상(기압이 1000hPa인 지점으로 가정)의 기온을 유추할 수 있다.

$$\theta = T\left(\frac{1000}{P}\right)^{\frac{R}{C_P}}$$

위의 공식에서 θ는 기압이 1,000hPa인 지점에서의 온도로 흔히 온위라 부른다. 여기서 T와 P는 임의의 고도에서의 온도와 압력이다. 온위는 동일한 기압(1,000hPa) 하에서의 공기의 온도를 나타내므로 공기의 성질이나 기단의 발원지 등을 알아내는 데 아주 중요한 지표로 사용할 수 있다.

▣ 공기에 작용하는 힘에는 어떤 것들이 있을까?

공기에 작용하는 힘에는 기압경도력, 전향력, 원심력, 마찰력 등이 있다. 흔히 우리가 살면서 경험하는 바람은 주로 지상에서 부는 지상풍이며, 마찰이 없는 상공에서는 지균풍, 경도풍 등의 바람이 분다. 위의 네 가지 힘 중, 바람을 불게 하는 1차적인 힘은 기압경도력으로서, 이는 바람이 기압차에 의해 나타날 수 있음을 의미하는 것이다. 나머지 전향력, 원심력, 마찰력은 2차적인 힘으로 바람을 직접적으로 일으키지는 못하고, 단지 방향이나 속도의 변화를 가져오게 된다.

〈표 9-2〉는 각 바람에 작용하는 힘의 평형과 그 예를 표현해 놓은 것이다.

여기서 몇 가지 특이한 경우를 살펴보자. 일반적으로 여름보다 겨울의 바람이 더욱 세다. 그 이유는 무엇일까? 이는 여름과 겨울의 온도차에서 찾아볼 수 있다. 여름에는 겨울보다 온도가 높아 등압선 간격이 넓을 수밖에 없다. 반대로 겨울에는 등압선 간격이 좁아져 바람이 더욱 세게 부는 것이다.

〈표 9-2〉 바람의 종류와 힘의 평형관계

바람의 종류	힘의 평형 관계	특징 및 예
지균풍	기압경도력 = 전향력	1km 이상의 고도에서 부는 바람 (등압선이 평행할 때)
경도풍	(고기압) 전향력 = 기압경도력 + 원심력 (저기압) 기압경도력 = 원심력 + 전향력	1km 이상의 고도에서 부는 바람 (등압선이 원형일 때)
지상풍	기압경도력 = 전향력 + 마찰력	마찰이 있는 곳(특히 지표부근)의 바람
선형풍	기압경도력 = 원심력	태풍의 눈, 토네이도
관성풍	전향력 = 원심력	관성진동 (주로 해양에서 잘 나타남)
온도풍	기압경도력 = 전향력	편서풍 파동, 제트류 (남북 간의 온도차에 의해 발생)

그럼 여기서 하나 생각해 볼 문제가 있다. 극지방과 적도 지방에서 바람은 항상 극지방이 세게 나타나는가? 온도차에 의한 등압선 간격만을 고려하면, 극지방의 바람이 적도지방보다 센 것은 사실이다. 하지만, 두 지역의 등압선 간격이 같다면, 즉, 기압경도력이 같다면, 적도 지방이 극지방보다 바람이 세게 불게 된다. 문제를 간단하게 하기 위해 지균풍을 생각해 보자.

기압경도력은 P_H로 표시하고, 전향력을 f라고 표현한다면, 지균풍은

$$P_H = fv$$

이므로, 이를 속도를 나타내는 식으로 바꾸면,

$$v = \frac{P_H}{f}$$

가 된다.

이 공식에 의하면, 기압경도력이 같다고 할 때는 f가 작을수록 풍속(v)은 크게 나타난다. f는 $2\omega\sin\phi$(ω는 지구의 자전 각속도로 일정, ϕ는 위도)로 주어지므로 위도가 작을수록, 즉, 저위도일수록 f값은 작아진다. 따라서 풍속은 저위도 쪽에서 더욱 크게 나타난다. 그 예로 아열대 해상에서 발생하여 우리나라에 많은 피해를 가져다주기도 하는 태풍이 있다.

여기서 몇 가지 특이한 공기의 운동을 살펴보자. 먼저 위의 표에 제시된 선형풍에 대해 알아보자. 보통, 태풍의 눈 부근은 저기압 중심이라 등압선 간격이 매우 좁아지게 되고, 이로 인해 기압경도력은 매우 커진다. 또한 공기의 회전운동으로 원심력 또한 강해진다. 그러나 태풍의 눈 부근의 존재하는 전향력의 영향은 매우 작아 이 힘은 무시할만하다.

일례로 위도가 10°인 지역과 30°인 지역에 15m/s로 이동하고 있는 태풍이 각각 존재하고 있다고 하자. 문제를 간단히 하기 위해 주어진 조건 이외에는 모두 같다고 가정하자.

두 지점의 전향력(f)은 각각

$$전향력(10^\circ) = 2 \times 7.27 \times 10^{-5}(s^{-1}) \times \sin 10^\circ \times 15(m/s) = 3.78 \times 10^{-4}(N)$$
$$전향력(30^\circ) = 2 \times 7.27 \times 10^{-5} \times \sin 30^\circ \times 15 = 1.09 \times 10^{-3}(N)$$

이다. 태풍의 눈은 보통 직경이 30km정도이므로 이 지점의 원심력을 구해보면,

$$원심력(10^\circ) = 원심력(30^\circ) = v^2/r = 15^2/(15 \times 10^3) = 1.5\times 10^{-2}(N)$$

으로, 원심력이 전향력에 비해 최소 10배 이상 크다. 따라서 이 지점에서는 원심력과 기압경도력의 평형만을 고려해도 무관하다. 기압경도력이 공기 덩이를 태풍의 중심으로 이동시키는 힘이라면, 원심력은 반대로 공기 덩이를 태풍 밖으로 이동시키려는 힘이다. 이 두 힘이 평형을 이루게 되면, 태풍의 중심에는 외부로부터 공기의 유입이 전혀 없는 영역이 존재하게 되고, 역학적 원인으로 매우 약한 하강기류가 나타나게 된다.

또 한 가지 특이한 공기의 움직임으로써 관성풍이 있는데, 이는 전향력과 원심력이 평형을 이룰 때 나타나는 바람이다. 사실 공기 덩이에서 기압경도력이 작용하지 않는 경우는 거의 없으므로 관성풍이 잘 나타나는 것은 아니다. 그러나 바다에서는 수압경도력의 작용이 매우 미미한 곳이 존재하기 때문에 이러한 운동(관성운동)이 잘 나타나게 된다. 간단히 예를 들면, 평평한 해수면(따라서 수압경도력은 작용하지 않는다) 위에 떠 있는 부표가 이동하게 되면 이 부표에 전향력이 작용하게 된다. 전향력의 영향으로 북반구에서는 부표가 지속적으로 오른쪽으로 틀어지면서 회전운동을 하게 된다. 따라서 전향력과 원심력의 힘의 평형으로 부표의 움직임이 나타나게 된다.

그러면 아무렇게나 전향력 또는 원심력 등을 무시해도 되는 것인가? 이를 판단하기 위해 로스비수(R_o)를 정의하여 사용하기도 한다. 이는 원심력과 전향력의 비로 다음과 같이 정의된다.

$$R_o = \frac{\text{원심력}}{\text{전향력}}$$

태풍의 눈 주변의 경우 로스비수는 최소 10 정도이므로, 전향력을 무시해도 된다. 만약 로스비수가 1정도이면, 두 힘 모두 무시할 수 없게 되고, 이 수치가 너무 작은 경우에는 원심력을 무시해도 된다.

▣ 복사평형이 이루어지기까지 …

지구의 평균 기온은 계절에 따라 변하지만 연평균을 하면 약 15℃로 일정하게 유지된다. 이는 태양으로부터 들어오는 단파복사와 지구에서 방출되는 장파복사가 서로 평형을 이루기 때문이다. 만약, 태양복사가 지구 복사 보다 많거나 그 반대가 된다면 어떻게 될까? 지구는 계속해서 기온이 상승하거나 하강하게 되고 더 이상 생명체가 존재 할 수 없는 행성이 될 것이다. 지구로 입사하는 태양 복사 에너지의 일생을 통해 복사평형에 대해 자세히 살펴보자. 어떤 순간 100이라는 태양에너지가 지구에 입사했다고 하자. 지구로 들어온 순간 바로 30에 해당하는 양은 우주 공간으로 반사(반사율 또는 알베도)된다. 따라서 지구로 들어오는 실제 에너지량은 70이 된다. 이 중 20은 지구 대기와 구름에 의해 흡수되고, 지표면에 도달하는 에너지는 50이 된다.

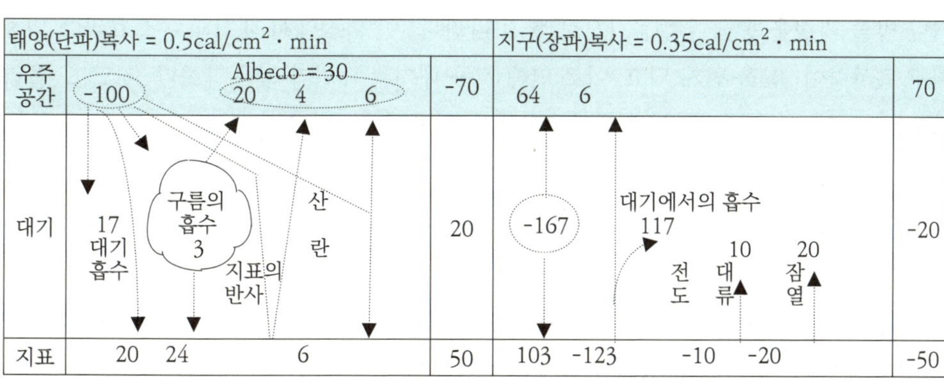

[그림 9-4] 복사평형

이때 지구에서 우주 공간으로의 에너지 방출은 어떤 과정을 거쳐 일어나는지 살펴보자. 먼저 지구 대기의 지표 복사 흡수율이 약 88%, 지구 대기에서 지표로 다시 반사되는 비율이 약 60~70% 정도 된다고 가정하자. 단순화하기 위해 아래의 그림에서는 대기의 지표 복사율을 67%로 가정하였고, 값들은 임의로 올림 또는 내림한 수치이다.

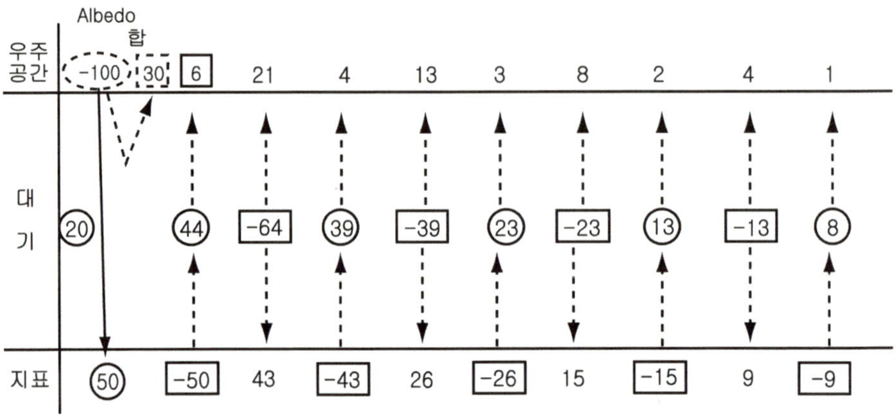

㉠ 지표: _ 의 합 = 103, □의 합 = −153(전도: −10, 잠열: −20 포함)
㉡ 대기: (−)의 합 = −167, (+)의 합 = 167(태양에서: 20, 전도: 10, 잠열: 20 포함)
㉢ 우주 공간:□의 합: 6 → 지표에서 대기의 창을 통해 바로 빠져나가는 양
30 = 지구의 반사율(Albedo)
나머지: 64

[그림 9-5] 지구의 에너지 방출

위의 그림에서 살펴보았듯이 지구 복사에너지는 지구 대기에서 상당량을 재흡수하거나 방출 과정을 통해 우주공간으로 빠져 나간다. 이 과정에서 대기의 온실효과에 의해 지구 복사량이 100을 넘게 되고, 이로 인해 지구 대기는 대기가 없을 때보다 33K정도 올라간 288K의 온도를 갖는다. 이때 대기에서 흡수를 담당하는 물질은 주로 H_2O, CO_2 등이다.

▣ 복사평형에서 지구의 기온과 지구 온실효과를 일으키는 양은 얼마나 될까?

여기서는 문제를 단순화하기 위해 지표면에서 우주 공간으로 바로 빠져나가는 양은 없다고 하자. 대기의 온도를 T_a, 지표의 온도를 T_g, 대기에서 우주 공간으로 방출하는 에너지량을 σT_1^4, 대기가 지표로 방출하는 에너지량을 σT_2^4라고 하자. 그럼 여기서 우리가 흔히 말하는 지상기온은 위의 그림에서 어떤 값인가? 이를 알아보기 위해서는 지상기온을 어떻게 측정하는지 살펴볼 필요가 있다. 지상기온은 바람이 잘 통하는 그늘진 곳에서, 사람의 가슴높이(1~1.2m)에서, 잔디를 심어 놓은 지역에서 측정해야 한다. 따라서 지상기온은 지표 복사량을 측정하는 것이므로 그림에서 'σT_g^4'에 해당하고, 온실효과를 일으키는 양은 그림에서 'σT_2^4'에 해당한다.

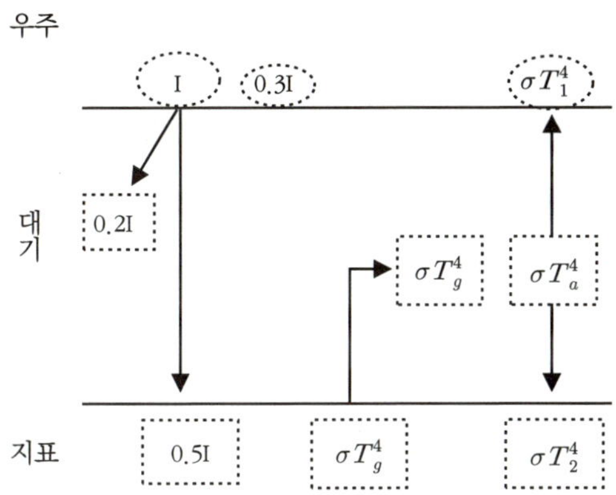

[그림 9-6] 복사평형에서 지구의 기온과 지구 온실효과를 일으키는 양

재미있는 문제풀이

실험 과정

1. 반지름이 R, 알베도를 A, 태양 상수를 I, 지구의 복사평형 온도(대기와 지표를 포함한 평균온도)를 T_e, 대기의 온도를 T, 지표의 온도를 T_s라 하고, 장파에 대한 흑체도를 ε 이라 하자.

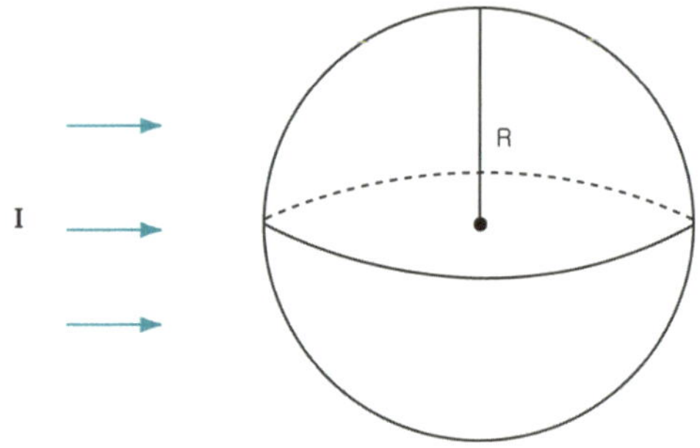

단, 대기는 일사에 대해 투명하다고 가정하자.

(1) T_e를 위의 식을 이용하여 표현하시오.

(2) 흑체도를 고려하여 대기의 열수지와 지표의 열수지를 각각 식으로 표현하시오.

(3) T와 T_e, T_s와 T_e의 관계식을 각각 쓰시오.

(4) 다음 표는 행성의 알베도, 유효온도(K), 표면온도(K)를 나타낸 표이다.

	수성	금성	지구	화성	목성	토성	천왕성	해왕성
알베도	0.06	0.76	0.30	0.16	0.51	0.50	0.66	0.62
유효온도	438	227	255	215	102	76	48	39
표면온도	100~700	700	288	218	124	95	58	56

이 표에서 보면, 유효온도와 표면온도가 각 행성마다 다르게 표현되어 있다. 더불어 목성형 행성은 표면온도 대신 복사온도로 표현되어 있다.

① 지구까지의 거리가 r, 어떤 행성까지의 거리가 a일 때, 유효온도, 표면온도를 정의하고, 유효온도와 표면온도는 식으로 표현하시오. 단 행성의 반지름은 R_p라고 하자.

② 복사온도와 유효온도 및 표면온도와의 관계를 쓰시오.

2. 열역학 제 1 법칙은

$$\Delta Q = \Delta W + \Delta U = P\Delta\alpha + \Delta U$$

이 된다. 또한 내부에너지 변화는 $\therefore \Delta U = C_v \Delta T$ 이고, 여기서 C_v는 정적비열이라고 한다. 따라서

$$\therefore \Delta Q = C_v \Delta T + P \cdot \Delta\alpha$$

이다.
이때, 압력이 P에서 $P+\Delta P$, 부피가 V에서 $V+\Delta V$, 온도가 T에서 $T+\Delta T$로 변하고, 등압과정일 때, 열역학 제1법칙을 다시 표현하시오.

3. 어느 지역의 기압 단면이 다음과 같다고 하자.

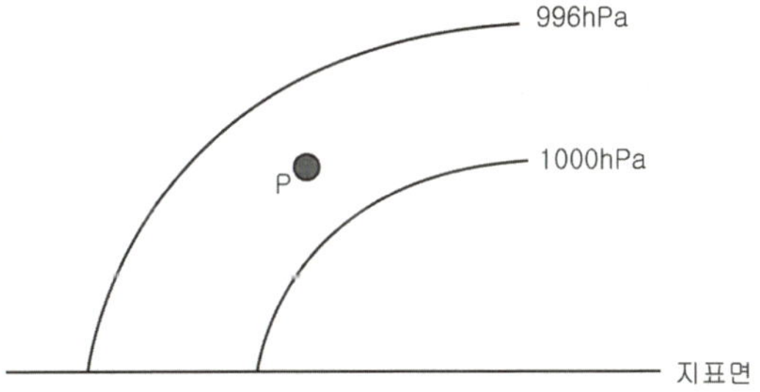

(1) 그림에 기압경도력을 표시하시오.
(2) P지점에서 정역학적 평형을 유지한다고 할 때, 바람을 일으키는 요소를 표시하시오.

4. 그림은 해안 지역에서 해풍과 육풍이 불 때의 기압 분포를 각각 나타낸 것이다.
(단, A, B, C, D는 같은 높이에 있는 지점을 나타낸다)

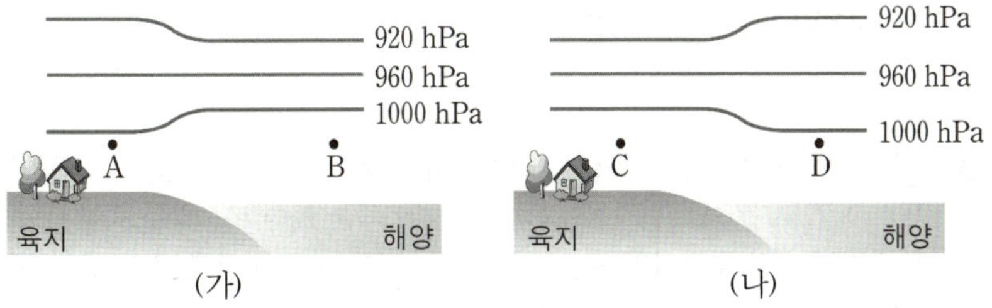

지표 근처의 해풍은 그 속도가 3m/s정도이며, 육풍은 1~2m/s정도이다. 해풍에 비해 육풍이 약한 이유는 무엇인가?

5. 다음은 1992년 7월 13일 09시에 측정한 일기도이다.

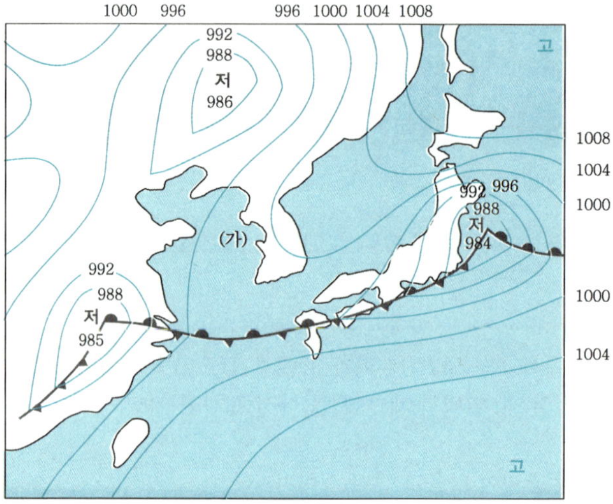

이때, 위의 그림에서 (가)지점의 해면상의 일기도에서 등압선 간격이 4hPa, 거리가 400km, 비적이 775cm^3/g이라고 하자.

(1) (가) 지점에서의 기압경도력을 계산하시오.

(2) 이 힘이 1시간 동안 지속적으로 작용할 때의 속도는?

6. 우리의 실생활에 관련된 과학기술은 반도체부터 컴퓨터 등 매우 다양하다. 이 중 산악인이 주로 사용하는 고도계가 있다. 여기에는 어떠한 원리를 이용하는지 기체상태방정식으로부터 설명하시오.

7. 기압은 그 고도 위쪽 공기의 단위 면적당 무게와 같다. 지구 평균 해면 기압이 1,000hPa라고 할 때, 지구에 있는 전체 공기의 질량을 계산하시오(1 hPa = 100N/m^2, 중력가속도 g=10 m/s², 지구 반지름은 6400km임).

8. 다음 그림은 어느 지역의 등압선을 나타낸 것이다. 지표면의 두 지점 (가), (나)에서 기압이 1,000hPa라고 할 때, 각 지점에서 950hPa가 되는 높이 h1, h2를 각각 구하시오, (단, (가) (나) 지점 위의 공기밀도는 각각 1.1kg/m^3, 1.3kg/m^{3}라고 하고, 중력은 9.8m/s²으로 한다. 결과는 소수 둘째 자리에서 반올림 할 것)

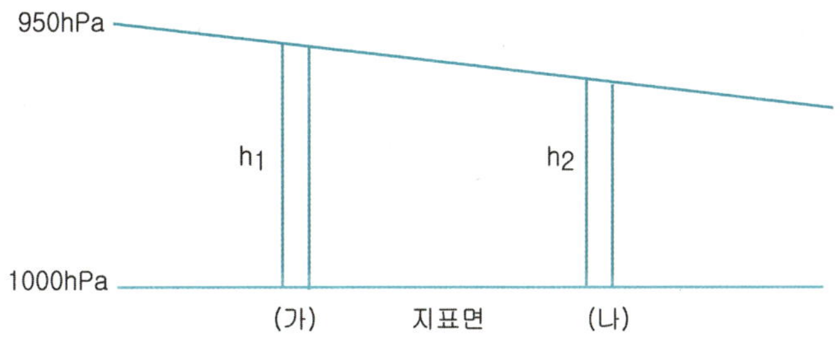

9. 아래 그림은 제트류의 생성과정을 간단히 그림으로 나타낸 것이다. 글을 읽고 ①, ②, ③, ④에 알맞은 말을 넣으시오(단, 같은 번호는 같은 말을 나타낸다).

다음 그림을 보면 저위도에서는 고도에 따른 등압선 간격이 넓고 고위도에서는 좁다. 이것은 고위도와 저위도의 ① ______ 때문이다. 이런 상태에서 상층으로 올라갈수록 저위도와 고위도 사이의 ② ______가 커지고 있다. 따라서 상층의 바람은 ② ______와 ③ ______이 힘의 균형을 이루어 생기므로 상층의 바람은 점점 커지게 된다. 이때, 바람의 방향은 북반구에서 ④ ______풍이 된다.

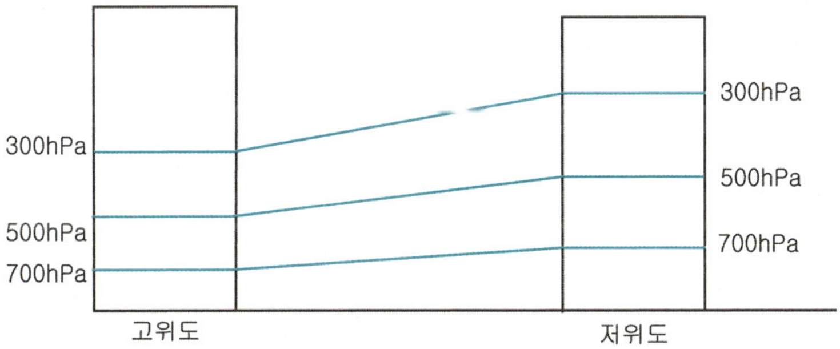

10. 지표면 기압이 1,000 hPa이고 온도가 -33°C로 일정한 등온대기를 가정한다. 이 대기에서 기압이 100 hPa인 고도는? (건조공기의 기체상수: R = 287 J/deg/kg).

11. 지구대기를 얇은 층으로 가정하고 이 층의 태양복사와 지구복사에 대한 흡수율을 각각 0.1, 1이라 한다. 기층에 일사량 I_E가 입사하고 지구-대기계가 복사평형을 만족할 때 지표면에서 방출된 복사에너지의 양을 I_E로 표시하시오.

12. 아래의 표는 기압에 따른 온도, 포화혼합비, 혼합비, 이슬점을 나타낸 것이다.
 * 혼합비: 건조공기 1kg 속에 들어 있는 수증기의 g 수

기압(hPa)	온도 (℃)	포화혼합비(g/kg)	혼합비(g/kg)	이슬점(℃)
1000	11.5	8.6	5.8	5.5
900	10.0	8.5	5.0	2.0
800	3.0	5.9	3.4	-4.5
700	-5.0	3.7	2.0	-13.0
600	-14.0	2.2	1.2	-21.0
500	-22.0	1.3	0.47	-33.0
400	-31.0	0.7	0.15	-45.0

(1) 위 표는 상층대기의 기상 자료이다. 기압이 900hPa인 층의 상대습도는 몇 %인가?

(2) 기압이 1,000hPa, 기온이 11.5℃인 지표 부근의 공기가 상승하여 물방울이 응결될 수 있는 높이는 얼마인가? (건조공기는 10℃/km, 이슬점감률은 2℃/km로 한다)

13. 아래 그림은 대기의 열적 상태를 파악할 수 있게 고안된 단열선도이다. 1,013hPa의 지표면에서 기온이 25℃이고 이슬점 온도가 20℃인 공기 덩어리를 생각하자. 이 공기 덩어리가 상승하여 1,500m의 산 정상에 도달한 후 하강하여 다시 1,013hPa 면에 도달하였다(단 공기 덩어리의 변화는 단열과정을 가정하며, 이 과정에서 주변 공기의 변화는 없다).

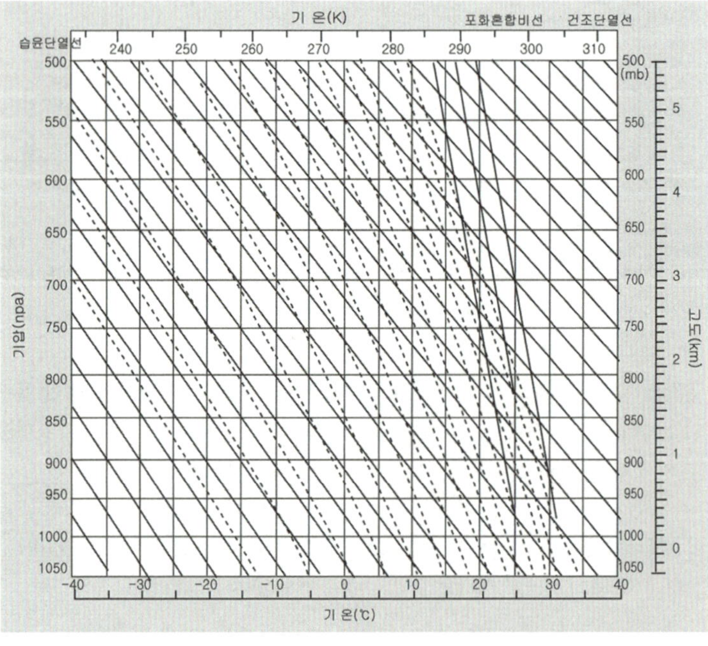

(1) 공기 덩어리가 상승할 때 구름이 처음 발생하는 고도는?

(2) 공기 덩어리가 산 정상에 도달했을 때 이의 온도는?

(3) 산을 넘어 다시 1,000hPa 면으로 되돌아 왔을 때 공기 덩어리가 갖는 온도는?

(4) 산을 넘어 다시 1,000hPa 면으로 되돌아 왔을 때 공기 덩어리가 갖는 습도는?

(5) 위의 결과를 이용하여 강릉의 동쪽으로부터 태백산맥을 넘는 공기가 겪을 수 있는 과정을 설명해 보시오.

제10장 기상 현상에 대한 학생들의 유년적 개념

우리는 어린 시절부터 흘러가는 구름을 바라보고 한껏 여유를 부리기도 하고, 시시각각으로 변하는 기상 현상을 지켜보며 하느님이 화를 내시는 거라 생각하기도 하였다. 그러나 이젠 스스로가 만들어가는 이러한 개념들을 단지 상상력을 키워준다는 긍정적인 측면만으로는 볼 수 없게 되었다. 굳이 학습이론을 들먹이지 않더라도 자연현상이나 사물에 대한 생각이나 개념은 그것이 비록 과학적으로 타당하지 않을지라도 상당히 오랜 기간 지속되며, 학습에 의해 쉽게 과학적 개념으로 완전히 대치되지 않는다. 즉, 어떠한 방법으로든 이러한 개념을 과학적인 방향으로 재구성하고 조정해 나가도록 도와주어야 한다. 이 장에서는 기상현상과 관련된 여러 유년적 개념에 대해 살펴봄으로서 과학적 개념형성의 밑거름을 마련하고자 한다. 이 장은 오필석 외(2006) 연구와 채동현 외(1997) 연구를 참고하였음을 밝힌다.

1. 물의 순환

(1) 습한 공기가 건조한 공기보다 더 무거울까?

이것은 아마 습한 공기에 대해 '답답하다'거나 '무겁다'는 느낌을 가지기 때문일 것이다. 그러나 실제로 건조한 공기가 더 무겁다. 습한 공기는 전적으로 수증기(H_2O)로 구성되어 있으나, 건조한 공기는 약 78%의 질소와 21%의 산소, 1%의 다른 기체로 구성되어 있다. 따라서 습한 공기가 10몰의 수증기(H_2O)로 이루어졌다고 하면, 건조한 공기는 8몰의 질소(N_2)와 2몰의 산소(O_2)로 이루어진다. 이때 각각의 분자량은 H_2O=18g, N_2=28g, O_2=32g이다.

〈표 10-1〉 습한 공기와 건조한 공기의 질량

습한 공기	건조한 공기
수증기 10몰의 질량	질소 8몰과 산소 2몰의 질량
10× 18g = 180g	8× 28g + 2× 32g = 288g

그러므로 건조한 공기가 습한 공기보다 108g 더 무겁다는 사실을 알 수 있다. 따라서 같은 온도와 같은 압력에서 습한 공기가 건조한 공기보다 더 가볍다.

(2) 더운 공기가 찬 공기보다 더 무거울까?

학생들은 더운 공기는 뜨겁기 때문에 팽창해 무겁다고 생각한다. 이는 과학적 근거보다는 '덥다', '차갑다'라는 단어가 주는 느낌이 크게 작용한 결과라 추측된다. 그리고 '찬 공기와 더운 공기의 무게는 같다'라고 생각하는 학생들도 많다. 따라서 이것은 분자의 운동과 관련지어 생각하는 것이 좋다. 예를 들어 일상생활과 연결지어 우리도 더우면 활동량이 많아지고, 추우면 활동량이 적어지듯이 공기도 온도가 높아짐에 따라 공기 분자의 운동이 활발해진다는 것을 이해하도록 한다. 그렇기 때문에 같은 공간을 차지하는 더운 공기와 찬 공기를 비교해 보면 더운 공기 분자량이 더 적어 더운 공기가 찬 공기보다 가볍다는 사실을 이해할 수 있다.

(3) 0℃ 이하에서는 얼음만 존재할까?

얼음의 녹는 온도와 물의 어는 온도에 관한 개념에 있어서 학생들은 얼음이 0℃ 이하에서 형성된다는 생각을 가지고 있다. 그러나 물의 어는점인 0℃는 1기압이라는 조건이 있어야 한다. 1기압보다 압력이 높은 경우에는 0℃보다 낮은 온도에서 물이 될 수 있다. 또한 1기압보다 압력이 낮은 경우에는 0℃보다 높은 온도에서 얼음 상태가 될 수 있다. 예를 들면 구름 속에서 물은 0℃ 이하에서도 작은 물방울로 남아 있을 수 있다.

(4) 구름의 주성분은 수증기일까?

학생들은 구름의 주성분을 묻는 질문에 대해 육안으로 볼 수 있는 구름이 물방울과 얼음 알갱이가 아닌 다른 물질로 구성되어 있다는 생각을 한다. 그뿐 아니라 눈에 보이지 않고 무색의 기체인 수증기를 구름의 가장 중요한 구성 요소로 잘못 대답하곤 한다.

그러나 수증기는 눈에 보이지 않는 기체이며, 구름은 대부분 물방울과 얼음 알갱이로 이루어져 있다.

(5) 물이 끓을 때 생기는 기포는 공기 혹은 물 속에 녹아 있던 기체일까?

물을 가열하면 물 속에서 많은 기포(물방울)가 생기면서 끓는 것을 관찰할 수 있다. 학생들은 이 기포를 공기방울이나 물 속에 녹아 있던 기체라고 생각한다. 그러나 이 기포는 물이 끓을 때 내부에서 기화되어 나온 물의 기체 상태인 수증기이다. 또한 물이 본래 산소와 수소가 화합하여 된 물질이므로 가열하면 산소와 수소로 분해되어 기포로 나온다는 잘못된 생각을 가지는 학생들이 있기 때문에 이를 수정해 줄 필요가 있다.

(6) 물이 끓을 때 물의 표면에서 보이는 하얀 물질(김)은 수증기일까?

1기압에서 물의 끓는점은 100℃이고, 물이 끓을 때 내부에서 기화되어 나온 수증기는 100℃ 이상의 기체로서 우리 눈에는 보이지 않는다. 그런데 이 수증기가 공기 중으로 나오면 매우 작은 물방울로 액화되어 공기 중에 떠 있으면서 빛을 산란시켜 흰색으로 보이게 된다. 이것이 바로 '김'이며, 이 '김'은 공기 중으로 퍼져 나가는 동안 다시 증발되어 기체 상태인 수증기가 되어 보이지 않게 된다.

즉, 물이 끓을 때 나오는 '김'은 공기처럼 일정한 모양과 부피를 갖지 않는 것으로 보여 기체라고 생각하기 쉬우나, 액체 상태의 매우 작은 물방울이 공기 중에 퍼져 희게 보이는 것이다. 그러므로 눈에 보이는 '김'은 엄밀한 의미에서 액체라고 할 수 있다.

(7) 물이 끓는 비커에 유리판을 기대어 놓았을 때 유리 표면에 물방울이 맺히는 것은 물이 승화하다 부딪쳤기 때문일까?

이것은 수증기의 응결 현상을 잘못 이해하거나 표현 방법이 미숙한 것으로 보인다. 온도가 높아지면 포함할 수 있는 수증기량이 증가하고 온도가 낮아지면 포함할 수 있는 수증기량이 줄어든다. 이를 포화수증기량이라고 하는데, 다시 말하면 끓는 물에서 발생하는 수증기가 비교적 차가운 유리판을 만나 온도가 낮아졌으므로 유리 표면에 물방울로 응결되는 것이다.

(8) 물이 담긴 접시를 가만히 놓아두면 마르게 되는데, 그 이유는 산소와 수소 분자로 분리되어 공기 중으로 들어가기 때문일까?

이것은 학생들이 물의 증발에 대한 개념을 잘 이해하지 못하고 있는 것이다. 물의 증발이란 물 분자가 끓는점에 도달하지 않고서도 물분자 자체의 운동으로 인해 수증기가 되어 공기 중으로 날아가는 것을 말한다. 끓는점에 도달하여 수증기가 되면 기화 이지만 끓는점에 도달하지 않고서도 수증기가 되면 증발이다.

(9) 얼음을 넣은 비커 표면에 생기는 물방울은 얼음에서 나온 것일까?

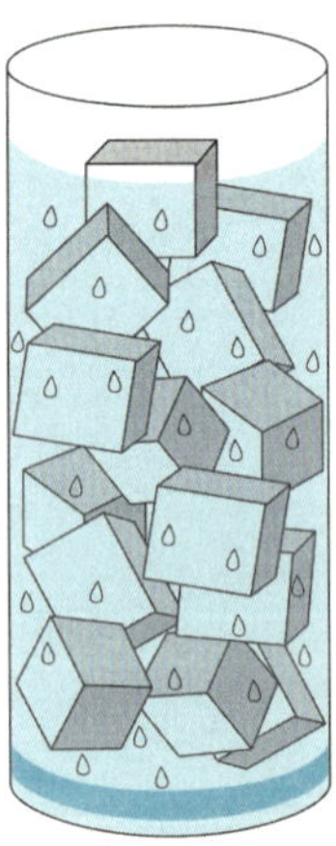

많은 학생들이 얼음을 넣은 비커 표면에 생기는 물방울이 얼음에서 나온 것이라고 잘못 생각하고 있다. 응결이라는 용어는 알아도 그 개념을 구체적으로 모르고 있기 때문이다. 얼음을 넣은 비커 표면에 생기는 물방울은 공기 중의 수증기가 차가운 비커 표면과 만나 응결되는 것이다.

즉, 얼음물에 검은색 잉크를 타고 실험을 해 보면 표면에는 검은색 잉크물이 아니라 투명한 물방울이 맺히는 것을 확인할 수 있다. 공기 중의 수증기가 차가운 컵의 표면과 만나는 것이므로 물의 색과 전혀 관련이 없고 항상 투명한 물방울을 확인할 수 있다.

(10) 얼음이 녹는 것은 열을 받아서 얼음의 성질이 변화하여 물로 된 것일까?

대부분의 학생들이 녹는 현상(융해)에 대해 고체가 액체로 되는 것이라고 잘 이해하고 있다. 그러나 간혹 얼음이 녹는 현상을 물의 상태 변화로 생각하지 않고 화학적 변화로 잘못 이해하는 경우가 있다. 이러한 학생들에게 녹은 물은 얼음과 성질이 같은 것이며 녹아서 물로 모습을 바꾸었을 뿐이라는 사실을 이해시킨다.

(11) 온도가 높아지면 습도도 높아질까?

교과서에서 다루는 습도는 상대습도로서 단위는 %이다. 이는 어느 온도에서 공기가 가질 수 있는 최대 수증기량을 100이라고 할 때 현재 그 공기가 포함하고 있는 수증기량의 비율이다. 그런데 공기가 가질 수 있는 수증기량은 온도가 높을수록 많아지지만, 공기 중에 포함되어 있는 수증기의 양은 변화가 없으므로 상대적으로 온도가 높아질수록 습도는 낮아지게 된다.

(12) 찬물이 뜨거운 물보다 불을 끄기 쉬울까?

물은 직접적이 아니라 간접적으로 불을 끈다. 다시 말해 타고 있는 물질과 접촉했을 때 생기는 수증기에 의해 불이 꺼지게 되는데, 이 수증기가 타고 있는 물질을 감싸서 산소 공급을 중단시키는 것이다. 그러므로 물 자체가 이미 뜨거운 상태면 수증기가 더 잘 생기게 되고 불도 쉽게 끌 수 있다. 게다가 뜨거운 물은 점착(어떤 물질과 만나 달라붙는 성질)도 더 높아서 불이 난 곳에 찬물보다 더 빨리 퍼질 수 있기 때문에 불끄기가 용이하다.

(13) 찬물이 뜨거운 물보다 더 빨리 얼까?

한겨울 추운 날씨에 한 양동이에는 뜨거운 물 (약 95℃)을 채우고 또 다른 양동이에는 찬물(약 50℃)을 채운 후에 바깥에 놓아두면 뜨거운 물이 든 양동이가 먼저 얼어버리게 된다. 뜨거운 물의 경우 0℃에서 얼 때까지 찬물보다 더 큰 기온차를 극복해야 하는 불리한 여건에 있지만, 그것은 수증기의 증발시에 생기는 냉기로 인해 오히려 이점이 되어 더 빠른 속도로 얼게 된다. 즉, 물의 표면에서 분자들이 빠르게 떨어져 나가면 물이 가지고 있던 열에너지를 쉽게 잃어버린다. 그래서 뜨거운 물의 온도가 급격히 떨어져 빨리 식게 되어 먼저 얼어버린다. 또한, 증발하면서 뜨거운 물의 질량도 작아지게 되는데, 얼어야 할 물이 증발로 인해 더 적게 남기 때문에 결국 뜨거운 물이 든 양동이에서 먼저 얼음이 생기는 것이다.

아파트 수도관의 경우 온수관이 동파하는 경우가 냉수관의 경우보다 많은 것도 뜨거운 물이 더 빨리 어는 것과 같은 이유이다. 가족 중에 제일 먼저 일어난 경우 세수를 하려고 온수를 틀면 처음 미지근한 더운 물이 관에 고여 냉각돼 있다가 나오기 때문에, 이때 나오는 물은 찬물쪽으로 꼭지를 돌렸을 때 나오는 물보다 더 차게 느껴진다. 온수관이 얼어터지는 것은 온수관의 높은 온도가 차가운 바깥 공기에 의해 식혀지는 속도가 냉수관보다 커서 좀 더 빨리 열을 잃고 먼저 얼게 되는 것이다.

2. 공기의 움직임

(1) 기압은 단위 면적당 공기 기둥이 누르는 힘이므로 아래 방향으로만 작용할까?

학생들에게 유리컵에 물을 가득 담고 입구에 종이를 올려놓은 후 거꾸로 들어올리거나 옆으로 들어올리면 기압의 영향으로 물이 쏟아지지 않는다고 지도한 후 기압의 작용 방향을 그림으로 그려보도록 하였다.

기압이란 공기의 압력을 말하는 것인데 학생들은 대부분 공기가 아래 방향으로 누르는 힘만을 생각하거나 물체가 어떻게 위치해 있느냐에 따라 기압이 작용하는 방향은 변한다고 생각한다.

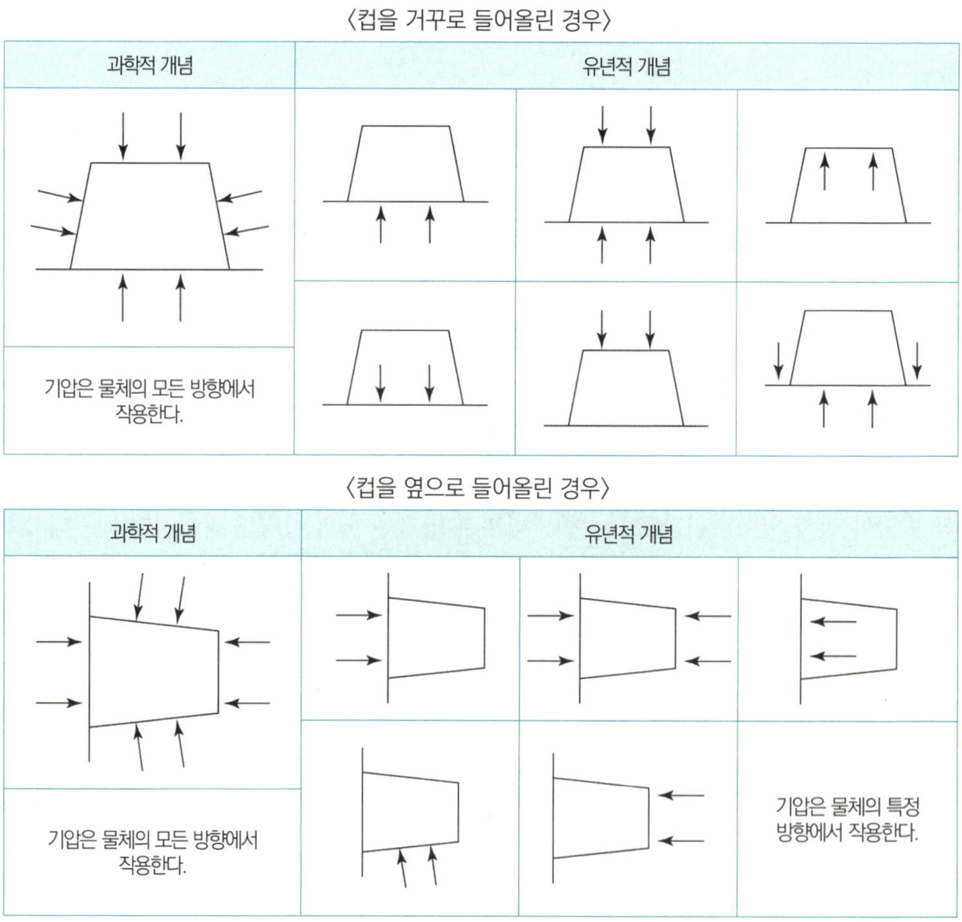

[그림 10-1] 기압의 작용 방향

기압은 공기 분자가 끊임없이 움직여 부딪치며 만들어낸다. 공기 분자는 지속적으로 움직이고 서로 부딪쳐 운동량을 주고 받음으로 특정한 방향을 가지지 않는다. 따라서 기압은 사방으로 거의 균일하게 작용한다. 또한 중력과 관계없이 우리 주변에는 공기가 가득 차 있기 때문에 사방에서 공기가 우리를 누르는 압력이다. 대부분의 교과서에서 기압의 근본적인 정의에 대한 설명이 부족한 상태에서 기압을 공기 기둥의 무게로만 정의하기 때문에 학생들이 유년적 개념을 갖는 경우가 많다. 풍선에서 바람이 빠질 때 풍선이 고르게 줄어드는 모습을 보면 기압이 균일하게 작용하는 것임을 쉽게 확인할 수 있다. 또 컵을 들어 올리는 실험을 할 때 위, 아래로만 기압이 작용하는 것처럼 생각할 수 있으므로 한 가지 방법으로만 하지 않고 모든 방향으로 들어 올려 봄으로써 기압은 모든 방향에서 작용한다는 것을 이해시켜야 한다.

(2) 기압은 넓이에 비례할까?

과학적 개념	유년적 개념				
넓이에 관계없이 일정하다.	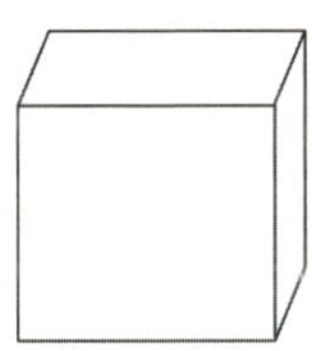	〉		〉	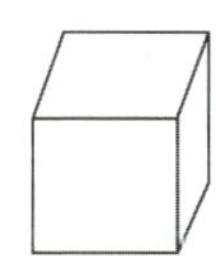

[그림 10-2] 기압과 넓이의 비례

많은 학생들이 넓이가 넓을수록 기압이 크게 작용한다고 생각한다. 그러나 기압은 단위면적당 수직으로 누르는 공기의 무게이므로 물체의 넓이와는 상관없다.

(3) 토리첼리 실험에서 유리관의 지름이 2배가 되면 수은주의 높이는 1/2로 낮아지고, 유리관을 기울이면 수은 기둥의 높이는 낮아질까?

토리첼리의 실험에서 유리관의 지름은 아무런 의미가 없다. 왜냐하면 기압은 단위면적에 대한 정의이기 때문이다. 수은 기둥이 더 이상 내려오지 않고 멈추는 것은 유리관의 수은 기둥의 무게에 의한 압력의 크기가 수은면에 작용하는 기압의 크기와 동일하기 때문이다. 유리관의 지름이 2배가 되면 수은 기둥의 무게 역시 4배가 된다. 하지만 면적이 4배이므로 결국 단위 면적에 작용하는 힘의 크기는 동일하다.

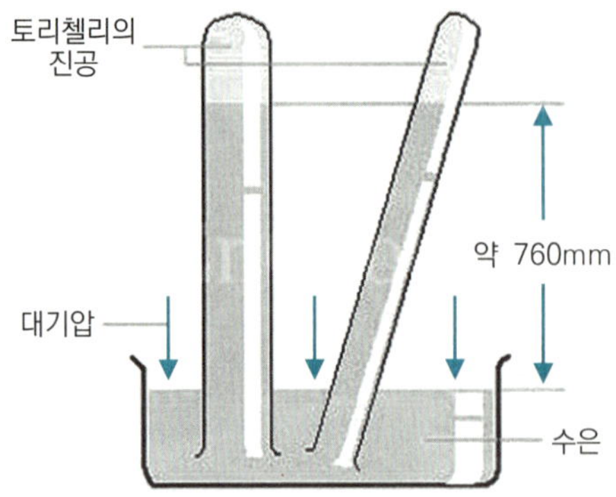

[그림 10-3] 토리첼리 실험

유리관을 기울여도 수은 기둥의 수직 높이는 변화가 없다. 수은 기둥을 기울이게 되면 유리관을 따라 더 많은 양의 수은이 놓이게 되지만 유리관의 경사만큼 수은의 중력 효과가 줄어드는 셈이 되므로 결과적으로 같은 수직 높이를 가질 때 같은 크기의 중력 효과를 가지게 된다. 따라서 유리관의 기울기가 달라져도 수은 기둥의 수직 높이는 동일하다.

(4) 달에서 토리첼리 실험을 하면 수은주는 1/6 혹은 6배가 될까?

토리첼리 실험의 핵심은 대기압의 효과이다. 대기에 의해 만들어진 기압과 수은 기둥의 무게에 의한 압력 효과가 동일하기 때문에 생기는 현상이다. 따라서 대기가 없는 달에서는 기압이 없으므로 수은주의 높이는 0이 된다. 많은 학생들이 달의 중력이 지구의 중력의 1/6 정도에 불과하다는 사실로부터 막연히 수은 기둥이 1/6로 줄거나 혹은 반대로 6배로 늘어난다고 잘못 생각한다.

중력의 크기가 줄어들므로 지구에서 만들어지는 수은 기둥 무게의 1/6로 줄어들지만, 수은 기둥을 받쳐줄 대기압이 없으므로 수은 기둥이 유지되지 못하고 모두 쏟아져 내리게 된다.

(5) 기압이 1기압(1013hPa)보다 높으면 고기압, 낮으면 저기압일까?

고기압과 저기압은 절대적인 기준에 대한 개념이 아니라 상대적인 개념이다. 동일한 면(지상에서는 평균 해수면)에서의 기압에 대한 등압선을 그렸을 때 주위보다 기압이 높아 마치 봉우리처럼 등압선이 폐곡선을 그리는 곳을 고기압, 주위보다 기압이 낮아 웅덩이처럼 등압선이 폐곡선을 그리는 곳을 저기압이라고 한다.

봉우리가 얼마나 높은지, 웅덩이가 얼마나 깊은지는 의미가 없으며, 상대적으로 주변보다 높고 낮음이 고기압과 저기압의 결정 기준이 된다. 학생들이 1기압에 대한 생각이 강하여 자칫 1기압보다 높고 낮음에 따라 고기압과 저기압을 잘못 판단하는 경우가 많으므로 주의 깊게 지도하여야 한다.

(6) 공기는 육지와 바다의 많은 생물들이 숨을 쉴 수 있을 정도의 높이에만 존재할까?

많은 학생들이 공기는 생물체의 호흡에 필요한 것이기 때문에 생물체가 존재하는 높이 이상(지상에서 약 1km)에는 존재하지 않을 것이라는 생각을 가지고 있음을 알 수 있다. 그러나 지상으로부터 높이가 높아질수록 공기가 희박해지기는 하지만 고도 약 1,000km 정도까지 공기가 존재하고 있다.

과학적 개념	유년적 개념		

고도 약 1,000km 정도까지도 공기가 존재	육지와 바다의 생물들이 숨을 쉴 수 있을 정도의 높이에만 존재	육지에만 존재	바다에만 존재

[그림 10-4] 공기가 존재하는 높이

(7) 공기는 무게가 없기 때문에 우리가 느끼지 못할까?

많은 학생들이 공기가 무게가 있음을 정확히 알지 못하고 있다. 6학년 1학기 과학 교과서에 공기의 무게를 알아보는 실험이 있다.

> 공기를 가득 넣은 비치볼과 공기를 뺀 비치볼을 양팔 저울에 매달아 무게를 비교하면, 공기를 가득 넣은 비치볼 쪽으로 저울이 기울어진다. 그러므로 공기도 무게를 가지고 있음을 알 수 있다.

사실 이 실험은 비치볼의 공기를 빼는 과정에서 양팔 저울이 움직여 실험상의 오차가 나타날 수 있으므로 다른 대체 실험을 개발해야 한다. 예를 들어 고무풍선의 무게가 같은 것을 선택하여 그 중 하나를 불어서 실로 동여 맨 다음 천칭에 올려놓고, 다른 하나는 공기를 넣지 않고 그냥 올려놓는다. 그리고 천칭이 어느 쪽으로 기우는지 관찰하도록 해야 한다. 이 방법은 풍선에서 공기를 빼는 번거로움을 없애고 천칭을 이용하므로 어느 쪽으로 기우는지 눈으로 구분할 수 있다.

이처럼 공기는 엄청난 크기의 힘으로 우리를 누르고 있는 것이다. 우리가 이것을 느끼지 못하는 것은 우리의 몸 또한 그와 같은 힘으로 떠받치고 있기 때문이다. 우리가 깊은 물속에 들어갔을 때 답답하게 느끼는 것은 물 밖에서는 우리 몸을 공기가 누르는 힘만큼 우리 몸도 공기를 밀고 있어 힘의 평형을 유지할 수 있었으나, 깊은 물속에서는 물이 누르는 힘까지 더해졌기 때문이라 할 수 있다. 반대로, 우리가 우주에 아무런 장비도 없이 내던져 진다면 우리 몸 안에서 내보내는 힘 때문에 우리 몸은 터지고 말 것이다.

(8) 기압은 높이가 높아질수록 높아질까?

학생들은 대부분 높이와 기압은 비례한다고 생각한다. 그러나 지표면에서 고도가 높아질수록 공기의 양이 감소하므로 기압은 낮아진다. 학생들의 유년적 사고를 과학적 사고로 전환하기 위해서 엘리베이터가 설치된 건물 안에 기압계를 가지고 위아래를 오르내리면서 그 기압계의 변화를 학생 스스로 알게 하는 것도 좋은 방법이다.

(9) 높이 올라갈수록 물은 100℃보다 높은 온도에서 끓게 될까?

많은 학생들이 높은 곳은 춥기 때문에 더 높은 온도에서 끓는다고 생각한다. 끓는점은 주위의 온도보다는 기압에 관계한다. 즉, 높이 올라갈수록 기압이 낮아져 높은 곳에서는 낮은 온도에서 물이 끓는다. 높은 산에 올라가 밥을 할 때 돌을 올려놓고 한 경험을 이끌어내 왜 그렇게 했는지를 학생들이 생각하고 토의해 스스로 발견해 보도록 한다.

(10) 따뜻한 방안에서 창문을 열어 놓으면 찬바람은 창문의 위에서 불어올까?

이것은 학생들이 공기의 대류 개념을 확실히 이해하지 못한 것이다. 즉, 일상적인 경험에서 바람은 위로 불어오기 때문에 이와 같은 생각을 하는 것으로 추측된다. 대류 상자 실험을 통해 따뜻한 공기는 가벼워 위쪽으로 이동하고, 찬 공기는 무거워 아래쪽으로 이동한다는 사실을 인식시킨다.

(11) 바람이 불면 바람이 불어온 쪽에 공기의 양이 늘어날까?

바람은 공기의 이동이기 때문에 한 쪽으로 바람이 불어온다면 그 곳의 공기의 양은 늘어난다는 유년적 사고의 결과이다. 우리가 살고 있는 공간은 공기로 채워져 있다. 그러나 바람이 한 쪽에서 다른 쪽으로 분다고 해서 한 쪽의 공기가 많아지고 다른 쪽의 공기가 적어지는 것이 아니라 공기는 끊임없이 움직이면서 채워지는 것이다. 물을 떠 놓은 수조를 휘저어 물이 이동하게 한 후, 물은 계속 이동하지만 수조의 어느 한 쪽에 물의 양이 많아지는 것이 아니라 계속 평형이 유지되는 모습을 보여 줌으로써 우리 주위의 공기도 이러한 형태로 이동한다는 것을 이해시킬 수 있다.

(12) 대기권을 구분하는 것은 '높이'일까?

많은 학생들이 대기권을 구분하는 기준이 지상에서의 "높이"라는 생각을 가지고 있다. 하지만 대기권은 온도변화분포에 따라 구분한다. 이에 대한 자세한 내용은 이미 1장에서 학습하였으므로 생략하기로 한다.

(13) 대기권에서 높이 올라갈수록 기온이 낮아질까?

많은 학생들이 대기권에서 높이 올라감에 따라서 기온이 낮아질 것이라는 생각을 갖고 있다. 하지만 이는 틀린 말이다. 성층권의 경우에는 높이가 높아짐에 따라 기온이 높아지기 때문이다. 이처럼 기온의 변화는 각 대기권의 특성에 따라 다르다. 이에 대한 자세한 내용은 1장을 참고하도록 하자.

(14) 대기가 안정되면 오염도도 낮을까?

대기가 안정하다는 것은 공기의 이동이 없는 상태를 뜻한다. 즉, 공기의 아래층은 기온이 낮고, 그 위층은 기온이 높아 아래층 공기가 부력을 받지 못해 하늘로 올라가지 못하고 제자리에 머물러 있는 상태이다. 도시의 공기층 가운데 아래층 공기의 온도가 높아져 공중으로 상승하면 주위에서 맑은 공기가 불어와 오염물질이 공중으로 올라가 바람에 날려가게 된다. 그러나 지표면 부근의 기온이 낮으면 공기는 꼼짝 않고 정체되어 있어 바람이 불지 못해 대기오염이 더 심해지게 된다. 햇볕이 없을 때나 지표면 부근의 공기가 열을 받지 못할 때, 또는 해가 뜨기 전 새벽녘 지면이 밤새 복사냉각으로 기온이 많이 내려가게 되면 대기가 이 같은 상태에 놓이게 되므로 오염도는 높아진다. 이에 대한 자세한 내용은 3장을 참고하도록 하자.

(15) 공기와 바람과 같은 것일까?

학생들은 공기와 바람을 자주 혼동하고는 한다. 하지만 바람이란 공기의 움직임이며, 공기의 존재를 알 수 있는 한 예일 뿐이다.

3. 태양 에너지

(1) 여름철 태양이 겨울의 태양보다 더 뜨거울까?

학생들은 계절에 따라 태양이 더 뜨거워지고 차가워져서 기온에 변화가 있다고 생각하는 경우가 있다. 그러나 실제로 태양은 일정한 온도로 존재하고, 우리에게 같은 양의 빛과 열을 전달하고 있다. 단지 지구가 자전축이 기울어진 채 태양을 중심으로 공전하기 때문에 여름철에는 태양의 고도가 높아 단위면적당 들어오는 태양에너지 양이 많고, 겨울철에는 태양의 고도가 낮아 단위 면적당 들어오는 태양 에너지의 양이 적게 된다. 결과적으로 태양의 고도가 높은 여름철에 기온이 더 높게 되는 것이다.

(2) 하루 중 태양의 고도가 가장 높은 12시에 기온이 가장 높을까?

학교에서 학습활동이 이루어지기 전에 "보통 몇 시쯤에 기온이 가장 높을까?"라고 물으면 대부분 12시라고 대답한다. 간혹 어른들도 무심코 12시라고 대답하는 경우가 있다. 하지만 하루 중 가장 더운 때는 약 오후 2시경이다. 그 이유는 땅이 데워지는 데 시간이 걸리기 때문이다. 태양의 고도는 12시에 가장 높아져 태양 에너지를 최대로 받아들이게 되지만 땅이 데워져 올라오는 지열은 오후 2시 전후가 가장 높다. 결국 우리가 느끼기에는 오후 2시경에 날씨가 가장 덥다고 느끼게 된다.

(3) 철도의 선로는 이음새가 없을까?

철도의 선로는 쇠로 만들어져 있어 이음새가 없이 하나의 선로로 이루어져 있다고 생각하는 경우가 있다. 하지만 실제 철로는 여유를 두어 서로 어느 정도의 간격을 두고 설치를 한다. 이를 하나의 선로로 설치하는 경우 선로의 뒤틀림이나 여름철 기차의 탈선 우려가 있기 때문이다. 이는 다리의 건설 등에서도 동일한 원리를 찾아볼 수 있다.

(4) 여름철에 철도 선로의 이음새 간격이 겨울철보다 더 넓을까?

철도 선로의 이음새는 온도에 따라서 늘어나거나 줄어들게 된다. 즉, 철도 선로에 쓰이는 쇠가 여름에는 온도가 높아 길이가 늘어나게 되고, 반대로 겨울에는 온도가 낮아져 길이가 줄어들게 된다. 따라서 선로의 이음새 간격은 여름철에 좁아지게 되고, 반대로 겨울철에는 간격이 더 넓어지게 된다.

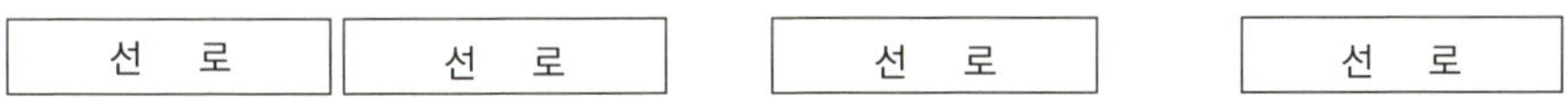

〈여름철 기차 선로 모습〉 〈겨울철 기차 선로 모습〉

[그림 10-5] 철도 선로의 이음새

(5) 빨래는 바람이 부는 날보다 바람이 없는 날에 더 잘 마를까?

보통 빨래는 햇빛이 강하고 바람이 없는 날에 잘 마른다고 알고 있으나, 바람에 의해 빨래가 마르는 것이다. 즉 바람에 의해 빨래에 있는 수분이 날아가 빨래가 잘 마르게 되는 것이다. 햇빛이 강한날 바람이 불지 않으면 빨래는 마르지 않고, 햇빛이 강하지 않더라도 바람이 잘 불면 빨래가 잘 마른다. 물론 햇빛도 있으면서 바람이 잘 부는 날이면 빨래가 더욱 잘 마르게 된다.

4. 비와 구름

(1) 비행기는 하늘을 날 때 연기를 내뿜으며 날까?

가끔 하늘을 나는 비행기 뒤에 꼬리처럼 구름이 생기는 경우가 있다. 간혹 이를 보고 비행기에서 나오는 연기라고 착각하는 경우가 많이 있다. 하지만 그건 비행기의 연기가 아니라 구름이 만들어지는 것이다. 일반적으로 물방울이 많이 모이면 구름이 만들어진다고 생각하는데 물방울이 충분히 있다 하더라도 이 물방울이 모여서 구름이 될 수 있게 해주는 것이 있어야 한다. 그런 것을 바로 응결핵이라 하는데, 바로 미세먼지나 불순물 등이 핵의 역할을 한다. 이 핵에 물방울이 달라붙어 구름이 만들어지는 것이다. 비행기가 지나가면서 연료를 태우면서 미세먼지나 불순물 등을 배출하기 때문에 구름이 만들어지게 되는데, 이를 비행운이라 한다(5장 참고).

(2) 비구름이 더 검게 보이는 이유는 먼지가 많기 때문일까?

구름은 수증기가 모여 이루어진 것으로 높은 구름은 그만큼 수증기의 양이 적기 때문에 가볍고 동시에 그만큼 빛의 투과율이 높다. 따라서 우리 눈에 하얗게 보이게 되는 것이다. 하지만 비구름은 이와 다르다. 많은 양의 수증기를 포함하고 있어 무거워지고 따라서 흰구름에 비해서 고도가 낮다. 또한, 비구름은 수증기나 작은 물방울을 그만큼 많이 포함하고 있으므로 빛을 투과하기 보다는 흡수가 많이 일어나 어둡게 보일 수밖에 없는 것이다.

(3) 빗방울은 눈물 모양일까?

빗방울은 다양한 모양을 하고 있지만 그 가운데 눈물과 비슷한 모양은 존재하지 않는다. 직경 2mm 이하의 작은 빗방울은 공처럼 둥근 모양이며 그보다 큰 빗방울은 기압에 눌려 가로로 퍼지기 때문에 햄버거나 찐빵과 비슷한 형태를 보인다. 빗방울의 직경이 8mm 이상인 경우에는 기압이 가운데에 구멍을 뚫기 때문에 낙하산처럼 공중에 떠다니면서 땅으로 떨어지기도 한다.

5. 날씨

(1) 번개가 같은 장소를 절대 두 번 이상 때리지는 않을까?

학생들은 번개가 어떤 지역에서 가장 높은 지점이나 물체를 때리는 경향이 있는 것으로 알고 있으나, 한번 번개가 친 장소는 다시 번개가 칠 확률이 그 주변에 비해 높다.

(2) 번개는 높은 곳만 때릴까?

번개가 가장 높은 접촉점을 선호하는 것은 사실이지만, 좁은 공간으로 한정되어 있는 평지에서만 그렇다. 그러므로 높은 나무들로 에워싸인 넓은 들판에서는 번개가 키 큰 나무를 택할 것이라고 믿어서는 안 된다. 넓은 곳에서는 번개가 나무를 때리지 않고 들판에 떨어질 수도 있기 때문이다. 높이가 같은 두 전신주가 있다고 하자. 하나는 나무, 하나는 알루미늄으로 되어 있다고 하자. 두 전신주를 아주 가까이에 놓으면 전도율이 좋은 알루미늄 전신주로 번개가 떨어질 가능성이 크지만, 두 개를 멀리 떨어뜨려 놓으면 나무로 된 전신주나 알루미늄으로 된 전신주나 번개가 떨어질 가능성은 같다. 마찬가지로 큰 나무와 작은 나무가 멀리 떨어져 있다면 이 두 나무에 번개가 떨어질 가능성도 비슷하다.

(3) 북반구에서 세면대나 욕조에서의 물 빠짐도 전향력의 영향을 받아 항상 같은 방향으로 물이 회전할까?

이것은 대부분 전향력 효과에 대한 오해로부터 기인된 것으로 보인다. 전향력이란 원심력과 마찬가지로 회전하는 물체 위에서 그 운동을 보는 경우에 나타나는 가상적인 힘이다. 실제로 물이 빠지는 방향은 욕조의 모양, 물의 요동과 같은 주위 환경의 다양한 이유로 결정되며, 같은 욕조에서도 여러 방향으로 회전할 수 있다. 이 경우에 전향력 효과는 거의 나타나지 않는다. 전향력은 태풍, 저기압, 고기압과 같이 수백~수천 km 규모의 엄청난 운동에 대해서 적용이 될 수 있을 정도의 가상적인 힘이다.

(4) 태풍(허리케인)에서 강한 바람이 불어나올까?

태풍은 열대 저기압이므로 바람이 반시계 방향으로 불어 들어간다. 태풍 중심 오른쪽은 속도가 더해져서 위험반경이 되고, 왼쪽은 진행속도와 들어가는 바람이 상쇄되어 안전반경이 된다. 이론상으로 태풍의 왼쪽이 안전하다(4장 참고).

(5) 태풍은 수온과 기온이 높은 적도에서 생길까?

적도에서는 공기의 소용돌이, 즉 전향력의 효과가 없기 때문에 태풍은 발생하지 못하고, 위도 5~20°의 열대 지방에서 발생한다. 해수면의 온도가 보통 27℃ 이상이어야 하고 공기 중에 수증기가 많고 매우 불안정해야 한다.

(6) 빗방울은 내려올수록 속도가 점점 증가할까?

빗방울은 낙하하는 경우 속도가 어느 정도까지는 증가하게 된다. 하지만 시간이 지나면 공기의 저항을 받아 속도가 일정해지게 된다. 만약 공기에 의한 마찰이 없다면 빗방울은 사람을 죽게 만들 수도 있다.

(7) 천둥과 번개는 서로 관계가 없는 별개의 현상일까?

결론적으로 번개와 천둥은 같이 일어나는 현상이다. 번개는 전기적 현상이고 천둥은 번개 때문에 뜨거워진 공기가 주위의 공기와 부딪히면서 나는 소리이다. 쉽게 말해 번개는 빛이고 천둥은 소리이다. 빛이 소리보다 빠르기 때문에 번개가 먼저 보이고 2~3초 후에 천둥이 치게 된다. 참고로 공기 중에서 빛은 초당 30만 km를 가고, 소리는 약 350m를 이동해 간다.

(8) 날씨의 '맑음'과 '흐림'은 태양의 유무를 기준으로 하는 것일까?

보통의 경우 이렇게 생각하기 쉽지만, 실제로 맑고 흐림은 일기예보에서 사용하는 기호를 통해서도 알 수 있듯이 구름의 양을 기준으로 한다.

〈표 10-2〉 구름의 양

기호	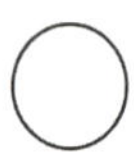	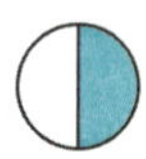	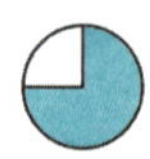	
뜻	맑음	구름 조금	구름 많음	흐림

(9) 날씨가 추워지면 감기에 걸리기 쉬울까?

감기는 바이러스를 통해 발병하는 것이지 추위 때문이 아니다. 다시 말해, 우리는 추위에 떨거나 몸이 젖어서가 아니라 감염이 되어 감기에 걸리는 것이다. 몸이 젖었을 때나 추울 때 감기 증세가 함께 나타나는 경우가 많은 이유에는 여러 가지가 있다. 예를 들어, 추울 때는 더울 때보다 다른 사람들과 닫힌 공간 안에 함께 머물게 되는 일이 더 많으며, 그로 인해 바이러스에 감염될 위험성이 높아지게 되는 것이다. 또한, 추위가 바이러스에 대한 우리 몸의 면역력을 떨어뜨릴 수도 있다.

감기에 걸리는 실제 원인이 무엇이건 간에 추위 그 자체 때문은 아니다. 외부에서 우리 몸에 바이러스가 침입하려면 입과 코를 통과해야 한다. 평소에는 코안에 점막에서 계속 물이 나와 축축하게 유지시켜 준다. 물이 외부물질을 계속 씻어내어 우리 몸을 보호하게 된다. 하지만 추워지면 대개 공기가 건조해지게 되고 이에 따라 코 점막이 마르게 되면서 바이러스가 쉽게 침투하는 것이다.

Web을 통한 기상학

제11장

아이들에게 과학이란 것은 참으로 재미있는 과목이 될 수 있다. 특히 우리 주변에서 쉽게 접할 수 있고, 피부에 와 닿는 기상학이야말로 아이들에게 과학에 대한 흥미를 유발할 수 있다. 뿐만 아니라 일반인들도 재미난 기상학을 접한다면 그저 일기예보를 듣는 수준에서 벗어나 예측해 보고, 판단해 보는 활동을 할 수 있는 능력을 기를 수 있을 것이다.

그렇다면 이와 같은 기상학이 더욱 의미 있고 재미난 학습이 되게 하기 위해서는 어떠한 방법이 있을까? 기상학 학습을 좀 더 쉽고 재미있게 해주는 데에는 컴퓨터라는 매우 유용한 도구가 있다.

21C는 고도의 정보화 사회이고 이미 우리는 21C를 살아가고 있다. 우리는 인터넷이라는 무한한 공간을 어떻게 사용하느냐에 따라 정보를 정복할 수도 있고, 반대로 정보에 정복당할 수도 있다. 즉, 인터넷 상에서 쏟아지는 수많은 정보와 지식을 모두 소화해 내어 나만의 지식으로 만들거나 혹은 거대한 정보의 양에 파묻혀 잠식당할지도 모른다는 것이다. 이 장에서는 이렇게 거대한 양의 정보를 많이 가지고 있는 Web상에서의 유용하고도 쉬운 기상학 사이트를 소개하고, 어떠한 학습을 하는지 알아보고자 한다.

1. 대기

■ 지구의 대기는 어떠한 성분으로 이루어져 있을까?

이러한 궁금증을 해결하기 위해 다음 사이트를 소개하고자 한다.

→ http://www.scienceall.com/sa0educ/01/02e/view_121544.jsp?selMenu=ab

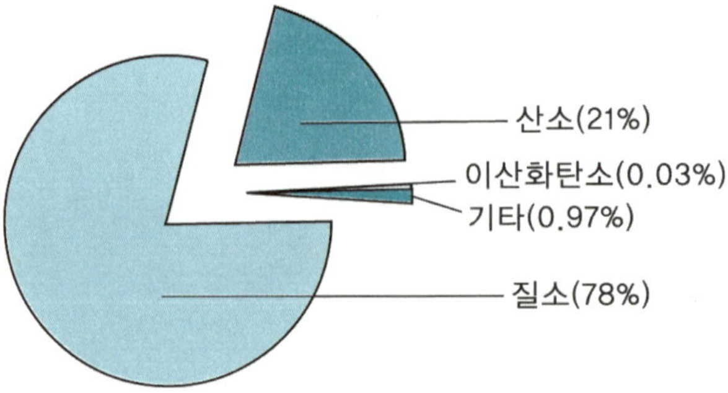

[그림 11-1] 대기(공기) - 여러 기체가 섞인 혼합물

위의 그림에서 보여주듯이 대기는 여러 가지 기체가 섞여 있는 하나의 혼합물이라고 볼 수 있다. 대기를 조성하고 있는 기체들의 조성비는 질소가 78%로 가장 많이 차지하고 있고 그 뒤를 이어 산소(21%), 이산화탄소(0.03%) 순이다.

다음의 그림은 대기의 조성이 어떻게 되어 있는지를 보여주는 그림으로, 각각 질소, 산소, 이산화탄소, 그 밖의 원소의 모양을 다르게 하여 그 구성비를 대략적으로 보여주고 있다. 위의 그림 밑에 제시된 설명처럼 공기를 구성하는 기체분자들을 비유적으로 표현한 것으로 실제 분자들이 색깔을 가지고 있는 것은 아니지만 이러한 시각화의 과정을 통하여 아이들은 보다 대기의 조성에 대해 좀 더 명확한 이해를 할 수 있을 것이다.

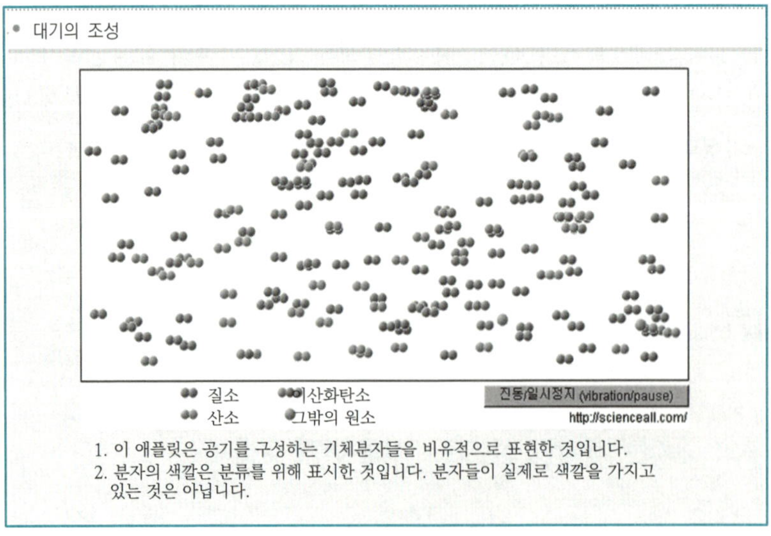

[그림 11-2] 대기의 조성

▣ 대기의 구조는 어떠할까?

대기의 구조를 한눈에 알 수는 없을까? 이러한 궁금증을 해결하기 위해 다음 사이트를 소개한다.

→ http://www.phys.pe.kr/04_chemistry/04_sci_menu.html

다음의 그림에서 빨간색 선은 기온을 나타낸 것이다. 오른쪽에 위치할수록 기온은 높으며 왼쪽에 위치할수록 기온이 낮음을 보여준다. 대류권, 성층권, 중간권, 열권을 차례대로 선택하게 되면 왼쪽에 그들을 설명하는 그림이 나타나고 높이, 기온의 변화, 나타나는 현상 등이 그림에 포함되어 있다.

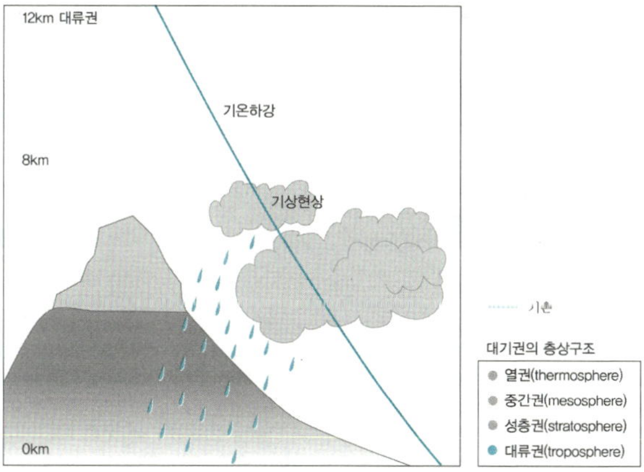

[그림 11-3] 대류권

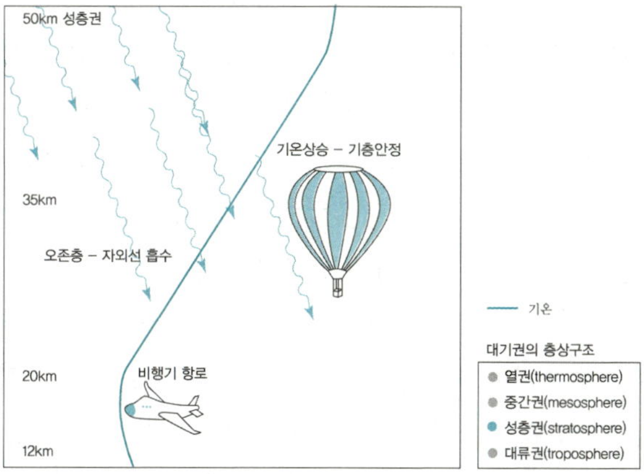

[그림 11-4] 성층권

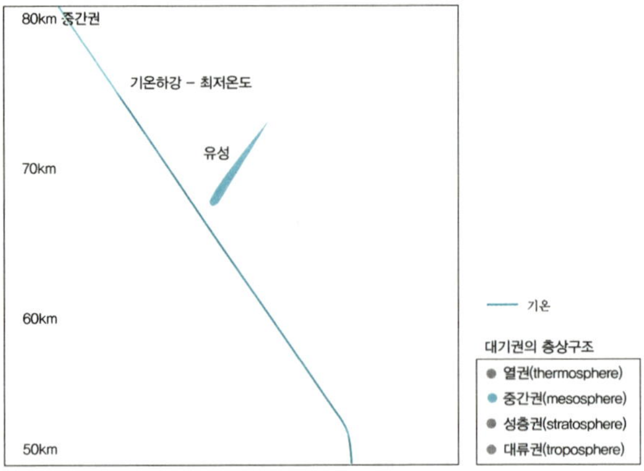

[그림 11-5] 중간권

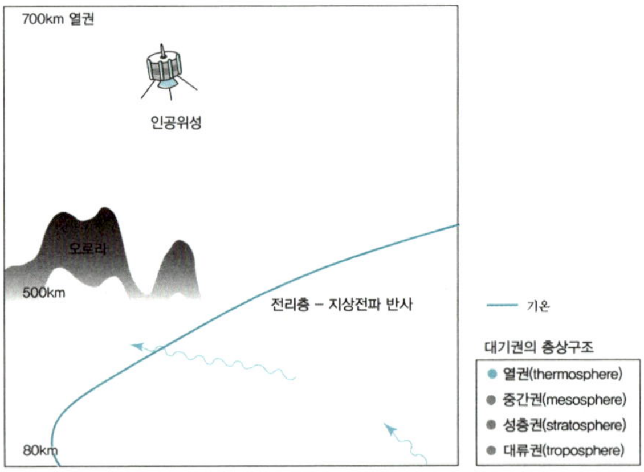

[그림 11-6] 열권

가. 대류권: 대기권의 가장 밑 부분으로 지상 11km까지이며 고도가 높아질수록 온도가 내려간다. 따라서 위쪽의 공기는 아래로 내려오고 아래쪽의 공기는 위로 올라가는 대류현상이 나타나며 이에 따라 기상현상이 나타난다.

나. 성층권: 지상 11~50km까지이며 20~30km 사이에는 오존층이 존재한다. 이 때문에 고도가 높아질수록 기온도 상승하게 된다. 따라서 기층이 안정되어 있어 구름이 생성되지 않으며 비행기의 항로로 이용된다.

다. 중간권: 지상 50~80km까지이며 대류권과 같이 고도가 높아질수록 기온이 낮아진다. 하지만 수증기가 거의 없기 때문에 기상현상은 일어나지 않는다.

라. 열권: 지상 80~700km까지이며 고도가 높아질수록 기온은 높아진다. 오로라 현상을 볼 수 있다.

▣ 대기의 압력과의 관계는?

대기와 압력과는 밀접한 관련이 있다. 과연 어떠한 관련이 있는지 한번 살펴보도록 하자. 먼저 고도와 대기압의 관계에 대해 살펴보고자 한다. 이해를 쉽게 하기 위해 사이트를 소개한다.

→ http://www.scienceall.com/sa0educ/01/02e/view_121543.jsp?selMenu=ab

(※참고: 이하의 인터넷 사이트는 회원가입을 별도로 해야 이용할 수 있다.)

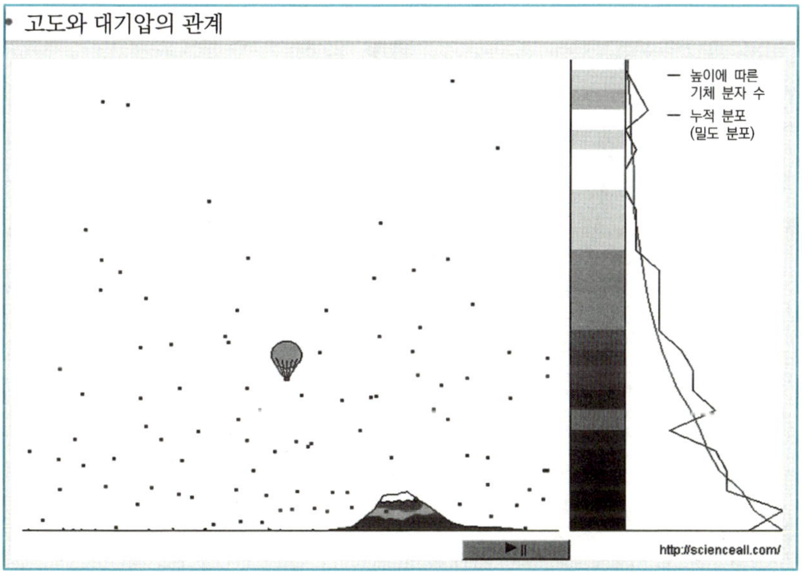

[그림 11-7] 고도와 대기압의 관계

지구 대기를 이루고 있는 공기 분자는 주어진 온도에 해당하는 열진동을 하고 있다. 공기 분자가 마음대로 움직일 수 있다면 지구를 탈출할 수도 있겠지만, 중력의 영향으로 지구 표면에 붙어 있을 수밖에 없다.

인터넷 창을 열어 그림 하단부분에 보이는 '재생' 버튼을 누르면 공기들이 진동을 하는 모습을 움직이는 그림으로 볼 수 있다. 높이에 따른 기체의 분자 수를 오른쪽 그래프의 파란선을 통해 알 수 있도록 하고 있고, 고도에 따라 달라지는 수치들의 누적된 값을 빨간 선으로 나타내고 있다.

고도가 높아질수록 대기압은 낮아진다는 이론을 구두(口頭)상으로만 혹은 2차원적인 그림으로만 설명하는 것보다 움직이는 그림을 이용하는 것이 학습자들에게 훨씬 더

생생하게 전달할 수 있으므로 학습효과가 그만큼 높아질 것이라고 생각한다.

이러한 대기압을 좀 더 알기 위해 토리첼리의 실험을 소개하고자 한다. 웹 사이트를 소개한 후 설명하겠다.

→ http://www.scienceall.com/sa0educ/01/02e/view_121542.jsp?selMenu=ab

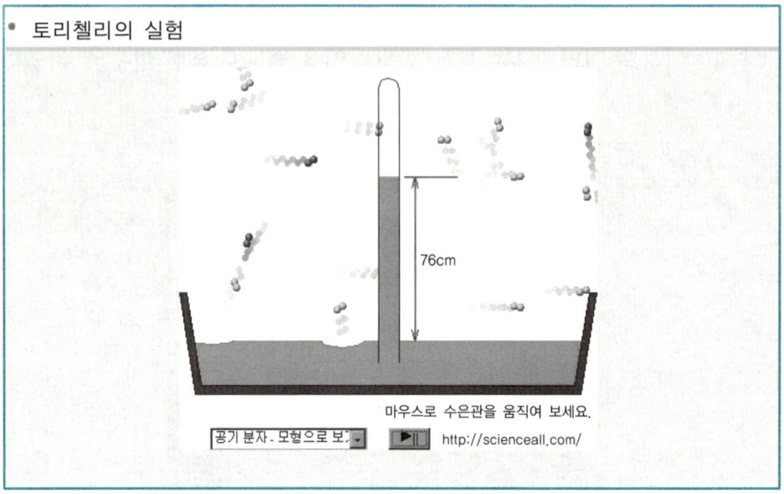

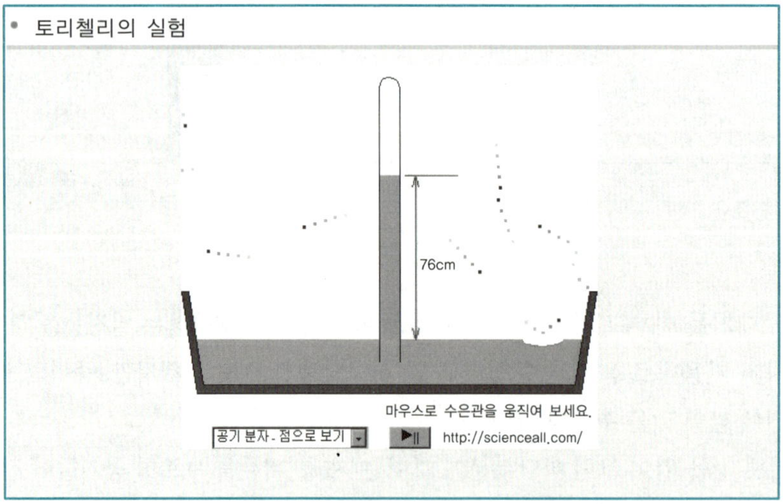

[그림 11-8] 토리첼리의 수은기둥 실험

한쪽이 막힌 길이가 약 1m인 유리관에 수은을 가득 넣고, 막히지 않은 쪽을 손으로 막아 관 속에 공기가 들어가지 않도록 주의하면서, 따로 수은을 넣은 용기 속에 거꾸로 넣어 연직으로 세운다. 그렇게 하면 유리관 속의 수은면이 내려와서 일정한 높이(약 760 mm)에서 멎는다. 이것은 관속의 수은주가 용기 속의 수은면에 작용하는 대기압에 의해 받쳐져 있기 때문이며, 이때 관의 위쪽에는 미량의 수은증기 외에는 아무것도 존재하지 않는 진공이 생긴다. 이것으로 대기는 높이 약 760mm의 수은주가 미치는 압력과 같은 압력을 유리관 속의 수은면에 미치고 있다는 것을 알 수 있다. 이것을 토리첼리의 진공이라고 한다.

이 실험을 학생들이 직접 실험하기에는 많은 제약이 따른다. 수은이 인체에 미치는 안 좋은 점도 무시할 수 없고 또 다른 여러 가지 이유들에 의해서 학교에서는 토리첼리의 간단한 실험 방법과 실험을 통해 얻어지는 개념만을 제시하고 있다. 이론상의 설명만으로는 효과적인 학습 효과를 기대할 수 없기 때문에 그러한 점을 보완하는 데 있어서 이 프로그램은 아주 적절할 것이다. 대기 중에서 수은 기둥이 왜 76cm 올라가고 그 점에서 변화가 있는지 없는지, 수은 기둥이 기울어지게 되면 과연 그 높이에는 어떤 변화가 있을 것인지를 한 눈에 보여주기 때문이다.

창을 열면 위에서 보다시피 큰 통에 수은 기둥이 있고 대기 중의 공기분자가 움직이는 모습을 볼 수 있다. 여기에서도 마찬가지로 '재생' 버튼을 누르면 대기상의 공기 분자들이 어떻게 움직이고 있고 왜 수은기둥이 76cm의 높이에서 변함이 없는지 알 수 있게 해준다. 위의 프로그램은 유리관 속의 수은주의 압력은 기압이라는 개념을 보다 더 쉽게 이해할 수 있도록 하는데 아주 유용한 자료가 될 것이다.

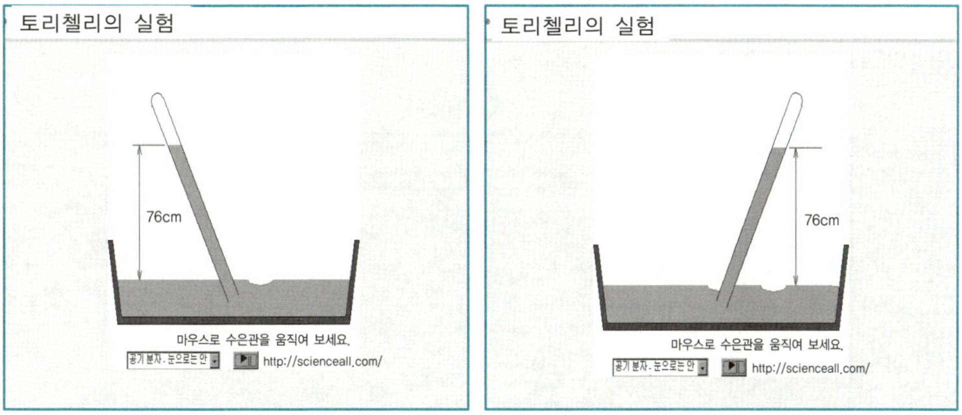

[그림 11-9] 수은 기둥을 좌우로 움직여보자

이 프로그램에서 또 한 가지 학습자가 직접 경험해 볼 수 있는 것은 수은 기둥을 좌우로 움직일 수 있다는 것이다. 이를 통해 학습자는 수은 기둥을 좌우로 움직여도 수은 기둥의 높이에는 변화가 없다는 것을 알 수 있다.

▣ 대기에서는 어떠한 힘이 작용하는 것일까? – 전향력에 관하여

대기에서는 우리가 생각지 못한 많은 힘이 작용하는데 그 중에서 전향력에 대해 알아보고자 한다. 웹사이트를 통해 쉽게 알아보도록 하자.

→ http://www.scienceall.com/sa0educ/01/02e/view_121545.jsp?selMenu=ab

전향력이란 흔히 코리올리힘(Coriolis' force)이라고도 불리며(1828년 프랑스의 G. G. 코리올리가 이론적으로 유도하였으므로 이렇게 부른다.) 회전하고 있는 물체 위에서 운동하는 물체를 생각할 때 고려해야 하는 겉보기의 힘을 말한다.

원심력과 마찬가지로 회전하는 물체 위에서 그 운동을 보는 경우에 나타나는 가상적인 힘으로, 그 크기는 운동체의 속력에 비례하고 운동방향에 수직으로 작용한다. 이를테면, 북극에 진자를 놓았다고 가정하면, 그 진동면은 태양에서 보면 일정하지만 지상에서 보면 하루에 360° 회전한다. 따라서 지상에서 이 진자를 볼 경우에는, 진동면이 끊임없이 변하는 힘을 상정하여야 한다.

태풍이 북반구에서는 시계방향의 역방향으로 소용돌이가 생기고 남반구에서는 그 소용돌이가 반대로 된다는 현상도 지구 자전에 따르는 전향력으로 설명된다. 또, 이 힘을 가정하면 어떤 지점의 바로 위에서 지상으로 낙하하는 물체는 북반구에서는 그 지점보다도 서쪽으로 쏠리고, 남반구에서는 동쪽으로 쏠리게 되는데, 이와 같은 현상이 생기는 것도 실제로 확인할 수 있다.

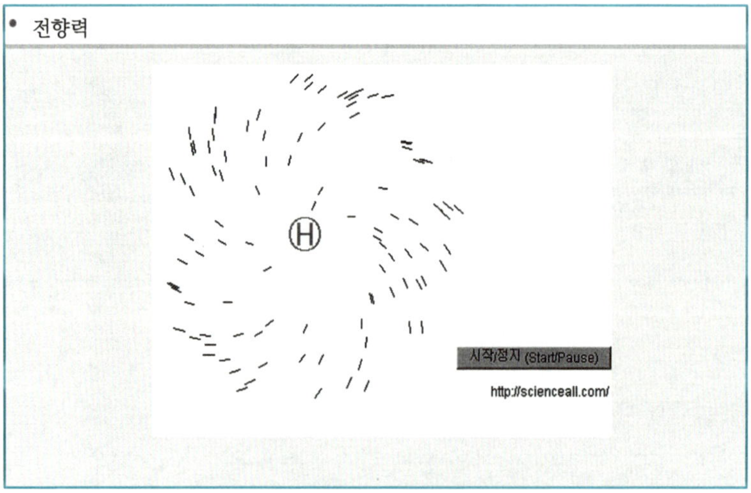

[그림 11-10] 전향력의 움직임을 보자

위의 그림은 전향력의 움직임을 한 눈에 볼 수 있도록 움직이는 그림으로 보여준다. 북반구에서는 고기압일 때 공기가 전향력에 의해 위 그림과 같이 시계방향으로 불어나간다. 시작 · 정지 버튼으로 움직임을 조절할 수 있다.

그렇다면 지표면에서는 어떻게 전향력이 작용하는 것일까? 다음 사이트를 통해 함께 알아보도록 하자.

→ http://www.scienceall.com/sa0educ/01/02e/view_121546.jsp?selMenu=ab

전향력은 말로만 설명하기에는 아이들이 이해하기에 다소 어려운 개념이다. 밑에서 제시하고 있는 것은 앞서 알아본 전향력이 실제 지표면에서는 어떻게 작용하는지를 단번에 알 수 있도록 도와주는 프로그램이다. 지구의 자전에 따라 전향력이 어떻게 작용하는지를 시간의 흐름에 따라 알 수 있도록 움직이는 그림으로 제시하고 있어 아이들에게 보다 효과적으로 전향력의 개념을 전달할 수 있도록 도와준다(밑의 그림에서 진한 실선으로 나타나는 것이 전향력이다).

다음의 세 그림은 각각 시간의 흐름에 따른 전향력의 모습이다. 그림에서처럼 지구가 자전함에 따라 비행기가 날아가는 방향이 조금씩 달라지는 것을 볼 수 있는데 이는 전향력 때문이다. 비행기의 이동방향이 위의 그림처럼 점차 휘어지는 것을 보며 전향력이라는 개념을 아이들이 좀 더 명확하게 인지할 수 있을 것이다.

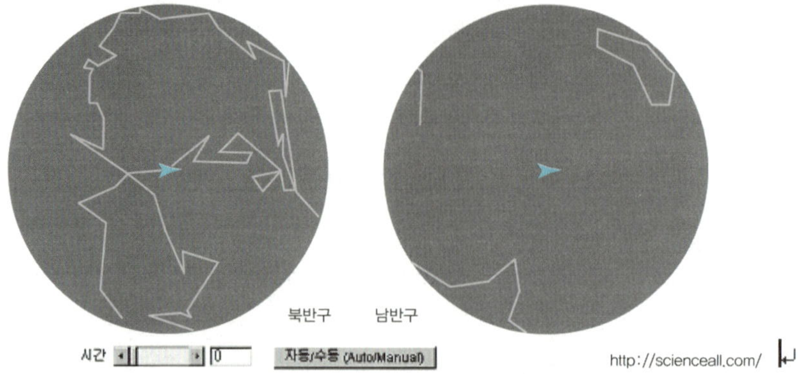

처음의 모습

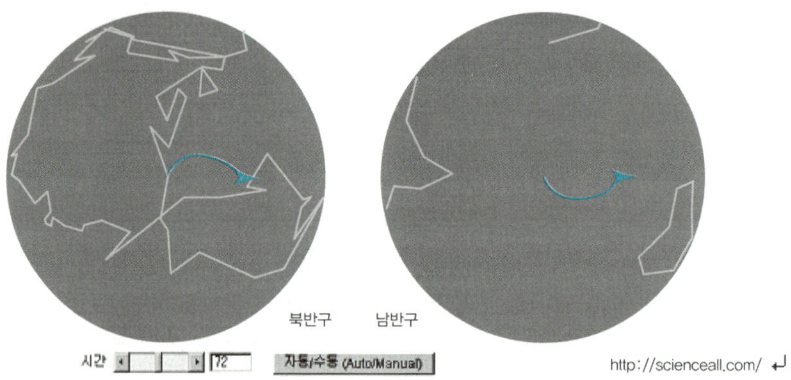

72시간이 지난 뒤

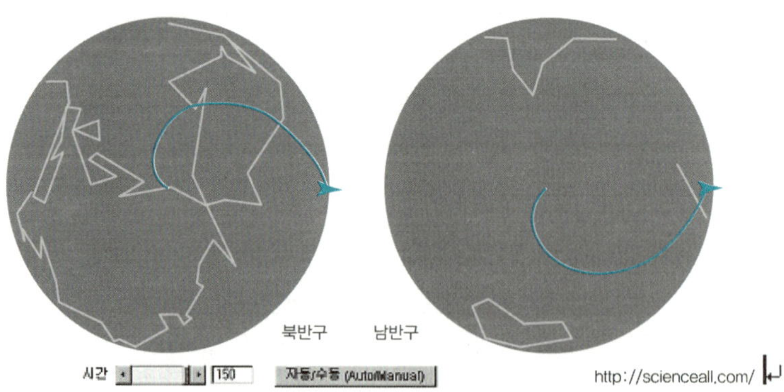

150시간이 지난 뒤

[그림 11-11] 전향력

2. 공기의 흐름 – 바람에 관하여

지금부터는 공기가 어떻게 이동하고, 왜 이동하는지 알아보고자 한다. 먼저 바람의 중요한 요인이 되는 태양과 관련된 사항에 대해 살펴보도록 하자.

▣ 공기는 왜 이동할까? 태양에 의한 공기의 대류

→ http://www.scienceall.com/sa0educ/01/02e/view_121550.jsp?selMenu=ab

대류란 열로 말미암아 유체가 아래위로 뒤바뀌면서 움직이는 현상이다. 온도차가 있을 때 열은 온도가 높은 곳에서 낮은 곳으로 이동한다. 이로 인해서 유체는 전체가 고루 가열된다. 유체의 아래 부분이 부분적으로 가열되어 온도가 높아지면(물의 4℃ 이하와 같은 경우는 제외), 그 부분이 팽창하여 밀도가 작아지기 때문에 부력이 생겨 위로 올라가고, 대신 위에 있던 온도가 낮고 밀도가 큰 부분이 내려온다. 이러한 과정을 되풀이함으로써 물질 자신의 운동에 의해 열을 전달하는 현상이 대류이며, 그 결과 유체는 위쪽에서부터 따뜻해진다. 그러나 가열되는 구역이 유체의 윗부분에 있으면 대류는 일어나지 않는다.

냉장고의 얼음은 높은 데에 두고, 난방기구는 낮은 데에 두는 것은 이 대류효과를 이용한 것이며 난류・육풍・해풍 등 대기의 대류현상은 기상상태를 결정하는 중요한 요인들이다.

이러한 대류 현상은 태양복사에너지를 받아들이는 정도가 각각의 물체(물질)마다 다르기 때문에(비열-어떤 물질 1g의 온도를 섭씨 1도 높이는 데 필요한 열량) 일어나게 되며 이를 잘 나타내주는 것이 밑의 그림이다.

이때는 아직 프로그램을 실행시키지 않은 상태이며 준비물과 공기 분자들의 모습을 보여주고 있다. 각각 따뜻한 모래, 차가운 얼음을 준비하여 실험을 하게 되면 그 결과가 명확하게 나오지도 않을 뿐더러 공기의 흐름을 관찰하는 것도 매우 어렵다. 그러므로 이와 같은 인터넷 프로그램을 사용하면 좀 더 간결하고 명확하게 학습할 수 있을 것으로 기대된다.

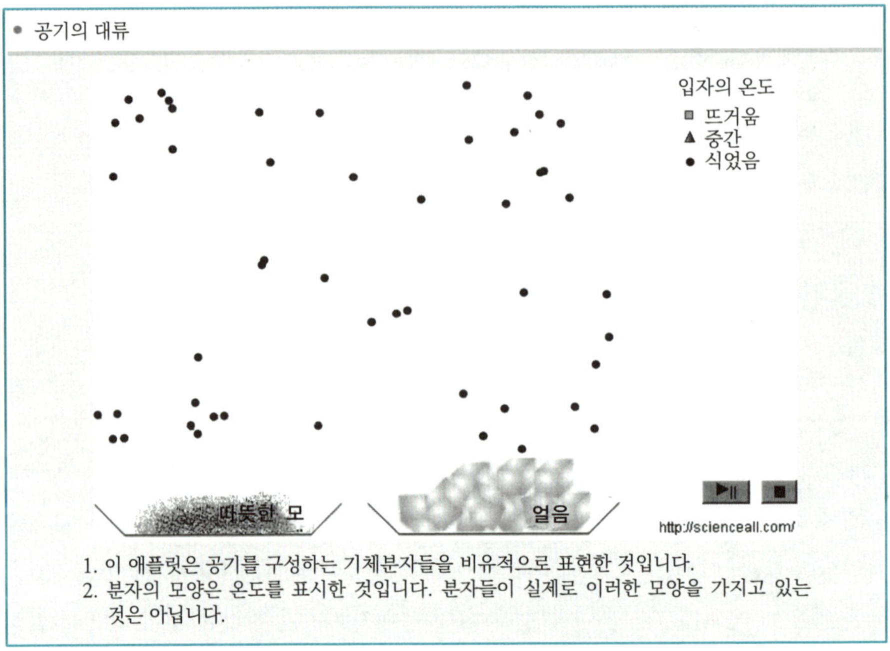

[그림 11-12] 공기의 대류 ①: 정지되어 있는 상태

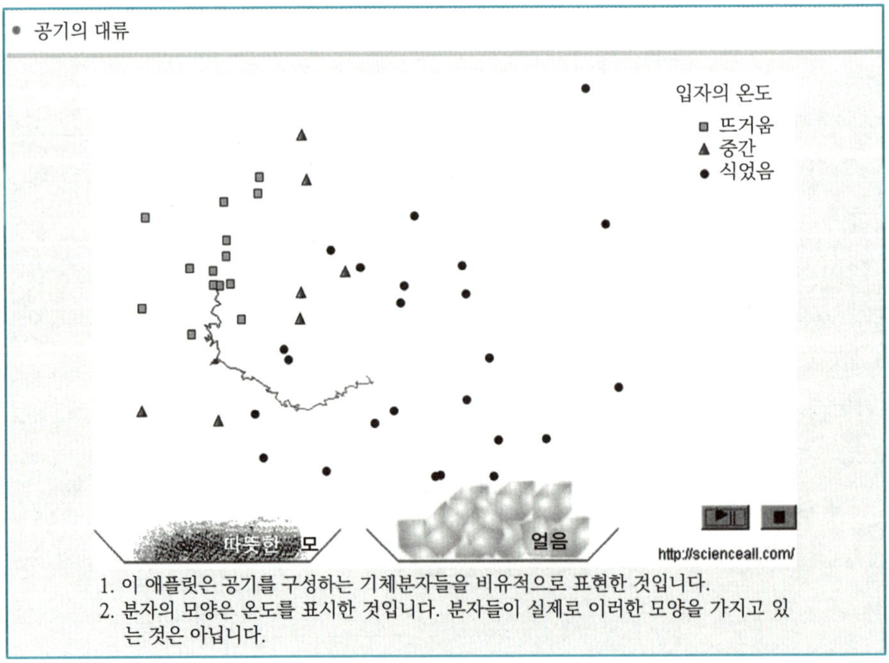

[그림 11-13] 공기의 대류 ②: 시간이 지난 뒤의 모습

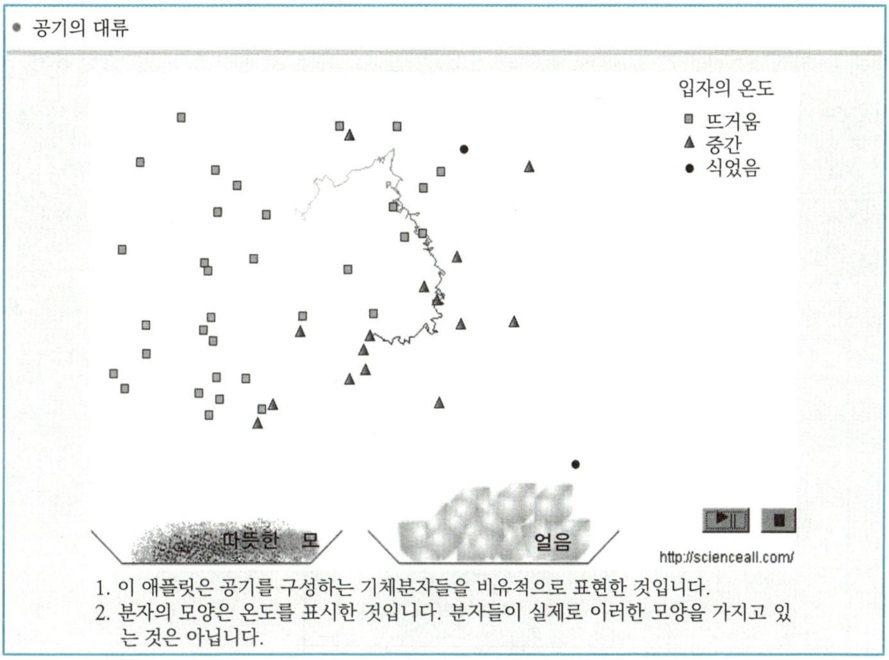

[그림 11-14] 공기의 대류 ③: 시간이 지난 뒤의 모습

위의 그림 ①, ②, ③은 시간이 경과함에 따라 공기 입자가 어떻게 이동하는지를 명확하게 보여준다. 오른쪽 하단에 있는 시작버튼을 누르면 시간의 경과에 따른 공기 입자의 움직임을 볼 수 있다. 공기 입자의 모양은 공기입자의 온도를 나타내며(○-찬 공기, □-따뜻한 공기이며, 그 사이의 온도는 △으로 표시된다. 실제 공기입자가 모양을 가지고 있는 것은 아니며 좀 더 보기 쉽도록 비유적으로 표현한 것이다.) 서로 다른 온도에 따라 공기입자가 움직이는 모습, 즉 대류의 모습을 볼 수 있다.

▣ 바람은 왜 발생하는 것일까?

바람에 대해 구체적인 논의를 하기에 앞서 "바람이란 과연 무엇일까?"에 대해 알아보자. 바람은 결론부터 말하자면 공기의 움직임이다. 즉, 공기가 움직이지 않으면 바람은 불지 않는다. 지구상에 공기가 없는 곳이 없듯이 공기의 움직임이 없는 곳 또한 없다. 바람은 지구상 어디에도 불고 있다. 그럼 바람은 어떤 원리로 부는 걸까?

→ http://www.kma.go.kr/child/cyber/cyber.jsp

[기상청 - 어린이배움터 - 사이버체험장 - 기본원리를 배워보자]

㉮와 ㉯는 두께가 다르기 때문에 같은 양의 물을 넣어도 높이의 차가 생기게 되는데 가운데 막아 놨던 장애물을 없애면 물은 높이가 높은 ㉯에서 ㉮로 흐르게 되고 이때 높이 차가 크면 클수록 압력차가 커서 흐름은 빨라지게 된다. 이렇게 압력차에 의해서 생기는 물의 흐름과 같이 지구의 지표면에서도 태양의 부등가열로 인해, 어떤 부분(육지)은 빨리 가열되고, 어떤 부분(바다)은 천천히 가열되어서 온도차이가 생기고 이것으로 인해 기압차이가 생겨서 바람이 분다.

㉮, ㉯ 양쪽의 물기둥의 높이가 다르다는 것은
좌우 ㉮ · ㉯에 입력의 차가 있음을 의미. (㉯쪽의 압력이 큼)

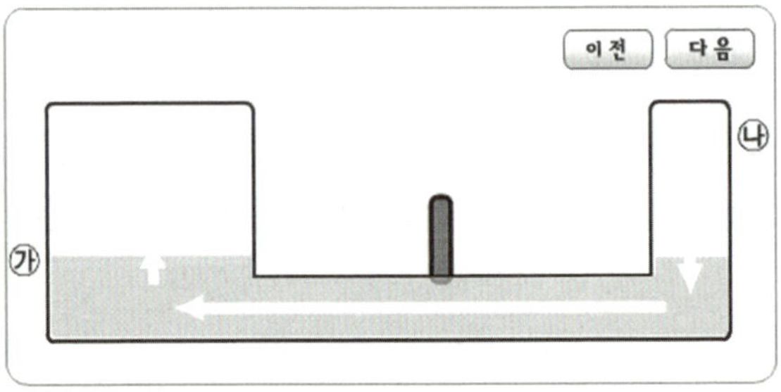

㉮, ㉯ 양쪽이 동일수평면이 될 때까지 ㉯에서 ㉮의 방향으로 흐름이 생김
그리고 물기둥의 높이차 즉 압력차가 클수록 흐름이 빠름

[그림 11-15] 바람이 부는 원리

공기가 천천히 움직이면 부드러운 산들바람이 되고 빠르게 움직이면 강한 바람이 불게 되는데, 그 원리는 같다. 햇빛이 비추면 지구상의 모든 곳의 온도가 똑같이 올라가지 않고 강이냐 사막이냐 또는, 육지냐 바다냐에 따라서 온도가 올라가는 정도는 달라진다. 같은 양의 햇빛을 받더라도 지역에 따라 온도가 다르게 되는 것이다. 그런데 따뜻한

공기는 가벼워서 위로 올라가려고 하고 찬 공기는 반대로 무거워서 움직이지 않으려고 한다. 따뜻한 공기의 밀도보다 찬 공기의 밀도가 높기 때문이다

밀도란 촘촘한 정도를 가리킨다. 공기의 밀도는 일정해지려고 하는 성질이 있어서 항상 높은 곳에서 낮은 곳으로 움직이려고 하는데 우리는 바람의 밀도가 높은 곳은 고기압이라 하고 밀도가 낮은 곳은 저기압이라 한다. 바람은 고기압에서 저기압으로 불고 고기압의 세기와 저기압의 세기의 차이가 크면 클수록 바람의 세기도 커진다.

▣ 바람에도 종류가 있을까?

지구상에는 지구규모에서 미규모에 이르기까지 여러 가지 풍계가 겹쳐서 바람이 불고 있다. 즉, 바람은 한 방향으로 부는 일방적인 것이 아니라는 이야기다. 그렇다면 이러한 바람의 종류에는 어떠한 것이 있을까?

→ http://www.kma.go.kr/child/cyber/cyber.jsp

먼저 지구규모 풍계부터 살펴보면 무역풍, 편서풍, 제트류, 극동풍 등이 있다. 대규모 풍계에서는 지구의 자전에 의한 전향력 때문에 바람은 기압이 높은 곳으로부터 낮은 곳을 향해 부는 것이 아니라, 보이스 발로트의 법칙에 따라 불게 된다. 무역풍은 적도의 남북 양쪽으로부터 적도 저압대로 불어 들어오는 동쪽으로 치우친 바람(북반구에서는 북동풍, 남반구에서는 남동풍)이다. 편서풍은 아열대고기압의 북쪽 30~60 °N에서 서쪽으로 치우친 바람으로, 특히 상층에서 뚜렷하다. 한국과 같이 중위도지방에서 날씨가 서쪽에서 동쪽으로 변해가는 것은 이 편서풍의 영향에 의한 것이다. 제트류는 편서풍 내에 넓이 수백 킬로미터, 두께 수백 미터의 바람이 특히 강한 부분이다. 한반도 부근에서는 겨울철에 100 m/sec이상 되는 경우도 있다. 마지막으로 극동풍은 북위 60° 이상의 고위도지방에서 부는 동쪽으로 치우친 바람이다. 높이가 수 킬로미터 이하이기 때문에 대류권의 중간층 이상의 높이에서는 거의 나타나지 않는다.

그 다음으로 종관규모 풍계를 알아보자. 종관규모 풍계에는 대규모와 기압계의 바람 등이 있다. 계절풍은 여름・겨울의 계절에 따라 부는 바람이며, 극동 아시아에서 가장 탁월하다. 기압계의 바람은 고기압・저기압・태풍 등 그날의 일기도상의 기압배치에 의해서 부는 바람이다.

마지막으로 중간규모와 미규모 풍계가 있다. 중간규모와 미규모 풍계는 그 범위가

작은 만큼 일상생활에서 쉽게 느낄 수 있으며, 해륙풍과 산곡풍, 국지풍과 용오름 등이 있다. 해륙풍은 바다와 육지의 기온 차에 따라 낮에 바다로부터 내륙을 향해서 부는 해풍과 밤에 내륙으로부터 바다를 향해서 부는 육풍이 있다. 산곡풍은 낮에 골짜기로부터 산꼭대기를 향해서 부는 골짜기바람과, 밤에 산꼭대기로부터 골짜기를 향해서 불어내리는 산바람이 있다. 국지풍은 어느 지방 고유의 국지적 바람으로서, 한국의 높새바람 등이 이에 속한다. 용오름은 뇌운이나 전선의 영향으로 생기는 소규모의 강한 소용돌이바람으로서, 토네이도 등이 이에 속한다.

이 밖에도 풍계에는 실내미풍과, 논·밭이나 숲에서 부는 바람 등이 있으나, 이들 바람은 미세한 온도차와 지표면과의 마찰에 의해 각각의 특징을 갖는 미소한 풍계이다.

▣ 바람의 세기는 어떻게 구분할까?

바람의 세기를 표현하는 방법으로 Beaufort 풍력계급이 있다. 이것은 우리가 흔히 보는 굴뚝연기나 나뭇가지의 흔들림을 이용하여 바람의 세기를 나타내는데 13개의 등급으로 나타낸다.

→ http://www.kma.go.kr/child/cyber/cyber.jsp

[기상청 - 어린이배움터 - 사이버체험장 - 나도 기상예보관]

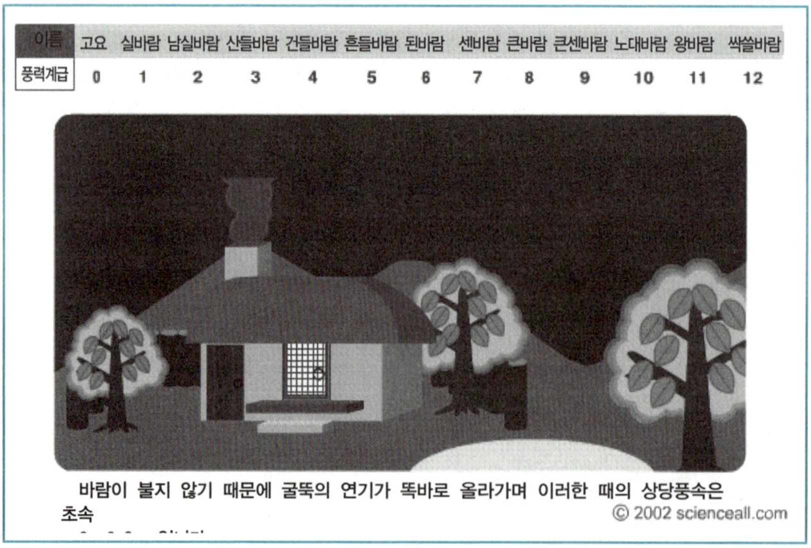

[그림 11-16] 풍력계급은 0이고 이름은 고요

[그림 11-17] 풍력계급은 1로 이름은 실바람

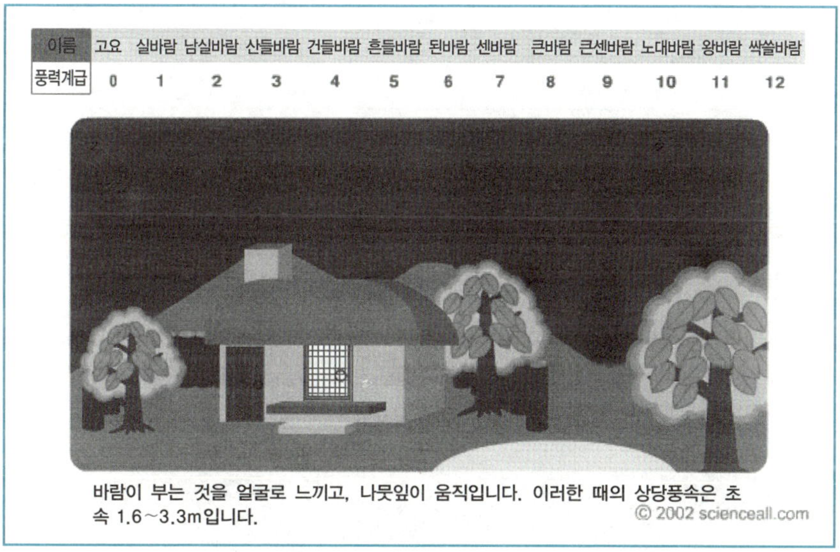

[그림 11-18] 풍력계급은 2로 남실바람

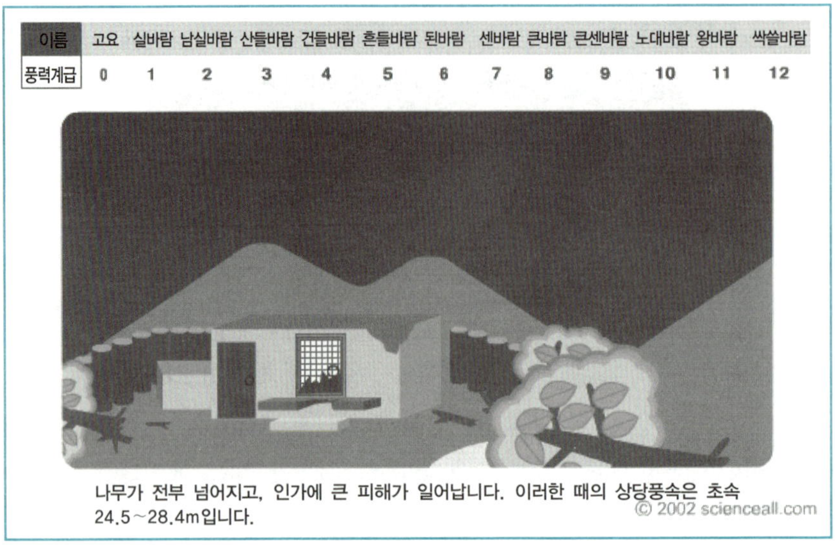

[그림 11-19] 풍력계급은 8이고 큰바람

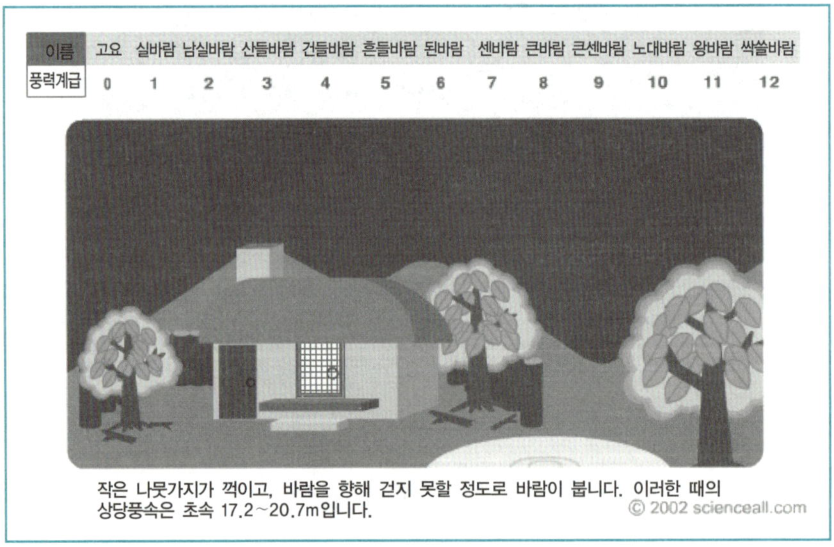

[그림 11-20] 풍력계급은 10이고 이름은 노대바람이다

▣ 바람의 기호는 어떻게 표시할까?

6장에서 이미 언급하였지만 기상학 사이트를 통한 기호를 쉽게 찾을 수 있도록 사이트를 소개하겠다.

→ http://www.kma.go.kr/child/cyber/cyber.jsp

〈표 11-1〉 바람의 기호

기호	◎									
풍속 (m/s)	고요함	1	2	5	7	10	12	25	27	북서풍 12m/s

▣ 해륙풍은 왜 생기는 것일까?

해륙풍이란 낮에는 바다에서 육지로 밤에는 육지에서 바다로 부는 바람이다. 왜 이런 현상이 일어날까? 이것은 육지가 바다보다 빨리 데워지고 빨리 차가워지는 비열 차이 때문이다. 사이트를 통해 더욱 쉽게 알아보도록 하자.

→ http://www.kma.go.kr/child/cyber/cyber.jsp
[기상청 - 어린이배운터 - 사이버체험장 - 기본원리를 배워보자]

① 해륙풍의 원리

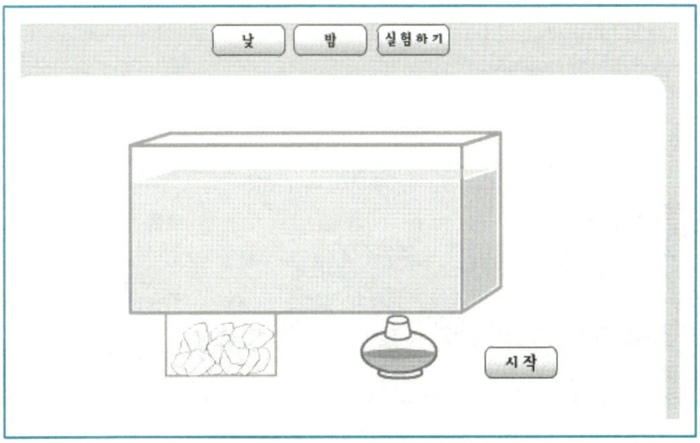

[그림 11-21] 해륙풍의 원리

알코올램프에 의한 가열과 얼음에 의한 냉각으로 인한 온도차에 의해 물의 순환이 발생하는 것을 관찰할 수 있는데, 이와 같이 공기 또한 육지와 해수면이 가열과 냉각의 정도가 다르기 때문에 해륙풍이 생긴다.

해풍과 육풍을 사이트에 나오는 그림을 통해 쉽게 알아보자.

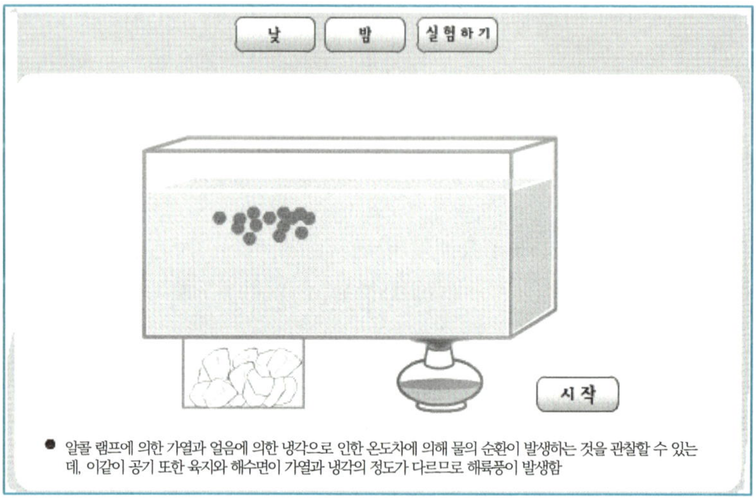

[그림 11-22] 해풍과 육풍

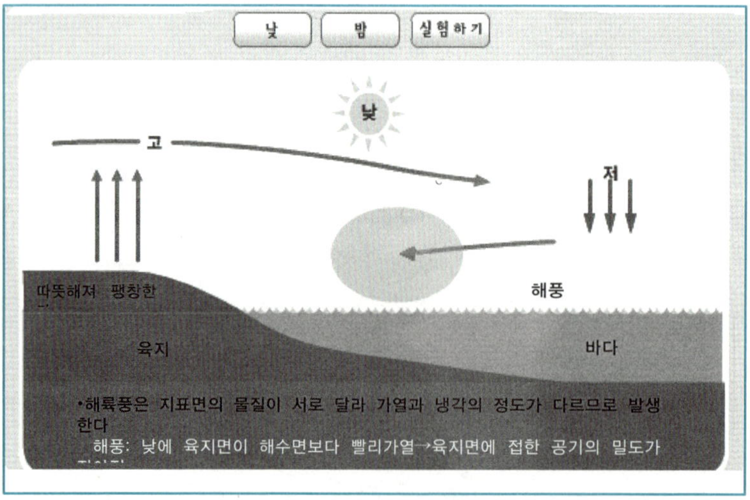

[그림 11-23] 해풍

낮에는 육지면이 해수면보다 빨리 가열되어 육지면에 접한 공기의 밀도가 작아져서 육지의 공기가 상승하고 바다 위의 공기의 기압이 커지므로 바다에서 육지로 공기가 이동하는데 이것을 해풍이라 한다.

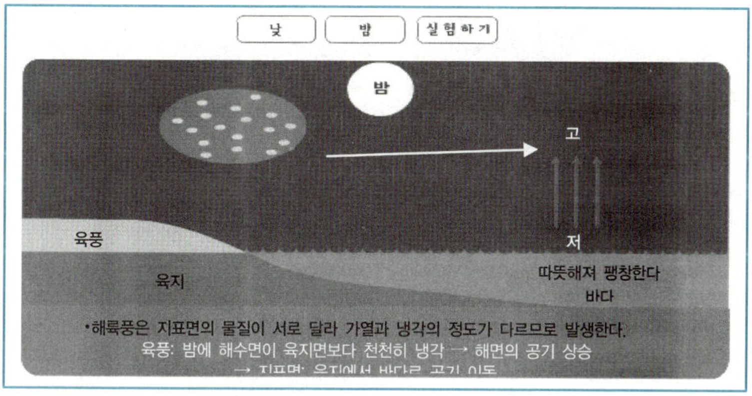

[그림 11-24] 육풍

밤에는 해수면이 육지면보다 천천히 냉각되어서 해면의 공기가 상대적으로 밀도가 작아 공기가 상승하여 육지에서 바다로 공기가 이동하는데 이것을 육풍이라 한다.

▣ 산곡풍은 왜 생기는 것일까?

해륙풍과 같은 원리로 곡풍은 산악 지방에서 낮에 산허리가 태양열로 따뜻해지기 때문에 골짜기에서 산꼭대기를 향하여 부는 바람이고, 산풍은 산악 지방에서 밤에 산허리가 빨리 식기 때문에 산꼭대기에서 골짜기로 향하여 부는 바람이다.

→ http://www.kma.go.kr/child/cyber/cyber.jsp
[기상청 - 어린이배움터 - 사이버체험장 - 교과서 엿보기]

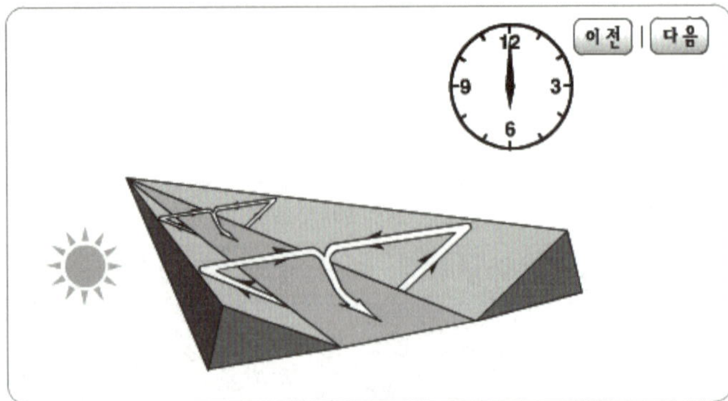

일출 때 상태로 곡 사면에서는 사면을 올라가는 기류가 발생하고 있으나 골짜기의 주요한 기류는 산풍의 상태

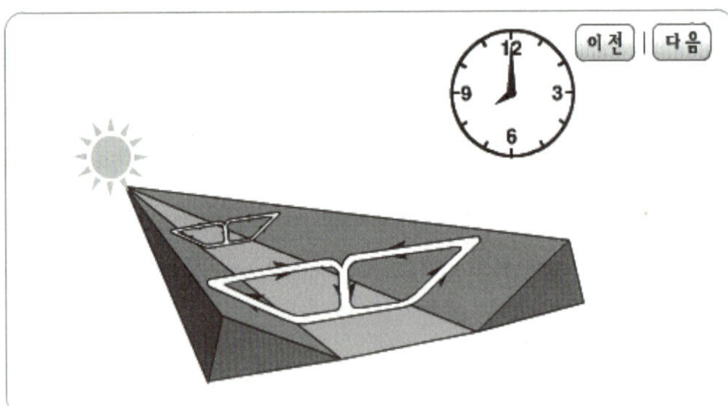

오전중의 상태로 곡 사면을 상승하는 기류(상사면풍)이고 골짜기 속에 소규모의 순환계가 생기고 있으나 아직 곡풍은 불지 않는다

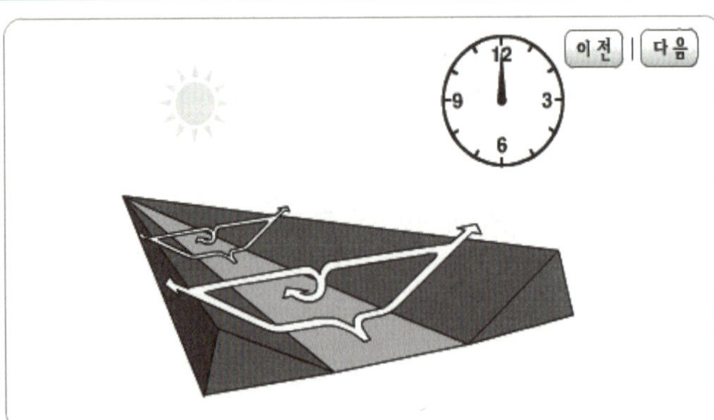

정오 경에는 곡 사면을 상승하는 기류가 가장 발달하고 곡풍도 강하게 불고 있다

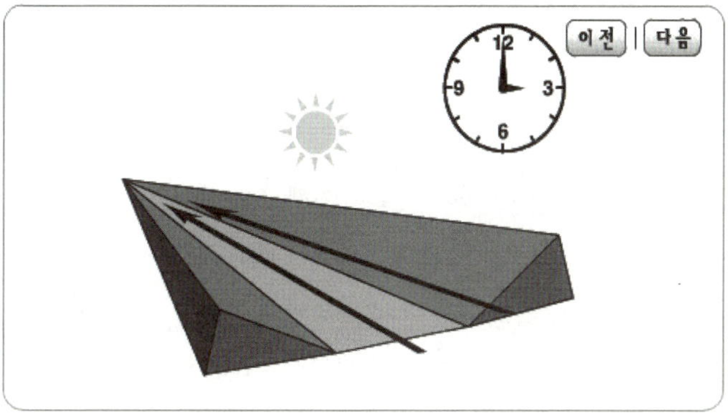

오후에는 곡 사면풍은 약해지고 골짜기 속은 곡풍이 부는 상태

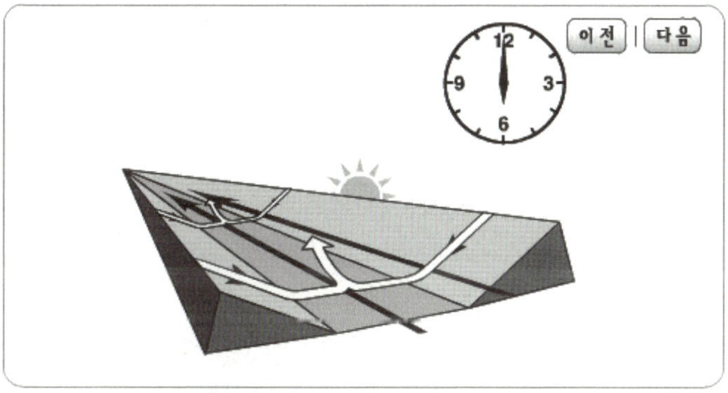

일몰 경에는 벌써 곡 사면을 하강하는 기류가 생긴다.
그러나 골짜기에는 아직 곡풍의 상태

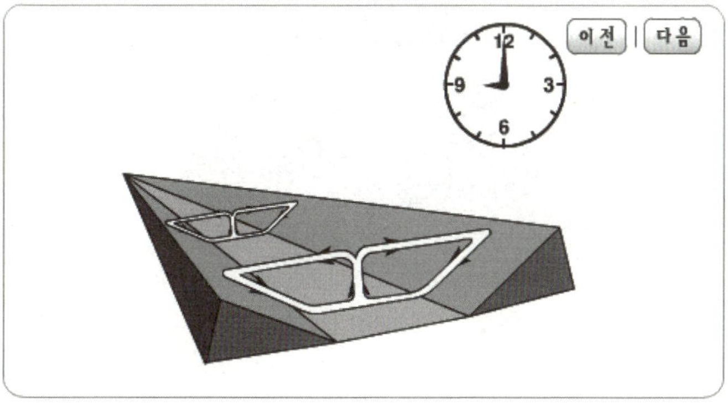

밤이 시작되면 하사면풍에 의한 소규모의 순환계만 있음

[그림 11-25] 산곡풍의 발생

▣ 푄현상은 왜 생기는 것일까?

푄현상이란 산을 넘어온 바람이 원래보다 덥고 건조해지는 현상이다. 이 현상 때문에 우리나라에서는 태백산맥을 넘어서 영서지방으로 부는 바람이 덥고 건조해진다. 바로 3장에서 높새바람으로 설명한 현상이다. 푄현상이 생기는 원인은 공기가 산을 타고 불어 올라갈 때 물방울의 응결이 일어난 곳에서부터 1킬로미터당 5℃씩 기온이 낮아지지만 산을 내려갈 때에는 단열압축에 의해 물방울의 응결이 사라져 1킬로미터당 10℃씩 기온이 올라가기 때문이다. 또한 산을 올라가면서 가지고 있던 수증기를 비로 내보내기 때문에 반대편에 도착한 공기가 건조해진다.

→ http://www.kma.go.kr/child/cyber/cyber.jsp
[기상청 - 어린이배움터 - 사이버체험장 - 생활속의 기상이야기]

온도와 습도의 양을 적으면 산을 오르면서 기온이 내려가다가 응결고도에 도달하면 비가 오는 과정과 산을 내려오면서 기온은 오르고 습도는 내려가는 과정을 연속적으로 보여준다.

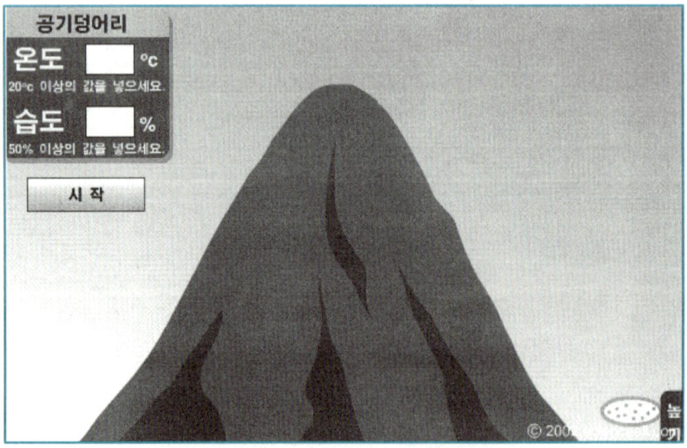

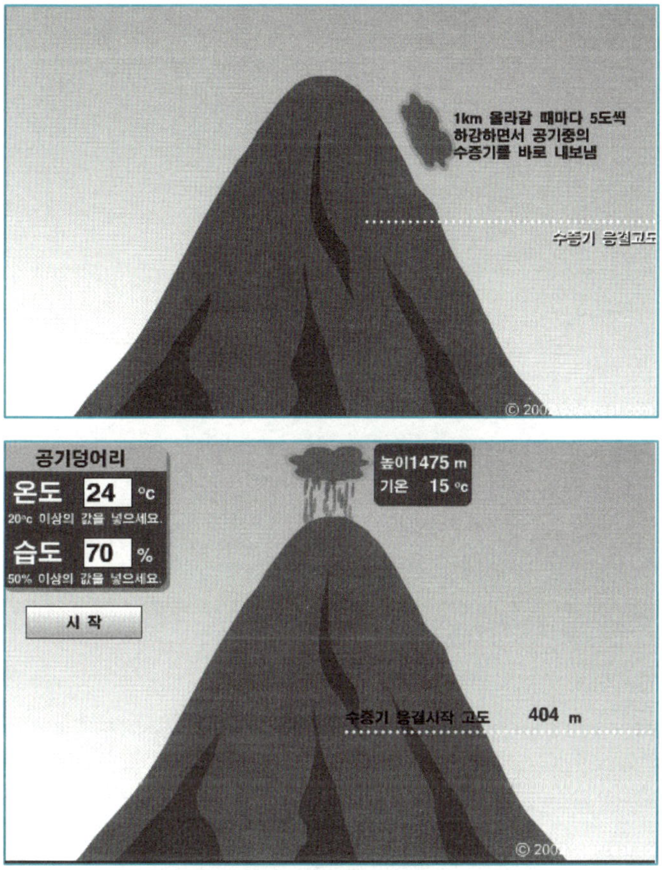

[그림 11-26] 푄현상

▣ 제트류의 순환에 대해 알아보자

제트류는 대류권상부 또는 권계면 부근의 좁은 영역에 집중된 강한 기류로서 그 상태가 기체의 분사류와 비슷하므로 이러한 이름이 붙여졌다. 공간적으로 길이는 수 천킬로미터, 넓이는 수백 제곱킬로미터, 두께는 수 킬로미터 정도이며 수직 및 수평으로 강한 층밀림을 가지고 있다. 극을 둘러싸고 있는 제트류는 중위도 지방을 강의 흐름과 같이 파동현상을 이루면서 흐르고 있으며 겨울에는 최대 풍속이 초속 100m에 달하기도 한다. 제트류를 발견하게 된 동기는 제2차 세계대전 중 미 공군의 일본 폭격 중에 태평양 상공에서 강한 서풍대를 접하면서 발견하였다. 4장을 참고하라.

→ http://www.kma.go.kr/child/cyber/cyber.jsp
[기상청 - 어린이배움터 - 사이버체험장 - 교과서속 엿보기]

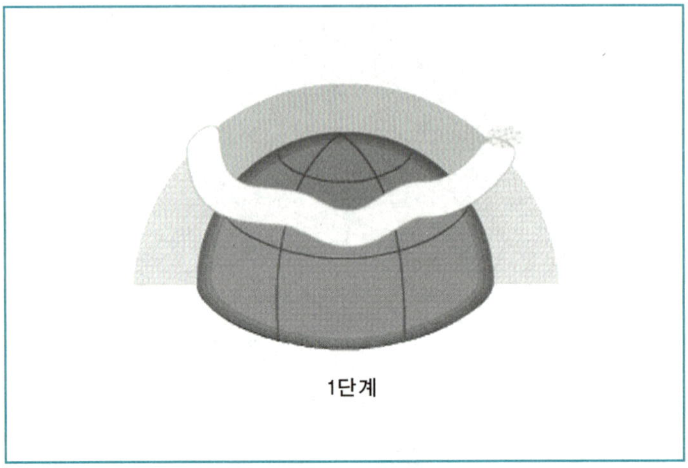

북반구 중위도를 서에서 동으로 흐르는 일정한 흐름의 상태

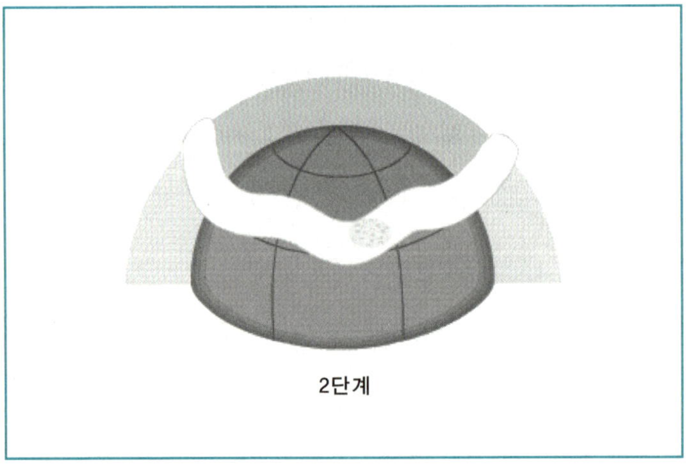

작은 사행(蛇行) 또는 제트류에서 긴 파가 발달하는 단계로 장파가 존재함은 어느 지역에서는 고기압성 곡률을 가짐을 의미, 지표상에서의 온도분포는 대략적으로 제트류와 일치하도록 유지되어 일반적으로 난기는 제트측의 남쪽에, 한기는 북쪽에 머무른다.

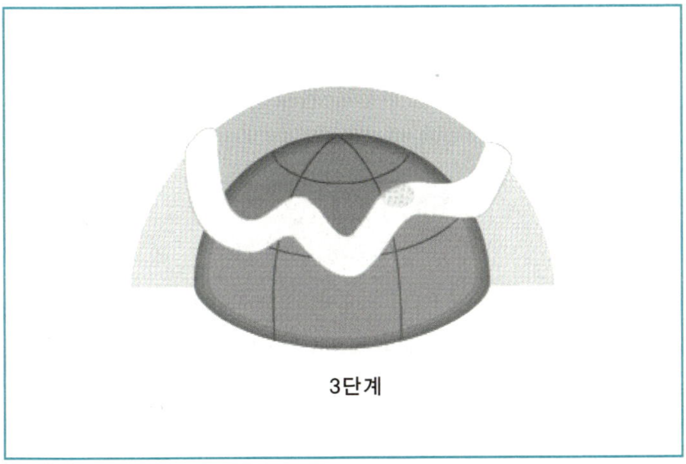

사행이 더욱 발달하여 절리고기압 또는 절리저기압이 형성되면 난기의 중심은 대규모 고기압성 사행에 의해 북쪽으로 향하여 제트류에 의해 절리될 때까지 지속하며 한기의 경우는 저기압성 사행에 의해 남쪽으로 향하여 제트류에 의해 절리될 때까지 지속되므로 비정상적인 온도 분포가 나타나게 한다.

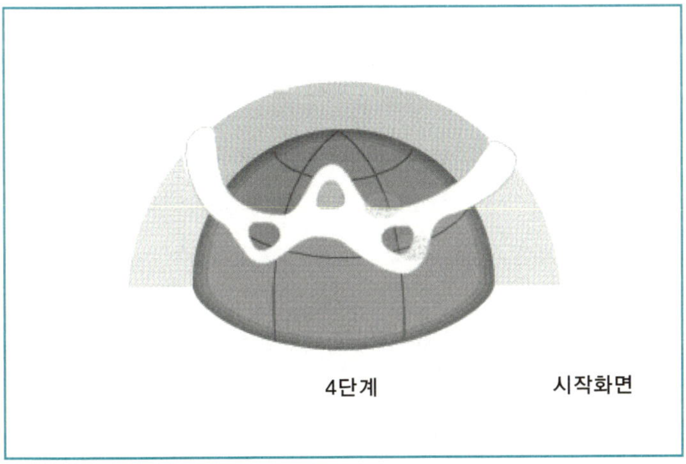

사행이 더욱 발달하여 절리고기압 또는 절리저기압이 형성되면 난기의 중심은 대규모 고기압성 사행에 의해 북쪽으로 향하여 제트류에 의해 절리될 때까지 지속하며 한기의 경우는 저기압성 사행에 의해 남쪽으로 향하여 제트류에 의해 절리될 때까지 지속되므로 비정상적인 온도 분포가 나타나게 한다.

[그림 11-27] 제트류의 순환

▣ 대기의 발산과 수렴에 대해 알아보자

바람은 기압차에 의해 불게 되며 이것은 부풀어 오른 풍선의 입구를 터놓으면 공기가 압력이 낮은 외부로 흐르는 원리처럼 대기에서도 공기는 기압이 높은 곳 즉 고기압에서 저기압으로 흐르게 된다. 이때 전향력과 지면에 의한 마찰력 때문에 지상에서 부는 바람은 등압선과 일정한 각을 이루게 되는데 해상과 같이 지표 마찰이 적은 곳에선 15~30°, 육상에서는 30~45°의 각을 이룬다. 전향력과 기압경도력이 완전하게 균형을 이루고 있을 때 등고선에 따라 부는 가상의 바람을 지균풍이라고 하며 실제 대기의 1km 이상 고도에서는 이런 바람이 분다. 4장을 참고하라.

→ http://www.kma.go.kr/child/cyber/cyber.jsp
[기상청 - 어린이배움터 - 사이버체험장 - 교과서 엿보기]

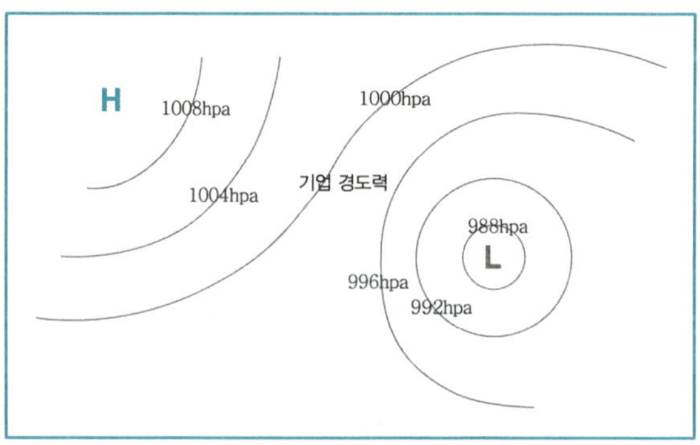

마찰력이 작용하는 경우

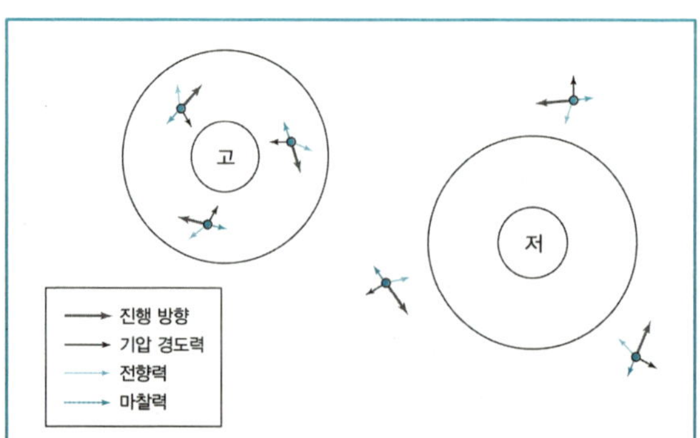

마찰력이 작용하지 않는 경우

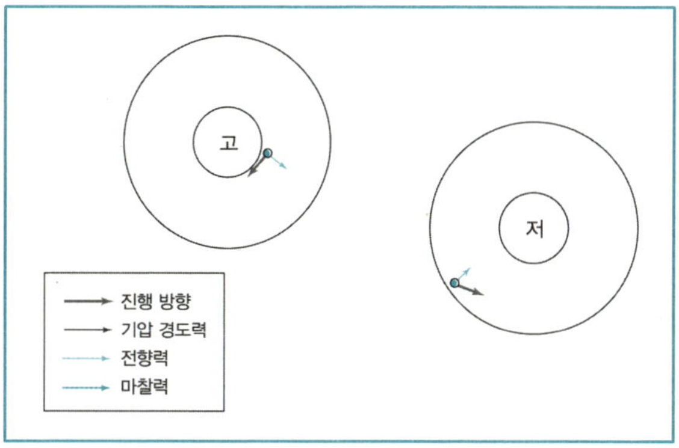

[그림 11-28] 대기의 발산과 수렴

▣ 바람으로 저기압과 태풍의 위치를 찾을 수 있을까?

이 실험은 바람의 방향으로 저기압과 태풍의 위치를 찾는 방법으로 네덜란드의 보이스 발로트가 찾은 방법이다. 이 법칙은 사람이 바람을 등지고 섰을 때 저기압의 중심은 북반구에서는 왼손의 약간 전방에, 남반구에서는 오른손의 약간 전방에 있다는 것으로, 북반구에서는 바람이 저기압의 주위를 시계 반대방향으로, 고기압은 시계방향으로 돌면서 불고 남반구에서는 그와 반대의 현상임을 나타내는 것이다. 4장을 참고하라.

→ http://www.kma.go.kr/child/cyber/cyber.jsp
[기상청 - 어린이배움터 - 사이버체험장 - 신나는 기상실험]

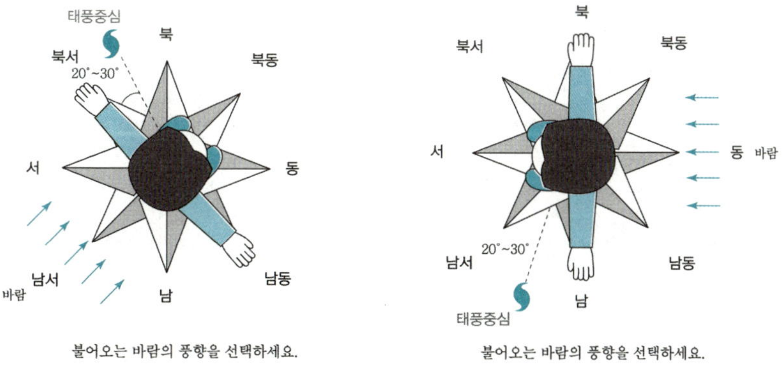

[그림 11-29] 저기압과 태풍의 위치 찾기

▣ 황사현상은 왜 일어나는 것일까?

다음의 사이트는 황사가 생기는 곳과 편서풍을 타고 오는 모양 및 황사가 우리 생활에 끼치는 영향에 대해서 잘 설명해 주고 있다.

→ http://www.kma.go.kr/child/cyber/cyber.jsp
[기상청 - 어린이배움터 - 사이버체험장 - 생활속의 기상이야기]

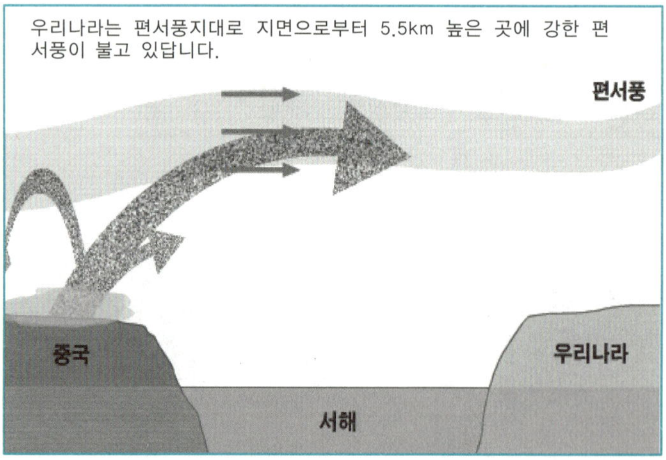

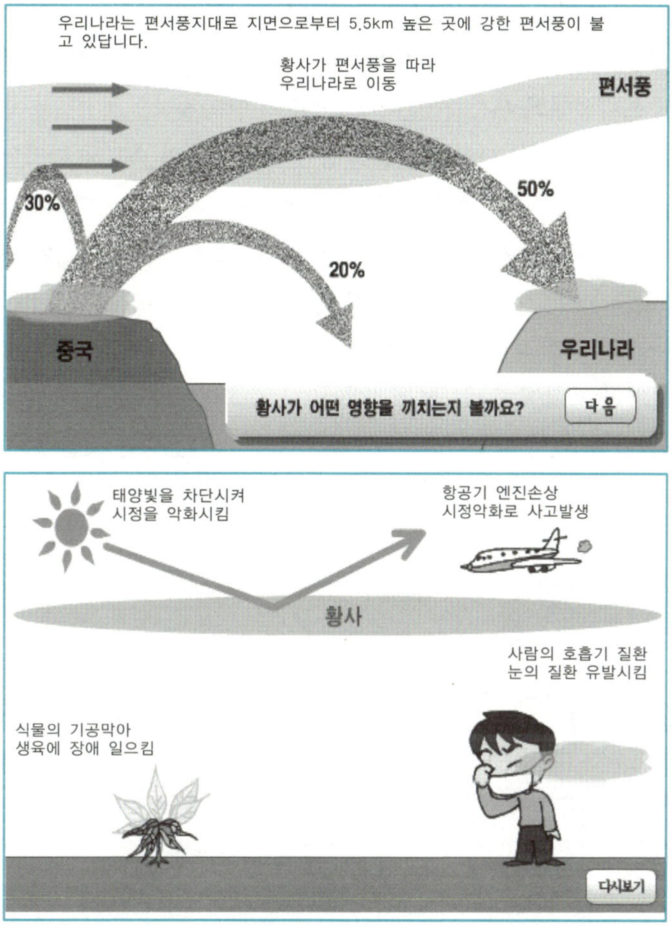

[그림 11-30] 황사현상은 왜 일어날까?

3. 대기 중의 수증기와 구름

구름과 강수현상에 많은 영향을 끼치는 대기 중의 수증기. 이 부분에서는 대기중의 수증기와 관련된 부분을 Web을 통해 알아보고자 한다.

▣ 대기 중의 수증기량은 얼마나 될까?

지표면의 물은 태양 복사 에너지에 의해 계속 증발하고 있으므로, 공기 중에는 많은 양의 수증기가 포함되어 있다. 그러나 공기 속에는 수증기가 무한히 들어갈 수 있는 것이 아니라 그 양에 한계가 있다. 이때 공기가 최대한의 수증기를 포함하고 있는 상태를 포화되었다고 하고, 포화상태의 수증기량은 온도에 따라 달라진다.

아래의 그림을 보자. 이 사이버 실험을 통해서는 온도와 습도의 다양한 조건에 따라 공기가 포함할 수 있는 수증기의 양이 어떻게 달라지는지를 알 수 있다. 원하는 온도(50℃에서 -40℃사이의 짝수 온도)와 습도(100% 이하) 값을 입력한 후 [확인] 버튼을 누르면 공기 100m^{3}안에 들어갈 수 있는 수증기의 양이 어떻게 달라지는지를 시각적으로 확인할 수 있다. 아래의 그림과 같이 기온 20℃, 습도 80%일 때 공기 부피 100m^3 속에는 1384.8g의 수증기가 포함될 수 있으나, 기온 40℃, 습도 60%로 온도가 올라가면 공기 부피 100m^{3}이 포함할 수 있는 수증기량은 3072g으로 더 많아진다는 것을 알 수 있다.

→ http://www.kma.go.kr/child/cyber/cyber.jsp
[기상청 – 어린이배움터 – 사이버체험장 – 교과서 엿보기]

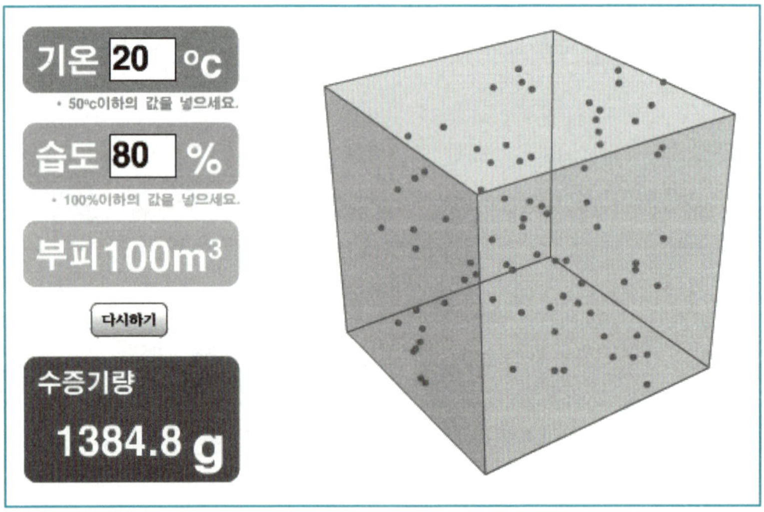

[기온 20℃이고 습도 80%일 때 공기 부피 100m^3 속에 포함된 수증기량→1384.8g]

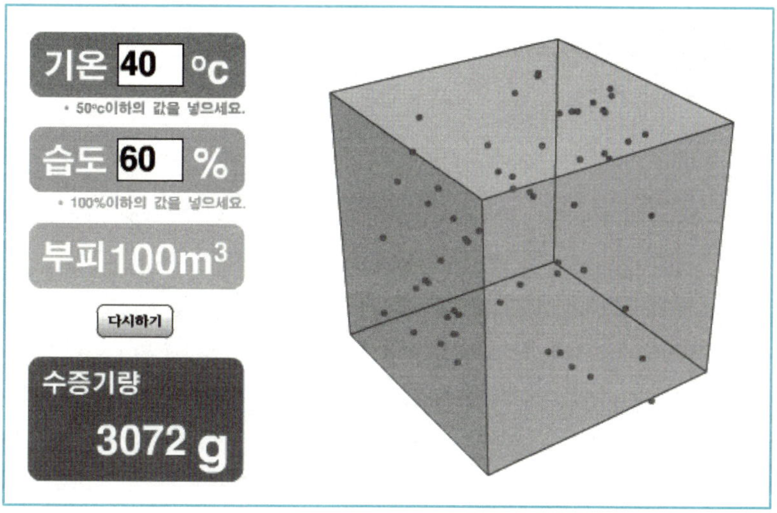

[기온 40℃이고 습도 60%일 때 공기 부피 100m³ 속에 포함된 수증기량 → 3072g]
[그림 11-31] 대기 중의 수증기량

▣ 기온에 따라 상대습도는 어떻게 변할까?

우리가 보통 습도라고 하는 것은 상대습도를 말하며, 현재 온도에서 공기 1m³가 최대한 포함할 수 있는 수증기량에 대한 실제 수증기량의 비율을 상대습도라고 한다. 습도는 보통 건습구 습도계로 측정하는데, 건구와 습구의 온도차가 클수록 습도는 낮다. 습도는 일상생활에도 영향을 주는데 습도가 너무 높으면 불쾌감을 느끼게 되고 너무 낮으면 화재가 나기 쉽다.

공기 중에 포함된 수증기의 개수가 같아도 온도가 변하면 상대습도는 변하게 된다.

다음 사이트의 실험을 통해 기온이 변함에 따라 상대습도가 어떻게 변하는지 쉽게 알 수 있다. 기온을 선택한 후 [확인]을 클릭하면 선택한 기온에서 공기 1m³의 상대습도가 달라짐을 시각적으로 확인할 수 있다. 아래의 그림과 같이 기온 10℃일 때 공기 1m³의 상대습도가 97%인 공기가 기온 20℃로 기온이 올라가면 상대습도가 53%로 낮아진다는 것을 알 수 있다.

→ http://www.kma.go.kr/child/cyber/cyber.jsp
[기상청 - 어린이배움터 - 사이버체험장 - 교과서속 엿보기]

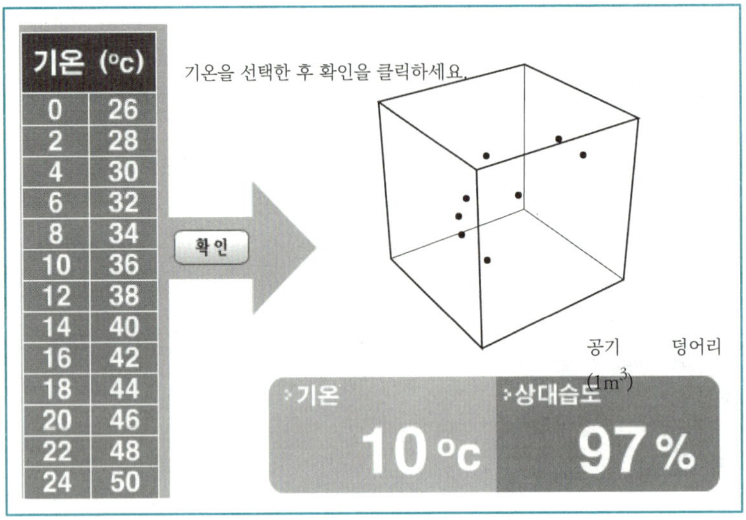

[기온 10℃일 때 → 상대습도 97%]

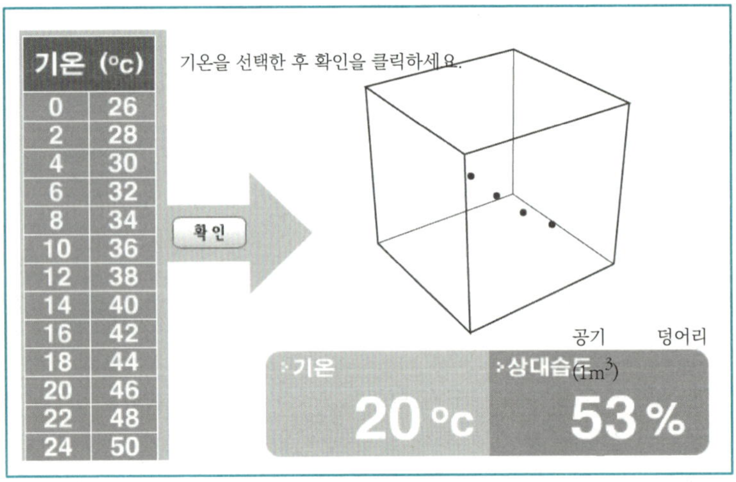

[기온 20℃일 때 → 상대습도 53%]

[그림 11-32] 기온에 따른 상대습도의 변화

▣ 대기에서 일어나는 강수현상의 종류

대기 중에 존재하는 수증기로 인해 여러 가지 강수현상이 나타난다. 그렇다면 이러한 강수현상이 왜 일어나는지 그리고 어떻게 일어나고 있는지 쉽게 알 수는 없을까? 다음 사이트를 참고하여 쉽게 알 수 있다.

→ http://www.kma.go.kr/child/cyber/cyber.jsp
[기상청 - 어린이배움터 - 사이버체험장 - 기본원리를 배워보자]

비나 눈은 구름에서 만들어지는 강수 현상이다. 비와 눈 이외에도 대기에서 일어나는 강수현상의 종류에는 진눈깨비, 우박 등 여러 가지가 있다.

[그림 11-33] 대기에서 일어나는 여러 가지 강수현상 중 비에 대한 설명

그림에서 보이는 비 현상은 지면 부근이 영상의 온도이며, 물방울의 크기가 대부분 직경 0.5mm보다 큰 강수를 말한다. 눈 현상은 구름부터 지면까지의 기온이 영하이며, 얼음결정으로 된 강수를 말한다. 진눈깨비 현상은 눈이 녹아서 비와 섞여 내리는 현상을 말하기도 하고, 비와 눈이 함께 내리는 경우를 말하기도 한다. 우박 현상은 균질하고 투명한 얼음 층이 땅의 물체에 붙어버리는 현상으로, 과냉각한 비가(착빙성의 비) 0도 이하 또는 0도보다 약간 높은 온도인 땅의 물체에 닿아서 얼어버린 것을 말한다.

이렇게 여러 가지 다른 형태로 내리는 이유는 온도 때문이다. 위의 그림에서 비를 선택하면 -10℃에서 0℃ 영역에서는 눈의 상태이던 것이 0℃ 근처에서 눈이 녹아서 지상에서는 비의 형태로 내려오는 것을 볼 수 있다. 즉, 온도에 따라 강수 형태가 어떻게 달라지는지와 각각의 경우 높이에 따라 상태가 어떻게 변하는지를 알 수 있다.

▣ 그렇다면 이러한 대기 중의 수증기는 어떻게 순환되는 것일까?

→ http://www.kma.go.kr/child/cyber/cyber.jsp
[기상청 - 어린이배움터 - 사이버체험장 - 교과서속 엿보기]

[그림 11-34] 물의 순환

지구상의 물은 약 97%는 해양에, 약 2%는 빙산과 빙하에, 나머지는 지하수, 호수, 염분호, 토양수분, 강 등에 분포한다. 육지나 바다에 있는 물은 태양복사에너지를 받아 그 일부가 증발하여 대기 속으로 들어간다. 대기 중의 수증기는 응결하여 구름이 되고, 구름 속에서는 비나 눈이 만들어져 다시 육지로 되돌아오는 순환이 일어난다. 육지로 돌아온 물은 식물과 지표를 적시고 난 후 모여서 하천을 이루어 바다로 모이게 된다. 이렇듯 물은 한군데에 머물러 있는 것이 아니라. 수증기, 구름, 비, 하천, 바다 등 다양한 형태로 변하면서 순환한다. 물을 순환시키는 에너지의 근원은 태양복사에너지이다.

4. 일기현상과 예보

이 부분에서는 일기예보가 과연 무엇이고, 어떻게 판단하는 것인지 알아보고자 한다. 또한 일기예보에서 고려되는 요인들에 대해서도 같이 살펴보고자 한다.

▣ 일기도는 어떻게 보는 것일까?

일기도는 어떻게 보는 걸까? 아래의 사이트에서 일기도 보는 법을 알아보도록 하자. 이 사이트는 일기도를 보는 방법과 일기도의 요소들을 다양하게 소개하고 있다.

기상청/어린이기상대/재미있는 사이버 체험장/재미있는 사이버 기상교실/나도기상대

→ http://www.kma.go.kr/child/cyber/cyber.jsp
[기상청 - 어린이배움터 - 사이버체험장 - 나도 기상 예보관]

[그림 11-35] 나도 기상 예보관

아래의 일기도를 보면서 등압선, 고기압과 저기압, 온난전선과 한랭전선, 일기 기호(날씨, 풍속, 기압)를 찾아 볼 수 있다.

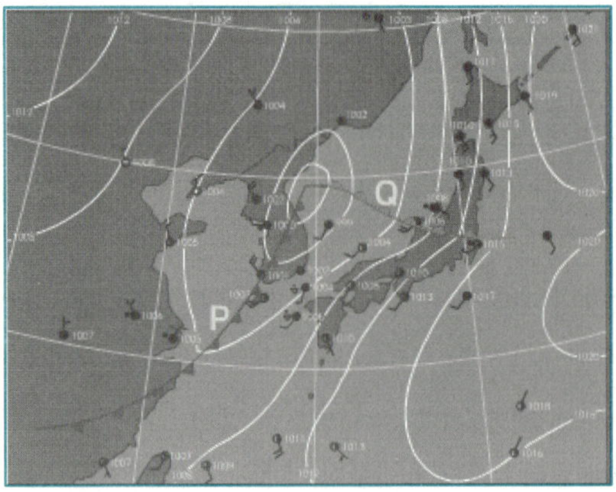

[그림 11-36] 우리나라 주변의 일기도

일기도는 각 지점의 일기, 기상요소, 기타 필요에 따라 대기의 상태를 나타내는 각종 물리량을 일기기호나 숫자로 지점원의 한가운데 또는 근방에 기입하는데, 이때의 기입방식에는 일정한 약속이 있어 이를 일기도 기입형식이라 한다.

기상 요소 관측 → 자료 수집 → 일기도 작성
→ 일기도 분석 → 예상 일기도 작성 → 일기 예보

지상과 상층에서 관측된 모든 자료들이 전산통신망을 통하여 수집되면 일기도의 각 지점에 자료들을 표시하게 된다. 일기도에는 관측지점을 쉽게 찾을 수 있도록 지역과 지점번호가 숫자로 인쇄되어 있다.

각 지점별로 기온, 이슬점온도, 기압, 바람, 구름, 일기상태 등을 숫자나 기호로 표시하는 것을 "기입"이라고 한다.

기입이 끝나면 일기도에서 기압, 기온은 같은 값끼리 연결하여 등치선을 그리고 고·저기압의 위치, 전선의 종류와 위치 등을 일기도에 표시하는데 이 작업을 묘화라고 한다.

현재 기상청에서는 극평사도법에 의해 2천만분의 1로 축소한 아시아 일기도를 기본 일기도로 사용되고 있으며, 이밖에도 동부아시아 일기도, 국지일기도, 북반구일기도 등을 사용되고 있다. 컴퓨터를 이용하여 일기도 기입 및 묘화를 자동으로 처리할 수 있는 플로터를 사용하지만 경험 축적과 재분석을 위해 숙련된 사람이 직접 그리기도 한다.

여기에서 쓰이는 것이 일기기호이다. 일기기호는 다음과 같다.

〈표 11-2〉 여러 가지 일기기호

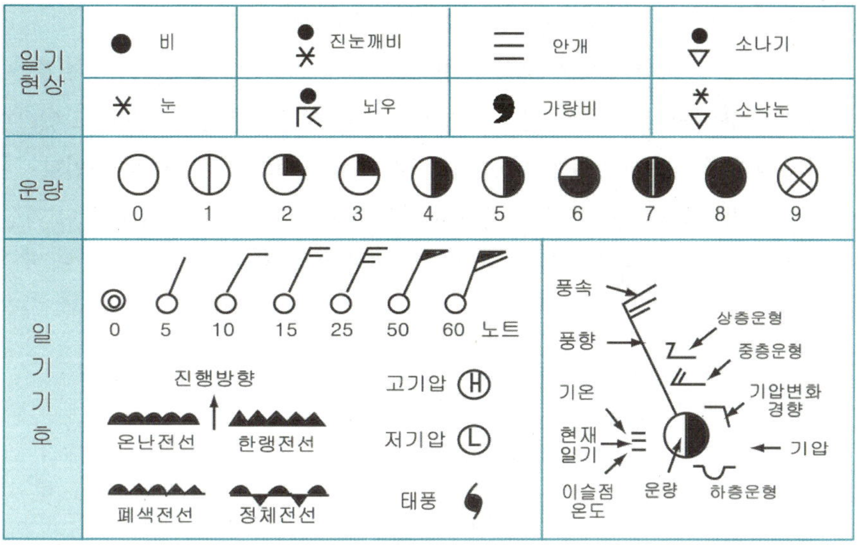

아래 그림은 현재 소나기가 내리고 있고 관측 시간 전에는 뇌우도 있었음을 나타내고 있다. 강수량은 35mm였으며, 적란운이 끼어 있고, 하늘에는 전체적으로 구름이 6/8 정도 끼어 있다. 바람은 북서풍이 12m/s 정도로 불고 있으며 측정된 기압은 1012.8hPa, 기온은 26.5℃이다. 이와 같이 일기도에는 관측지점에서 관측된 모든 기상 요소를 기호와 숫자로 표시한다.

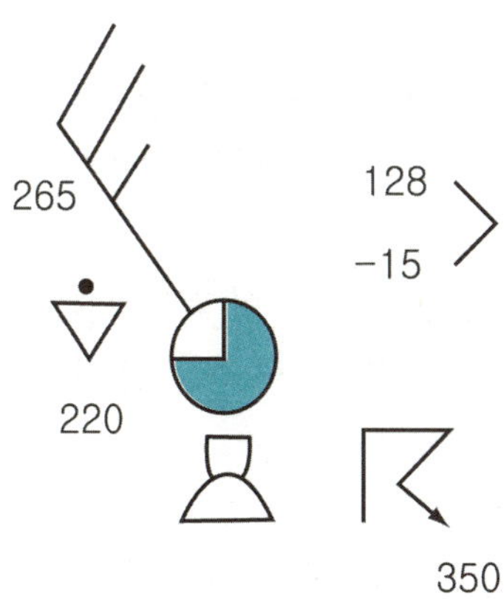

[그림 11-37] 일기 기호

그렇다면 이러한 일기도 기입형식에는 어떠한 방법이 있을까?

일기기호 및 일기도 기입형식에는 국제식과 한국식이 있다.

국제식은 세계기상기구(WMO)의 조정에 따라 결정된 것으로 만국공통으로 일기의 상태가 상세히 표시되어 있다. 이것은 기상청과 같은 전문기관에서 사용하고 있으며, 선박・항공기 등에서 이용하는 모사전송방송(팩시밀리방송)의 일기도에도 쓰인다.

한국식은 라디오의 기상통보 등에서 국내의 일반인들이 만드는 일기도나 기상청이 일반용으로 내보내는 속보일기도・신문일기도 등에 쓰인다.

▣ 등압선은 어떻게 그릴까?

→ http://www.kma.go.kr/child/cyber/cyber.jsp

[기상청 - 어린이배움터 - 사이버체험장 - 나도 기상 예보관]

등압선 그리기는 일기예보관에게는 가장 기본적이고 중요한 일 중 하나이다. 등압선이란 기압이 같은 점을 연결한 선을 말하는데, 보통 1,000hPa을 기준으로 4hPa의 간격으로 그린다. 등압선을 보면 어디에 태풍이 있는지 어디에 고기압이 있는지 알아낼 수 있다. 등압선이란 각 지점에서 관측된 현지기압을 평균해수면기압으로 보정하여 보고된 해면기압 값들을 지상일기도의 해당 지점에 기입하고, 보통 2, 4, 5hPa 간격으로 그린 것으로서, 기압계의 위치 및 이동 그리고 생성과 소멸을 분석할 수 있다. 기압이 가장 높은 등압선 중심부분이 고기압이고, 가장 낮은 등압선 중심부가 저기압이 된다. 또한 고기압에서 뻗어 나온 부분이 기압능이며, 저기압에서 뻗어 나온 부분이 기압골이다. 등압선은 도중에 없어지거나 서로 교차하지 않으며, 같은 수치의 등압선이 서로 인접하여 나란하게 그려지지 않는다.

지상일기도의 분석은 등압선을 표시하여 기압계의 특성에 따른 날씨현상의 변화추세를 진단하는 것이 기본이며, 상층일기도의 경우에는 등압선 대신 기준등압면의 등고도선을 그려 분석한다.

관련 사이트를 통해 다음과 같이 등압선 그리기를 체험할 수 있다.

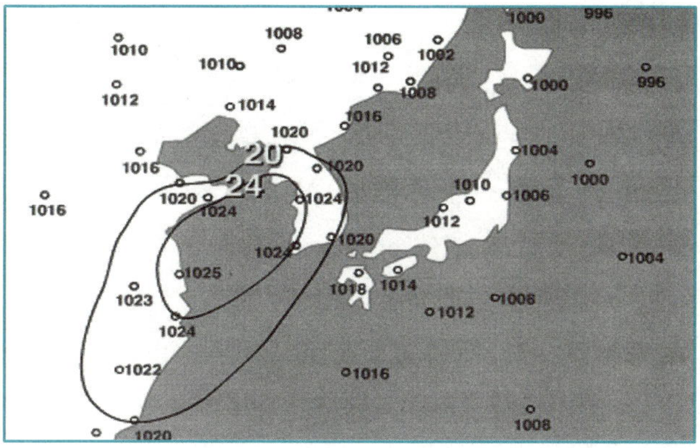

[그림 11-38] 등압 그리기(1)

1024hPa를 클릭하면 같은 기압을 연결한다. 1020hPa를 클릭하면 같은 방법으로 연결이 된다.

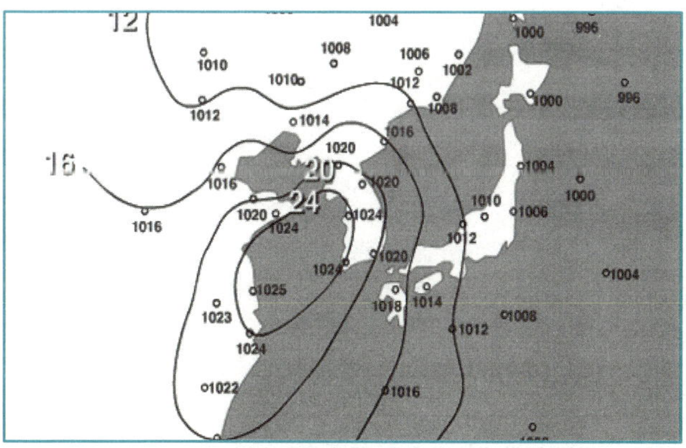

[그림 11-39] 등압 그리기(2)

1016hPa를 클릭하면 기압이 같은 지점을 연결한다. 1012hPa도 마찬가지로 클릭한다.

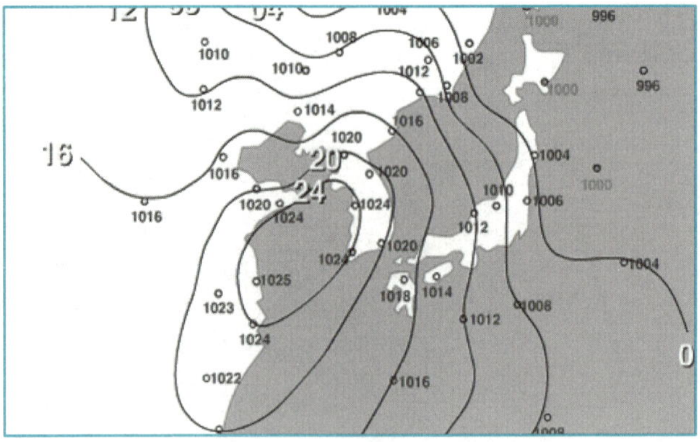

[그림 11-40] 등압선 그리기(3)

1008hPa를 클릭하면 기압이 같은 지점을 연결한다. 1004hPa도 마찬가지로 한다. 이와 같은 방법으로 등압선을 그려 볼 수 있다.

▣ 기압과 관련된 기상현상은?

→ http://www.kma.go.kr/child/cyber/cyber.jsp
[기상청 - 어린이배움터 - 사이버체험장 - 교과서속 엿보기]

온대성 저기압이 발달하면 강풍과 호우 혹은 폭설을 동반하기 때문에 이로 인한 피해를 무시할 수가 없다.

온대성 저기압은 따뜻하고 습한 기류와 한랭한 기류의 경계에 생기는 것이므로 불연속선 혹은 전선(front)을 갖고 있는 것이 태풍과 본질적으로 다르다.

온난전선 상에서는 바람이 강하지 않으나 지속성 강우가 장시간 내리므로 저기압이 정체하게 되면 온난전선의 강우구역 내에 있는 지역에서 많은 비가 내린다. 그러나 이와 같은 형태의 강우로는 홍수현상이 발생하지 않으므로 하천이 범람할 위험성은 별로 많지 않다. 이와 반대로 한랭전선의 전방이나 전선이 통과하는 지점에는 격렬한 기상현상이 나타나게 된다. 한랭전선은 저기압의 후면에 나타나서 따뜻한 기류를 위로 밀어 올려 불안정한 기층을 형성하기 때문에 곳곳에서 뇌우(thunder storm)와 돌풍을 일으키는 일이 흔히 있다. 뇌우는 비교적 짧은 시간에 억수같은 비를 퍼부어 수원지역으로부터 하천으로 유입되는 유출량을 증가시켜 종종 홍수를 일으킨다. 또한 급류로 인해 둑이 무너져

수해의 원인이 되기도 하며, 해상에서는 어선들이 한랭전선 전방에서 일어나는 돌풍과 같은 급격한 기상변화로 인하여 조난을 당하기도 한다.

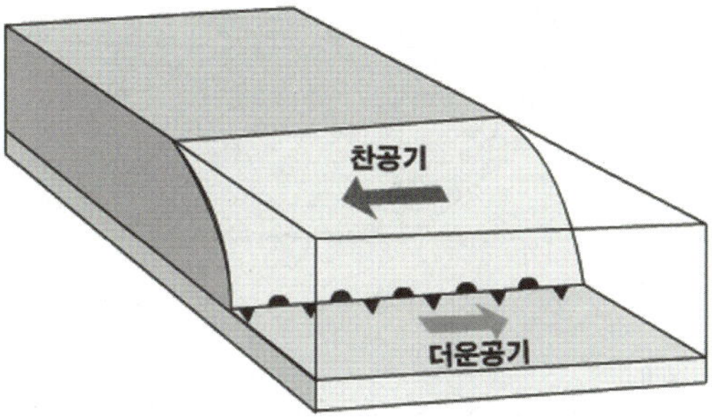

기온이 다른 두 기단이 서로 부딪친다

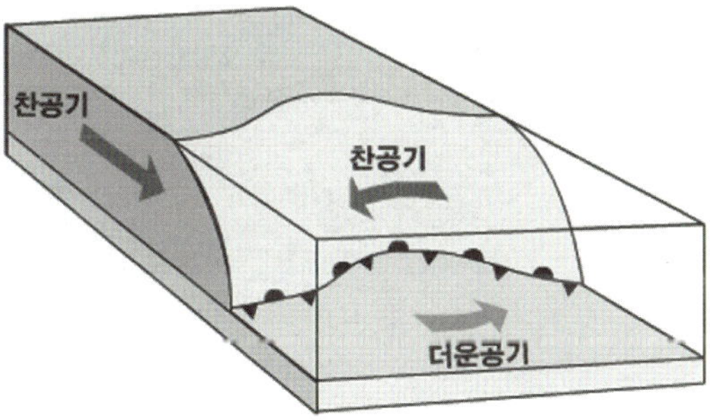

두 기류의 경계가 물결 모양이 되어, 물결의 머리 쪽에 저기압이 발달한다.

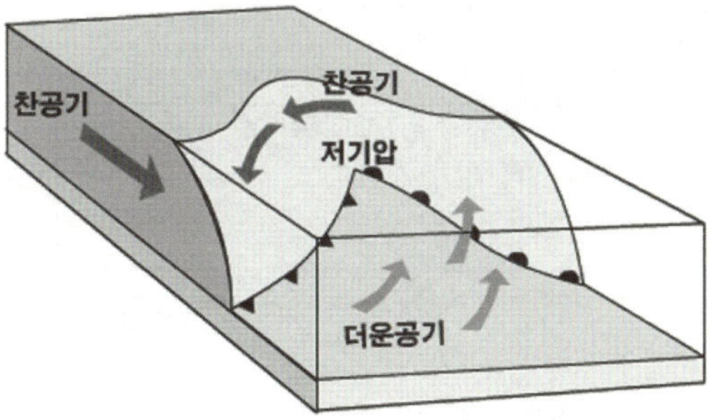

찬 기류와 더운 기류는 저기압을 중심으로 왼쪽으로 돈다.

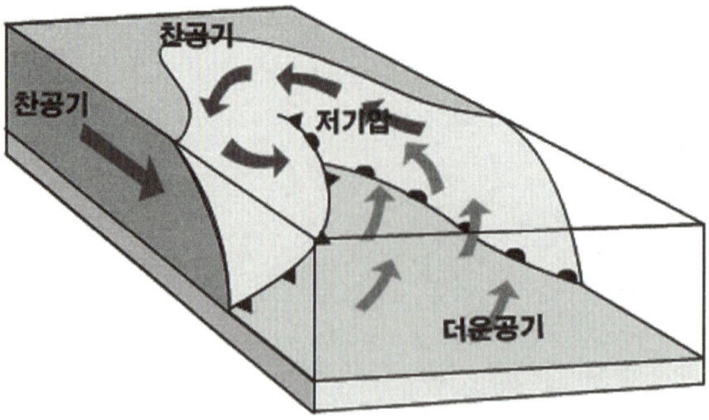

물결 모양은 다시 커져서 더운 지역은 좁아진다

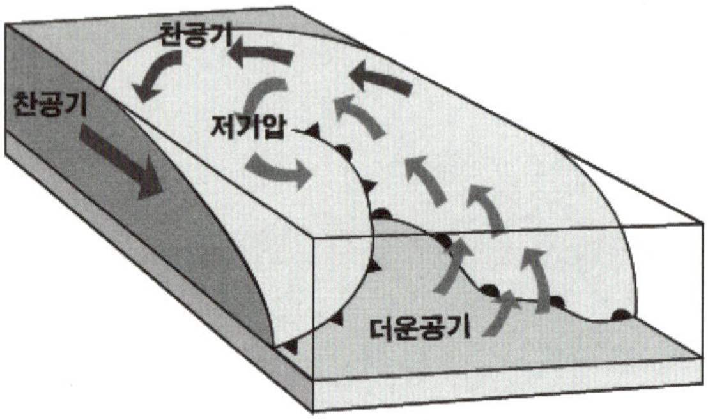

저기압은 최대로 발달하여 점차 쇠약해진다

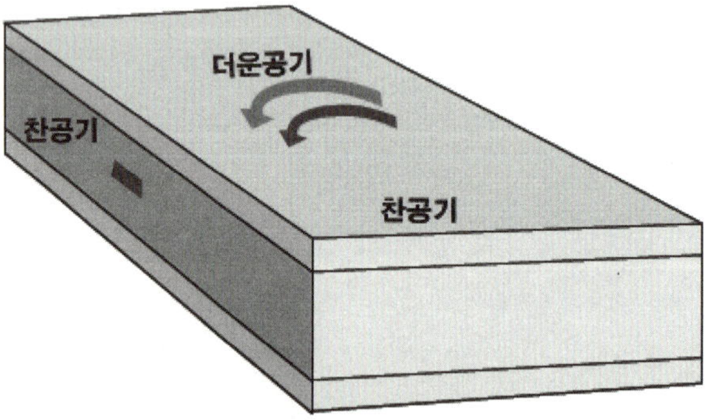

저기압은 사라져 없어지려 한다.

[그림 11-41] 온대성 저기압의 발생

▣ 전선에 대해 알아보자

→ http://www.kma.go.kr/child/cyber/cyber.jsp
[기상청 - 어린이배움터 - 사이버체험장 - 교과서속 엿보기]

우리나라에서 발달하는 온대 저기압은 보통 전선을 동반한다.

전선은 온난전선, 한랭전선, 폐색전선, 정체전선이 있다.

온난전선은, 온난기단 쪽이 우세하여 한랭기단 쪽으로 이동하는 전선이다. 온난기단은 전선면을 따라 한랭기단 위로 상승하며, 층운형의 구름을 형성한다. 온난전선 진행 전면의 약 1,000km 정도부터 권운이 나타나며, 온난전선에 가까워짐에 따라 고층운・난층운과 같이 구름 바닥이 점점 낮아져, 온난전선 전면 약 400km부터 비나 눈이 내리게 된다. 강수의 세기는 약하지만 강수범위는 넓다. 일반적으로 온난전선이 통과하면 대부분 비가 그치고, 기온과 습도가 상승하여 북반구에서는 풍향이 시계방향으로 바뀐다. 기압은 온난전선이 가까워짐에 따라 서서히 내려가고, 온난전선이 통과한 뒤에는 다시 서서히 올라간다. 그러나 온난전선은 지표면과의 기울기가 약 1/150, 즉 수평방향 150km에 대하여 수직방향 1km로 완만하며, 전방의 찬 공기층이 얇고 변질하기 쉬워 온난전선이 통과할 때의 기온・풍향 등의 변화가 불명확한 경우도 많다.

한랭전선은 전선 중에서 한랭기단 쪽이 우세하여 온난기단 쪽으로 이동해 온 전선이다. 한랭기단은 온난기단 밑으로 흘러들어 온난기단을 들어올리며, 한랭전선을 따라 적운형 구름이 발생한다. 한랭전선의 앞쪽이나 뒤쪽에서는 너비 80~150km에 걸쳐 소나기나 갑작스런 눈이 내리며, 때로는 번개도 친다. 강수의 강도는 강하지만 구역이 좁고, 한랭전선에 따라 뇌운이 발달하는 일도 많다. 겨울철 번개는 거의 한랭전선에 의한 것이다. 한랭전선이 통과할 때는 기온과 습도가 빨리 내려가고 기압은 급상승한다. 북반구에서는 시계 바늘 방향으로 풍향이 급변하고, 때로 돌풍이 불 때가 있으며, 해상에서는 폭풍우가 되어 어선이 조난되는 일이 있다. 한랭전선은 중심에 가까운 곳에서만 활발한 온난전선과는 달리 꽤 멀리까지 활발한 기상현상이 따른다. 한랭전선과 땅표면의 기울기는 약 1/50 정도로 온난전선보다 급격하다.

온대저기압은 한기가 난기 밑으로 들어가려는 위치에너지를 운동에너지로 바꿈으로써 발달되므로 전선면에서의 한기와 난기의 온도차가 클수록 잘 발달한다. 한기와 난기의 경계인 전선상의 작은 요란으로 나타난 저기압은 차츰 진폭이 증대한다. 저기압이 발달하면서 동진함에 따라 한랭전선은 온난전선보다 빠르게 진행하므로 따뜻한 지역이 차츰 부채꼴로 변화해 간다. 한랭전선이 온난전선에 따라붙으면 한랭전선과 온난전선의 교점은 저기압의 중심과 분리된다. 이 상태의 저기압을 폐색된 저기압이라 하고, 폐색의 결과 한랭전선과 온난전선이 하나가 된 전선을 폐색전선이라 한다.

사이트에서 전선을 동반한 저기압의 수직 단면도를 살펴보면 아래와 같다.

㉠-㉤, ㉥-㉦ 또는 ⓐ-ⓑ선을 클릭하면 그곳의 단면도를 보실 수 있습니다.

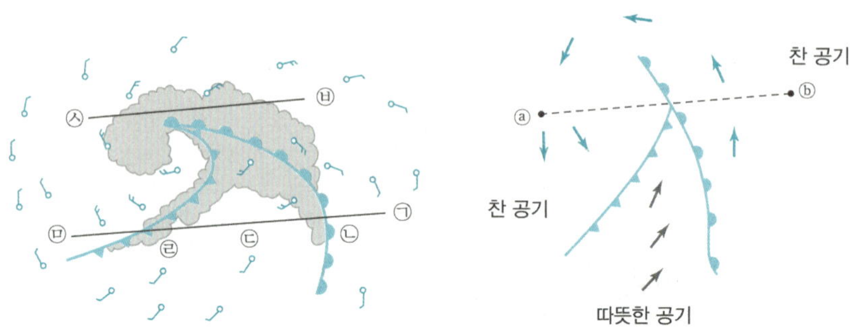

[그림 11-42] 전선을 동반한 저기압의 수직단면도

앞의 그림에서

① ㄱ-ㅁ선을 클릭하면 그 지역의 다음과 같은 수직단면을 볼 수 있다.

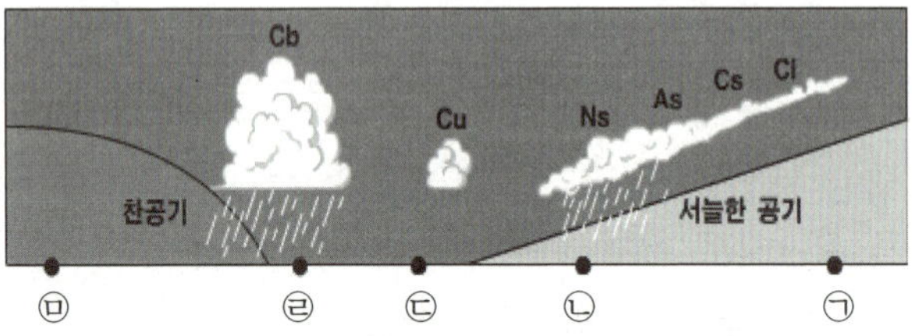

② ㅂ-ㅅ선을 클릭하면

③ a-b선을 클릭하면

[그림 11-43] 저기압의 수직단면도

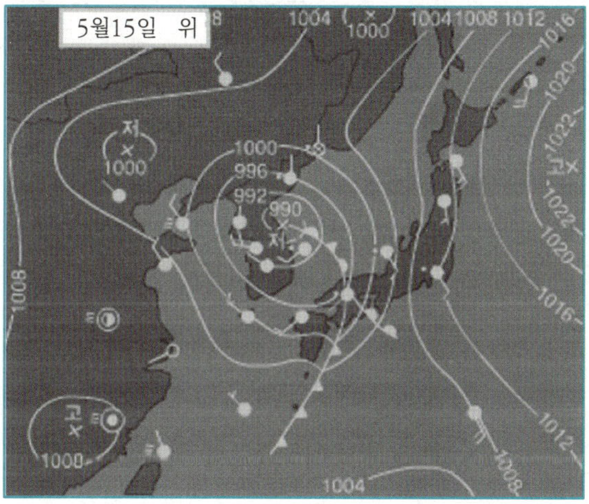

[그림 11-44] 우리나라 주변의 일기도

기상 관측 장비

여러분은 아침마다 헤어드라이어를 사용할 것이다. 드라이어에서 나오는 공기는 주변의 공기보다 상대적으로 따뜻해서 위로 올라가기 쉽다. 이 드라이기를 비닐봉투 안에 넣고 작동하면 비닐봉투까지 떠오르게 된다. 즉, 따뜻한 공기는 위로 가고 차가운 공기는 아래로 가기 때문에 비닐봉투가 공중으로 떠오르는 것이다. 열기구 역시 이와 비슷한 원리로 만들어진 것이다.

기상관측에서도 이 원리를 적용한다. 즉, 기상관측장비를 열기구에 태운다. 사람이 같이 타는 경우도 있다. 위의 비닐봉투의 경우와 같이 열기구 풍선을 따뜻한 공기로 채워서 열기구를 올려보낸다. 그러면서 100m, 500m 등의 고도에서 기상과 온도 등을 관측하고 점점 내려오게 하는 것이다.

지상관측장비에 대해서는 지금까지 앞 장에서 살펴본 바와 같고, 본 장에서도 다시 한번 자세히 다룰 것이다. 그렇다면 지금부터 다루어진 것 이외의 기상관측방법에는 어떠한 것들이 있고, 또 이용되는 장비에는 어떠한 것들이 있는지 알아보기로 하자. 이 장은 기상청의 자료를 참고하였음을 밝힌다.

▣ 기상관측장비는 지금까지 어떻게 발달해 왔는지 알아보자

기상관측장비 발전의 역사는 300년 전으로 거슬러 올라가는데, 1749년 알렉쉔더 윌슨(Alexander Wilson)이 연(kite)에 온도계를 부착한 것에서부터 시작한다. 그는 일정 시간 후에 온도계가 손상되지 않고 지상으로 내려올 수 있는 장치를 고안하여, 60m까지 높이에 따른 온도가 어떻게 변화하는지를 알아냈다.

1892년 프랑스의 과학자 게이 뤼섹(Gay Lussac)과 장 바이어트(Jean Biot)는 풍선을

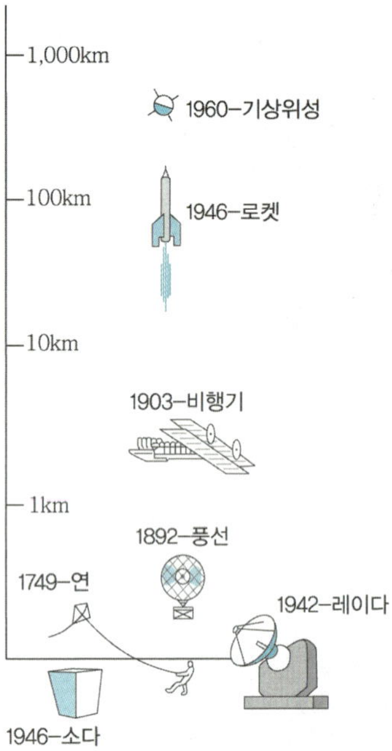

[그림 12-1] 기상관측장비 발달과정

이용한 대기 탐사에 나섰다. 이들은 7,000m까지 지구 대기의 온도와 습도를 측정하였다.

1903년 이후에는 비행기를 이용해서 풍속, 기압, 온도, 습도를 측정할 수 있었다. 그리고 1942년 이후에는 대기의 소리 측정기인 소다(Sodars: sound detectors), 빛 측정기인 라이다(lidars: light detectors), 레이다(raders: radio-wave detectors) 등의 장비를 이용하였다. 1946년에는 로켓을 이용해 165km까지의 구름 연속사진을 처음으로 촬영하였다.

1960년 미국은 세계 최초로 기상위성 TIROS-1 (Television and Infrared Observation Satellite)의 지구궤도 진입에 성공하였다. 현재까지 기상관측장비는 극궤도 위성인 NOAA 및 정지기상위성인 GMS-5와 GOES 이후 계속 발전하고 있다.

▣ 지상기상관측에 사용되는 온도계의 종류 및 특성에 대해 자세히 알아보자

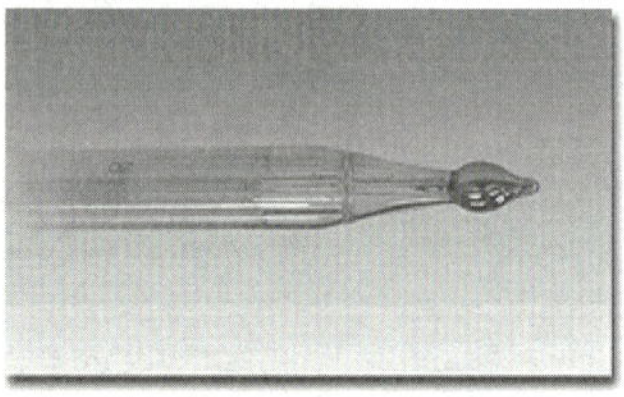
[그림 12-2] 건구온도계

① 건구온도계: 온도계의 밑부분을 햇볕이 직접 닿지 않도록 공기 중에 노출시켜 온도를 측정하는 수은 온도계로서, 이 온도계로 측정한 온도를 건구온도 또는 기온이라 한다. 통풍건습계에 사용되는 온도계 중 대기 온도를 측정하는 온도계로써 오른쪽에 위치해 있다. 통풍건습계용 유리 온도계는 건구온도계와 습구온도계의 오차가 작은 것으로 선택 사용해야 한다. 두 온도계 허용오차범위는 '0℃ 이상: ±0.2℃', '0℃ 미만: ±0.1℃'인 것이 좋다.

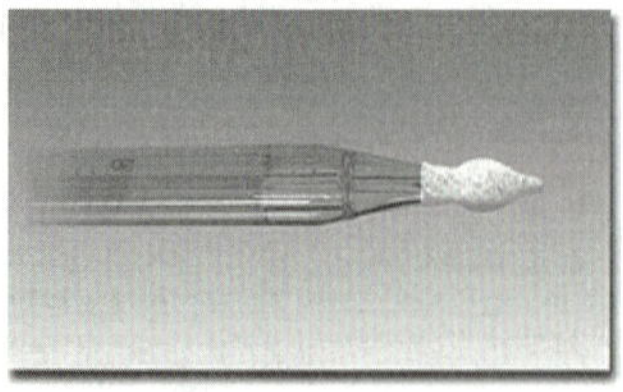
[그림 12-3] 습구온도계
〈출처: 기상청〉

② 습구온도계: 습구온도계는 건구온도계의 밑부분을 가제(무명천)로 싸고 있으며, 가제에 물을 축여 2.5~5m/s의 속도로 3분 정도 통풍시킨 후 측정된 온도가 습구온도이다. 이때 물은 증류수를 사용한다. 공기가 건조할수록 무명천에서 물의 증발이 활발하므로, 건구온도와 습

구온도의 차가 크게 나타난다.

백엽상 내부 우측(서쪽)에 건구, 좌측(동쪽)에 습구온도계가 위치해 있으며, 수증기압, 상대습도, 불쾌지수 등을 측정할 경우에 주로 사용된다.

▣ 지중온도계란 무엇인가?

① 곡관지중온도계: 수은 유리 온도계의 일종으로 막대온도계이다. 유리온도계의 밑부분을 60° 또는 80° 정도로 구부려, 이 부분을 땅속에 묻어 토양온도를 측정할 수 있도록 한 온도계이다. 이 온도계는 수감부로부터 굴곡점까지 길이를 다양화시켜 0cm, 5cm, 10cm, 20cm, 30cm 정도 깊이의 지중온도를 측정할 수 있도록 되어 있다. 현재 기상청에서는 곡관지중온도계로는 지표로부터 30cm 깊이까지 측정하고 그 이상의 깊이는 철관지중온도계를 사용한다.

지표면 부근에서의 온도는 시간과 계절에 따른 차뿐만 아니라 기상이나 지표면의 상태에 따라 일사의 흡수, 장파복사, 대기와의 열교환 등이 현저히 다르므로 시공간적인 차이가 크게 나타날 수 있다. 지중온도계로 측정된 값들은 주로 농업기상관련 자료로 유익하게 활용되고 있다

② 철관지중온도계: 지중 0.5m 이상 되는 깊이의 지중온도를 측정하는 수은 유리 온도계이다. 외경 4.6cm, 내경 4.2cm 철관 또는 플라스틱 등 이와 유사한 재질의 한쪽 끝을 봉한 다음, 이것을 땅 속에 박을 수 있도록 끝을 뾰족하게 하여, 이 속에 유리 온도계를 각각 0.5m, 1.0m, 2.0m, 3.0m, 5.0m 길이의 쇠사슬을 매달아 철관 속에 넣는다. 온도계는 철관벽에 부딪혀도 파손되지 않도록 하기 위해 유리 온도계를 보호관에 넣고 밑부분에는 고무로 된 덮개를 씌워 둔다. 온도계를 매달아 두는 쇠사슬로 된 끈에는 적당한 굵기의 구형 물체를 달아서 온도계가 항상 중앙에 위치하도록 한다.

지중온도는 토질이나 수분의 상태에 따라 차이가 있을 수 있다. 또한 지면에 가까울수록 기상의 영향을 받는 비율이 높고 따라서 일변화도 심하다. 일변화는 보통 지중 1m 정도에서는 나타나지 않고, 지중 6~7m 정도에서는 계절에 따른 연변화도 거의 없다.

▣ 수은 · 알코올 온도계에 대해 알아보자

① 수은온도계: 유리 밑부분은 구형 또는 원통형으로 되어 있으며, 유리의 윗부분을

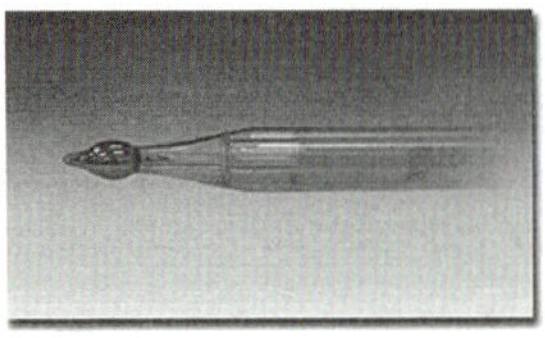
[그림 12-4] 수은온도계

밀폐하여 공기를 빼고 그 일부에 수은을 넣은 유리 온도계이다. 온도계의 눈금은 밑부분을 얼음이 융해되려는 용기 속에 넣었을 때 수은이 정지되는 점을 0℃(즉, 표준기압에서 얼음과 공기로 포화된 물과 평형이 되는 온도)로 하고, 끓는 용액 속에서 수은이 정지하는 점을 100℃(기압 760mmHg)로 하여 그 사이를 100등분한 것이 1℃이다. 이것은 수은의 비중이 13.6이며, 팽창계수는 광범위한 온도에 걸쳐 별 차이가 없으므로 정밀도가 높은 유리온도계이다. 유리온도계는 시간이 감에 따라 유리에서 회복되지 않는 변화가 서서히 일어나 밑부분 구형의 부피가 줄어 빙점 측정값이 줄어드는 경년변화가 있으므로 5년마다 재검정을 받아 사용하는 것이 좀 더 정확한 값을 측정하는 데 도움이 된다.

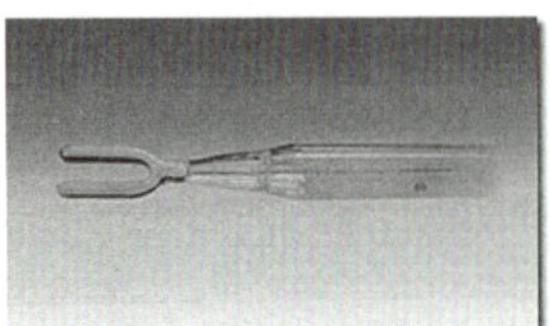
[그림 12-5] 알코올온도계

② 알코올온도계: 유리 온도계의 밑부분에 수은 대신 순수 알코올을 사용한 온도계이다. 알코올은 무색 투명하므로 눈금을 읽는 데 편리하도록 착색제를 약간 넣은 것도 있다. 수은의 빙점이 -38.9℃이고, 에틸알코올의 빙점은 -117℃인 관계로 한대지방에서는 알코올온도계를 많이 사용하며, 알코올온도계는 저온측정에 많이 사용된다. 수은온도계보다 정밀도가 다소 떨어지는 단점이 있으나, 일상생활에 보편적으로 많이 사용되는 유리온도계이다.

▣ 습도계의 종류 및 특성과 측정방법에 대해 알아보자

① 모발자기습도계: 모발자기습도계(hair hygrograph)는 습도의 증감에 따라 모발의 신축성에 의해 모발의 길이가 변하는 현상을 이용한 습도계로 가장 오랜 역사를 가진 습도측정용 기기이다. 연속되는 관측값이 기록되므로 임의 시각의 측정값과 상대습도의 시간적 변화를 조사하는 데 편리하다. 머리카락은 온도에 따라 늘고 줄지만 온도 1℃의 상승에 따라 원래 길이의 15×10^{-6}배 정도 늘어나므로 상대습도 1%에 의해 늘어나는 길이에 비하면 매우 작은 값이어서 무시한다. 습도변화에 민감하며, 특히 실온에서 쉽게 이용할 수 있고, 같은 온도라도 습도가 낮을 때 쉽게 측정할 수 있다. 구조가 비교적 간단하고 취급이 용이하나, 정밀도가 다소 떨어지는 단점이 있다.

② 자기온도 습도계: 자기온도습도계(thermo-hygrograph)는 온도와 습도의 기록을 동시에 얻을 수 있도록 고안한 기상측정기기이다. 일반적으로 바이메탈식 자기온도계와

모발을 이용한 자기습도계를 한 대로 합쳐서, 같은 자기기록지 위에 온도와 습도를 동시에 기록하도록 되어 있어 관측 기간 중 온도와 습도의 변화를 비교할 수 있다는 장점이 있다. 측정값의 기록은 상단에 온도를, 하단에는 습도를 기록하게 되어 있다. 기상 관측용으로는 잘 사용이 되지 않으며, 항온항습을 유지해야 하는 기계실, 시스템실 등에 많이 이용되고 있다.

③ 통풍건습계: 통풍건습계(ventilated psychrometer)는 아스만식과 전동식 2종류가 있으며, 외형적인 차이는 약간 있으나, 작동원리는 같다. 아스만식 통풍건습계는 독일의 기상학자 아스만(Assmann)이 고안한 건습계(psychrometer)이다. 보통 건습계는 밑부분에 닿는 공기의 속도가 풍속강도에 따라 다르기 때문에 건습계 상수 K의 값이 변하므로, 이 오차를 줄이기 위해 통풍속도가 일정한 통풍건습계를 사용한다. 모터 또는 태엽을 동력으로 한 팬(fan)을 이용하여 통풍시키며, 통풍건습계는 건구온도계와 밑부분을 가제로 감싼 습구온도계, 팬(fan)으로 구성되어 있다. 습구온도계 구부에 증류수를 적신 후 2.5~5m/s 속도로 3분 정도 일정하게 통풍을 시킨 후 온도계의 값이 안정되면 관측값을 측정하여, 수증기압과 상대습도를 구한다. 참고로 통풍속도는 해발고도가 현저히 높은 경우 관측소의 공기밀도를 고려하여야 한다. 통풍용 모터는 교류 100V 또는 직류 6V와 태엽식을 사용한다. 설치는 백엽상 내부를 중심으로 좌측(동쪽)에 습구온도계, 우측(서쪽)에 건구온도계가 위치하도록 하고, 습구온도계는 백색 탈지된 얇은 가제로 중첩되는 곳이 없이 밑부분에 밀착되도록 싸맨다. 일시적인 관측일 때에는 닥나무로 얇게 만든 종이도 상관이 없지만 기름기가 없는 것이어야 한다. 야외에서 사용하는 통풍건습계는 일사의 영향을 피하기 위해, 사용되는 금속은 모두 광택이 나도록 도금하는 동시에 온도계에 열의 전도가 없도록 한다.

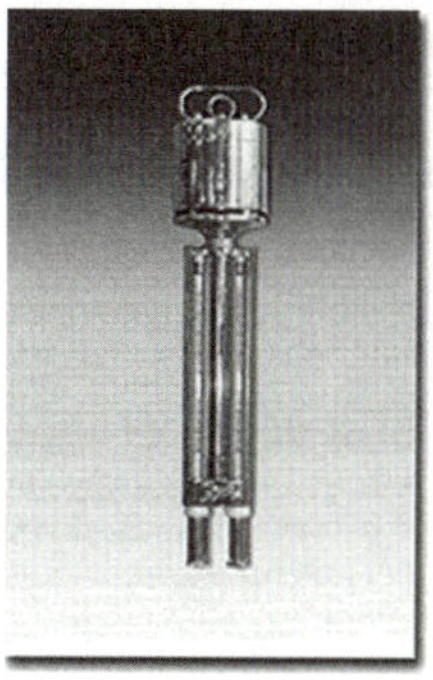

[그림 12-6] 아스만식 통풍건습계

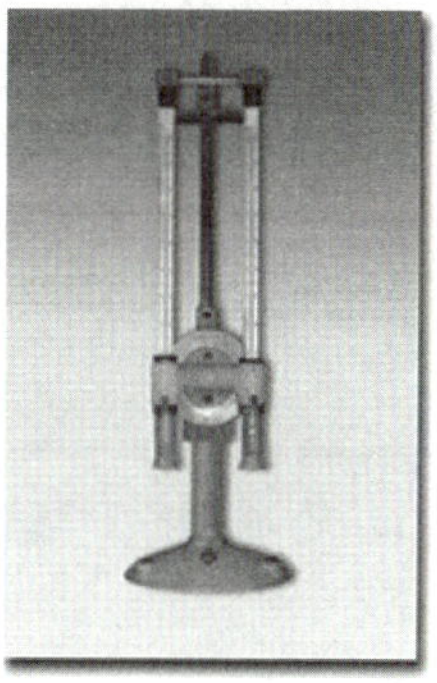

[그림 12-7] 전동식 통풍건습계

통풍건습계는 구조와 취급이 비교적 간단하고 정밀도가 높은 측정이 가능하나, 습구온도계 구부의 물이 응결하는 저온에서는 측정방법이 어렵다는 단점이 있다.

▣ 강수계의 종류와 측정법을 알아보자

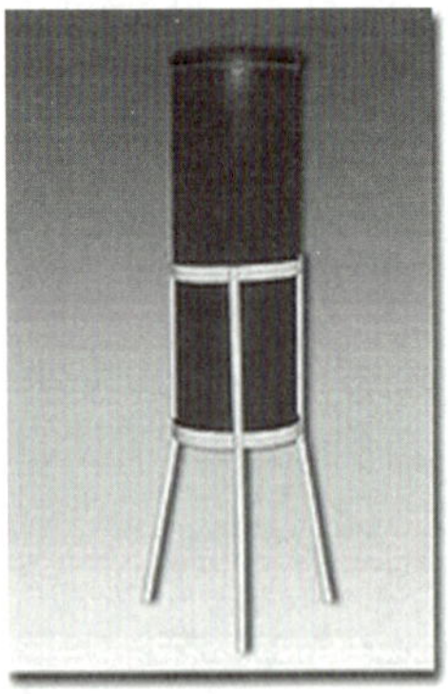
[그림 12-8] 원통형 우량계
〈출처: 기상청〉

① 원통형 우량계: 원통형 우량계는 크게 두 부분으로 구성된다. 바로 물받이(수수기)와 우량되이다. 물받이(수수기)는 수수기 구경 20cm, 면적 314cm², 40cm 길이의 원통형으로 만들어진 저수기로 이루어져 있다. 원통형 우량계의 구조는 물받이(수수기)입구 직경 20cm(오차범위: 0.3%), 물받이(수수기) 입구의 테두리 각도 30°±5°, 깔대기관의 내경 12±5mm, 깔대기 꼭지각 90°이다. 수수기의 테두리는 황동이나 이와 동등 이상의 재료이어야 하고, 각 부분의 도장 및 도금의 상태가 양호해야 하며, 테의 가장자리가 예리해야 한다. 강수량은 길이 36cm, 내경 4cm정도의 원통으로써 우량 0.1mm마다 눈금이 그어져 있는 유리제 우량되를 이용하여 측정한다. 눈, 우박, 싸락눈 등은 원통형 우량계 용기 채로 강수저울에 달아서 강수량을 측정한다. 원통형 우량계는 우량물받이(수수기)와 우량되로 구성된 가장 원시적인 관측방법으로 관측 시마다 필드에 나가 관측하여야 하는 번거로움과 강우 시작과 종료 시각이 불분명하고, 무인관측이나 원격기록이 불가능한 단점이 있으나, 적은 비용으로 정확한 우량을 관측할 수 있는 장점이 있다.

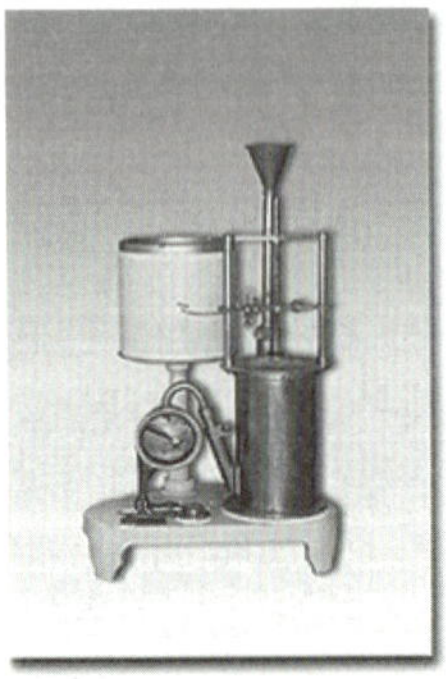
[그림 12-9] 사이펀 우량계

② 사이펀 우량계: 사이펀 자기 우량계(siphon recording rain gauge)는 강우량의 시간적 변화상태를 측정하기 위하여 사용하는 것으로써 저수형 자기 우량계라고도 한다. 사이펀이란 대기압을 이용하여 휘어진 관으로써, 높은 곳에 있는 액체를 낮은 곳으로 옮기는 장치를 말한다. 물받이(수수기)에 들어간 빗물을 탱크 안에 일정량만큼 모아두는 형식의 우량계이다. 아날로그 신호로 연속기록이 되는 장점이 있으나, 전기적인 신호로 변환이 어려워 원격측정이 곤란하며, 취급이 어렵다는 것이 단점이다. 비가 내리면 수수기에 연결된 호스를 통해 자기우량계의 조절관을 통해서 저수통에 흘러 들어가게 된다. 따라서, 원통 내 수위의 변화에 따라 금속제의 부표가 움직이게 되어 있고, 원통 속에 고인 빗물이 20mm에 달하면 사이펀의 작용으로 자동적으로 배수되고, 부표축에 달린 펜은 등속으로 회전하는 원통형시계에 부착된 자기 기록지에 강수량의 그래프를 그리게 된다.

▣ 기압계의 종류와 측정법을 알아보자

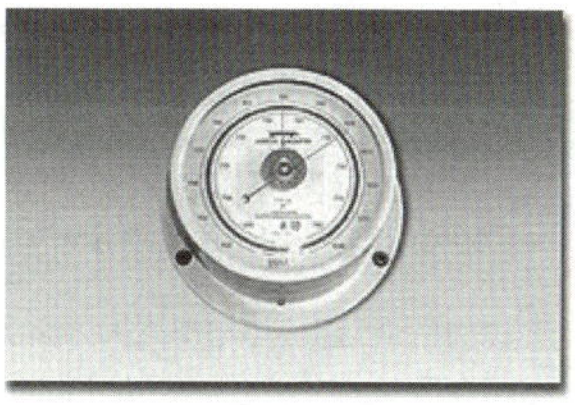

[그림 12-10] 아네로이드 기압계

① 아네로이드 기압계(aneroid barometer): 공합(금속용기)을 이용하기 때문에 공합 기압계라고도 한다. 접시 모양의 얇은 금속동판(공합) 2장을 대칭으로 회전축에 평형 연결시켜 놓고 주변을 밀봉한 다음 공합 내부의 공기를 빼내어 진공상태로 하면, 공합은 짜부러지는 것과 같이 변형되어 금속의 탄성과 기압이 평형을 이루게 된다. 이러한 원리를 이용하여 기압이 변화함에 따라 수축과 팽창으로 공합의 두께가 변하는데, 이 공합의 움직임을 지렛대를 이용해 확대시켜 지침을 움직이게 하여 기압 눈금이 표시된 눈금판으로부터 기압을 읽을 수 있도록 만들어져 있다.

성능은 대기 온도가 20℃일 때 정확성이 높다. 이 기압계는 비교적 소형이며, 가볍기 때문에 운반시 편리하고 취급이 간단한 반면, 수은기압계보다 정밀도가 낮은 단점이 있다. 공합이나 보조용수철의 탄성이 온도에 따라 변하므로 그 영향을 제거하기 위해 종전에는 공합 속에 약간의 공기를 남겨 두는 방법을 사용해 왔으나, 최근에는 공합 안은 진공에 가까운 상태로 하고 지렛대의 일부에 바이메탈을 이용하는 방법이 주로 사용되고 있어 온도보정이 필요하지 않다. 이동이 간편하고 사용하기에 편리하여 주로 선박 등에 많이 이용된다.

[그림 12-11] 아네로이드 자기 기압계

② 아네로이드 자기 기압계: 액체기둥이 없는 기압계로써 원리는 아네로이드 기압계(공합기압계)와 같이 금속용기(공합)의 수축 팽창원리를 이용한 측정기기이다. 지침 대신 펜을 연결하고 눈금판 대신 원통형 시계에 자기 기록지를 감아 관측 시간 동안 펜이 기압의 변화를 자기 기록지 위에 기록하도록 한 기압계이다. 현재 널리 사용되는 아네로이드 자기기압계는 공합(금속용기)을 7~8개 겹쳐서 그 내부를 연결한 것을 수감부로 만든 것이다. 정밀도는 아네로이드 기압계보다 다소 떨어지며, 때때로 수은기압계나 아네로이드 기압계에서 측정한 보정기압과 비교해서 측정값을 보정할 필요가 있다. 기압의 변화에 따라 주름 모양의 공합이 변형되며, 변화된 양은 수직 연결대, 배율 조정대를 거쳐 펜대 축을 회전시킨다.

공합은 그 속의 공기를 빼고 적당한 강도의 스프링을 넣어서 대기의 압력과 평형을 이루도록 되어 있다. 스프링의 탄성계수는 온도에 의해 변화되므로 온도보정용 바이메탈이 공합의 하부에 연결되어 있다.

③ 수은기압계: 수은을 이용하여 기압을 측정하는 기구이다.

기압측정 방법은 아래쪽의 수은면 조정나사로 수은조 안의 수은면 높이를 상아침 끝부분에 일치시키고, 주척 및 부척눈금을 사용하여 유리관 안의 수은주의 높이를 측정한다. 관측값은 온도와 중력의 영향을 받으므로 이에 대한 보정이 필요하다. 기구차보정, 온도보정, 중력보정을 하면 관측지점의 현지기압을 얻을 수 있고, 현지기압을 해면경정한 것이 해면기압이다. 취급법과 측정법이 까다로우나 정밀도가 높다.

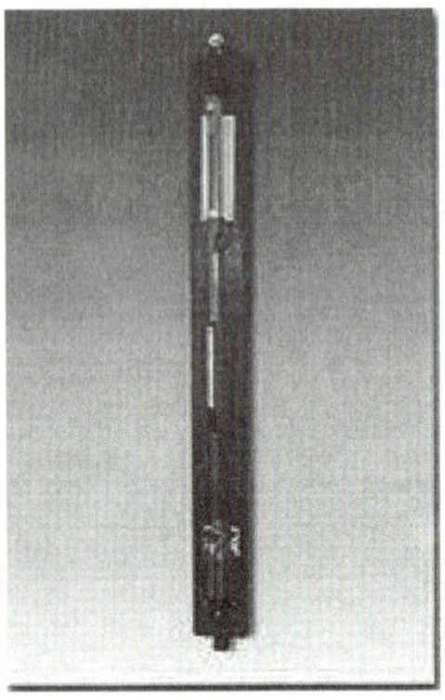

[그림 12-12] 수은 기압계

수은기압계의 설치는 온도변화가 적고 직사광선이 없는 건물의 북쪽에 설치한다. 소음 또는 진동에 영향을 받지 않도록 약 25cm의 견고한 나무 또는 철근 콘크리트 기둥에 설치한다. 기압계실의 창문은 이중창으로 하고 출입문은 미닫이로 하여 실내의 공기운동을 최소화한다. 높이는 수은주의 두부가 대략 관측자의 눈 높이에 맞도록 한다. 수은주의 각도가 연직이 아니면 측정값에 오차가 생기게 된다. 그러므로 하단에 붙어 있는 3개의 고정나사를 조정하여 수은주가 연직이 되도록 건다.

▣ 풍향, 풍속계의 종류와 관측 방법에 대해 알아보자

① 3배 풍속계(anemometer): 컵의 회전속도가 풍속에 비례하는 원리를 이용하여 컵의 회전속도를 측정해서 풍속을 구하는 풍속계이며, 세 컵 풍속계라고도 한다. 일정 시간 동안 불어오는 바람에 의해 컵이 회전하면서 회전수를 전접계수기에 의해 자기기록지에 기록하게 되며, 10분간 또는 24시간의 평균풍속을 구하는 데 사용되는 측정기기이다. 변화하는 풍속에 회전속도가 잘 따라가도록 관성모멘트를 될 수 있는 한 작게 하기 위해 바람 컵의 수를 최소로, 바람 컵의 팔 길이도 될 수 있는 한 짧게, 바람 컵의 전체 중량도 가능한 한 가볍게 만들어졌다. 컵 풍속계의 크기나 형태에 대해서는 어떤 것이 가장 이상적인지 이론적인 근거가 어려운 실정이지만, 풍동실험의 결과에 의하면 컵이 네 개인 것보다 셋인 풍속계가 단위질량당 토오크(torque, 물체를 회전하도록 하는 힘의 효과로 벡터량임)를 더 많이 받고 회전도 더 고르며, 반구형 컵보다 끝 부분이 둥근 원뿔형(conic) 컵이 더 우수한 것으로 알려져 있다.

② 풍차형 풍향풍속계: 풍차의 회전속도가 풍속에 비례하는 원리를 이용한 것으로 풍차풍속계의 풍차를 수직꼬리날개를 가진 유선형 동체의 선단에 붙여서 1대의 기록계에 풍향과 풍속을 동시에 기록하도록 한 일종의 자기풍향풍속계이다. 프로펠러 풍속계의 회전축에 직류 또는 교류의 소형발전기를 장치해서, 그 기전력을 기록하도록 하였으며, 풍향 풍속의 순간값을 지시 또는 연속 기록하는 형태로 수감부, 지시계, 자기기록계로 구성되어 있다. 원격측정이 가능한 풍향풍속계로 프로펠러식 풍향풍속계라고도 하며, 에어로벤이 이에 속한다. 기록계의 풍향은 동조 모터를 사용하였으며, 에어로벤 내부의 풍향은 전위차계를 사용하였다. 동조모터는 한 개의 1차 코일과 120° 간격으로 된 3개의 2차 코일로 되어 있으며, 교류변압기의 원리와 같다.

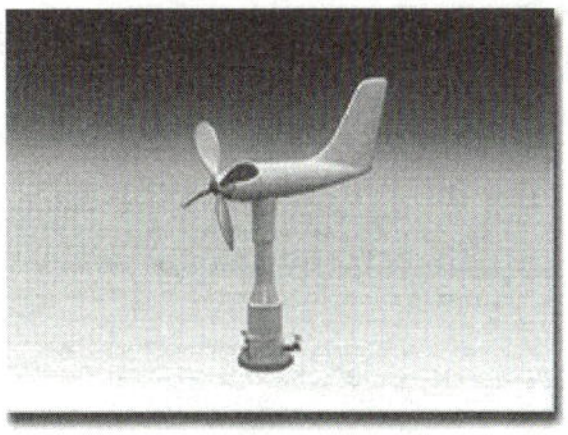

[그림 12-13] 풍차형 풍향풍속계

▣ 일사, 일조계의 종류와 관측 방법에 대해 알아보자

① 에플리 일사계: 전천일사로도 불리는 수평면일사의 관측은 수평하게 놓인 빛을 받는 면이 입사하는 태양광선과 하늘 전체의 산란광을 측정하는 것으로 일사량 관측에 가장 많이 이용되고 있다. 일사의 강도가 변화했을 때, 약 30초 동안 변화량의 98%를 감지할 정도로 뛰어나며, 태양고도의 영향이 적다. 수감부는 건조공기를 넣은 구모양의 유리용기 속에 흰색과 검정색의 2개로 된 동심원의 은환이 수평으로 되어 있다. 뒷면에는 금-팔라듐, 백금-로듐의 열전대가 접착제로 붙어 있어 일사를 받았을 때, 그 양에 따라 흑백의 온도차에 수반된 기전력을 이용하여 일사량을 측정한다. 검은 면에는 모든 일사를 잘 흡수하는 도료가 칠해져 있으며, 흰 면에는 산화마그네슘이 칠해져 있어 0.3~3마이크론 정도의 복사를 잘 반사하도록 되어 있다.

[그림 12-14] 에플리 일사계

② 옴스트롱 직달일사계: 빛을 받는 면이 항상 태양광선에 수직하도록 설치되어 직달일사량을 측정한다. 관측된 일사량은 측기의 원통을 통하여 곧바로 들어오는 태양광선뿐만 아니라, 태양 주위의 산란광도 포함되어 있다. 직달일사량의 측정은 일사량 자체의 측정 이외에 대기의 투과율 및 혼탁계수의 계산에 이용된다. 검게 칠한 2장의 망가닌(manganin)판 중 1장은 일사가 비치고, 다른 1장은 가리워져 전류를 흐르게 하여 일사가

[그림 12-15] 옴스트롱 직달일사계

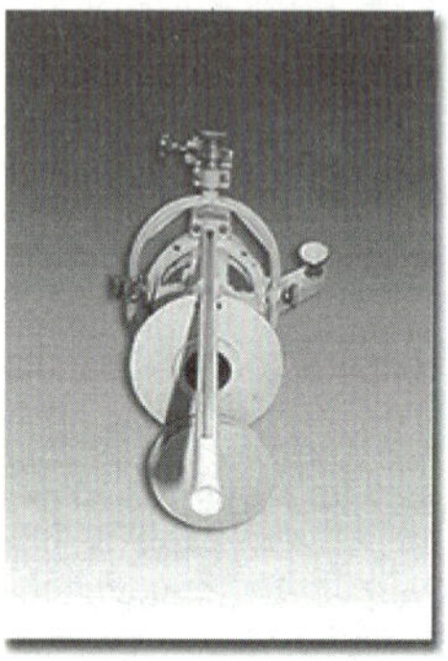

[그림 12-16] 은반직달 일사계

〈출처: 기상청〉

비친 쪽의 온도와 같아지도록 가열한다. 그러면, 망가닌판의 물리정수와 전류로부터 일사량을 구할 수 있다. 망가닌판에는 온도측정용 열전접점이 붙어 있다. 이론상 절대측정이 되고 취급하기도 쉽기 때문에 국제적인 표준용기로써 사용되었으며, 현재는 2차 표준측기로 이용되고 있다. 움직이는 태양을 따라 신속하고 부드럽게 방위와 고도각을 조정하는 장치가 되어 있다는 특징이 있다.

③ 은반직달 일사계: 원통을 태양쪽을 향하게 하고, 원통 끝의 셔터를 2분 주기로 열고 닫게 되어 있으며 그 사이에 원통으로 입사되는 직사광선이 검은 색으로 칠해진 은반의 온도를 변화시키고 그 온도를 은반 내 밑부분이 박힌 정밀 유리 온도계로 측정함으로써 온도의 상승이나 하강을 측정하여 일사량을 구한다. 원통은 적도좌표계식에 장치되어 측정 중에 태양을 추적할 수 있다. 은반일사계는 정밀도가 좋아 안정된 측정을 할 수 있으므로 자료를 비교할 때 기준으로 사용된다. 원통 저변에 1/100℃까지 읽을 수 있도록 눈금이 부착되어 있는 까맣게 칠을 한 은반이 있다. 주위에 빛을 가리는 장애물이 없는 곳에 견고한 콘크리트 지지대를 만들어 그 위에 위도 눈금판이 남북을 향하도록 하여 수평으로 설치한다. 수평을 맞추기 위해서는 측기에 부착된 수준기 기준으로 삼각지지대의 조절나사를 돌려 조정한다. 관측 시를 제외하고 비바람으로부터 보호하기 위해 보온과 통풍효과가 있는 뚜껑을 덮어 놓아야 한다. 직사광선이 입사되는 원통은 항상 태양을 향하도록 방위조정나사를 돌려 태양 이동을 계속 추적하도록 하여야 한다. 이를 위하여 원통 상부에 작은 구멍을 통과하는 빛이 원통 하단의 기점이 맞는가를 확인한다. 관측은 하늘 상태가 태양 주위에 구름이 없어 관측소요시간인 10분 동안에 직달일사에 영향이 없을 경우에만 실시한다. 온도측정은 모두 10회 실시하며, 확대경을 이용하여 0.01℃까지 정확히 읽어야 한다. 측기에 부착된 수은온도계는 매우 민감하여 100분위 수를 먼저 읽고 10분위 수와 정수를 읽는다.

④ 졸단 일조계: 놋쇠 또는 황동제의 원통을 위도 눈금이 표시되어 있는 설치대 위에 장치한 기계로서 원통 상면에는 태양광선을 진태양시의 12시에 동서로 분리하는 차광판이 고정되어 있다. 원통은 고정축의 주변을 수평에서 60° 이상까지 회전할 수 있도록 되어 있으며, 시침을 그 지방(관측소)의 위도에 고정하도록 되어 있다. 이 원통에는 좌우

45°되는 곳에 0.5mm의 작은 채광구가 있는데, 오전에는 동쪽, 오후에는 서쪽의 구멍에서 햇빛이 내부를 비추게 되어 있다. 지름 64mm, 깊이 140mm의 원통을 지축과 평행하게 설치한다. 원통축을 자오선상(진남북선)과 일치시키고 원통의 뚜껑이 있는 곳을 북쪽으로 향하도록 설치한다. 감광액을 일조자기지에 칠하거나 건조 시에는 암실이나 일광이 비치지 않는 장소에서 하며, 보관은 되도록 건조하고 차가운 암실에 한다. 또한, 감광지의 감도를 일정하게 유지하는 것이 중요하기 때문에 순도가 높은 약품을 사용한다 감광자기지를 일조계의 원통에 넣으려면 원통 내에 표시(|)된 점에 자기지의 10시와 14시선을 맞추는데 14시쪽을 안으로 10시쪽을 밖으로 향하도록 하며, 자기지의 누름쇠가 일광을 차단하지 않도록 쥔 부분을 위로 해서 넣는다. 졸단일조계의 기록지에는 진태양시에 의한 시각이 인쇄되어 있다. 자기지 교환은 일몰 후 적당한 시각에 하며, 기록된 자기지는 교환 즉시 일조시간을 계산한 후 맑은 물에 약 30분간 담가 두었다 씻은 다음 잘 말려서 보관한다.

[그림 12-17] 졸단 일조계

▣ 우리가 흔히 보는 백엽상의 설치에 대해 알아보자

기상관측용 기기가 설치된 작은 집 모양의 나무상자를 백엽상이라 한다. 백엽상 안에는 보통 최고온도계 · 최저온도계 · 자기온도계 · 습도계 등이 설치되어 있다. 사방의 벽은 겹비늘 창살로 만들어 직사광을 직접 받지 않으며 비나 눈도 들어가지 않고, 바람이 잘 통하게 하였다. 이는 백엽상 내부의 기상상태를 관측지점의 기상상태와 동일한 조건이 되게 하기 위한 것이다. 백엽상은 그 내부에 있는 온도계의 눈금이 약 1.2∼1.5m 높이에 위치하도록 세우며 관측할 때에는 북쪽 창문을 이용한다. 복사열이 직접 전달되는 것을 막기 위해서 보통 잔디나 풀밭 위에 세운다.

[그림 12-18] 백엽상과 백엽상의 내부

▣ 레이더 기상관측에 대해 알아보자

기상레이더는 태풍 및 강수의 위치, 범위, 속도 등의 자료를 수집한다. 레이더는 포

[그림 12-19] 기상레이더

물면 거울 안테나로 파장이 짧은 3~10cm의 전파를 1~수 μs(마이크로 세컨드)의 펄스폭으로 1초간에 200~500회의 반복주파수로 발사한다. 전파는 1~2°의 좁은 Hz를 가지는 강력한 지향성 빔으로 발사된다.

발사된 전파는 빗방울 등의 목표에 반사되어 극히 일부분만 안테나로 되돌아온다. 이 펄스와 펄스 사이에 되돌아온 레이더 에코는 수신기에 의해 증폭되어 브라운관을 사용한 지시장치에 영상으로 나타난다. 전파가 발사된 시간과 수신된 시간으로 목표까지의 거리를 측정하고 안테나를 상하좌우로 회전시켜 목표물의 범위와 높이를 측정한다.

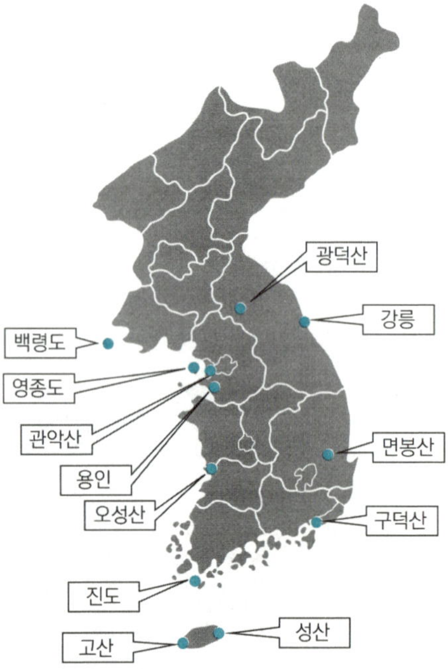

[그림 12-20] 우리나라 기상레이더의 위치

기상레이더는 탐지하는 대상에 따라 일기감시레이더 · 측운레이더 · 도플러레이더가 있다. 일기감시레이더는 주로 앞에서 말한 펄스레이더이고, 측운레이더는 관측대상을 강수입자보다 구름입자를 대상으로 하며 반사강도가 강한 1cm 또는 그 이하의 전파가 사용되므로 밀리파레이더라고도 한다. 도플러 레이더는 전파의 도플러효과를 이용하여 송신파와 목표로부터의 반사파 사이의 주파수 편차를 구하여 목표의 이동속도를 측정하는 레이더이다.

일기를 감시하는 기상레이더 전파는 직진성을 가지고 있으므로 안테나와 목표 사이에 장애물이 없어야 한다. 따라서 기상레이더는 앞에 장애물이 없는 높은 곳에 설치하는 것이 유리하다. 기상청은 항공기상청에서 운영하는 영종도를 포함하여 총 12개소에서 레이더 관측을 하고 있으며, 그 중 백령도와 용인은 이중편파도플러 레이더, 나머지 12개소에는 단일편파 도플러 레이더가 설치되어있다. 기상레이더에서 관측된 자료는 통신망을 통하여 예보실로 전송되고, 예보관이 직접 비구름의 분포 및 강도, 그리고 이동방향 및 속도 등을 볼 수 있게 하고 있어 호우의 가능성을 미리 파악하여 통보함으로써 기상재해 예방에 기여하고 있다.

▣ 이동식 기상레이더 관측도 가능한가?

현재 기상연구소에서 운용중인 연구용 장비로써, 기상청 관측망 취약지역에 대한 악기상 감시 및 연구를 위해 1997년 미국으로부터 트레일러형 이동식 도플러 기상레이더(X-band)를 도입하였다. 이것은 특히 이중 편광 기능에 의해 강수입자 형태(비, 눈, 우박, 이슬비)를 구별해 낼 수 있다. 연구 목적에 따라 장소를 이동하여 관측할 수 있는 장점이 있으며, 전기 공급을 위한 자체 발전 시설도 갖추고 있다.

[그림 12-21] 이동식 기상레이더

〈출처: 기상청〉

▣ 자동기상관측장비(Automatic Weather System: AWS)란 무엇인가?

[그림 12-22] 자동기상관측장비

국지적인 집중호우나 돌발적인 기상현상 등은 그 범위가 협소하기 때문에 기상관서에서의 관측만으로는 관측되지 않는 경우가 많다. 이와 같이 정규기상 관측망으로는 관측이 어려운 규모의 기상현상을 관측하기 위해 무인기상관측장비를 개발하여 1970년대부터 선진국에서 사용하기 시작하였다. 우리나라 기상청에서도 1990년 말 현재 전국 100개의지점에 풍향 · 풍속 · 기온 · 습도 · 강수량을 관측하는 자동기상관측장비를 설치하여 공중전화회선 또는 전용전화회선에 의하여 매시간 컴퓨터로 자료를 수집 및 처리하여 실시간으로 기상예보와 기상재해 발생을 통보하는 데 이용하고 있다. 또, 자동기상관측자료는 미세기후 구분의 기초자료와 미세격자 수치예보모형의 초기자료로 매우 중요하게 활용되고 있다. 기상청은 1988년 서울올림픽 기상지원용으로 AWS(Atomatic Weather System) 15대를 도입하여 운용한 것이 계기가 되어 1990～1994년까지 방재용 AWS 400대를 설치 완료하고, 1995년부터 내구

연한(5년)이 경과되어 노후화된 장비에 대해 연차적으로 교체사업을 하고 있다. 또한, 소규모의 악기상이 빈번히 발생함에 따라, 소규모 국지기상감시의 선도관측을 위한 도서지역과 관측공백지대인 산간등지에 1999년도부터 5년간 연차적으로 AWS 100대를 증설·운용할 계획 하였으며, 지상기상관측방법의 표준화 및 객관화를 위해 관측자에 의한 수동식 관측방법을 자동화로 전환하고자 1995년도부터 관서자동화사업을 계속 추진하고 있다. 현재 전국 491개소(격자간격 약13.3km)로 구성되어 운영하고 있다. 자동기상관측장비로 측정된 자료는 알고리즘에 의한 자동품질검사(A.Q.C)를 통해 정규 지상기상관측 전문으로 자동 작성되어 송신·분배·저장이 가능한 기능을 구축하고 있다. 또한, 누적자료를 이용한 일기통계표 등 자료출력의 완전자동화 및 자기 기록지를 대체키 위한 기록값 출력의 그래픽 자동화(CD-ROM 저장)를 이루기 위해 각종 시험운용을 실시하고 있다. AWS에서 수집된 자료는 종합 자기기록의 실시간 영상표출로 일변화 경향 감시 및 분석이 가능하다.

▣ 고층기상관측에 대해 알아보자

세계기상감시계획(WWW)의 일환으로 실시하는 관측으로써 대기의 입체적인 3차원 분석을 위하여 지상으로부터 30km 이상까지의 고도별 기압, 기온, 습도, 풍향·풍속을 관측하는 것을 고층기상관측이라고 한다. 세계 고층기상관측망을 구성하는 모든 관측소는 하루에 2회씩 라디오 존데 등을 띄워 올려 상층기상요소를 관측하고 있다. 상승하는 라디오 존데가 관측하여 지상으로 송신한 자료는 범세계적인 대기상태를 분석하기 위해 수집·교환되고 있으며, 이 자료를 이용하여 고층일기도가 작성되고 예보의 기본자료로 활용되고 있다. 상층일기도는 일반적으로 850, 700, 500, 300, 200hPa 일기도가 작성되며, 특수목적에 따라 100hPa, 30hPa 일기도가 작성되기도 한다. 기상청의 고층기상업무는 포항기상대에서 1964. 4. 1에 관측을 시작한 이래, 고층 기상 관측망 확충계획에 따라 현재 전국 6개 지점에서 레윈존데 관측을 수행하고 있으며, 9개 지점에서는 연직바람관측장비와 라디오미터를 운영하고 있다.

▣ 레윈 존데(rawin sonde)관측에 대해 알아보자

레윈 존데 관측은 라디오존데 관측과 라디오윈드 관측(상층바람관측)을 동시에 같이 실시하는 관측이다. 먼저, 라디오존데 관측은 대기 상층의 기상(기온·온도·습도 등)을 관측하여 지상에 송신하는 측정장치를 말한다. 센서로는 보통 아네로이드 기압계, 바이메탈 온도계, 산화알루미늄 피막으로 된 습도계를 사용한다. 측정값은 모스부호를 사용하는 부호식이나 주파수 변조방식을 사용하여 발신한다. 일반적으로 지상의 자동추적장치로 그 위치를 추적한다. 가벼운 기체를 이용한 기구방식이 일반적이나, 비행기에서 낙하산에 매달아 떨어뜨리는 낙하존데도 있다. 이 방법은 태풍중심부를 관찰할 때 쓰인다. 상층 오존의 양을 측정하기 위한 오존존데도 있다.

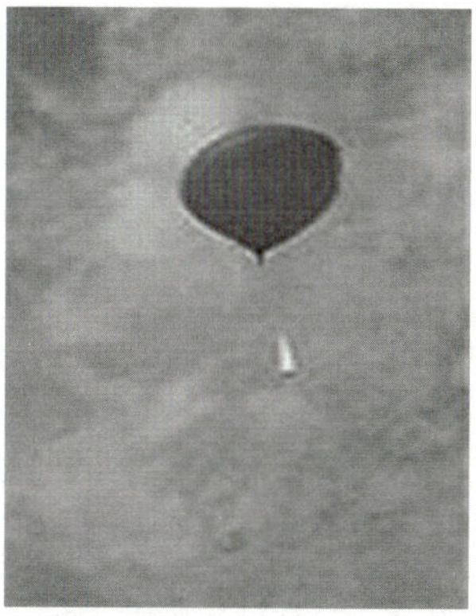

[그림 12-23] 라디오윈드 관측기구

라디오윈드 관측은 전자기기를 사용하여 기구를 추적한 결과를 가지고 상층 풍향, 풍속을 결정하는 방법이다.

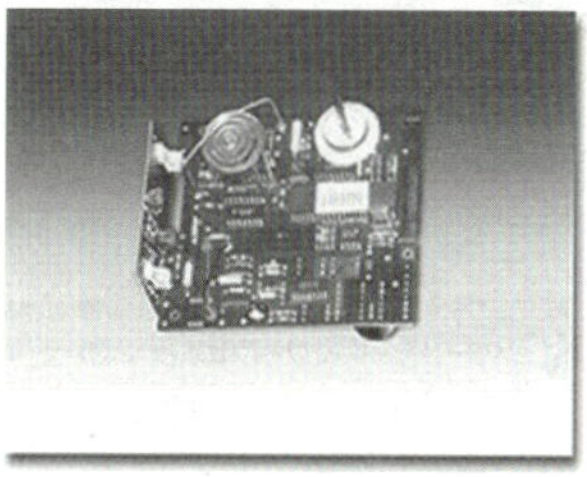

[그림 12-24] 라디오존데 관측기구

레윈 존데는 수소가스를 주입한 기구에 매달려 300~400m/min의 속도로 상승하면서 0.5~2.5초 간격으로 상층의 기압, 기온, 습도의 측정값과 수신된 신호를 400~406MHz의 주파수로 지상에 송신한다. 지상수신기에서는 수신된 신호를 해독하여 기압, 기온, 습도, 지위고도 및 풍향, 풍속을 계산한다.

▣ 연직바람관측장비(Windprofiler)

연직바람관측장비는 관측지점 연직방향의 풍향 및 풍속을 측정하기 위해 만든 도플러 레이더를 말하며, VHF대(30~300㎒)와 UHF대(300~3000㎒) 전파를 대기 중으로 발사하고 대기 난류에 의해 후방 산란된 전파를 수신하여 지상에서 5㎞ 고도까지 바람 및 대기상태를 측정하는 장비이다. 이 관측을 통해 바람의 연직 분포뿐만 아니라, 바람의 연직 속도, 난류 상태와 대류권계면의 위치를 알 수 있다.

▣ 라디오미터(Microwave Radiometer)

라디오미터는 일정한 고도에서 방출되는 마이크로파 영역의 에너지 강도를 측정하여, 지상에서 10 km 고도까지 기온, 습도, 액체물량 등의 연직분포를 관측하는 장비이다.

현재 우리나라 기상청은 상층의 기온, 습도 등의 시 · 공간분해능 향상을 위해 연직

바람관측장비와 동일한 장소에 설치하여 통합고층기상관측망을 구축하였으며, 10분 간격으로 자료를 산출하고 있다.

▣ 기상관측선박(weather ship)이란 무엇인가?

[그림 12-25] 해양기상관측 부이

해상기상관측을 목적으로 하는 관측선으로서 해상기상요소에 대하여 관측・보고한다. 해상기상에 관한 일기예보를 정확하게 하기위해서는 육상에서 하는 관측만으로는 불충분하므로 해상기상관측자료도 필요하다. 해상기상관측은 정해진 지점에서 하기도 하지만, 필요할 때에는 바다 위를 이동하면서 관측하기도 한다. 관측자료가 부족한 해양 상의 공백을 메우는 데 기상관측선의 관측자료는 매우 중요한 역할을 하고 있다. 기상관측선에서는 기압・기온・습도・바람 등의 해상기상을 관측하는 것 외에, 라디오존데에 의한 고층기상관측도 한다. 또한 바다 표면의 수온・풍랑・너울 등도 관측한다. 이러한 관측 결과는 모두 특정한 시각에 무선으로 통보된다. 넓은 해양을 항해하는 선박・항공기에 있어서 해상의 기상상황이나 일기예보는 매우 중요하므로 관측선의 중요성은 크다. 우리나라는 처음으로 지난 2000년부터 해양관측선을 개조한 '기상2000'호를 이용하여 해상에서 기상관측을 수행하였고, 2011년부터 국내 최초 기상전용 기상관측선인 '기상 1호' 을 운용하면서 최신 관측 장비를 통해 풍향, 풍속, 기온, 기압, 습도, 강우량, 시정, 현천, 미세먼지, 수온, 파랑, 염분 등을 관측하고 있다.

▣ 해양기상관측장비에 대해 알아보자

1989년 우리나라는 해양기상관측 부이(3m, 원반형)를 프랑스에서 최초로 도입하였으며, 그 후 1997년 캐나다에서 도입한 전자장치와 해사위성 통신(Inmarsat-C/GPS)을 이용한 시스템으로 재구성되어 현재 거제도를 비롯한 14개소가 운용되고 있다. 해양기상관측 부이는 해양에서 기상 및 해상상황을 자동 관측하기 위한 장비로 부이(buoy)에 각종 기상관측센서를 설치하여 무선통신으로 육상에 실시간으로 송・수신하는 기능을 가진 해양자동기상관측장비이다. 또한, 과거에 널리 이용되었던 선박에 의한 해상기상관측을 보완하기 위한 무인 해양기상 관측장비이다. 실시간으로 수집되는 해상기상관측자료는 국지적인 해상예보, 기상예보모델 및 특보발표 기반구축업무에 크게 기여하고 있다.

▣ 항공기상 관측장비(AMOS)에 대해 알아보자

[그림 12-26] 항공기상 관측장비

우리나라의 항공기상업무는 1959년 1월 미군이 운영하던 김포국제공항의 항공기상관측업무를 인수하면서 시작되었다. 항공기상관측은 종전 RVR 및 목측에 의해 항공기상관측 정보를 제공해오다, 기상장비 현대화 계획에 의해 1988년 6월 3일 OECF 차관 자금으로 AMOS를 도입하여 김포공항기상대에 설치하였으며, 1990년 1월에 제주공항기상관측소에 설치하여 자동화된 항공기상관측자료를 수집처리하게 되었다. 또한, 1996년도에 울산공항(관), 목포공항(관), 여수공항(관), 속초공항(관)에 AMOS를 설치하여 전국 6개 지점에서 객관화된 항공기상자료의 실시간 제공이 가능하도록 하였다. 1988년도에 설치된 김포공항기상대의 AMOS는 하루 24시간씩 10여 년 동안 가동됨에 따라 장비의 노후화로 자료처리속도 지연, 용량부족 등 항공기상관측의 어려움이 있어 왔던 바, 1999년 1월에 디지털 방식의 신장비로 교체하여 현재 운용중에 있다. 항공기상종합관측장치(Automatic Meteorological Observation System; AMOS)는 항공기운항을 위해 최대한 양질의 자료를 제공할 수 있도록 그 지역의 대표적인 기상관측값을 얻을 수 있는 장소에 설치하여, 원격으로 자료를 수집・처리・분석하여 관제탑 및 항공관련기관에 정보를 제공한다. AMOS는 기상 수감부, 자료처리 및 분석 컴퓨터, 표출장치 등으로 구성되어 있으며, 기상자료 감시기능, 기기간의 연결기능, 전문 송・수신장치의 역할 등도 하고 있다.

항공기상관측 장비-RVR

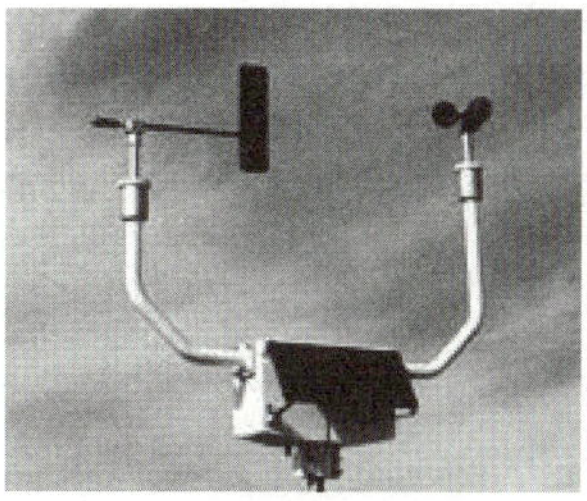

공항용 풍향/풍속계(관측)

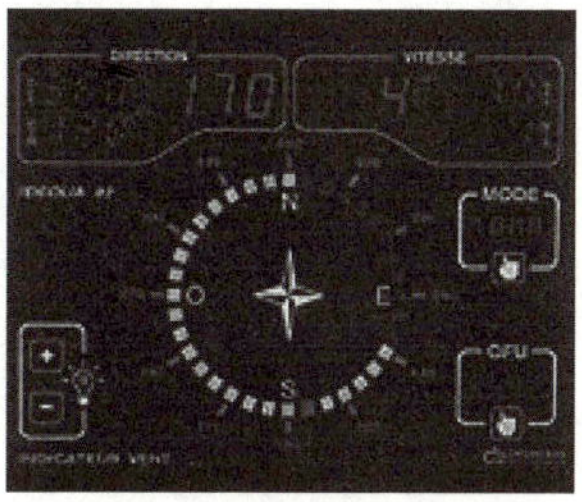

공항용 풍향/풍속계 (표출)

[그림 12-27] 항공기상종합관측장비

▣ 기상위성관측에 대해 알아보자

전 지구위성관측망은 기본적으로 정지궤도 기상위성인 GOES(Geostationary Operational Environmental Satellites, 미국), Meteosat(유럽), MTSAT-2(일본), FY-2E(중국), GOMS(Geostationary Operational Meteorological Satellite, 러시아) 등과 NOAA, FY-1D 등의 극궤도위성으로 구성되어 있으며, 보다 정밀한 지구환경감시를 위해 Terra와 Aqua 등의 지구관측위성으로 구성되어 있다. 2010년에 발사된 우리나라의 최초 통신해양기상위성(COMS)도 전 지구위성 관측 망에 포함되어 있다.

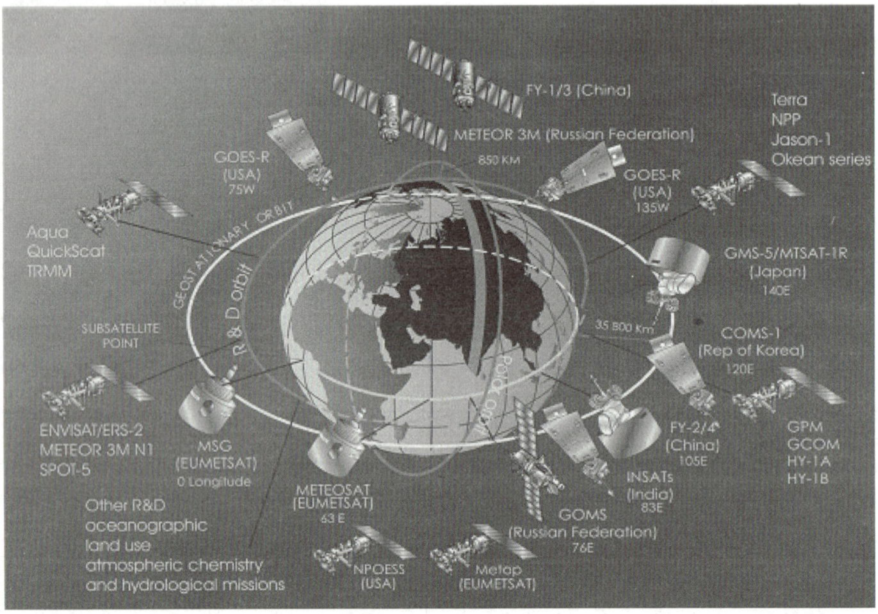

[그림 12-28] 전 지구 위성 관측망

〈출처: 기상청〉

정지기상위성은 적도상공 35,800km 고도에서 지구의 자전속도와 같은 속도로 지구 주위를 돌기 때문에 지속적인 관측이 가능하며, 관측범위는 반경 약 6,000km(지구표면의 1/4정도) 이다.

극궤도 기상위성은 약 850km 상공에서 남북방향으로 지구를 회전하면서 기상상태를 관측한다. 관측범위는 동서 약 3,000km 남북 5,000km 정도이며, NOAA-15, 18, 19호 경우, 오전/오후 하루에 두 번씩 우리나라 상공을 통과한다.

현재 기상청에서는 우리나라의 천리안위성뿐만 아니라 정지궤도기상위성인 FY-2E, Himawari-8과 극궤도기상위성인 NOAA-15,18,19호, Terra/Aqua, METOP, Suomi-NPP 등 다른 나라의 위성자료도 직접수신하거나 지상망을 통해 수신하며, 수집된 기상자료는 우리나라 부근의 구름분포, 대기 수직구조, 지구 복사수지, 우주환경감시 등 대기의 기상 상태를 파악하는 데 이용된다.

▣ 천리안위성(COMS: Communication, Ocean and Meteorological Satellite)에 대해 알아보자

천리안위성 1호는 우리나라에서 개발된 최초의 정지궤도 복합위성으로 기상관측, 해양관측 및 통신의 임무를 수행한다. 2010년 6월 27일 남미 프랑스령 기아나에 위치한 꾸르 우주센터에서 발사된 뒤, 우주궤도상 시험을 거쳐 2011년 4월 1일부터 정규 서비스를 시작했다. 중량은 2.5t 으로 중・대형급 위성에 속하며, 설계 수명은 7년이다. 동경 128.2°, 적도상공 35,800km에 위치하여 24시간 내내 우리나라 기상현상을 관측하고 있다. 천리안위성 1호는 구름탐지, 지표면 온도, 해빙/적설탐지 등 16종을 산출하며, 관측한 기상 자료는 우리나라 뿐 만 아니라 아시아-태평양 지역 30여개 국가에 서비스함으로써 동아시아 지역의 위험 기상 감시 능력을 향상시키는 역할을 하고 있다. 우리나라는 차세대 위성(천리안위성 2호A)을 계획하고 개발 중에 있으며, 2018년에 발사 할 예정이다.

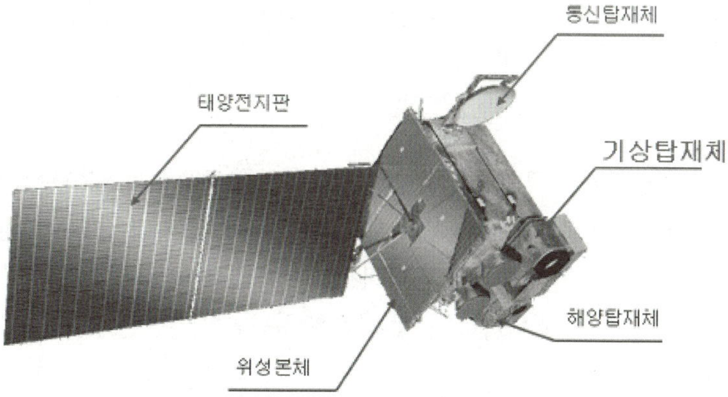

[그림 12-29] 천리안 위성의 구조

〈출처: 기상청〉

▣ 기상위성의 영상은 어떻게 분석하는가?

위성관측에서는 가시광선채널, 적외채널 등 다양한 채널에 대해 수행되고 있으며, 채널에 따라 다른 영상정보를 얻게 되며, 탐측할 수 있는 기상현상이 달라질 수 있다.

예를들어, 가시영상(VIS)은 가시광선 파장대로 관측하기 때문에 낮에만 관측이 가능하고, 빛의 반사가 강한 곳은 희게, 약한 곳은 검게 나타나는 흑백사진과 비슷하다. 구름 사진의 밝기 정도는 태양 고도와 구름의 상대적인 위치, 구름과 지표면의 반사율과 관계가 있다. 보통 하층운은 수적에 의해 반사율이 커서 밝은 흰색으로 나타나고, 상층운은 어두운 회색으로 나타난다.

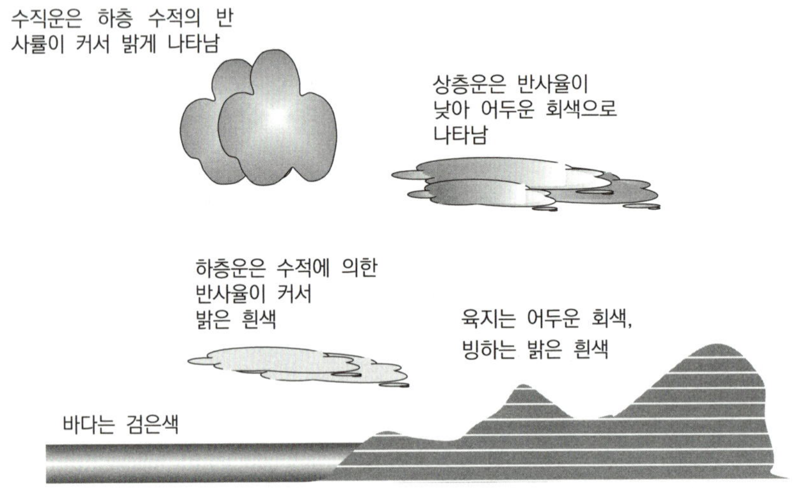

[그림 12-30] 가시영상 구름 사진

적외영상(IR)은 대기의 창영역(8～12㎛)인 적외선 파장대로 24시간 관측할 수 있다. 지구를 흑체로 가정하여 관측된 에너지로부터 온도를 산출하여 검은색에서 흰색 사이의 농담으로 표현한다. 온도 산출범위는 대략적으로 -100℃～+55℃이고, 영상에서 따뜻한 곳은 검게, 차가운 곳은 희게 나타난다. 보통 온도가 낮은 상층운은 밝고 희며 하층운은 어두운 회색으로 나타난다.

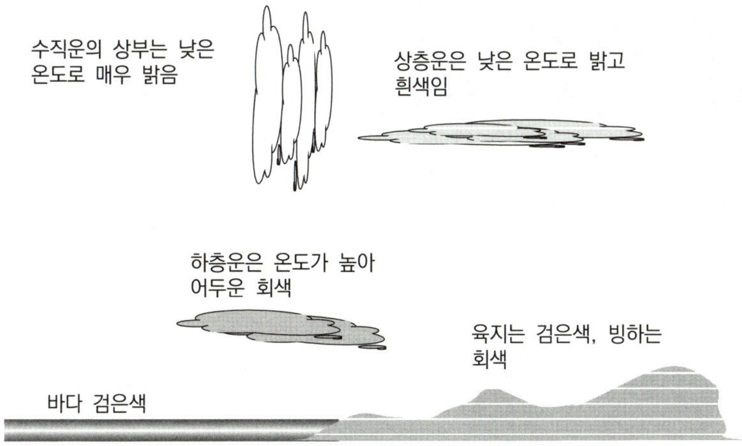

[그림 12-31] 적외영상 구름 사진

재미있는 탐구활동(수은기압계측정)

실험 목적

- 수은기압계로 오늘의 기압을 측정할 수 있다.

실험 준비물

- 수은기압계

실험 과정

① 부착된 온도계 눈금 읽는다.

② 하단에 붙어 있는 3개의 고정나사를 조정해서 수은주가 수직이 되도록 한다.

③ 하단의 나사를 돌려서 수은면을 상아침 선단에 닿을 듯 말 듯 맞춘다.

④ 수은주의 상단부를 손가락으로 두들겨 수은면을 바르게 한다.

⑤ 관측자의 눈을 수은주의 상단면과 같은 높이로 하여 부척의 하단과 수은면의 둥근 부분의 제일 높은 부분과 맞춘다.

⑥ mmHg의 1의 자리수까지는 주척에서 읽는다.

⑦ 소숫점 이하 자리는 부척에서 읽는다. 소숫점 이하 자리는 부척과 주척의 눈금이 맞닿는 부분을 읽는다.

⑨ 값 읽기가 끝나면 하단의 나사를 돌려 수은면을 내려 원위치로 놓는다.

실험 결과

① 오늘의 우리 지역의 기압은 얼마입니까?

② 기상청 홈페이지에 접속하여 우리 지역의 기압과 비교하여 보세요.

재미있는 탐구활동 (기상관측표)

관측시각: 년 월 일 시

관측자	이름	이름

관측종목	실외 / 실내	관측종목	실외 / 실내
일기 상태 (예: 흐림)		풍 속	
시 정		풍 향	
구 름 운 형		기 압 (수은기압계)	
건구 온도		이 슬 점	
습구 온도		강 수 량 (우천시)	
상대 습도			
최고 온도			
최저 온도			

시 정 계 급 표

계급	시정의 범위
0	50m 미만
1	50m 이상 ~ 200m 미만
2	200m 이상 ~ 500m 미만
3	500m 이상 ~ 1,000m 미만
4	1km 이상 ~ 2km 미만
5	2km 이상 ~ 4km 미만
6	4km 이상 ~ 10km 미만
7	10km 이상 ~ 20km 미만
8	20km 이상 ~ 50km 미만
9	50km 이상

재미있는 탐구활동(기상위성 구름사진 분석하기)

1. 다음은 구름 사진에서 분석되는 구름의 고도와 형태이다. 각 구름들은 가시영상과 적외영상에서 어떻게 나타날까?

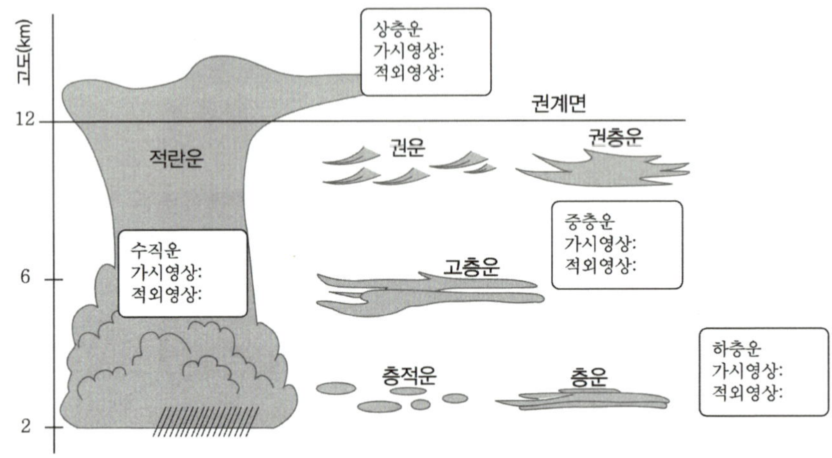

아래에 작성해 보자.

2. 다음은 우리나라 주변의 가시영상과 적외영상 구름 사진이다.
(GMS-5 기상위성, 2003년 4월 1일 16시).

〈가시영상 2003040107z〉

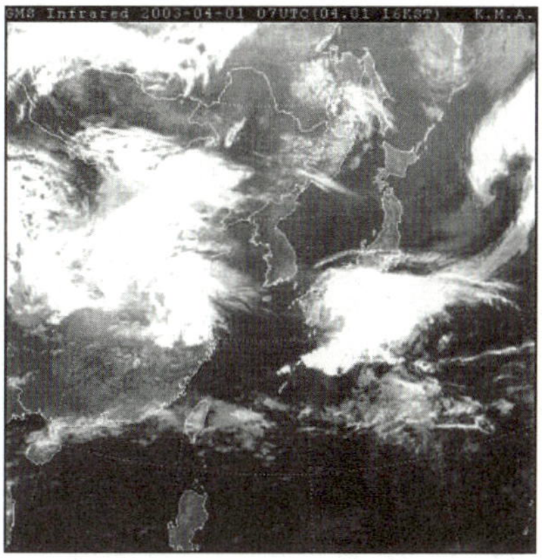
〈적외영상 2003040107z〉

위 기상위성 구름 사진을 보고 다음 지도의 각 영역에서 가시영상과 적외영상을 비교하여 아래 표를 작성하시오.

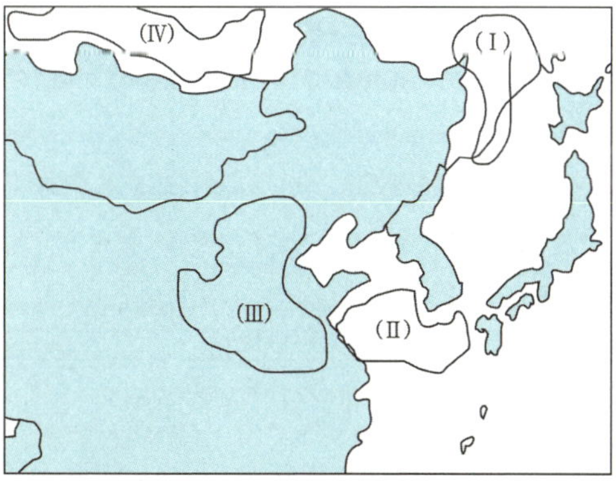

영역	가시영상의 밝기	적외영상의 밝기	구름 종류
I			
II			
III	흰색	나타나지 않음	층운, 해무
IV			

참·고·문·헌

고영미(2001).『증발과 증발조건에 대한 유·초·중학교 아동의 개념 연구』, 한국 교원대학교 교육학 석사학위논문.

기상청.『하늘에선 무슨 일이 일어나고 있을까요?』, 파란 자전거, 2002. 4

김경덕(역)(2006). 대기환경과학(제4판). Essentials of meteorology. 서울: 시그마프레스.

김경렬 외(역)(2003). 지구시스템의 이해(제3판). Foundations of Earth science. 서울: 박학사

김경미·황수진(2000).『초·중·고등학교 과학교과서에서 기압관련 개념의 연계성 분석』, 과학교육연구 27, PP 73-99

김광명(2002).『초등학생의 기상개념의 학습에 관한 연구』, 과학교육연구 26, 춘천교육대학교 과학교육연구소.

김기은 외(역)(2008). 지구환경과학(제10판). Environmental science. 서울: 북스힐.

김대영.『뜨는 마케팅으로 승부하라』, 미래의 창, 2001. 12

김명남(역)(2008). 불편한 진실. An inconvenient truth. 서울: 좋은생각.

김성기(1996).『구성중심수업이 창의력과 비판적 사고력 및 학업성취도에 미치는 효과』, 원광대학교.

김은영(2005).『e-learning을 위한 컨텐츠 개발 및 ICT 수업의 효과』, 한국교원대학교 교육대학원

김종기(1996).『效果的인 氣象現像 學習을 위한 시뮬레이션형 CAI 프로그램 設計와 具顯』, 한국교원대학교.

대한지구과학연구모임.『지구과학개론』, 청문각, 1998. 2

마이클 알라비. Guide to Weather『변덕쟁이 날씨』, 예림당, 2005. 4

민경덕(1998).『대기과학개론』, 시그마프레스(주).

박대홍(1994).「날씨를 알면 내일이 보인다」, 한겨레신문사.

손진우(1998).『기상관측 지도자료 활용을 통한 기상관측 능력 신장』, 현장연구논문집 ('98. 2), 대구교육대학교, PP 81-134.

손영운(역)(2010). 기상학. Weather. 서울: 이치사이언스.

안성훈(1997).『기상현상학습을 위한 시뮬레이션형 원격 CAI의 설계 및 구현』, 한국교원대학교 대학원.

오재호(역)(2005). 인간은 기후를 지배할 수 있을까. The change in the weather. 서울: 지성사.

오필석 외(2006).「물의 순환과 날씨의 변화」, 서울대학교 과학교육연구소.

윤성탁(2004).『생활기상이야기』, 단국대학교 출판부.

윤일희 외(역)(2012). 지구시스템 과학 Ⅱ(제1판). Earth 2. 서울: 북스힐

이규선(1998).『기상학습을 위한 웹기반 멀티미디어 코스웨어의 설계 및 구현』, 한국교원대학교.

이용복·이성미(1998).『초등학교 학생들의 증발과 응결개념에 대한 연구』, 초등과학교육 17(1), 한국초등과학교육학회지, PP 89-104.

이이다 무쓰지로. 『기상학 입문』 - 내일의 날씨를 알기 위하여, 전파과학사, 2001. 8
이임근(1996). 『멀티미디어를 이용한 氣象 學習 CAI 타이틀의 설계 및 구현』, 한국교원대학교.
이준희(2010), 『합격지구과학』, 도서출판 에듀비.
조석준(1995). 『기상경제, 기온 1°의 변화를 읽는다』, 서운관.
조현희(2001). 『대기현상에 대한 초등학생의 개념과 그 변화에 관한 연구』, 춘천교육대학교 교육학석사학위논문.
조현희 · 김광명(2000). 『대기 현상에 대한 초등학생의 선개념 및 오개념 분석』, 과학교육연구 24, 춘천교육대학교 과학교육연구소.
채동현(1995). 『Greenhouse Effect And Its Activity』, 과학교육연구논문집 17, 전주교육대학교 과학교육연구소, PP 47-59.
채동현 · 길윤경 · 안병인(1999). 『자연과 실험의 개선점에 대한 연구』, 전주교육대학교
채동현 · 백은미(1997). 「초등학교 학생들의 기압에 대한 개념조사」, 한국과학교육학회지.
한국교육학술정보원(2001). 『ICT활용 교수-학습 방법 연구』
한국교육학술정보원(2003). 『교실수업-사이버학습 연계를 위한 커뮤니티 기반 교수 · 학습 모형 개발 연구』
한안진 · 강호감 · 권치순 · 김효남 · 우종옥(1997). 『새 초등과학교수법』, 교육과학사.
홍성길. 『기상분석과 일기예보』, 교학연구사, 1995
Hart, D (1994). *Authentic Assessment: A Handbook for educators*, Addison-Wesley publishing company, INC.
Lutgens, Tarbuck(2004). The Atmosphere; An Introduction to Meteorology, Pearson Education, Inc.
Pressley, Michael (2004). *The educational science and scientifically based instruction we need: Lesson from reading research and policymaking*, Harvard Educational Review, Vol. 74, Issue 1, P30.
Reynolds, Ross (2003). *Using weather satellites in Physics education*, institute of Physics, Vol. 24, No 5, PP S83-S97

인터넷 사이트

http://www.science114.pe.kr/
http://web.kma.go.kr/child/cyber/cyber.htm
http://www.anjella.pe.kr/weather/weather03-2.html
http://www.anjella.pe.kr/weather/weather03-5.html
http://cyberlab.edunet4u.net/earth/e06/e06t_index.html
http://cyberlab.edunet4u.net/earth/e07/e07t_index.html

http://www.phys.pe.kr/04_chemistry/04_sci_menu.html
http://teacher0.edutopia.com/down_svc/sci/h1_sci_down_05.jsp
http://gaia.busanedu.net/%7Egest2003/doc/weather/saturation.htm
http://www.scienceall.com/sa0educ/01/02e/view_121542.jsp?selMenu=ab
http://www.scienceall.com/sa0educ/01/02e/view_121543.jsp?selMenu=ab
http://www.scienceall.com/sa0educ/01/02e/view_121544.jsp?selMenu=ab
http://www.scienceall.com/sa0educ/01/02e/view_121545.jsp?selMenu=ab
http://www.scienceall.com/sa0educ/01/02e/view_121546.jsp?selMenu=ab
http://www.scienceall.com/sa0educ/01/02e/view_121550.jsp?selMenu=ab

I•N•D•E•X

찾아보기

저자 소개

채동현

공주사범대학 지구과학교육과 졸업
서울대학교 자연과학대학원 지질학전공 이학석사
오하이오주립대학교 과학교육전공 교육학박사
현재 전주교육대학교 과학교육과 교수

김성천

전남대 자연과학대학 물리학과 졸업
서울대학교 보건대학원 환경보건학전공 보건학석사
경희대학교 환경학과(대기오염제어전공) 이학박사
현재 군산대학교 공과대학 환경공학과 교수

한제준

전주교육대학교 과학교육과 졸업
전주교육대학교 초등과학교육전공 교육학석사
한국교원대학교 초등과학교육전공 교육학박사
현재 전북 남원시 초등학교 교사

상정

공주대학교 대기과학과 졸업
공주대학교 대기과학과 석사 졸업
공주대학교 대기과학과 박사과정

하정훈

전주교육대학교 과학교육과 졸업
전주교육대학교 초등과학교육전공 교육학석사
현재 전북 순창초등학교 교사

제2판
쉽게 배우는 기상학

2007년 8월 25일 1판 1쇄 발행
2017년 2월 25일 2판 1쇄 발행
2022년 2월 25일 2판 3쇄 발행

저작자 : 채동현 · 김성천 · 한제준
상 정 · 하정훈
발행인 : 한 정 주
발행처 : 교 육 과 학 사

경기도 파주시 광인사길 71
전화 (031)955-6956~8 / 팩스 (031)955-6037
Home-page : www.kyoyookbook.co.kr
E-mail : kyoyook@chol.com
등록 : 1970년 5월 18일 제2-73호

낙장 · 파본은 교환해 드립니다.
Printed in Korea.

정가 22,000 원
ISBN 978- 89-254-1140-8